Arbeitsheft
Mathematik

5

Für die Klasse 9

Herausgegeben von
J. Peter Böhmer

Bearbeitet von
J. Peter Böhmer
Ekkehard Jander
Wilfried Schlake
Otto Steinhoff
Paul Zahn

Reelle Zahlen, Potenzen, Funktionen
Prozent- und Zinsrechnung
Geometrie
Gleichungen und Gleichungssysteme
Flächen- und Körperberechnungen
Daten und Zufall

Ernst Klett Verlag
Stuttgart • Leipzig

1. Auflage 1 15 | 24 23

Alle Drucke dieser Auflage sind unverändert und können im Unterricht nebeneinander verwendet werden.
Die letzte Zahl bezeichnet das Jahr des Druckes.

Herausgeber: J. Peter Böhmer, Emden
Autoren: J. Peter Böhmer, Emden; Ekkehard Jander, Friedeburg; Wilfried Schlake, Oldenburg; Otto Steinhoff, Köln; Paul Zahn, Emden

Redaktion: Kerstin Leonhardt, Claudia Gritzbach
Herstellung: Nicole Weldert

Gestaltung: Katja Buß
Umschlaggestaltung: Katja Buß
Illustrationen: Rudolf Hungreder, Leinfelden-Echterdingen; media office gmbh, Kornwestheim
Satz: media office gmbh, Kornwestheim
Druck: Plump Druck und Medien GmbH, Rheinbreitbach

Printed in Germany
ISBN 978-3-12-746805-2

9 783127 468052

1 Rationale Zahlen und Größen
Rationale Zahlen addieren und subtrahieren 5
Rationale Zahlen multiplizieren und dividieren 6
Mit Klammern rechnen 7
Mit Größen rechnen 8
Proportionale und antiproportionale Zuordnungen berechnen 9
Sachaufgaben mit Zuordnungen berechnen...... 10
Kompetenz-Test 11

2 Prozent- und Zinsrechnung
Grundaufgaben der Prozentrechnung berechnen . 12
Endwert berechnen.......................... 13
Grundaufgaben der Zinsrechnung berechnen 14
Zinseszinsen berechnen...................... 15
Sachaufgaben zur Prozent- und Zinsrechnung berechnen 16
Kompetenz-Test 17

3 Reelle Zahlen
Quadrieren................................. 18
Wurzeln ziehen............................. 19
Näherungsweises Wurzelziehen 20
Reelle Zahlen 21
Terme und Wurzeln berechnen 22
Kompetenz-Test 23

4 Potenzen
Potenzen berechnen.......................... 24
Potenzen mit gleicher Basis multiplizieren und dividieren 25
Potenzen mit gleichen Exponenten multiplizieren und dividieren.......................... 26
Potenzen potenzieren........................ 27
Potenzen mit ganzzahligen Exponenten berechnen 28
Zahlen mit Zehnerpotenzen schreiben........... 29
Kompetenz-Test 30

5 Funktionen
Figuren im Koordinatensystem darstellen........ 31
Funktionen im Koordinatensystem darstellen 32
Lineare Funktionen darstellen 33
Sachaufgaben mit linearen Funktionen berechnen 34
Quadratische Funktion $y = x^2$ darstellen......... 35
Quadratische Funktionen $y = ax^2$ darstellen..... 36
Quadratische Funktionen $y = ax^2 + c$ darstellen.. 37
Kompetenz-Test 38

6 Flächensätze
Rechtwinklige Dreiecke konstruieren 39
Satz des Pythagoras 40
Satz des Pythagoras in ebenen Figuren anwenden 41
Satz des Pythagoras in Sachaufgaben anwenden.. 42
Kathetensatz............................... 43
Höhensatz 44
Kompetenz-Test 45

7 Geometrische Abbildungen
Kongruenzabbildungen durchführen 46
Figuren verkleinern und vergrößern 47
Zentrische Streckungen durchführen 48
Eigenschaften von zentrischen Streckungen 49
1. Strahlensatz 50
2. Strahlensatz 51
Ähnlichkeitsabbildungen durchführen 52
Kompetenz-Test 53

8 Quadratische Gleichungen
Äquivalenzumformungen durchführen........... 54
Quadratische Gleichungen $ax^2 + c = 0$ lösen 55
Quadratische Gleichungen $ax^2 + bx = 0$ lösen... 56
Quadratische Gleichungen $x^2 + bx + c = 0$ lösen. 57
Diskriminante einer quadratischen Gleichung 58
Quadratische Gleichungen mit der Lösungsformel lösen 59
Satz von Vieta.............................. 60
Sachaufgaben mit quadratischen Gleichungen berechnen 61
Kompetenz-Test 62

9 Lineare Gleichungssysteme
Lineare Gleichungen und Äquivalenzumformungen............................ 63
Lineare Gleichungen mit zwei Variablen lösen.... 64
Lineare Gleichungssysteme zeichnerisch lösen ... 65
Lineare Gleichungssysteme durch Gleichsetzen lösen.................. 66
Lineare Gleichungssysteme durch Einsetzen lösen..................... 67
Sachaufgaben mit linearen Gleichungssystemen berechnen 68
Kompetenz-Test 69

10 Flächenberechnungen
Umfang und Flächeninhalt von Vielecken berechnen 70
Kreiszahl π bestimmen 71
Umfang und Flächeninhalt von Kreisen berechnen 72
Kreisausschnitt, Kreisbogen und Kreisring berechnen 73
Sachaufgaben zu Kreisteilen berechnen 74
Kompetenz-Test 75

11 Körperberechnungen
Volumen von Prismen berechnen 76
Volumen von Pyramiden berechnen............. 77
Volumen von Zylindern berechnen 78
Volumen von Kegeln berechnen 79
Oberflächeninhalt von Pyramiden und Zylindern berechnen 80
Sachaufgaben zu Körpern berechnen 81
Kompetenz-Test 82

12 Daten und Zufall
Daten analysieren und auswerten.............. 83
Wahrscheinlichkeit zweistufiger Zufallsversuche bestimmen 84
Wahrscheinlichkeit zusammengesetzter Ereignisse bestimmen....................... 85
Erwartungswert bestimmen.................... 86

Formelsammlung 87/88

Alle wichtigen Elemente im Überblick

Dieses **Arbeitsheft** kann lehrbuchunabhängig im Unterricht eingesetzt werden:
- zusätzlich zu jedem Lehrwerk
- als alleiniges Begleitwerk für den Mathematikunterricht

Kasten
mit Definitionen, Informationen, Beispielen und Musterlösungen

Aufgaben zum direkten Eintragen
- Ergebnisse können in vorbereitete Tabellen, Diagramme, ... eingetragen werden
- Schrittfolgen können nachvollzogen werden
- Aufgaben auf zwei Niveaus zur Differenzierung
  - **1** normales Niveau
  - **2** ☆ erhöhtes Niveau, Zusatzinhalte
- alle Lösungen befinden sich im beiliegenden Lösungsheft

Kompetenz-Tests
- wichtige Kapitel werden mit einem Kompetenz-Test abgeschlossen
- diese Seiten dienen der Lernkontrolle
- die Aufgaben werden in drei Schwierigkeitsstufen angeboten (leicht – mittel – schwer)
- die Auswertung der Lernkontrolle kann durch die Symbole vorgenommen werden:
  ☹ keine Aufgabe gelöst
  😐 eine oder zwei Aufgaben gelöst
  ☺ drei Aufgaben gelöst

Auf der hinteren Umschlagseite können die Schülerinnen und Schüler die bearbeiteten Lerneinheiten und Kompetenz-Tests markieren ☒, was dem schnellen Überblick dient.

Formelsammlung
Auf den letzten beiden Seiten (S. 87/88) sind die wichtigsten Inhalte zusammengefasst und können dort nachgeschlagen werden.

Hinweise, Tipps zur Bearbeitung, Erinnerung an bekannte mathematische Inhalte

Achtung! Wichtige Regeln und Hinweise

☑ Lösungskontrolle durch Abstreichen möglich

i Informationen

3.1 Weitere Aufgaben
- sie enthalten gleiche Aufgabenstellungen wie oben
- sie sind den Aufgaben von oben durch eine gemeinsame Kennzeichnung zugeordnet. Beispiel: zur Aufgabe 3 gehören die Übungsaufgaben 3.1 und 3.2
- die Lösungen aller Aufgaben sind im beiliegenden Lösungsheft abgedruckt

4 Neue Aufgaben
- zum Problemlösen, Argumentieren, Kommunizieren und Darstellen
- sie eignen sich zur Differenzierung
- auch die Lösungen dieser Aufgaben befinden sich im beiliegenden Lösungsheft

Rationale Zahlen addieren und subtrahieren

1 Wandle in eine Dezimalzahl um und entscheide, ob die Dezimalzahl abbrechend (a) oder periodisch (p) ist.

Bruch	Dezimalzahl	abbrechend/ periodisch
$\frac{7}{4}$		
$\frac{5}{6}$		
$\frac{78}{3}$		
$\frac{7}{11}$		

Rationale Zahlen addieren und subtrahieren

	$-2{,}3 + \left(+1\frac{1}{2}\right)$	$0{,}5 + (-3{,}1)$	$-\frac{1}{2} - (+2{,}1)$	$-\frac{1}{4} - \left(-\frac{2}{3}\right)$
(1) Klammern auflösen	$= -2{,}3 + 1{,}5$	$= 0{,}5 - 3{,}1$	$= -0{,}5 - 2{,}1$	$= -\frac{3}{12} + \frac{8}{12}$
(2) Berechnen	$= -0{,}8$	$= -2{,}6$	$= -2{,}6$	$= \frac{5}{12}$

2 Berechne mit dem Taschenrechner. Runde auf drei Stellen nach dem Komma.

a) $\frac{5}{3} = 5 : 3$ ______ b) $\frac{8}{7} =$ ______ c) $3\frac{11}{13} =$ ______

d) $\frac{4}{11} =$ ______ e) $\frac{18}{17} =$ ______ f) $7\frac{7}{9} =$ ______

3 Berechne.

a) $245 + (-183)$ b) $-516 + (+732)$ c) $345 - (+857)$ d) $-403 - (-298)$

= ______

= ______

4 Berechne.

a) $\frac{3}{4} + \left(+\frac{4}{5}\right)$ b) $\frac{5}{6} + \left(-\frac{2}{3}\right)$ c) $-1\frac{5}{8} - \left(-\frac{4}{7}\right)$ d) $3\frac{5}{6} - \left(+2\frac{8}{9}\right)$

$= \frac{3}{4} +$ ______

5 Berechne mit Dezimalzahlen.

a) $24{,}9 + \left(-\frac{1}{2}\right)$ b) $-37{,}2 - \left(-\frac{4}{5}\right)$ c) $-\left(+7\frac{3}{4}\right) + (-43{,}9)$ d) $-72\frac{3}{8} - (-55{,}8)$

$= 24{,}9 -$ ______

zu 1
Jede **rationale Zahl** ist als **Bruch** darstellbar.
abbrechende Dezimalzahlen:
$\frac{2}{5} = 0{,}4$ $\frac{3}{8} = 0{,}375$
periodische Dezimalzahlen:
$\frac{2}{3} = 0{,}6666\ldots = 0{,}\overline{6}$
$\frac{19}{12} = 1{,}58333\ldots = 1{,}58\overline{3}$

Klammern auflösen
+ (+) → +
+ (−) → −
− (+) → −
− (−) → +

zu 1 bis 3
−512; −105; $0{,}\overline{63}$; $0{,}8\overline{3}$; 1,143; 1,667; 1,75; 3,846; 26; 62; 216

zu 4 und 5
Brüche addieren/ subtrahieren
(1) Hauptnenner bestimmen
(2) Brüche erweitern
(3) addieren/subtrahieren

zu 4 und 5
−51,65; −36,4; −16,575; $-1\frac{3}{56}$; $\frac{1}{6}$; $\frac{17}{18}$; $1\frac{11}{20}$; 24,4

2.1 Berechne mit dem Taschenrechner. Runde auf drei Stellen nach dem Komma.

a) $\frac{5}{6}$ b) $\frac{20}{9}$ c) $\frac{15}{11}$ d) $\frac{3}{7}$
e) $2\frac{6}{7}$ f) $6\frac{1}{3}$ g) $9\frac{8}{13}$ h) $7\frac{7}{15}$

3.1 Berechne.

a) $127 + (+204)$ b) $362 + (-295)$ c) $457 + (-809)$
d) $-253 + (-378)$ e) $428 - (+719)$ f) $-507 + (-984)$
g) $-276 - (-198)$ h) $-436 + (-802)$ i) $917 - (-646)$
j) $807 + (-948)$ k) $-635 - (+839)$ l) $635 + (-839)$

4.1 Berechne.

a) $\frac{3}{4} + \left(+\frac{1}{2}\right)$ b) $\frac{2}{3} + \left(-\frac{5}{6}\right)$ c) $\frac{3}{4} - \left(+\frac{1}{2}\right)$
d) $5\frac{4}{5} + \left(-7\frac{5}{6}\right)$ e) $-7\frac{3}{4} - \left(+8\frac{3}{7}\right)$ f) $-4\frac{1}{4} - \left(-6\frac{1}{5}\right)$

5.1 a) $3\frac{1}{2} + (+0{,}8)$ b) $8{,}7 + \left(-\frac{3}{4}\right)$ c) $4\frac{1}{2} - (-6{,}3)$
d) $-9{,}2 + \left(+\frac{9}{10}\right)$ e) $-8{,}1 + \left(-7\frac{3}{4}\right)$ f) $4{,}7 - \left(-6\frac{1}{5}\right)$

6 Welche Aussagen sind wahr? Begründe.
a) Die Summe zweier positiver rationaler Zahlen ist positiv.
b) Die Differenz zweier negativer rationaler Zahlen ist positiv.

Rationale Zahlen multiplizieren und dividieren

1 Berechne.

a) $(+4{,}8) \cdot (-6) =$ ______
b) $(-3{,}5) : (+7) =$ ______
c) $(-5{,}6) : (-0{,}8) =$ ______
d) $(-7{,}5) \cdot (+0{,}6) =$ ______
e) $(-2{,}4) : (-0{,}08) =$ ______
f) $(-0{,}07) \cdot (+7{,}03) =$ ______

Rationale Zahlen multiplizieren und dividieren

	$0{,}5 \cdot 0{,}4$	$-\frac{1}{2} \cdot \frac{3}{4}$	$0{,}8 : 0{,}2$	$\frac{4}{5} : \left(-\frac{1}{5}\right)$
(1) **Nebenrechnung** Vorzeichen des Ergebnisses bestimmen	+	–	+	–
(2) Produkt/Quotient berechnen	0,20	$-\frac{3}{8}$	4	–4

2 Berechne. Kürze, wenn möglich.

a) $\left(+\frac{3}{5}\right) \cdot \left(+\frac{4}{3}\right)$ $= +\frac{3 \cdot 4}{5 \cdot 3}$
b) $\left(+\frac{7}{10}\right) : \left(-\frac{4}{5}\right)$
c) $\left(-\frac{3}{8}\right) \cdot \left(+\frac{4}{9}\right)$
d) $\left(-\frac{6}{5}\right) : \left(-\frac{3}{10}\right)$
e) $\left(-\frac{2}{9}\right) \cdot \left(-\frac{3}{8}\right)$
f) $\left(+\frac{4}{15}\right) : \left(-\frac{8}{25}\right)$
g) $\left(-\frac{10}{3}\right) : \left(+\frac{4}{33}\right)$
h) $\left(+\frac{5}{9}\right) \cdot \left(+\frac{12}{25}\right)$

3 Berechne. Kürze, wenn möglich.

a) $\left(-2\frac{2}{3}\right) \cdot \left(-2\frac{1}{4}\right)$ $= +\frac{8 \cdot}{3 \cdot}$
b) $\left(-5\frac{1}{7}\right) : \left(+2\frac{1}{4}\right)$
c) $4\frac{2}{7} : \left(-1\frac{1}{5}\right)$
d) $\left(-3\frac{1}{3}\right) \cdot \left(-1\frac{1}{5}\right)$

4 Berechne mit Dezimalzahlen.

a) $(+0{,}5) \cdot \left(-\frac{3}{5}\right)$
b) $\left(-\frac{3}{4}\right) : (-0{,}4)$
c) $(-0{,}9) : \left(-\frac{3}{4}\right)$
d) $\left(2\frac{2}{5}\right) \cdot (-0{,}4)$

Rechenregeln

(+) · (+) → +
(+) · (–) → –
(–) · (+) → –
(–) · (–) → +
(+) : (+) → +
(+) : (–) → –
(–) : (+) → –
(–) : (–) → +

Brüche multiplizieren

(1) Zähler mal Zähler, Nenner mal Nenner
(2) Wenn möglich, kürzen
(3) Berechnen

$\frac{3}{2} \cdot \frac{5}{6} = \frac{{}^{1}\not{3}}{2} \cdot \frac{5}{\not{6}_{2}} = \frac{5}{4} = 1\frac{1}{4}$

Brüche dividieren

(1) 1. Bruch notieren, mit dem **Kehrbruch** des 2. Bruchs multiplizieren
(2) Wenn möglich, kürzen
(3) Berechnen

$\frac{3}{4} : \frac{7}{8} = \frac{3}{{}_{1}\not{4}} \cdot \frac{\not{8}^{2}}{7} = \frac{6}{7}$

✓ zu 1 und 2

$-28{,}8$; $-27\frac{1}{2}$; $-4{,}5$; $-\frac{7}{8}$; $-\frac{5}{6}$; $-0{,}5$; $-\frac{1}{6}$; $\frac{1}{12}$; $\frac{4}{15}$; $\frac{4}{5}$; 4; 7; 30

✓ zu 3 und 4

$-3\frac{4}{7}$; $-2\frac{2}{7}$; $-0{,}96$; $-0{,}3$; 1,2; 1,875; 4; 6

1.1 a) $+8 \cdot (+0{,}7)$ b) $(+0{,}9) \cdot (-6)$ c) $(-2{,}4) \cdot (+9)$
d) $(+8{,}6) \cdot 70$ e) $(+0{,}04) \cdot (-0{,}09)$ f) $(-0{,}12) \cdot (-1{,}2)$

1.2 a) $3{,}2 : (-0{,}4)$ b) $(-0{,}07) : (-0{,}5)$ c) $(-5{,}6) : (-0{,}8)$
d) $(-5{,}6) : (-80)$ e) $(+7{,}2) : (-400)$ f) $(-8{,}5) : (+50)$

1.3 a) $0{,}7 \cdot (-3{,}4)$ b) $(-9{,}6) : (-8)$ c) $(-6{,}5) \cdot (+0{,}9)$
d) $(-0{,}64) \cdot (-700)$ e) $(+9{,}6) : (-60)$ f) $(-90) \cdot (+6{,}7)$

2.1 Berechne. Kürze wenn möglich.
a) $\left(+\frac{7}{8}\right) \cdot \left(-\frac{5}{3}\right)$ b) $\left(-\frac{4}{9}\right) : \left(+\frac{2}{3}\right)$ c) $\left(+\frac{5}{6}\right) \cdot \left(+\frac{3}{10}\right)$ d) $\left(-\frac{9}{8}\right) : \left(-\frac{3}{4}\right)$

3.1 a) $\left(+2\frac{1}{2}\right) : \left(-1\frac{2}{3}\right)$ b) $\left(-3\frac{1}{3}\right) : \left(+4\frac{1}{6}\right)$ c) $\left(+5\frac{2}{5}\right) \cdot \left(-\frac{10}{9}\right)$
d) $\left(-4\frac{1}{6}\right) : \left(+\frac{5}{3}\right)$ e) $\left(-6\frac{2}{3}\right) : \left(-3\frac{1}{3}\right)$ f) $\left(-5\frac{1}{3}\right) \cdot \left(+2\frac{1}{2}\right)$

4.1 Berechne mit Dezimalzahlen.
a) $\left(+\frac{1}{4}\right) \cdot (-0{,}3)$ b) $\left(+\frac{3}{8}\right) \cdot (-4{,}6)$ c) $(-2{,}4) : \left(+1\frac{1}{5}\right)$ d) $\left(+6\frac{1}{4}\right) \cdot (-1{,}4)$

5 Welche Aussagen sind wahr? Begründe.
a) Das Produkt zweier positiver rationaler Zahlen ist positiv.
b) Der Quotient zweier negativer rationaler Zahlen ist negativ.
c) Das Produkt dreier negativer rationaler Zahlen ist negativ.

Mit Klammern rechnen

1 Berechne.

a) (8 − 40) : 4
(1) = (−32) : 4
(2) ______

b) 24 · (12 − 5)
(1) ______
(2) ______

c) −46 + 15 : 3
(1) ______
(2) ______

d) 102 : 6 − 3
(1) ______
(2) ______

Zusammengesetzte Rechnungen ausführen

	−18 · (9 − 3)	(18 + 12) : 3
(1) Klammern zuerst	= −18 · 6	= 30 : 3
(2) Berechnen	= −108	= 10
	−18 · 9 − 3	18 + 12 : 3
(1) Punkt vor Strich	= −162 − 3	= 18 + 4
(2) Berechnen	= −165	= 22

2 Berechne.

a) (6 − 3,4) · (21 − 12)
= 2,6 ·

b) (−4,2 + 5) · (7 − 2)

c) (2,8 − 4) · (5 − 8)

d) (9,3 − 4,8) : (2 − 7)

e) (3,2 − 5) : (13 − 7)

f) (1,5 − 5) : (2 − 9)

Rechenregeln
- Klammern zuerst berechnen
- Punktrechnung (· und :) **vor** Strichrechnung (+ und −)

3 Berechne zuerst die innere Klammer.

a) (4 · (9 − 3)) : 8
= (4 · 6) : 8

b) ((3 − 8) · 7) : 5

c) (8 · (4 + 5)) : (−6)

d) (12 : (9 − 5)) · 6

e) (42 : (9 − 3)) · (−8)

f) (20 : (2 − 7)) · (−9)

g) ((− 15 − 5) : (4 − 3)) · 3

h) ((10 − 5) · 2) · (4 · (3 + 10))

i) (44 − 14) : ((100 : (−30 + 10))

zu 3
(17 · (3 − 5)) · 2
= (17 · (−2)) · 2
= (−34) · 2
= −68

zu 1 bis 3
−520; −60; −56; −41; −12; −8; −7; −6; −0,9; −0,3; 0,5; 3; 3,6; 4; 14; 18; 23,4; 36; 168

1.1 Berechne.
a) 59 − 7 · 13 b) 19 · 8 − 37 c) −88 + 5 · 17
d) −16 · 8 + 54 e) (−75 − 23) · 4 f) (49 − 9) · 32

1.2 a) (47 − 38) : 2 b) −75 − 78 : 3 c) 150 : 6 + 38
d) −86 − 85 : 5 e) −96 : (6 − 5) f) 105 : 7 − 36

1.3 a) 8 · 14 − 93 b) −75 − 72 : 4 c) −102 : 6 + 51
d) −83 + 91 : 7 e) 46 − 80 : 5 f) −16 · (8 − 7)
g) 93 + 8 · 17 h) −154 : 7 + 31 i) (−43 + 15) : 14

1.4 a) 48 + (16 − 53) b) 31 − (62 − 18) c) −53 + (72 − 58)
d) (31 − 62) − 18 e) (−53 + 72) − 58 f) −(−85 − 24) − 109

2.1 Berechne.
a) (31 − 17) · (43 − 24) b) (82 − 26) : (55 − 47)
c) (26 − 35) · (74 − 91) d) (17 + 73) : (84 − 69)
e) −(79 + 26) : (81 − 74) f) (24 + 87) : (90 − 79)

3.1 Berechne.
a) ((21 − 13) · 6) : 12 b) (45 : (71 − 56)) · 5
c) (16 · (92 − 83)) : 18 d) (84 : (90 − 69)) · 6
e) ((61 − 36) · 8) : 25 f) (48 · (76 − 68)) : (−16)

4 Berechne 20 : 10 − 5 · 3. Setze eine Klammer ( ), damit sich das Ergebnis a) verändert; b) nicht verändert.

Mit Größen rechnen

1 Berechne.

a) $4{,}366\,\text{kg} \cdot 3{,}99\,\frac{€}{\text{kg}}$ b) $2{,}0\,\text{l} : 7$

= ______ ______

≈ ______ ______

c) $6{,}75 \cdot 3{,}487\,\text{kg}$ d) $10{,}00\,\text{m} : 3$

Mit Größen rechnen

1 kg Brokkoli kostet 2,98 €. Wie viel Euro muss man für 2,37 kg Brokkoli bezahlen?

(1) Aufgabe notieren	$2{,}378\,\text{kg} \cdot 2{,}98\,\frac{€}{\text{kg}}$
(2) Berechnen, sinnvoll runden	= 7,08644 € ≈ 7,09 €
(3) Antwort notieren	Man muss 7,09 € bezahlen.

2 Berechne und runde sinnvoll.

a) $6{,}482\,\text{kg} \cdot 8{,}98\,\frac{€}{\text{kg}}$ ≈ ______ €

b) $65{,}7\,\text{m}^2 \cdot 8{,}65\,\frac{€}{\text{m}^2}$

c) $43{,}41\,\text{l} \cdot 1{,}549\,\frac{€}{\text{l}}$

d) $57{,}08\,\text{l} \cdot 1{,}639\,\frac{€}{\text{l}}$

e) $8{,}45\,\text{dm}^3 : 9$

f) 36 728,17 € : 6

g) 4,8 t : 17 kg

h) $2{,}33\,\text{m}^3 : 3$

i) $2{,}85\,€ : 0{,}75\,\frac{€}{\text{kg}}$

j) $1250\,\text{l} : 50\,\frac{\text{l}}{\text{min}}$

Beispielaufgabe zur Division

Eine 1,25 m lange Leiste wird in 3 gleiche Teile zersägt.

(1) 1,25 m : 3

(2) = $0{,}41\overline{6}$ m

≈ 0,42 m

(3) Die Teile sind 0,42 m lang.

zu 1 und 2

0,3; 0,78; 0,94; 3,33; 17,42; 23,537; 58,21; 67,24; 93,55; 282; 568,31; 6121,36

3 Berechne.

a) 7,5 kg − 825 g b) $9{,}6\,\text{dm}^3 + 748\,\text{cm}^3$ c) 3,7 t − 400 kg d) $6{,}5\,\text{dm}^2 + 64\,\text{cm}^2$

= 7500 g − 825 g

______ g

______ kg

Zuerst in die gleiche Einheit umwandeln!

4 Eine Kugel zum Kugelstoßen aus Eisen hat ein Volumen von $0{,}509\,\text{dm}^3$. Wie schwer ist sie? ($1\,\text{cm}^3$ Eisen wiegt 7,85 g.)

$1\,\text{cm}^3$ ⟶ ______ kg

$1\,\text{dm}^3$ ⟶ ______ kg

$0{,}509\,\text{dm}^3$ ⟶ ______ kg

Antwort: ______

5 In einer verkehrsberuhigten Zone fährt ein Pkw mit einer Geschwindigkeit von 30 km/h. Wie viel m legt er in einer Sekunde zurück?

60 min ⟶ ______ m

1 min ⟶ ______ m

1 s ⟶ ______ m

Antwort: ______

zu 3 bis 5

3,3; 4,0; 6,675; 7,14; 8,3; 10,348

1.1 Berechne.

a) 12 € : 4 b) 6 € : 9 c) 5,84 · 7,98 €

d) 50 l : 0,7 l e) 8 km : 3 f) $9{,}65\,\text{t} \cdot 0{,}783\,\frac{€}{\text{t}}$

2.1 Berechne.

a) 1,5 kg : 3 b) 9,4 l : 37 c) $87{,}9\,\frac{€}{\text{kg}} \cdot 1{,}399\,\text{kg}$

d) $72{,}95\,\text{l} \cdot 36{,}463\,\frac{€}{\text{l}}$ e) 10 m : 60 cm f) 200 € : 31

3.1 Berechne.

a) 2 m + 14 dm b) $9{,}8\,\text{cm}^2 - 95\,\text{mm}^2$ c) 72,5 kg + 479 g

d) 24,5 km + 621 m e) 26,8 kg − 912 g f) $8{,}7\,\text{dm}^3 + 604\,\text{cm}^3$

4.1 Ein Holzwürfel hat ein Volumen von $9{,}834\,\text{dm}^3$. Wie schwer ist der Würfel? $1\,\text{cm}^3$ Holz wiegt 0,67 g.

5.1 Ein Pkw fährt mit einer Geschwindigkeit von 85 km/h. Wie viel Meter legt er in einer Sekunde zurück?

6 Erkläre die Bedeutung und den Einsatzbereich von zusammengesetzten Größen. Nenne dazu Beispiele.

a) kW/h b) m^3/h c) Einwohner/km^2

d) €/m^2 e) €/km f) l/min

Proportionale und antiproportionale Zuordnungen berechnen

1 1 kg Rinderfilet kostet 14,98 €. Wie viel Euro kostet ein Stück Fleisch, das genau 1,473 kg wiegt?

(1) ____________

a) Berechne mit einer Tabelle.
(2) und (3)

Rinderfilet in kg	Preis in €

(4) ____________

b) Berechne mit dem Dreisatz.

(2) ____________

(3) ____________

(4) ____________

Zuordnungen berechnen
Für eine Rasenfläche von 250 m^2 benötigt man 5 kg Grassamen. Wie viel kg benötigt man für 470 m^2?

(1) Zuordnungsart bestimmen — proportional

Zuordnung **mit Tabelle** berechnen

(2) Zuordnung in eine Tabelle eintragen

(3) Berechnen, evtl. Zwischenschritt über die „1"

	Fläche in m^2	Gewicht in kg	
	250	5	
: 25	10	0,2	: 25
· 47	470	9,4	· 47

(4) Antwort notieren — Man benötigt 9,4 kg Grassamen.

Zuordnung **mit Dreisatz** berechnen

(2) Für 250 m^2 braucht man 5 kg.
(3) Für 10 m^2 braucht man 0,2 kg.
(4) Für 470 m^2 braucht man 9,4 kg.

2 Eine Baugesellschaft verkauft Baugrundstücke. Ein 547 m^2 großes Grundstück kostet 101195 €. Wie viel Euro kostet ein 653 m^2 großes Grundstück?

(1) ____________

a) Berechne mit einer Tabelle.
(2) und (3)

Grundstück in m^2	Preis in €

(4) ____________

b) Berechne mit dem Dreisatz.

(2) ____________

(3) ____________

(4) ____________

3 Wenn Susi und Inga täglich 35 € bei ihrer Radtour ausgeben, reicht das Geld für 12 Tage. Für wie viele Tage reicht das Geld, wenn sie täglich 30 € ausgeben?

(1) ____________

a) Berechne mit einer Tabelle.
(2) und (3)

Anzahl Tage	Geld pro Tag in €

(4) ____________

b) Berechne mit dem Dreisatz.

(2) ____________

(3) ____________

(4) ____________

Proportionale Zuordnung
Zum Doppelten gehört das Doppelte, zur Hälfte gehört die Hälfte.

	Anzahl	Preis	
· 2	16	350	· 2
	32	700	

Antiproportionale Zuordnung
Zum Doppelten gehört die Hälfte, zur Hälfte gehört das Doppelte.

	Arbeiter	Dauer	
· 2	24	800	: 2
	48	400	

2.1 Für eine Fläche von 24 m^2 benötigt man 1,8 kg Farbe. Wie viel kg Farbe benötigt man für 40 m^2?

3.1 Familie Freese rechnet für den Campingurlaub mit täglichen Ausgaben von 120 €, dann könnte der Urlaub 15 Tage dauern. Für wie viele Tage reicht das Geld, wenn täglich 180 € ausgegeben werden?

4 Der Einsatz des Rettungshubschraubers kostet 450 € für 15 min. Wie viel Euro kostet ein Einsatz von 35 min?

5 Zwei Zahnräder (24 Zähne und 68 Zähne) laufen über eine Kette. Wie oft dreht sich das große Zahnrad, wenn sich das kleine 17 mal gedreht hat?

6 Diese Zuordnungen sind nicht proportional. Begründe.
a) *gefahrene Strecke in km → Taxirechnung in €*
b) *Anzahl von Buchstaben → Gebühr für die SMS in €*
c) *Gesprächsdauer in Sekunden → Telefonkosten in €*

Sachaufgaben mit Zuordnungen berechnen

1 Die Stromkosten bestehen aus dem Arbeitspreis (23,4 ct je kWh) und dem monatlichen Grundpreis von 6,45 €. Berechne die Stromkosten für die Monate Mai 407 kWh und Juni 388 kWh.

(1) Zuordnung: ______

(2) und (3)

Strom (kWh)	Kosten in €

(4) ______

2 Die Kosten bei der Taxifahrt bestehen aus der Grundgebühr von 4,00 € und den Fahrtkosten (1,50 € je km). Berechne die Kosten für eine Fahrt über 5,2 km und eine über 18,3 km.

(1) Zuordnung: ______

(2) und (3)

(4) ______

Schrittfolge
(1) Zuordnungsart bestimmen
(2) Zuordnung in eine Tabelle eintragen
(3) Berechnen
(4) Antwort notieren

3 ☆ Fünf Pumpen füllen ein Becken in 36 min. Zwei Pumpen fallen nach 12 min aus. Wie viel min benötigen die restlichen Pumpen zum Füllen des Beckens?

(1) Zuordnung: ______

(2) und (3)

(4)

4 ☆ Drei Schneepflüge räumen eine 90 km lange Straße in 6 Stunden. Ein Pflug fällt nach 4 Stunden aus. Wie lange müssen die beiden restlichen noch räumen?

(1) Zuordnung: ______

(2) und (3)

(4)

zu 3
Denkschritte
- In wie viel Minuten kann 1 Pumpe das Becken füllen?
- In wie viel Minuten haben die 5 Pumpen zusammen das Becken bereits gefüllt?
- In wie viel Minuten schafft 1 Pumpe die Restfüllung?

5 Die Wasserkosten setzen sich aus dem Verbrauchspreis (1,60 € je m^3) und dem monatlichen Bereitstellungspreis (4,45 €) zusammen. Berechne die Wasserkosten für die Monate Januar bis Juni bei einem Gesamtverbrauch von 78 m^3.

6 Bei einer Geschwindigkeit von 1,5 m/s benötigt ein Skilift für die Fahrt zur Bergstation 6 min. Wie lange benötigt er bei einer Geschwindigkeit von 2,5 m/s?

7 In einem Aquarium mit einer Grundfläche von 1500 cm^2 steht das Wasser 40 cm hoch. Wie hoch steht das Wasser, wenn man es in ein Aquarium mit 1200 cm^2 Grundfläche umfüllt?

8 ☆ Das Füllen eines Schwimmbeckens dauert mit 2 Pumpen 90 min. Nach 30 min wird noch eine zusätzliche Pumpe angeschlossen.
Wie lange dauert das Füllen insgesamt?

1 Rationale Zahlen addieren und subtrahieren

Berechne.

a) $317 + (-148) =$ ______

b) $-5{,}4 - (-5{,}4) =$ ______

Berechne.

a) $-\frac{3}{4} - \left(-\frac{1}{2}\right) =$ ______

b) $-1\frac{2}{5} + \frac{4}{25} =$ ______

Berechne.

a) $-\left(1\frac{1}{2}\right) + (-0{,}7) =$ ______

b) $8{,}13 - \left(-2\frac{3}{4}\right) =$ ______

2 Rationale Zahlen multiplizieren und dividieren

Berechne.

a) $3{,}2 \cdot (-4) =$ ______

b) $(-5{,}6) : (-0{,}7) =$ ______

Berechne.

a) $\left(-\frac{3}{8}\right) \cdot \left(-\frac{1}{3}\right) =$ ______

b) $\left(+\frac{5}{6}\right) : \left(-\frac{3}{10}\right) =$ ______

Berechne.

a) $\left(2\frac{1}{4}\right) \cdot (-0{,}12) =$ ______

b) $(-5) : \left(-1\frac{1}{4}\right) =$ ______

3 Rechnungen mit Klammern durchführen

Berechne.

a) $3{,}6 + (0{,}2 \cdot 5)$
= ______

b) $(-20 + 5) \cdot (21 - 7)$
= ______

Berechne.

a) $(4{,}2 + 0{,}9) \cdot (0{,}4 - 0{,}5)$
= ______

b) $(3 - 1{,}6) : (3 - 10)$
= ______

Berechne.

a) $(3 \cdot (5 - 7)) : (-0{,}6)$
= ______

b) $(20 : (-5)) - (10 \cdot 0{,}4)$
= ______

4 Mit Größen rechnen

Berechne.

a) $12 \cdot 0{,}375\,\text{kg}$
= ______

b) $2{,}50\,\text{m}^2 : 4$
= ______

Berechne.

a) $2{,}4\,\text{kg} \cdot 2{,}80\,\frac{€}{\text{kg}}$
= ______

b) $34\,325\,€ : 25\,€$
= ______

Berechne.

a) $0{,}8\,\text{t} : 25\,\text{kg}$
= ______

b) $6{,}250\,\text{kg} \cdot 8{,}99\,\frac{€}{\text{kg}}$
= ______

5 Proportionale und antiproportionale Zuordnungen berechnen

Berechne die proportionale Zuordnung mit dem Dreisatz.

Für eine Fläche von $300\,\text{m}^2$ benötigt man 1,2 kg Grassamen. Wie viel kg Samen benötigt man für $1000\,\text{m}^2$?

Für 300 m^2 benötigt man ______ kg,

für ______ m^2 benötigt man ______ kg,

für ______ m^2 benötigt man ______ kg.

Für eine Fläche von $1000\,\text{m}^2$ benötigt man ______ kg Grassamen.

Berechne die antiproportionale Zuordnung mit der Tabelle.

Die Buskosten werden anteilig auf die Teilnehmer verteilt.

Anzahl Teilnehmer	Kosten pro Teilnehmer
24	35 €
21	

Bei 21 Teilnehmern muss jeder ______ € bezahlen.

Aus einem Weinfass können 620 Flaschen zu je 0,75 l gefüllt werden. Wie viele 0,5-l-Flaschen könnten aus dem Fass gefüllt werden?

Aus dem Weinfass könnten ______ 0,5-l-Flaschen gefüllt werden.

Grundaufgaben der Prozentrechnung berechnen

1 a) Berechne den Prozentwert W.

Grundwert G = 475,00 €
Prozentsatz p% = 7,2 %

(1) ______

(2) ______

(3) ______

______

Prozentwert W berechnen	**Prozentsatz p% berechnen**	**Grundwert G berechnen**
p% = 3,5 % G = 422,00 €	G = 422,00 € W = 14,77 €	W = 14,77 € p% = 3,5 %
(1) **W = G · p%** (2) W = 422,00 € · 3,5 % (3) = 422,00 € · 0,035 = 14,77 €	**p% = W : G** p% = 14,77 € : 422 € = 0,035 = 3,5 %	**G = W : p%** G = 14,77 € : 3,5 % = 14,77 € : 0,035 = 422,00 €

b) Berechne den Prozentsatz p%.

Grundwert G = 725,000 l
Prozentwert W = 59,450 l

(1) ______

(2) ______

(3) ______

c) Berechne den Grundwert G.

Prozentwert W = 37,62 €
Prozentsatz p% = 9,5 %

(1) ______

(2) ______

(3) ______

Schrittfolge
(1) Formel notieren
(2) Werte einsetzen
(3) Berechnen

$p\% = \frac{p}{100}$

p% = 3 % = 0,03

2 Fülle die Tabelle aus. Gib die Prozentsätze p% auf eine Stelle nach dem Komma gerundet an. Runde Grundwert G und Prozentwert W sinnvoll.

	a)	b)	c)	d)	e)
G	422,00 €	72,783 kg			45,850 cm^2
p%	32,7 %		1,8 %	4,7 %	3,7 %
W		3,538 kg	1,7 mm	36 Stück	

zu 1 und 2
1,696; 4,9; 8,2; 34,2; 94,4; 137,99; 396; 765

3 Herr Kraus zahlt 375 € in der Schadensfreiheitsklasse SF4 seiner Pkw-Haftpflichtversicherung. Das sind 60 % der SF1.

a) Wie viel Euro zahlt man in der SF1?

______

______

______

______

______

b) Anfänger zahlen in SF0 230 % der SF1. Wie viel Euro muss ein Anfänger zahlen?

______

______

______

______

______

zu 3
Schadensfreiheitsklassen
Bei der Autohaftpflichtversicherung gibt es Schadensfreiheitsklassen. Anfänger sind in SF0 und zahlen 230 % der SF1 (100 %). Nach 15 Jahren ohne Schaden kommt man in die SF15 und zahlt nur noch 40 % von SF1.

1.1 Berechne den Prozentwert W.
a) G = 470,00 €; p% = 3 % b) G = 595 m; p% = 45 %
c) G = 1540,00 €; p% = 0,4 % d) G = 58,00 €; p% = 12,75 %

1.2 Berechne den Prozentsatz p%.
a) G = 150 m; W = 4,5 m b) G = 595 l; W = 53,55 l
c) G = 3080 m; W = 6,16 m d) G = 36,00 €; W = 0,18 €

1.3 Berechne den Grundwert G.
a) W = 9 Personen; p% = 6 % b) W = 26,775 t; p% = 4,5 %
c) W = 21,56 €; p% = 0,7 % d) W = 0,27 m; p% = 0,75 %

3.1 Nachdem Herr Kraus einen Unfallschaden durch seine Versicherung bezahlen ließ, wurde er aus der SF4 (60 %) in die Klasse SF2 zurückgestuft, in der er 85 % der SF1 zahlt.
Wie viel Euro macht der Unterschied in zwei Jahren aus?
(SF1 beträgt 585 €).

4 Welche Aussagen sind wahr? Begründe.
a) Der Grundwert G ist immer 100 %.
b) Der Prozentwert W ist immer größer als der Grundwert G.
c) Der Mehrwertsteuersatz ist ein Prozentsatz.

Endwert berechnen

1 Im letzten Jahr wurde die Flugreise für 1340 € angeboten. In diesem Jahr ist eine Preissteigerung von 4,5 % zu erwarten. Wie viel Euro würde die Reise dann kosten?

(1) Anfangswert A: ______

Veränderung: ______

Wachstumsfaktor: ______

(2) ______

(3) ______

(4) ______

Endwert berechnen

Die Rechnung für eine Autoreparatur beträg 920,80 €. Hinzu kommen 19 % Mehrwertsteuer (MwSt.). Wie viel Euro muss der Kunde bezahlen?

(1) **Nebenrechnung**	
– Anfangswert A notieren	A = 920,80 €
– Veränderung notieren	Veränderung: + 19 %
– Wachstumsfaktor bestimmen	Wachstumsfaktor: · 1,19
(2) Formel notieren	Endwert E = A · Wachstumsfaktor
(3) Werte einsetzen und berechnen	E = 920,80 € · 1,19 ≈ 1095,75 €
(4) Antwort notieren	Die Autoreparatur einschließlich MwSt. kostet 1095,75 €.

2 Bestimme den Endwert mithilfe des Wachstumsfaktors.

	a)	b)	c)	d)
Anfangswert A	2340 €	389 €	2090 €	5210 €
Veränderung	+ 2 %	− 5 %	− 9,3 %	+ 7,2 %
Wachstumsfaktor				
Endwert E				

3 Die Jahres-Stromrechnung weist einen Nettorechnungsbetrag von 1437,58 € aus. Nun kommen noch 8,4 % dieses Betrages als Ausgleichsabgabe hinzu. Auf diese Summe müssen dann 19 % Mehrwertsteuer entrichtet werden. Wie viel Euro sind insgesamt zu zahlen? Rechne auf zwei Arten.

a) In Einzelschritten

Berechnen des 1. Endwertes E_1:

Anfangswert A_1: ______

Veränderung: ______

Wachstumsfaktor: ______

Endwert E_1: ______

Berechnen des 2. Endwertes E_2:

Anfangswert $A_2 = E_1$: ______

Veränderung: ______

Wachstumsfaktor: ______

Endwert E_2: ______

b) Kombinierte Rechnung

Anfangswert A · 1. Wachstumsfaktor · 2. Wachstumsfaktor ≈ Endwert E

______ · 1,084 ______ ≈ ______

Wachstumsfaktor bestimmen

Anfangswert A	100 %
Veränderung	+ 5 %
Wachstumsfaktor	· 1,05

Anfangswert A	100 %
Veränderung	− 5 %
Wachstumsfaktor	· 0,95

i zu 3
Nettorechnungsbetrag
Preis ohne Aufschlag

zu 3
kombinierte Rechnung
E = A · 1,084 · 1,19

zu 1 bis 3
369,55; 1400,30; 1807,67; 1895,63; 2386,80; 5585,12

1.1 Eine Jeans kostet 59,90 €. Beim Schlussverkauf wird der Preis um 30 % ermäßigt. Wie viel Euro kostet die Jeans dann?

1.2 Frau Ebert verdient im Monat 2295 €. Hiervon werden für Steuern und Sozialabgaben 32 % einbehalten. Wie viel Euro bekommt sie ausbezahlt?

1.3 Die Monatskarte kostete 49,00 €. Die Verkehrsgemeinschaft erhöht die Preise um 7,2 %. Wie viel Euro sind dann zu zahlen?

1.4 Ein Fahrrad kostet netto (ohne MwSt.) 463,80 €. Wie viel Euro sind brutto (einschließlich 19 % MwSt.) zu zahlen?

2.1 Übertrage die Tabelle in dein Heft und berechne die Werte.

	a)	b)	c)	d)	e)
Anfangswert A	265 €	5610 €	32 €	6590 €	783 €
Veränderung	+ 6,9 %	− 7,3 %	+ 9,4 %	− 23,1 %	+ 5,6 %
Wachstumsfaktor					
Endwert E					

4 Bestimme den Wachstumsfaktor. Erkläre.

a) Der Endwert ist halb so groß wie der Grundwert.

b) Der Endwert ist doppelt so groß wie der Grundwert.

Grundaufgaben der Zinsrechnung berechnen

1 Berechne die Zinsen Z_t für t Tage. Runde auf Cent.

K = 2130 €; p% = 7,2 %; t = 117 d

(1) $Z_t = K \cdot p\% \cdot$ ______

(2) ______

(3) ______

Grundaufgaben der Zinsrechnung berechnen

Zinsformel $Z_t = K \cdot p\% \cdot \frac{t}{360}$

Kapitel K	Zinssatz p%	Zinszeit t	Zinsen in t Tagen Z_t
K = 1500 €	p% = 3 %	t = 110 d	Z_t = 13,75 €

Z_t berechnen

(1) $Z_t = K \cdot p\% \cdot \frac{t}{360}$

(2) $Z_t = 1500\,€ \cdot 0{,}03 \cdot \frac{110}{360}$

(3) $= 13{,}75\,€$

K berechnen

$K = \frac{Z_t}{p\%} \cdot \frac{360}{t}$

$K = \frac{13{,}75\,€ \cdot 360}{0{,}03 \cdot 110}$

$= 1500\,€$

p% berechnen

$p\% = \frac{Z_t}{K} \cdot \frac{360}{t}$

$p\% = \frac{13{,}75\,€ \cdot 360}{1500\,€ \cdot 110}$

$= 0{,}03 = 3\,\%$

2 Berechne das Kapitel K. Runde auf volle Euro.

Z_t = 725,70 €; p% = 9,5 %; t = 59 d

(1) K = ______

(2) ______

(3) ______

3 Berechne den Zinssatz p%. Runde auf eine Stelle nach dem Komma.

K = 4850 €; Z_t = 140,40 €; t = 135 d

(1) p% = ______

(2) ______

(3) ______

4 Berechne die fehlenden Werte. Runde sinnvoll.

	a)	b)	c)	d)	e)
K	1300,00 €		1530 €	1860 €	
p%	4,5 %	3,2 %	7,0 %		9,4 %
t	94 d	105 d	88 d	150 d	310 d
Z_t		131,25 €		18,60 €	7,75 €

5 ☆ Berechne mithilfe der angegebenen Formel die Anzahl der Zinstage.

K = 180 €; p% = 5 %; Z_t = 1,10 €; $t = \frac{Z_t \cdot 360}{K \cdot p\%}$

t = ______

Schrittfolge
(1) Formel notieren
(2) Werte einsetzen
(3) Berechnen, runden

p% = 3 % = 0,03

Sinnvoll runden
p% = 0,07719...
≈ 0,077 = 7,7 %

d (day)
Abkürzung für Tag

zu 1 bis 5
2,4; 7,7; 15,28; 26,18; 44; 49,84; 95,74; 14 062,50; 46 610,53

1.1 Berechne die Zinsen Z_t für t Tage.

	a)	b)	c)	d)	e)
K	2653 €	560 €	1450 €	32 €	12 398 €
p%	7,4 %	15,8 %	2,5 %	0,3 %	7,3 %
t	250 d	163 d	259 d	312 d	10 d

2.1 Berechne das Kapitel K. Runde auf volle Euro.

	a)	b)	c)	d)	e)
Z_t	23,00 €	6,90 €	1,25 €	56,89 €	18,25 €
t	150 d	230 d	36 d	117 d	90 d
p%	8,0 %	5,2 %	12,4 %	7,2 %	4,5 %

3.1 Berechne p%. Runde auf eine Stelle nach dem Komma.

	a)	b)	c)	d)	e)
K	5630 €	2980 €	560 €	964 €	1225 €
Z_t	250,00 €	26,60 €	2,30 €	28,00 €	26,90 €
t	210 d	86 d	86 d	120 d	183 d

4.1 Übertrage ins Heft und berechne die fehlenden Werte.

	a)	b)	c)	d)	e)
K	1460 €		3450 €	2430 €	36,82 €
p%	3,5 %	4,0 %	9,0 %		8,0 %
t	105 d	240 d	66 d	117 d	275 d
Z_t		25,90 €		55 €	

Zinseszinsen berechnen

1 Berechne das Endkapital nach 5 Jahren für ein Festzinssparbuch mit einem Zinssatz von 4,25 %. Rechne jeweils auf Cent genau.

a)

	Anfangskapital (€)	Zinsfaktor	Endkapital (€)
1. Jahr	10 000,00	·1,0425	10 425,00
2. Jahr	10 425,00	·1,0425	
3. Jahr			
4. Jahr			
5. Jahr			

Zinseszinsen berechnen

Die SPAR-BANK bietet ein Sparbuch mit festen Zinsen an. Zinssatz p% = 4,0 %; Anlagebetrag 10 000 €; Festlegungszeitraum 3 Jahre. Die Zinsen werden dem Sparbuch jeweils am Jahresende gutgeschrieben.

Berechnung des Endkapitals mit einer Tabelle

	Anfangskapital in €	Zinsfaktor	Endkapital in €
1. Jahr	10 000,00	· 1,04	10 400,00
2. Jahr	10 400,00	· 1,04	10 816,00
3. Jahr	10 816,00	· 1,04	11 248,64

Berechnung mit einer Gleichung (Term)

$10\,000\,€ \cdot 1{,}04 \cdot 1{,}04 \cdot 1{,}04 = 10\,000\,€ \cdot (1{,}04)^3 = 11\,248{,}64\,€$

b) 10 000,00 €·1,0425 ____________________

2 Inga hat einen Sparbrief über 2000,00 € geschenkt bekommen.
Der Zinssatz beträgt 3 %, Zinsen und Zinseszinsen werden nach 6 Jahren ausgezahlt. Berechne den Auszahlungsbetrag mithilfe des Zinsfaktors.

Anfangskapital: ______________ Zinssatz: ________ Zinsfaktor: ________

Laufzeit: ____________ Rechnung: ____________________

3 Berechne die fehlenden Werte. Runde auf volle Euro.

	a)	b)	c)	d)
Anfangskapital	4000 €	3200 €	500 €	12 000 €
Zinssatz p%	3 %	4 %	4,2 %	4,5 %
Laufzeit	2 a	4 a	6 a	8 a
Endkapital				
Zinsen und Zinseszinsen				

i **Zinseszinsen** sind Zinsen von Zinsen.

Zinssatz 6 %
Zinsfaktor · 1,06

i zu 3
a (anno)
Abkürzung für Jahr

☑ zu 2 und 3
140; 244; 544; 640; 2388,10; 3744; 4244; 5065; 17065

1.1 Berechne das Endkapital nach 5 Jahren für ein Sparbuch mit einem festen Zinssatz von 3,5 %. Das Anfangskapital beträgt 15 000 €.
a) Berechne mit einer Tabelle.
b) Rechne in Kurzform.

1.2 Nach wie vielen Jahren hat sich das Kapital verdoppelt? Übertrage die Tabelle in dein Heft und setze sie soweit wie nötig fort.

	Anfangskapital (volle Euro)	Zinsfaktor	Endkapital
1. Jahr	2000 €	· 1,05	2100 €
2. Jahr	2100 €	· 1,05	
3. Jahr			

2.1 Frau Heiner kauft einen Sparbrief für 4000 €. Der Zinssatz beträgt 3,5 %. Die Laufzeit ist 5 Jahre. Zinsen und Zinseszinsen werden am Ende der Laufzeit ausgezahlt. Wie viel Euro sind das insgesamt?

3.1 Übertrage die Tabelle in dein Heft und berechne die fehlenden Werte.

	a)	b)	c)	d)
Anfangskapital	2000 €	2000 €	2000 €	2000 €
Zinssatz p%	2,75 %	3,25 %	3,75 %	4,0 %
Zinsfaktor				
Laufzeit	2 a	4 a	6 a	6 a
Endkapital				
Zinsen				

Sachaufgaben zur Prozent- und Zinsrechnung berechnen

1 Frau Schmittke verdiente 3456,00 €. Nach der Gehaltserhöhung verdient sie 3576,96 €. Wie viel Prozent des alten Gehalts macht die Erhöhung aus?

(1) Anfangswert A = ____________

Endwert E = ____________

(2) Ⓐ Protenzsatz bestimmen

____

____

(3) ____________

(2) Ⓑ Veränderung bestimmen

____

____

(3) ____________

(4) ____________

Sachaufgabe zur Prozentrechnung berechnen

Durch eine verbesserte Zündeinstellung veränderte sich der Benzinverbrauch eines Autos von 8,7 l auf 7,1 l pro 100 km. Um wie viel Prozent konnte der Verbrauch gesenkt werden?

(1) **Nebenrechnung** Gegebene Werte notieren	Anfangswert A = 8,7 l Endwert E = 7,1 l	
(2) Formeln notieren	Ⓐ Prozentsatz p% bestimmen p% = E : A	Ⓑ Prozentuale Veränderung bestimmen 100 % − p%
(3) Werte einsetzen, berechnen	p% = 7,1 : 8,7 ≈ 81,6 %	= 100 % − 81,6 % = 18,4 %
(4) Antwort notieren	Der Verbrauch konnte um 18,4 % gesenkt werden.	

2 Herr Groß kauft für 2500 € einen Sparbrief mit steigendem Zinssatz:
1. Jahr: 1,75 %; 2. Jahr: 2,00 %; 3. Jahr: 2,00 %; 4. Jahr: 2,50 %; 5. Jahr: 2,70 %.
Die Zinsen werden angesammelt und mitverzinst. Bestimme die Zinsfaktoren und berechne das Endkapital.

3 Ein Fernsehgerät kostet ohne Mehrwertsteuer 549 €. Berechne den Preis mit Mehrwertsteuer (19 %).

4 Vom Bruttoeinkommen werden Abgaben für die Sozialversicherung einbehalten:

	1993	2000	2010
Rentenversicherung RV	8,75 %	9,75 %	9,95 %
Krankenversicherung KV	6,7 %	6,75 %	8,2 %
Arbeitslosenversicherung AV	3,25 %	3,25 %	1,5 %
Pflegeversicherung PV	0,0 %	0,85 %	0,975 %

a) Wie viel Euro betragen jeweils die einzelnen Abgaben bei einem Bruttomonatseinkommen von 3500 €?
b) Um wie viel Prozent haben sich die Sozialabgaben von 1993 auf 2010 erhöht?

5 Herr Meyer hat sein Konto 27 Tage lang um 3520 € überzogen. Die Bank berechnet für diesen Überziehungskredit einen Zinssatz von 13,75 %. Wie viel Euro Zinsen muss er bezahlen?

6 Frau Dreger zahlt jeden Monat 340 € auf ihr Sparkonto. Der Zinssatz beträgt 1,5 %. Wie viel Euro Zinsen erhält sie nach 12 Monaten? (Berechne die Zinsen für jede einzelne Zahlung, rechne den Monat zu 30 Tagen.)

7 Herr Freese hat ein Sparbuch mit steigendem Zinssatz, 1. Jahr 1,5 %; 2. Jahr 2,0 %; 3. Jahr 2,25 %; 4. Jahr 2,5 %; 5. Jahr 2,75 %. Der eingezahlte Betrag war 6750 €.
a) Bestimme die einzelnen Zinsfaktoren.
b) Berechne die Zinsen für jedes Jahr.
c) Bestimme den Kontostand am Ende jedes Zinsjahres.
d) Welchen durchschnittlichen Zinssatz hat er erhalten? Erkläre den Lösungsweg für diese Berechnung.

1 Prozentwert, Prozentsatz und Grundwert berechnen ☹ 😐 ☺

a) Berechne den Prozentwert W.
G = 7000 kg; p% = 2,0 %

W = ______

b) Berechne den Prozentsatz p%.
W = 60 kg; G = 3000 kg

p% = ______

c) Berechne den Grundwert G.
W = 750 kg; p% = 3,0 %

G = ______

a) Berechne den Prozentwert W.
G = 750 kg; p% = 2,5 %

W = ______

b) Berechne den Prozentsatz p%.
W = 875 kg; G = 25 000 kg

p% = ______

c) Berechne den Grundwert G.
W = 25 kg; p% = 0,5 %

G = ______

a) Berechne den Prozentwert W.
G = 75 kg; p% = $\frac{1}{2}$%

W = ______

b) Berechne den Prozentsatz p%.
W = 15 kg; G = 1250 kg

p% = ______

c) Berechne den Grundwert G.
W = 1,1 kg; p% = 0,05 %

G = ______

2 Wachstumsfaktor bestimmen ☹ 😐 ☺

Gib den Wachstumsfaktor an, der zur Veränderung gehört.

	Veränderung	Wachstumsfaktor
a)	+25 %	
b)	−10 %	

Gib den Wachstumsfaktor an, der zur Veränderung gehört.

	Veränderung	Wachstumsfaktor
a)	−2,5 %	
b)	+100 %	

Gib den Wachstumsfaktor an, der zur Veränderung gehört.

	Veränderung	Wachstumsfaktor
a)	−0,4 %	
b)	+155 %	

3 Endwert berechnen ☹ 😐 ☺

Berechne den Endwert E.
Anfangswert A = 1200 l
Veränderung +1,2 %
Wachstumsfaktor: ______

E = ______

Berechne den Endwert E.
Anfangswert A = 200 000 l
Veränderung −2,5 %
Wachstumsfaktor: ______

E = ______

Berechne den Endwert E.
Anfangswert A = 15 000 l
Veränderung −1,75 %
Wachstumsfaktor: ______

E = ______

4 Jahreszinsen, Zinssatz und Kapital berechnen ☹ 😐 ☺

a) Berechne die Jahreszinsen Z.
K = 8000 €; p% = 2,0 %

Z = ______

b) Berechne den Zinssatz p%.
Z = 90 €; K = 3000 €

p% = ______

c) Berechne das Kapital K.
Z = 2000 €; p% = 4,0 %

K = ______

a) Berechne die Jahreszinsen Z.
K = 15 000 €; p% = 2,5 %

Z = ______

b) Berechne den Zinssatz p%.
Z = 525 €; K = 35 000 €

p% = ______

c) Berechne das Kapital K.
Z = 9,10 €; p% = 3,5 %

K = ______

a) Berechne die Jahreszinsen Z.
K = 75 000 €; p% = $1\frac{1}{2}$%

Z = ______

b) Berechne den Zinssatz p%.
Z = 18,75 €; K = 2500 €

p% = ______

c) Berechne das Kapital K.
Z = 47,50 €; p% = 1,25 %

K = ______

5 Zinseszinsen und Endkapital berechnen ☹ 😐 ☺

Berechne das Endkapital.
Sparbrief über 2 Jahre mit festem Zinssatz.
K = 1000 €; p% = 2 %

Anfangskapital: ______

Zinsfaktoren: ______

Endkapital: ______

Berechne das Endkapital.
Sparbrief über 5 Jahre mit festem Zinssatz.
K = 5000 €; p% = 2,5 %

Anfangskapital: ______

Zinsfaktoren: ______

Endkapital: ______

Berechne das Endkapital.
Sparbrief mit steigendem Zinssatz.
1. Jahr 2,0 %; 2. Jahr 2,5 %;
3. Jahr 3,5 %; K = 12 000 €

Anfangskapital: ______

Zinsfaktoren: ______

Endkapital: ______

Quadrieren

1 Berechne die Quadratzahlen von 6 bis 15. Lerne sie auswendig.

$6^2 = 6 \cdot 6 = 36$ ______ $7^2 =$ ______

$8^2 =$ ______ ______

______ ______

______ ______

______ ______

Quadrieren

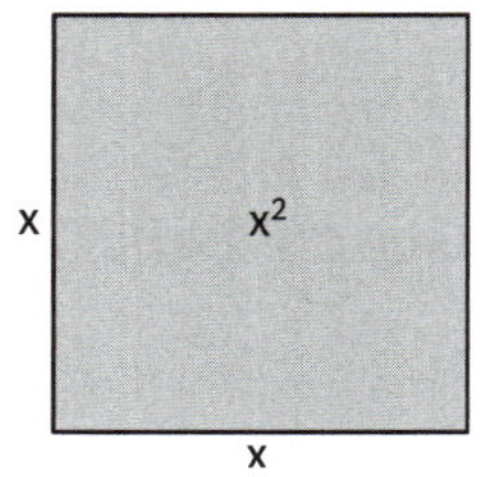

$x^2 = x \cdot x$

$7^2 = 7 \cdot 7 = 49$

$3{,}2^2 = 3{,}2 \cdot 3{,}2 = 10{,}24$

$(-1{,}5)^2 = (-1{,}5) \cdot (-1{,}5) = 2{,}25$

$\left(\frac{3}{5}\right)^2 = \frac{3}{5} \cdot \frac{3}{5} = \frac{9}{25}$

2 Berechne im Kopf.

a) $400^2 =$ ______ b) $0{,}3^2 =$ ______ c) $(-0{,}02)^2 =$ ______ d) $(-20)^2 =$ ______

e) $(-0{,}9)^2 =$ ______ f) $0{,}12^2 =$ ______ g) $-70^2 =$ ______ h) $0{,}003^2 =$ ______

i) $1{,}1^2 =$ ______ j) $-0{,}3^2 =$ ______ k) $(-11)^2 =$ ______ l) $-0{,}05^2 =$ ______

3 Berechne im Kopf.

a) $\left(\frac{3}{4}\right)^2 =$ ______ b) $\left(\frac{5}{8}\right)^2 =$ ______ c) $-\left(\frac{1}{2}\right)^2 =$ ______ d) $\left(\frac{1}{10}\right)^2 =$ ______

e) $\left(\frac{2}{5}\right)^2 =$ ______ f) $\left(\frac{1}{4}\right)^2 =$ ______ g) $\left(-\frac{4}{5}\right)^2 =$ ______ h) $\left(-\frac{1}{100}\right)^2 =$ ______

i) $\left(-\frac{1}{4}\right)^2 =$ ______ j) $-\left(\frac{1}{10}\right)^2 =$ ______ k) $-\left(\frac{1}{100}\right)^2 =$ ______ l) $\left(-\frac{3}{4}\right)^2 =$ ______

4 Vergleiche. Setze passend <, > oder = ein.

a) 5^2 ■ $5 \cdot 2$ b) $3^2 + 3^2$ ■ 6^2 c) $(2 + 3)^2$ ■ 5^2 d) 6^2 ■ $4 \cdot 9$

e) $3{,}5^2$ ■ $3{,}5 \cdot 3{,}5$ f) $10 \cdot 10$ ■ 10^2 g) $2^2 + 3^2$ ■ 5^2 h) $1{,}1^2$ ■ $1{,}11$

i) $0{,}2^2$ ■ $0{,}4$ j) $8 \cdot 9$ ■ 9^2 k) $2^2 \cdot 3^2$ ■ 6^2 l) $0{,}5^2$ ■ $2{,}5$

5 Berechne mit dem Taschenrechner.

a) $17{,}3^2 =$ ______ b) $(-8{,}9)^2 =$ ______ c) $\left(\frac{5}{8}\right)^2 =$ ______ d) $47{,}1^2 =$ ______

e) $0{,}78^2 =$ ______ f) $(-475)^2 =$ ______ g) $\left(-\frac{4}{5}\right)^2 =$ ______ h) $(-0{,}73)^2 =$ ______

Quadrieren
heißt, eine Zahl mit sich selbst multiplizieren

$3{,}2^2$
lies: 3,2 hoch 2

Merke

$1000^2 = 1\,000\,000$
$100^2 = 10\,000$
$10^2 = 100$
$1^2 = 1$
$0{,}1^2 = 0{,}01$
$0{,}01^2 = 0{,}0001$

$500^2 = 5^2 \cdot 100^2$
$0{,}5^2 = 5^2 \cdot 0{,}1^2$

$-4^2 = (-1) \cdot 4^2 = -16$
$(-4)^2 = (-4) \cdot (-4) = 16$

1.1 Berechne die Quadratzahlen von 16 bis 25.

1.2 Lerne die Quadratzahlen von 1 bis 20 auswendig.

2.1 Berechne die Quadratzahlen im Kopf und notiere das Ergebnis.

a) 300^2 b) 5000^2 c) $0{,}7^2$ d) $(-200)^2$
e) $0{,}19^2$ f) $1{,}7^2$ g) -25^2 h) 400^2
i) $-1{,}4^2$ j) $(-30)^2$ k) $0{,}004^2$ l) $0{,}13^2$

3.1 Berechne die Quadratzahlen im Kopf und notiere das Ergebnis.

a) $\left(\frac{2}{3}\right)^2$ b) $\left(\frac{3}{10}\right)^2$ c) $\left(\frac{2}{11}\right)^2$ d) $\left(-\frac{3}{5}\right)^2$
e) $-\left(\frac{1}{4}\right)^2$ f) $\left(\frac{7}{8}\right)^2$ g) $\left(\frac{5}{3}\right)^2$ h) $-\left(\frac{3}{4}\right)^2$
i) $\left(-\frac{3}{7}\right)^2$ j) $-\left(\frac{5}{8}\right)^2$ k) $\left(-\frac{8}{3}\right)^2$ l) $\left(-\frac{2}{5}\right)^2$

4.1 Vergleiche. Setze passend <, > oder = ein.

a) 7^2 ■ $7 + 7$ b) 8^2 ■ $8 \cdot 8$ c) $4^2 + 3^2$ ■ 7^2
d) $7 \cdot 8$ ■ 8^2 e) 6^2 ■ $(2 + 4)^2$ f) $1{,}2^2$ ■ $1{,}44$
g) 3^2 ■ -3^2 h) 5^2 ■ $5 \cdot 2^2$ i) $(5 \cdot 2)^2$ ■ 7^2

5.1 Berechne mit dem Taschenrechner.

a) $23{,}2^2$ b) $(-5{,}7)^2$ c) $42{,}8^2$ d) $-0{,}87^2$
e) $(-257)^2$ f) $-34{,}1^2$ g) $0{,}79^2$ h) $2{,}56^2$
i) $\left(\frac{3}{10}\right)^2$ j) $\left(\frac{3}{16}\right)^2$ k) $\left(-\frac{7}{8}\right)^2$ l) $-\left(\frac{5}{32}\right)^2$

6 Quadriere mehrmals. Vergleiche die Lösungen.

a) Quadriere 2 und (−2) je einmal, d.h. 2^2 und $(-2)^2$.
b) Quadriere 2 und (−2) je zweimal, d.h. $(2^2)^2$ und $((-2)^2)^2$.
c) Quadriere 2 und (−2) je dreimal, d.h. $((2^2)^2)^2$ und $(((-2)^2)^2)^2$.
d) Quadriere 2 und (−2) je viermal.

Wurzeln ziehen

Wurzeln ziehen

$\sqrt{a} = b$ Es gilt $b^2 = a$ für $a \geqq 0$ und $b \geqq 0$.

$\sqrt{36} = 6$; denn $6^2 = 36$

$\sqrt{6{,}25} = 2{,}5$; denn $2{,}5^2 = 6{,}25$

$\sqrt{\frac{4}{9}} = \frac{2}{3}$; denn $\left(\frac{2}{3}\right)^2 = \frac{4}{9}$

$\sqrt{-4}$ nicht lösbar, denn es gibt keine Zahl a, für die $a^2 = -4$ gilt.

1 Berechne und schreibe die Umkehrung.

a) $\sqrt{64}$ = 8; denn 8^2 = ______
b) $\sqrt{81}$ = ______
c) $\sqrt{144}$ = ______
d) $\sqrt{0{,}25}$ = ______
e) $\sqrt{10\,000}$ = ______

2 Berechne im Kopf und schreibe die Umkehrung.

a) $\sqrt{0}$ = ___ ; denn ______ b) $\sqrt{900}$ = ______
c) $\sqrt{0{,}0001}$ = ______ d) $\sqrt{3600}$ = ______
e) $\sqrt{0{,}81}$ = ______ f) $\sqrt{121}$ = ______
g) $\sqrt{0{,}01}$ = ______ h) $\sqrt{1{,}69}$ = ______
i) $\sqrt{1{,}21}$ = ______ j) $\sqrt{1600}$ = ______
k) $\sqrt{-4}$ = ______ l) $\sqrt{0{,}0121}$ = ______

$\sqrt{2{,}25}$
lies: Wurzel aus 2,25

$\sqrt{1\,000\,000} = 1000$
$\sqrt{10\,000} = 100$
$\sqrt{100} = 10$
$\sqrt{1} = 1$
$\sqrt{0{,}01} = 0{,}1$
$\sqrt{0{,}0001} = 0{,}01$

$\sqrt{400} = \sqrt{4} \cdot \sqrt{100}$
$\sqrt{0{,}04} = \sqrt{4} \cdot \sqrt{0{,}01}$

3 a) $\sqrt{\frac{4}{9}}$ = ______ b) $\sqrt{\frac{9}{25}}$ = ______
c) $\sqrt{-\frac{1}{25}}$ = ______ d) $\sqrt{\frac{16}{25}}$ = ______
e) $\sqrt{\frac{81}{100}}$ = ______ f) $\sqrt{\frac{36}{100}}$ = ______

4 Zwischen welchen benachbarten natürlichen Zahlen liegt die Quadratwurzel?

a) 5 < $\sqrt{30}$ < ___ b) ___ < $\sqrt{50}$ < ___ c) ___ < $\sqrt{80}$ < ___

$5^2 = 25$ < $6^2 = 36$

5 Berechne mit dem Taschenrechner.

a) $\sqrt{56{,}25}$ = ___ b) $\sqrt{0{,}3969}$ = ___ c) $\sqrt{2570{,}49}$ = ___
d) $\sqrt{59{,}29}$ = ___ e) $\sqrt{532\,900}$ = ___ f) $\sqrt{3147{,}21}$ = ___
g) $\sqrt{727\,609}$ = ___ h) $\sqrt{0{,}677\,329}$ = ___ i) $\sqrt{0{,}003\,721}$ = ___

1.1 Berechne im Kopf und notiere die Umkehrung.
a) $\sqrt{49}$ b) $\sqrt{64}$ c) $\sqrt{225}$ d) $\sqrt{169}$
e) $\sqrt{0{,}81}$ f) $\sqrt{0{,}25}$ g) $\sqrt{400}$ h) $\sqrt{121}$

2.1 Berechne im Kopf und notiere die Umkehrung.
a) $\sqrt{2500}$ b) $\sqrt{0{,}0001}$ c) $\sqrt{0{,}0049}$ d) $\sqrt{360\,000}$
e) $\sqrt{6400}$ f) $\sqrt{0{,}0064}$ g) $\sqrt{0{,}0144}$ h) $\sqrt{-25}$
i) $\sqrt{16\,900}$ j) $\sqrt{-0{,}04}$ k) $\sqrt{0{,}0625}$ l) $\sqrt{2{,}25}$

3.1 Berechne im Kopf und notiere die Umkehrung.
a) $\sqrt{\frac{25}{16}}$ b) $\sqrt{\frac{36}{49}}$ c) $-\sqrt{\frac{4}{9}}$ d) $\sqrt{-\frac{9}{25}}$
e) $\sqrt{\frac{81}{225}}$ f) $\sqrt{\frac{36}{64}}$ g) $\sqrt{\frac{100}{121}}$ h) $-\sqrt{\frac{25}{9}}$

4.1 Zwischen welchen benachbarten natürlichen Zahlen liegt die Quadratwurzel?
a) $\sqrt{40}$ b) $\sqrt{90}$ c) $\sqrt{60}$ d) $\sqrt{200}$
e) $\sqrt{120}$ f) $\sqrt{33}$ g) $\sqrt{222}$ h) $\sqrt{500}$

5.1 Berechne mit dem Taschenrechner.
a) $\sqrt{13{,}69}$ b) $\sqrt{43{,}56}$ c) $\sqrt{18{,}49}$ d) $\sqrt{24{,}01}$
e) $\sqrt{0{,}2209}$ f) $\sqrt{0{,}3364}$ g) $\sqrt{94{,}09}$ h) $\sqrt{0{,}5329}$

6 Ziehe die Wurzeln aus folgenden Zehnerpotenzen.
$\sqrt{10}$; $\sqrt{10^2}$; $\sqrt{10^3}$; $\sqrt{10^4}$; $\sqrt{10^5}$; $\sqrt{10^6}$, … Erkläre, welche Wurzeln von Zehnerpotenzen natürliche Zahlen als Lösung haben.

Näherungsweises Wurzelziehen

1 Im Kasten ist das Ergebnis für $\sqrt{5}$ immer näher eingeschachtelt worden.
Schrittfolge:
(1) Näherungswert festlegen
(2) Näherungswert quadrieren
(3) Vergleich mit dem Wurzelterm durchführen,
- wenn < als Wurzel, neuen Näherungswert bestimmen, weiter mit (1) (2) (3)
- wenn > als Wurzel, neuen Näherungswert um eine Stelle *erweitern*, dann (1) (2) (3)

Näherungsweises Wurzelziehen

Beispiel $\sqrt{5}$

Näherungswert festlegen	Näherungswert quadrieren	Vergleichen	Intervall notieren
2	$2^2 = 4$	$2 < \sqrt{5}$	
3	$3^2 = 9$	$3 > \sqrt{5}$	$2 < \sqrt{5} < 3$
2,1	$2,1^2 = 4,41$	$2,1 < \sqrt{5}$	$2,1 < \sqrt{5} < 3$
2,2	$2,2^2 = 4,84$	$2,2 < \sqrt{5}$	$2,2 < \sqrt{5} < 3$
2,3	$2,3^2 = 5,29$	$2,3 > \sqrt{5}$	$2,2 < \sqrt{5} < 2,3$
2,21	…	…	…

Bestimme mit diesem Verfahren eine weitere Dezimalstelle des Intervalls.

Näherungswert festlegen	Näherungswert quadrieren	Vergleichen	Intervall notieren
2,21	$2,21^2 =$		

Intervall [a; b] enthält alle Zahlen von a bis b.

$\sqrt{5}$ liegt im Intervall [2; 3]
$\sqrt{5}$ liegt im Intervall [2,2; 2,3]

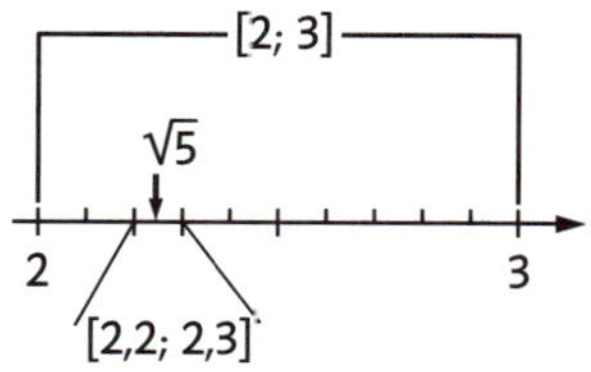

2 Setze die Berechnung von $\sqrt{5}$ mit dem **Heron**-Verfahren fort.

(1) Näherungswert festlegen	(2) Zugehörigen Näherungswert durch Division bestimmen	(3) Intervall notieren	(4) Neuen Näherungswert durch Mittelwertbildung bestimmen
2	$5 : 2 = 2,5$	$2 < \sqrt{5} < 2,5$	$\frac{2 + 2,5}{2} = 2,25$
2,25	$5 : 2,25 = 2,222\,222$	$2,222\,222 < \sqrt{5} < 2,25$	$\frac{2,222\,222 + 2,25}{2} = 2,236\,111$
2,236 111			

i zu 2
Heron von Alexandrien entwickelte um 60 v. Chr. ein Verfahren zum näherungsweisen Wurzelziehen.

Mittelwert von a und b ist $\frac{a+b}{2}$

3 ☆ Berechne $\sqrt{12}$ mit dem **Heron**-Verfahren.

(1) Näherungswert festlegen	(2) Zugehörigen Näherungswert durch Division bestimmen	(3) Intervall notieren	(4) Neuen Näherungswert durch Mittelwertbildung bestimmen
3	$12 : 3 =$	$3 < \sqrt{12} <$	$\frac{\quad}{2} =$

4 Suche im Internet nach Verfahren zum Wurzelziehen. Gib als Suchbegriff „Näherungsweises Wurzelziehen" oder „Verfahren zum Wurzelziehen" ein. Probiere einige Vorschläge aus.

Reelle Zahlen

1 Welche Ergebnisse der Quadratwurzeln sind rational, welche irrational?

	Ergebnis	rational/irrational
$\sqrt{3}$	1,732 050 ...	irrational
$\sqrt{16}$		
$\sqrt{20}$		
$-\sqrt{25}$		
$\sqrt{\frac{4}{9}}$		

Reelle Zahlen
Die **rationalen** und die **irrationalen** Zahlen bilden zusammen die Menge der **reellen** Zahlen ($\mathbb{R}$).

Rationale Zahlen
Endliche und periodische Dezimalzahlen
$\sqrt{100} = 10$; denn $10^2 = 100$
$\sqrt{5{,}29} = 2{,}3$; denn $2{,}3^2 = 5{,}29$
$-\sqrt{\frac{1}{4}} = -\frac{1}{2}$; denn $-\left(\frac{1}{2}\right)^2 = -\frac{1}{4}$

Irrationale Zahlen
Unendliche, nicht periodische Dezimalzahlen
$\sqrt{3} = 1{,}732\,050\ldots$
$\sqrt{0{,}1} = 0{,}316\,227\ldots$
$\sqrt{\frac{3}{5}} = 0{,}774\,596\ldots$

2 Welche Aussagen sind wahr (w), welche sind falsch (f)? Notiere.

a) $\sqrt{4}$ ist eine reelle Zahl. ______
b) $\sqrt{3^2}$ ist eine irrationale Zahl. ______
c) $\sqrt{5}$ ist eine reelle Zahl. ______
d) $\sqrt{\frac{1}{9}}$ ist eine rationale Zahl. ______
e) $\sqrt{-8}$ ist eine reelle Zahl. ______
f) $\sqrt{36}$ ist eine rationale Zahl. ______

$\mathbb{N}$ natürliche Zahlen
$\mathbb{Z}$ ganze Zahlen
$\mathbb{Q}$ rationale Zahlen
$\mathbb{R}$ reelle Zahlen

3 ☆ a) Bestimme die Quadratzahlen mit dem Taschenrechner, kreise die **End**ziffer ein.

$1{,}41^2 =$ 1,988(1)
$1{,}73^2 =$ ______
$3{,}16^2 =$ ______
$1{,}42^2 =$ ______
$1{,}76^2 =$ ______
$3{,}17^2 =$ ______
$1{,}414^2 =$ ______
$2{,}828^2 =$ ______
$3{,}60^2 =$ ______
$1{,}415^2 =$ ______
$2{,}829^2 =$ ______
$3{,}61^2 =$ ______

b) Welche Endziffern treten beim Quadrieren einer endlichen Dezimalzahl nicht auf?

______

Jede **reelle Zahl** lässt sich auf der Zahlengeraden darstellen.
z.B. $\sqrt{5} = 2{,}23606\ldots$

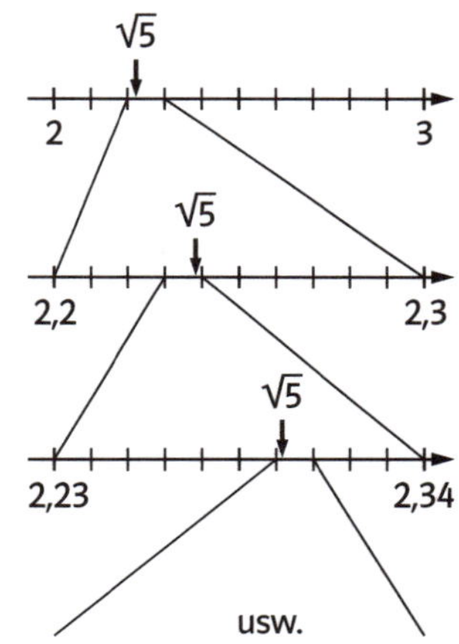

4 ☆ a) Bestimme den Flächeninhalt und die Seitenlängen der Quadrate.

Quadrat	grau	ABCD	AB'C'D'	AB''C''D''
Flächeninhalt	1	2		
Seitenlänge	1	$\sqrt{2}$		

b) Welche Punkte sind mit P und Q auf der Zahlengeraden markiert?

P = ______ Q = ______

c) Markiere auf der Zahlengeraden $\sqrt{18}$.

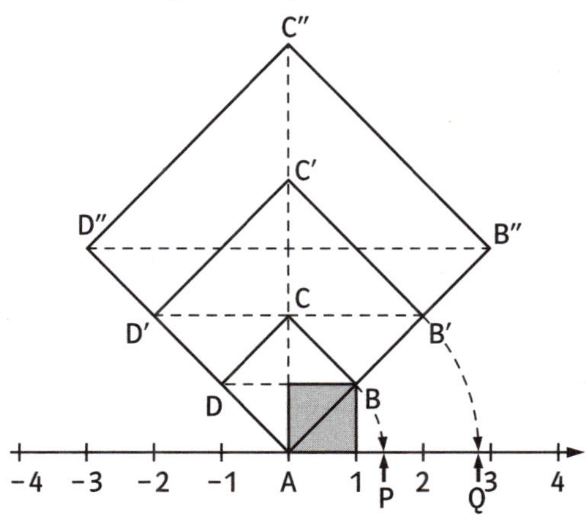

1.1 Bestimme die Ergebnisse der Quadratwurzeln und entscheide, welche rational, welche irrational sind.

a) $\sqrt{49}$ b) $\sqrt{10}$ c) $\sqrt{-4}$ d) $-\sqrt{64}$
e) $\sqrt{4{,}41}$ f) $\sqrt{4{,}4}$ g) $-\sqrt{4{,}4}$ h) $\sqrt{0{,}81}$
i) $\sqrt{25}$ j) $\sqrt{250}$ k) $\sqrt{2500}$ l) $\sqrt{-2500}$
m) $\sqrt{30}$ n) $\sqrt{36}$ o) $-\sqrt{36}$ p) $\sqrt{3{,}6}$

2.1 Welche Aussagen sind wahr (w), welche falsch (f)?

a) $\sqrt{9}$ ist eine rationale Zahl. b) $\sqrt{20}$ ist eine irrationale Zahl.
c) $\sqrt{7}$ ist eine rationale Zahl. d) $\sqrt{-16}$ ist eine reelle Zahl.

5 Welche Aussagen sind wahr? Begründe.

a) Jede reelle Zahl ist eine natürliche Zahl.
b) Jede ganze Zahl ist eine reelle Zahl.

Terme mit Wurzeln berechnen

1 Vereinfache wie im Beispiel ① und ②.

a) $\sqrt{3{,}6^2}$ = ______ b) $\sqrt{9{,}2^2}$ = ______
c) $(\sqrt{4{,}1})^2$ = ______ d) $(\sqrt{0{,}7})^2$ = ______
e) $\sqrt{7}\cdot\sqrt{7}$ = ______ f) $(\sqrt{47})^2$ = ______
g) $(\sqrt{8{,}1})^2$ = ______ h) $\sqrt{831^2}$ = ______
i) $\sqrt{1{,}5^2}$ = ______ j) $(\sqrt{0{,}1})^2$ = ______

Terme mit Wurzeln berechnen

Aufgabentyp	Beispiele
① $(\sqrt{a})^2 = a$	$(\sqrt{4{,}7})^2 = 4{,}7$
② $\sqrt{a^2} = a$	$\sqrt{8{,}5^2} = 8{,}5$
③ $\sqrt{a\cdot b} = \sqrt{a}\cdot\sqrt{b}$	$\sqrt{4\cdot 5} = \sqrt{4}\cdot\sqrt{5} = 2\cdot\sqrt{5}$
④ $\sqrt{\frac{a}{b}} = \frac{\sqrt{a}}{\sqrt{b}}$	$\sqrt{\frac{4}{5}} = \frac{\sqrt{4}}{\sqrt{5}} = \frac{2}{\sqrt{5}}$

2 Schreibe wie im Beispiel ③ und ④.

a) $\sqrt{6\cdot 9}$ = ______ b) $\sqrt{16\cdot 3}$ = ______
c) $\sqrt{4\cdot 49}$ = ______ d) $\sqrt{\frac{25}{30}}$ = ______
e) $\sqrt{\frac{9}{10}}$ = ______ f) $\sqrt{\frac{4}{21}}$ = ______

3 Ziehe so weit wie möglich die Wurzel wie im Beispiel auf der Randspalte.

a) $\sqrt{40}$ = $\sqrt{4\cdot 10}$ = ______ b) $\sqrt{72}$ = ______
c) $\sqrt{50}$ = ______ d) $\sqrt{300}$ = ______
e) $\sqrt{28}$ = ______ f) $\sqrt{75}$ = ______

4 Vereinfache die Wurzel wie im Beispiel auf der Randspalte.

a) $\frac{\sqrt{50}}{\sqrt{72}}$ = ______ b) $\frac{\sqrt{27}}{\sqrt{48}}$ = ______
c) $\frac{\sqrt{98}}{\sqrt{200}}$ = ______ d) $\frac{\sqrt{3}}{\sqrt{192}}$ = ______
e) $\frac{\sqrt{7}}{\sqrt{112}}$ = ______ f) $\frac{\sqrt{99}}{\sqrt{275}}$ = ______

5 Wende eine binomische Formel an. Vereinfache so weit wie möglich wie im Beispiel auf der Randspalte.

a) $(\sqrt{2}+3)^2$ b) $(5-\sqrt{6})^2$ c) $(\sqrt{8}+5)\cdot(\sqrt{8}-5)$

$= \sqrt{2}^2 + 2\cdot\sqrt{2}\cdot 3 + 3^2$ ______

zu 3
Vereinfache nach Rechenregel ③
$\sqrt{20} = \sqrt{4\cdot 5}$
$= \sqrt{4}\cdot\sqrt{5}$
$= 2\cdot\sqrt{5}$

zu 4
$\frac{\sqrt{12}}{\sqrt{75}} = \sqrt{\frac{12}{75}} = \sqrt{\frac{4}{25}} = \frac{2}{5}$

Binomische Formeln
$(a+b)^2 = a^2 + 2ab + b^2$
$(a-b)^2 = a^2 - 2ab + b^2$
$(a+b)(a-b) = a^2 - b^2$

zu 5
$(\sqrt{3}+4)^2$
$= \sqrt{3^2} + 2\cdot\sqrt{3}\cdot 4 + 4^2$
$= 3 + 8\cdot\sqrt{3} + 16$
$= 19 + 8\cdot\sqrt{3}$

1.1 Vereinfache wie im Beispiel ① und ②.

a) $\sqrt{4{,}6^2}$ b) $(\sqrt{3{,}5})^2$ c) $(\sqrt{0{,}3})^2$ d) $\sqrt{0{,}08^2}$
e) $(\sqrt{0{,}17})^2$ f) $\sqrt{46\cdot 46}$ g) $(\sqrt{36{,}7})^2$ h) $\sqrt{3{,}7\cdot 3{,}7}$

2.1 Vereinfache wie im Beispiel ③.

a) $\sqrt{16\cdot 15}$ b) $\sqrt{9\cdot 10}$ c) $\sqrt{25\cdot 11}$ d) $\sqrt{4\cdot 25}$
e) $\sqrt{2\cdot 36}$ f) $\sqrt{4\cdot 36}$ g) $\sqrt{49\cdot 10}$ h) $\sqrt{100\cdot 13}$

3.1 Ziehe so weit wie möglich die Wurzel.

a) $\sqrt{28}$ b) $\sqrt{90}$ c) $\sqrt{40}$ d) $\sqrt{32}$
e) $\sqrt{75}$ f) $\sqrt{100}$ g) $\sqrt{150}$ h) $\sqrt{98}$

4.1 Vereinfache die Wurzel.

a) $\frac{\sqrt{18}}{\sqrt{50}}$ b) $\frac{\sqrt{12}}{\sqrt{27}}$ c) $\frac{\sqrt{196}}{\sqrt{400}}$ d) $\frac{\sqrt{3}}{\sqrt{75}}$
e) $\frac{\sqrt{5}}{\sqrt{45}}$ f) $\frac{\sqrt{8}}{\sqrt{98}}$ g) $\frac{\sqrt{45}}{\sqrt{500}}$ h) $\frac{\sqrt{147}}{\sqrt{75}}$

5.1 Wende eine binomische Formel an. Vereinfache so weit wie möglich.

a) $(\sqrt{8}+7)^2$ b) $(\sqrt{13}-9)^2$ c) $(\sqrt{6}+5)^2$
d) $(7-\sqrt{10})^2$ e) $(\sqrt{55}+3)\cdot(\sqrt{55}-3)$
f) $(7+\sqrt{11})^2$ g) $(\sqrt{0{,}8}-0{,}5)^2$ h) $(4-\sqrt{5})\cdot(4+\sqrt{5})$
i) $(\sqrt{9}-7)^2$ j) $(10+\sqrt{10})^2$ k) $(\sqrt{2}-3)\cdot(\sqrt{2}+3)$

1 Quadrieren

Berechne.

a) $25^2 =$

b) $1{,}4^2 =$

c) $0{,}3^2 =$

d) $\left(\frac{1}{2}\right)^2 =$

Berechne.

a) $1000^2 =$

b) $(-11)^2 =$

c) $0{,}05^2 =$

d) $(-1{,}5)^2 =$

Berechne.

a) $(-12)^2 =$

b) $-(-0{,}1)^2 =$

c) $\left(-1\frac{3}{4}\right)^2 =$

d) $0{,}003^2 =$

2 Wurzel ziehen

Berechne.

a) $\sqrt{25} =$

b) $\sqrt{100} =$

c) $\sqrt{144} =$

d) $\sqrt{1} =$

Berechne.

a) $\sqrt{10\,000} =$

b) $\sqrt{0{,}01} =$

c) $\sqrt{1{,}21} =$

d) $\sqrt{0} =$

Berechne.

a) $\sqrt{\frac{4}{9}} =$

b) $\sqrt{0{,}81} =$

c) $\sqrt{\frac{1}{100}} =$

d) $\sqrt{-4} =$

3 Reelle, rationale und irrationale Zahlen überprüfen

Bestimme das Ergebnis der Wurzel und entscheide, welche rational (r), welche irrational (i) ist.

a) $\sqrt{4} =$

b) $\sqrt{3^2} =$

c) $\sqrt{7} =$

d) $\sqrt{-4} =$

Welche Aussagen sind wahr (w), welche sind falsch (f)?

a) $\sqrt{3}$ ist eine reelle Zahl.

b) $\sqrt{100}$ ist eine rationale Zahl.

c) $\sqrt{10}$ ist eine irrationale Zahl.

d) $\sqrt{7^2}$ ist eine reelle Zahl.

Welche Aussagen sind wahr (w), welche sind falsch (f)?

a) $\sqrt{-4}$ ist eine rationale Zahl.

b) $\sqrt{-9}$ ist eine reelle Zahl.

c) $\sqrt{\frac{1}{2}}$ ist eine reelle Zahl.

d) $\sqrt{(-3)^2}$ ist eine irrationale Zahl.

4 Terme mit Wurzel berechnen

Berechne.

a) $\sqrt{1{,}2^2} =$

b) $\sqrt{5} \cdot \sqrt{5} =$

c) $(\sqrt{9})^2 =$

d) $\sqrt{2} \cdot \sqrt{8} =$

Berechne und vereinfache.

a) $\sqrt{4 \cdot 9} =$

b) $\sqrt{\frac{4}{49}} =$

c) $(\sqrt{0{,}5})^2 =$

d) $\sqrt{18} \cdot \sqrt{2} =$

Berechne und vereinfache.

a) $\sqrt{40} =$

b) $\sqrt{\frac{9}{11}} =$

c) $(\sqrt{0{,}09})^2 =$

d) $\sqrt{2} \cdot \sqrt{\frac{1}{2}} =$

5 Binomische Formeln bei reellen Zahlen anwenden

Wende eine binomische Formel an. Vereinfache so weit wie möglich.

a) $(\sqrt{2} + 3)^2$

=

=

b) $(2 - \sqrt{3})^2$

=

=

Wende eine binomische Formel an. Vereinfache so weit wie möglich.

a) $(\sqrt{8} + 0{,}2)^2$

=

=

b) $\left(\frac{1}{2} - \sqrt{3}\right)^2$

=

=

Wende eine binomische Formel an. Vereinfache so weit wie möglich.

a) $(\sqrt{0{,}4} + 3)(\sqrt{0{,}4} - 3)$

=

=

b) $(\sqrt{2} - \sqrt{8})^2$

=

=

Potenzen berechnen

1 Schreibe als Potenz und berechne.

a) $4 \cdot 4 \cdot 4 = 4^3 =$ ______

b) $(-5) \cdot (-5) \cdot (-5) =$ ______

c) $0{,}2 \cdot 0{,}2 \cdot 0{,}2 \cdot 0{,}2 =$ ______

d) $\frac{3}{4} \cdot \frac{3}{4} =$ ______

e) $(-0{,}3) \cdot (-0{,}3) =$ ______

f) $(-0{,}3) \cdot (-0{,}3) \cdot (-0{,}3) =$ ______

> **Potenzen berechnen**
> Ein Produkt aus gleichen Faktoren schreibt man vereinfacht als **Potenz**.
>
> $\underbrace{a \cdot a \cdot \ldots \cdot a}_{\text{n Faktoren}} = a^n$ (Potenz)
>
> a^n: n – Exponent, a – Basis
>
> Beispiele
> $3 \cdot 3 \cdot 3 \cdot 3 = 3^4$
> $(-4) \cdot (-4) \cdot (-4) = (-4)^3$
> $0{,}3 \cdot 0{,}3 = 0{,}3^2$
> $\frac{2}{3} \cdot \frac{2}{3} \cdot \frac{2}{3} \cdot \frac{2}{3} \cdot \frac{2}{3} = \left(\frac{2}{3}\right)^5$

2 Berechne.

a) $2^3 =$ ______ b) $(-2)^3 =$ ______ c) $3^2 =$ ______
d) $(-3)^2 =$ ______ e) $4^3 =$ ______ f) $(-4)^3 =$ ______ g) $-4^3 =$ ______
h) $(-4)^2 =$ ______ i) $-4^2 =$ ______ j) $0{,}5^2 =$ ______ k) $(-0{,}5)^2 =$ ______
l) $\left(\frac{2}{3}\right)^3 =$ ______ m) $\left(-\frac{2}{3}\right)^3 =$ ______ n) $4^1 =$ ______ o) $4^0 =$ ______

3 ☆ Auch Wurzeln können als Basis vorkommen. Berechne.

a) $(\sqrt{2})^3 = \sqrt{2} \cdot \sqrt{2} \cdot \sqrt{2} =$ ______ b) $(\sqrt{2})^4 =$ ______
c) $(-\sqrt{2})^3 =$ ______ d) $(-\sqrt{2})^4 =$ ______

4 Schreibe als Potenz.

a) $32 = 2^5$; $128 = 2^{\square}$ b) $81 = 3^{\square}$; $3 = 3^{\square}$ c) $1000 = 10^{\square}$; $1 = 10^{\square}$
d) $64 = 4^{\square}$; $1024 = 4^{\square}$ e) $100 = 10^{\square}$; $10\,000 = 10^{\square}$ f) $32 = 2^{\square}$; $256 = 2^{\square}$

5 Vergleiche. Setze <, > oder = ein.

a) $2^3 \;\square\; 3^2$ b) $(-2)^3 \;\square\; (-3)^2$ c) $2^3 \;\square\; (-2)^3$ d) $3^2 \;\square\; (-3)^2$

6 Berechne mit dem Taschenrechner.

a) $4{,}8^2 =$ ______ b) $4{,}8^3 =$ ______
$(-4{,}8)^2 =$ ______ $(-4{,}8)^3 =$ ______
$-4{,}8^2 =$ ______ $-4{,}8^3 =$ ______

7 ☆ Vereinfache den Term.

a) $x \cdot x \cdot (-y) \cdot (-y) \cdot (-y) =$ ______
b) $(-3) \cdot a \cdot a \cdot \frac{1}{2} \cdot b \cdot b \cdot b =$ ______
c) $2x^3 - 5x^3 + x^3 =$ ______

Produkt
$3 \cdot 7$
Faktoren

$-4^3 = (-1) \cdot 4^3$
$a^1 = a$
$a^0 = 1$, für $a \neq 0$

zu 2
-64; -64; -16; -8; $-\frac{8}{27}$; $0{,}25$; $0{,}25$; $\frac{8}{27}$; 1; 4; 8; 9; 9; 16; 64

zu 3
$(\sqrt{a})^2 = a$

$(-2)^0 = 1$ $(-2)^1 = -2$
$(-2)^2 = 4$ $(-2)^3 = -8$
$(-2)^4 = 16$ $(-2)^5 = -32$

1.1 Schreibe als Potenz und berechne.
a) $2 \cdot 2 \cdot 2$ b) $(-2) \cdot (-2) \cdot (-2)$ c) $3 \cdot 3$ d) $(-3) \cdot (-3)$
e) $0{,}2 \cdot 0{,}2$ f) $(-0{,}2) \cdot (-0{,}2) \cdot (-0{,}2)$ g) $(-1) \cdot (-1) \cdot (-1)$

2.1 Berechne.
a) 3^4 b) $(-3)^4$ c) -3^4 d) 4^3 e) $(-4)^3$
f) 2^9 g) $(-2)^9$ h) 2^{10} i) 10^2 j) 10^5
k) $(-10)^5$ l) $(-4)^1$ m) $(-4)^0$ n) 1^{325} o) 325^1
p) 0^{325} q) 325^0

2.2 a) $0{,}3^2$ b) $0{,}3^3$ c) $0{,}4^3$ d) $(-0{,}4)^3$ e) $-0{,}4^3$
f) $\left(\frac{3}{2}\right)^3$ g) $\left(-\frac{3}{2}\right)^3$ h) $\left(\frac{3}{2}\right)^4$ i) $\left(-\frac{3}{2}\right)^4$ j) $\left(-\frac{3}{2}\right)^0$

3.1 ☆ a) $(\sqrt{3})^3$ b) $(-\sqrt{3})^3$ c) $(\sqrt{3})^4$ d) $(-\sqrt{3})^4$

4.1 Schreibe als Potenz mit der
a) Basis 2: 64; 256; 2; 1 b) Basis 3: 9; 27; 243; 729; 1
c) Basis 10: 1000; 100; 10

5.1 Vergleiche.
a) $4^2 \;\square\; (-4)^2$ b) $4^3 \;\square\; (-4)^3$ c) $2^4 \;\square\; 4^2$
d) $(-2)^4 \;\square\; (-4)^2$ e) $(-3)^4 \;\square\; (-3)^5$ f) $4^0 \;\square\; 0^4$

6.1 Berechne mit dem Taschenrechner.
a) $3{,}2^2$; $(-3{,}2)^2$; $-3{,}2^2$ b) $5{,}7^4$; $(-5{,}7)^4$; $-5{,}7^4$
c) $0{,}9^3$; $(-0{,}9)^3$; $-0{,}9^3$ d) $0{,}03^3$; $-0{,}03^3$; $(-0{,}03)^3$

7.1 ☆ Vereinfache den Term. a) $3 \cdot a \cdot a \cdot a \cdot 2 \cdot b \cdot b \cdot (-4)$
b) $0{,}5 \cdot x \cdot x \cdot x \cdot (-6) \cdot (-z) \cdot (-z)$ c) $5a^3 + 3a^3 - 4a^3$
d) $2y^4 - 5y^4 + y^4$ e) $-3a^2b - a^2b + 2a^2b$

Potenzen mit gleicher Basis multiplizieren und dividieren

Potenzen mit gleicher Basis

multiplizieren	dividieren
$a^m \cdot a^n = a^{m+n}$	$a^m : a^n = a^{m-n}$; für $m \geqq n$
(1) Gemeinsame Basis notieren	(1) Gemeinsame Basis notieren
(2) Exponenten addieren	(2) Exponenten subtrahieren
Beispiele	Beispiele
$2^3 \cdot 2^2 = 2^{3+2} = 2^5$	$4^5 : 4^3 = 4^{5-3} = 4^2$
$x^3 \cdot x^4 = x^{3+4} = x^7$	$y^7 : y^3 = y^{7-3} = y^4$

1 Schreibe als eine Potenz.

a) $3^4 \cdot 3^2 = 3^{4+\square} =$ ______

b) $2^5 : 2^3 =$ ______

c) $(-2)^3 \cdot (-2)^2 =$ ______

d) $(-4)^3 : (-4)^2 =$ ______

e) $a^4 \cdot a^2 =$ ______

f) $b^6 : b^4 =$ ______

2 Schreibe als eine Potenz und berechne.

a) $2^3 \cdot 2^4 = 2^7 =$ ______ b) $2^9 : 2^3 =$ ______

c) $3^2 \cdot 3^2 =$ ______ d) $3^5 : 3^3 =$ ______

e) $(-2)^1 \cdot (-2)^3 =$ ______ f) $(-2)^9 : (-2)^4 =$ ______

g) $(-3)^0 \cdot (-3)^3 =$ ______ h) $(-3)^5 : (-3)^1 =$ ______

zu 2: -32; -27; 9; 16; 64; 81; 81; 128

3 ☆ Schreibe als eine Potenz.

a) $(a-b)^3 \cdot (a-b)^2 =$ ______ b) $(2x+y)^5 : (2x+y)^3 =$ ______

c) $(3x+2y)^3 : (3x+2y)^2 =$ ______ d) $(x-2y)^3 \cdot (x-2y)^4 =$ ______

zu 3:
$(x+y)^3 \cdot (x+y)^2$
$= (x+y)^{3+2}$
$= (x+y)^5$

4 ☆ Vereinfache.

a) $2x^2xyy =$ ______ b) $aa^3 \cdot b^2b^1 =$ ______

c) $3v^4v \cdot (-2) =$ ______ d) $w^3 : w \cdot 3 =$ ______

zu 4:
$4x^3xy^2y$
$= 4x^4y^3$

5 ☆ Vereinfache den Term.

	(1) Jeden Summanden vereinfachen	(2) Zusammenfassen
a) $2xx^2 + 5xxx$	$= 2x^3 +$	
b) $3ab^3a - 5ba^2b^2$		
c) $2x^3 : x + 0{,}5x^4 : x^2$		

1.1 Schreibe als eine Potenz.
a) $5^3 \cdot 5^4$ b) $4^8 : 4^5$ c) $1{,}2^3 \cdot 1{,}2^2$ d) $0{,}8^3 : 0{,}8^2$
e) $\left(\frac{3}{4}\right)^0 \cdot \left(\frac{3}{4}\right)^2$ f) $(-3)^6 : (-3)^2$ g) $(-1)^2 \cdot (-1)^2$

1.2 a) $x^2 \cdot x^5$ b) $y^5 : y^2$ c) $a^4 \cdot a^6$
d) $b^4 : b^4$ e) $z^0 \cdot z^1$ f) $c^3 : c^2$ g) $d^0 \cdot d^0$

2.1 Schreibe als eine Potenz und berechne.
a) $2^7 \cdot 2^2$ b) $3^6 : 3^2$ c) $4^1 \cdot 4^2$ d) $5^7 : 5^4$
e) $(-2)^3 \cdot (-2)^2$ f) $(-3)^5 : (-3)^2$ g) $(-5)^1 \cdot (-5)^3$

2.2 a) $0{,}3^2 \cdot 0{,}3^2$ b) $0{,}4^6 : 0{,}4^3$ c) $(-0{,}2)^3 \cdot (-0{,}2)^2$

2.3 a) $\left(\frac{1}{2}\right)^2 \cdot \left(\frac{1}{2}\right)^2$ b) $\left(\frac{3}{4}\right)^2 : \left(\frac{3}{4}\right)^0$ c) $\left(-\frac{2}{3}\right)^5 : \left(-\frac{2}{3}\right)^3$

3.1 ☆ Schreibe als eine Potenz.
a) $(x+y)^2 \cdot (x+y)^4$ b) $(a-b)^4 : (a-b)^2$ c) $(p-3)^2 \cdot (p-3)$
d) $(4+z)^5 : (4+z)^3$ e) $(n+2)^2 \cdot (n+2)^2$ f) $(y-2z)^3 : (y-2z)^0$

4.1 ☆ Vereinfache.
a) $x^3y^2x^2y$ b) $r^4s \cdot s^3r$ c) $ab^2 \cdot b \cdot a^2 \cdot 3$
d) $2 \cdot x^3 \cdot x \cdot (-5)y$ e) $5x^3y^2 : y$ f) $(-3)k^3 \cdot (t^5 : t^3)$

5.1 ☆ Vereinfache den Term.
a) $5a^3 - 3a^3$ b) $x^2 - 2x^2$
c) $3ab^2 + 4ab^2$ d) $x^2y + 4x^2y$
e) $a^2b^2 - 3a^2b^2$ f) $0{,}5yz^3 - 2yz^3$

5.2 ☆ a) $5rs^2 - 3srs$ b) $2x^3y^2xy + 3xxx^2y^3$
c) $3v^2w^3 \cdot 2w^2 + 3v^2w^4w$ d) $(x^5y^4) : y^2 + x^5 \cdot 2y^2$

Potenzen mit gleichen Exponenten multiplizieren und dividieren

Potenzen mit gleichen Exponenten

multiplizieren	**dividieren**
$a^n \cdot b^n = (a \cdot b)^n$	$a^n : b^n = (a : b)^n$; für $b \neq 0$
(1) Basiszahlen multiplizieren	(1) Basiszahlen dividieren
(2) Gemeinsamen Exponenten setzen	(2) Gemeinsamen Exponenten setzen
Beispiele	Beispiele
$2^3 \cdot 3^3$	$2^3 : (-0{,}5)^3$
$= (2 \cdot 3)^3 = 6^3$	$= (2 : (-0{,}5))^3 = (-4)^3 = -64$
$x^4 \cdot (-y)^4$	$y^2 : x^2$
$= (x \cdot (-y))^4 = (-xy)^4$	$= (y : x)^2 = \left(\frac{y}{x}\right)^2$

1 Schreibe als eine Potenz.

a) $3^2 \cdot 4^2 = (3 \cdot$ ________

b) $48^2 : 4^2 =$ ________

c) $(-5)^3 \cdot (-4)^3 =$ ________

d) $(-20)^3 : 4^3 =$ ________

e) $a^3 \cdot (-b)^3 =$ ________

f) $(-a)^2 : (-b)^2 =$ ________

2 Schreibe als eine Potenz und berechne.

a) $4^2 \cdot 2^2 = 8^2 =$ ________ b) $3^2 \cdot (-4)^2 =$ ________

c) $20^2 : 5^2 =$ ________ d) $60^3 : (-12)^3 =$ ________

e) $4^3 \cdot 25^3 =$ ________ f) $(-8)^2 \cdot 125^2 =$ ________

g) $(-8)^4 : (-2)^4 =$ ________ h) $(-6)^4 : (3)^4 =$ ________

☑ zu 2
−125; 16; 16; 64; 144; 256; 1000000; 1000000

3 Berechne.

a) $(3 \cdot 5)^2 =$ ________
$3 \cdot 5^2 =$ ________
$3^2 \cdot 5^2 =$ ________

b) $(20 : 4)^2 =$ ________
$20 : 4^2 =$ ________
$20^2 : 4^2 =$ ________

Tipp:
$(a \cdot b)^n = a^n \cdot b^n$
$(a : b)^n = a^n : b^n$; für $b \neq 0$

4 ☆ Schreibe als Produkt bzw. als Quotient.

a) $(3 \cdot 5)^2 = 3^2 \cdot$ ________ b) $(20 : 4)^2 =$ ________ c) $(x \cdot y)^3 =$ ________

d) $(a : b)^4 =$ ________ e) $(-2a)^4 =$ ________ f) $(6b : 2)^2 =$ ________

5 ☆ Schreibe als eine Potenz.

a) $36 \cdot x^2 =$ ________ b) $\frac{4^3}{2^3} =$ ________

Tipp zu 5:
$125 \cdot a^3 = 5^3 \cdot a^3 = (5a)^3$

6 ☆ Forme um in einen Term ohne Klammern.

a) $(3b)^2 =$ ________ b) $\left(\frac{x}{2}\right)^3 =$ ________

Tipp zu 6:
$(4a)^3 = 4^3 \cdot a^3 = 64a^3$

1.1 a) $2^3 \cdot 4^3$ b) $15^2 : 3^2$ c) $(-3)^2 \cdot 4^2$
d) $20^4 : (-4)^4$ e) $0{,}6^3 \cdot 2^3$ f) $(-8)^3 : 8^3$

1.2 a) $x^2 \cdot y^2$ b) $a^2 : b^2$ c) $4^3 \cdot y^3$
d) $x^3 : 2^3$ e) $(-a)^4 \cdot 2^4$ f) $x^0 : y^0$

2.1 a) $3^2 \cdot 2^2$ b) $12^2 : 4^2$ c) $(-2)^3 \cdot 2^3$
d) $9^4 : (-3)^4$ e) $(-6)^1 \cdot 12^1$ f) $5^3 \cdot 20^3$

2.2 a) $0{,}8^2 \cdot 2^2$ b) $1{,}2^3 : 3^3$ c) $(-6)^4 \cdot 0{,}5^4$
d) $5^4 : 0{,}5^4$ e) $\left(\frac{3}{4}\right)^2 \cdot \left(\frac{1}{2}\right)^2$ f) $20^3 : \left(\frac{1}{2}\right)^3$
g) $\left(-\frac{1}{2}\right)^6 \cdot (-8)^6$ h) $10^2 : 5^2$ i) $10^3 : 10^3$

3.1 a) $(5 \cdot 4)^3$; $5 \cdot 4^3$; $5^3 \cdot 4^3$ b) $(30 : 5)^3$; $30 : 5^3$; $30^3 : 5^3$
c) $(0{,}5 \cdot 4)^2$; $0{,}5 \cdot 4^2$; $0{,}5^2 \cdot 4^2$ d) $(28 : 2)^2$; $28^2 : 2^2$; $28 : 2^2$

4.1 ☆ a) $(5 \cdot 4)^3$ b) $(30 : 5)^3$ c) $(8 \cdot 3)^2$
d) $(12 : 4)^2$ e) $(a \cdot b)^2$ f) $(x : y)^2$
g) $(-2z)^3$ h) $(3a : (-4))^2$ i) $(-3b)^3$

5.1 ☆ a) $2^3 \cdot a^3$ b) $81 \cdot x^4$ c) $a^3 : 2^3$
d) $x^2 : 25$ e) $(27a^4 \cdot 8) : (-64a)$ f) $7^3 \cdot a : (14a)^2$

6.1 ☆ a) $(2z)^3$ b) $(a : b)^2$ c) $(-3y)^4$
d) $(a : (-2))^3$ e) $((2xy)^2 \cdot y) : (x^2y^2 \cdot 4)$
f) $(3ab)^2 : (ab^2 \cdot 2^3)$ g) $(18xy)^0 : 2^3$ h) $0{,}5^2 \cdot (xy)^0$

Potenzen potenzieren

1 Potenziere.

a) $(2^3)^4 = 2^{3\cdot4} = 2^{\square}$

b) $(3^1)^5 =$ ______

c) $((-3)^4)^2 =$ ______

d) $((-y)^3)^4 =$ ______

e) $(a^0)^6 =$ ______

Potenzen potenzieren
$(a^m)^n = a^{m\cdot n}$

(1) Basiszahl notieren
(2) Exponenten multiplizieren

Beispiele
$(5^3)^4 = 5^{3\cdot4} = 5^{12}$
$((-3)^2)^3 = (-3)^{2\cdot3} = (-3)^6$
$(x^3)^4 = x^{3\cdot4} = x^{12}$
$((-y)^3)^5 = (-y)^{3\cdot5} = (-y)^{15}$

2 Potenziere die Potenzen und berechne.

a) $(2^2)^3 = 2^6 =$ ______ b) $(2^3)^2 =$ ______ c) $(3^2)^3 =$ ______

d) $(2^3)^3 =$ ______ e) $(4^1)^3 =$ ______ f) $(3^0)^4 =$ ______

g) $((-2)^3)^2 =$ ______ h) $((-2)^3)^3 =$ ______ i) $((-5)^3)^1 =$ ______

3 Schreibe als Potenz mit der Basis 2.

a) $8^2 = (2^3)^2 =$ ______ b) $4^3 =$ ______

c) $16^2 =$ ______ d) $64^3 =$ ______

4 Berechne mit dem Taschenrechner.

a) $(2^3)^4 =$ ______ b) $(4^2)^3 =$ ______ c) $(1{,}5^2)^2 =$ ______

d) $(1{,}2^3)^2 =$ ______ e) $((-0{,}5)^1)^3 =$ ______ f) $((-2)^3)^5 =$ ______

5 ☆ Bestimme den Term zur Tastenfolge. Berechne ihn.

a) 3 ^ 2 ^ 2 = b) 2 ^ 3 ^ 3 = c) 2 ^ 3 ^ 2 ^ 3 =

$(3^2)^2 =$ ______ ______ ______

6 ☆ Schreibe den Term ohne Klammern.

a) $(a^3)^2 =$ ______ b) $(y^0)^3 =$ ______ c) $(x^{2n})^3 =$ ______ d) $(5a^3)^4 =$ ______

7 ☆ Berechne.

a) $(2^3)^2 =$ ______ b) $2^{(3^2)} =$ ______ c) $(2^2)^3 =$ ______ d) $2^{(2^3)} =$ ______

$a^0 = 1$; für $a \neq 0$
$a^1 = a$

☑ zu 2
−512; −125; 1; 64; 64; 64; 64; 512; 729

zu 5
Tastenfolge für $(2^3)^4$
2 ^ 3 ^ 4 =

Für ^ haben manche Taschenrechner y^x oder x^n.

1.1 Potenziere.
a) $(3^2)^4$ b) $((-2)^5)^3$ c) $(2{,}5^3)^2$ d) $((-4)^5)^0$

1.2 a) $(x^2)^4$ b) $((-y)^4)^3$ c) $(a^1)^5$ d) $((-b)^7)^0$

2.1 Potenziere und berechne.
a) $(2^4)^2$ b) $((-2)^3)^3$ c) $((-4)^3)^1$ d) $(1^3)^6$
e) $(2^2)^2$ f) $((-2)^2)^2$ g) $(5^7)^0$ h) $((-3)^5)^1$

2.2 a) $(0{,}2^3)^2$ b) $(0{,}3^2)^2$ c) $(1{,}5^2)^1$ d) $((-0{,}1^2)^2)$

2.3 a) $\left(\left(\frac{1}{2}\right)^2\right)^3$ b) $\left(\left(-\frac{1}{2}\right)^3\right)^2$ c) $\left(\left(-\frac{2}{3}\right)^1\right)^3$ d) $\left(\left(\frac{2}{5}\right)^0\right)^7$

3.1 Schreibe als Potenz.
a) Basis 2: 4^2; 8^3; 16^1 b) Basis 3: 9^3; 27^2; 81^2; 243^0
c) Basis 10: 100^3; 1000^2 d) Basis 5: 25^2; 125^3; 3125^0

5.1 ☆ Bestimme den Term für die Tastenfolge und berechne.
a) 2 ^ 2 ^ 2 ^ 2 = b) 3 ^ 2 ^ 2 ^ 2 =

6.1 ☆ Schreibe den Term ohne Klammern.
a) $(y^3)^4$ b) $((-b)^3)^5$ c) $(a^{3n})^2$ d) $(b^{n+1})^2$

7.1 ☆ Berechne.
a) $(3^2)^3$; $3^{(2^3)}$ b) $(3^3)^2$; $3^{(3^2)}$ c) $(4^2)^3$; $4^{(2^3)}$ d) $(4^3)^0$; $4^{(3^0)}$

Potenzen mit ganzzahligen Exponenten berechnen

Potenzen mit negativen Exponenten berechnen

$a^{-n} = \frac{1}{a^n}$

Beispiele

$2^{-3} = \frac{1}{2^3} = \frac{1}{8}$

$x^{-4} = \frac{1}{x^4}$; für $x \neq 0$

1 Schreibe als Quotient und berechne.

a) $2^{-4} = \frac{1}{2^4} =$ ______ b) $10^{-3} =$ ______
c) $3^{-2} =$ ______ d) $4^{-3} =$ ______
e) $0{,}5^{-2} =$ ______ f) $(-4)^{-3} =$ ______

2 Schreibe als Dezimalzahl.

a) $2^{-2} =$ ______ b) $2^{-3} =$ ______ c) $(-2)^{-3} =$ ______
d) $10^{-3} =$ ______ e) $0{,}2^{-2} =$ ______ f) $(-10)^{-2} =$ ______

3 Schreibe als Potenz mit der Basis 2.

a) $8 =$ ______ b) $\frac{1}{8} =$ ______ c) $0{,}5 =$ ______ d) $0{,}25 =$ ______

4 Schreibe als Potenz mit der Basis 10.

a) $100 =$ ______ b) $\frac{1}{100} =$ ______ c) $0{,}01 =$ ______ d) $0{,}001 =$ ______

5 Vergleiche die Potenzen. Setze <, > oder = ein.

a) $2^3 \square 2^{-3}$ b) $(-2)^3 \square (-2)^{-3}$ c) $2^2 \square 2^{-2}$ d) $(-2)^{-2} \square (-2)^{-2}$

6 Berechne mit dem Taschenrechner.

a) $3^4 =$ ______ b) $4^3 =$ ______ c) $2^{-3} =$ ______ d) $4^{-3} =$ ______
e) $(-2)^5 =$ ______ f) $-2^5 =$ ______ g) $(-2)^{-3} =$ ______ h) $-2^{-3} =$ ______

7 ☆ Vereinfache den Term und berechne.

a) $2^3 \cdot 2^{-5} = 2^{3+(-5)} = 2^{\square} =$ ______ b) $4^{-5} : 4^{-3} =$ ______
c) $10^{-2} \cdot 2^{-2} =$ ______ d) $10^{-2} : 5^{-2} =$ ______
e) $(2^{-3})^{-2} =$ ______ f) $4^3 : 4^5 =$ ______

$0{,}1^{-2} = \frac{1}{0{,}1^2} = \frac{1}{0{,}01} = 100$

zu 2
−0,125; 0,001; 0,01; 0,125; 0,25; 25

zu 3b
$\frac{1}{4} = \frac{1}{2^2} = 2^{-2}$

1.1 Schreibe als Quotient und berechne.
a) 2^{-3} b) 10^{-2} c) 3^{-4} d) 4^{-2}
e) 5^{-3} f) $(-2)^{-2}$ g) $(-10)^{-3}$ h) $(-1)^7$

1.2 a) $0{,}4^{-2}$ b) $0{,}5^{-3}$ c) $0{,}1^{-4}$

1.3 Schreibe als Quotient.
a) x^{-3} b) a^{-2} c) y^{-4}
d) $(ab)^{-2}$ e) $(-xy)^{-1}$ f) a^{-r}

2.1 Schreibe als Dezimalzahl.
a) 5^{-2} b) 5^{-3} c) $(-5)^{-2}$ d) $(-5)^{-3}$
e) 10^{-2} f) 10^{-5} g) $(-10)^{-5}$ h) $(-1)^{-3}$

3.1 Schreibe als Potenz mit der Basis 2.
a) 4 b) $\frac{1}{4}$ c) 16 d) $\frac{1}{16}$ e) $\frac{1}{2}$

4.1 Schreibe als Potenz mit der Basis 10.
a) 10; $\frac{1}{10}$; 10 000; $\frac{1}{10\,000}$ b) 0,01; 0,1; 0,000 001; 1

5.1 Vergleiche. Setze <, > oder = ein.
a) $3^2 \square 3^{-2}$ b) $(-3)^2 \square 3^2$ c) $(-3)^2 \square 3^{-2}$
d) $3^3 \square 3^{-3}$ e) $(-3)^3 \square 3^3$ f) $(-3)^3 \square 3^{-3}$

6.1 Berechne mit dem Taschenrechner.
a) 4^5; $(-4)^5$; 4^6; $(-4)^6$; -4^6
b) 4^{-3}; $(-4)^{-3}$; 4^{-2}; $(-4)^{-2}$
c) 5^3; 5^{-3}; $(-5)^3$; $(-5)^{-3}$

7.1 ☆ Vereinfache den Term und berechne.
a) $4^5 \cdot 4^{-2}$ b) $4^2 \cdot 4^{-5}$ c) $2^5 : 2^{-2}$ d) $2^{-5} : 2^2$
e) $6^{-2} \cdot 0{,}5^{-2}$ f) $9^{-3} : 3^{-3}$ g) $8^{-2} \cdot 125^{-2}$ h) $(2^{-3})^{-4}$
i) $2^3 \cdot 2^{-5}$ j) $2^{-5} \cdot 2^3$ k) $2^3 : 2^{-5}$ l) $2^5 : 2^{-3}$

Zahlen mit Zehnerpotenzen schreiben

1 Schreibe mit einer Zehnerpotenz wie bei den Aufgabentypen ① und ③.

a) 700 000 = ____________

b) 4 620 000 = ____________

c) 0,0008 = ____________

d) 0,009 678 = ____________

e) 1 = ____________

f) 0 = ____________

Zahlen als Produkt mit einer Zehnerpotenz schreiben
Jede Zahl kann man als Produkt mit einer Zehnerpotenz schreiben: $\mathbf{a \cdot 10^b}$.

Aufgabentyp ① $3\,200\,000 = 32 \cdot 100\,000 = 32 \cdot 10^5$
Aufgabentyp ② $3\,200\,000 = 3{,}2 \cdot 1\,000\,000 = 3{,}2 \cdot 10^6$
Aufgabentyp ③ $0{,}0047 = 47 \cdot 0{,}0001 = 47 \cdot 10^{-4}$
Aufgabentyp ④ $0{,}0047 = 4{,}7 \cdot 0{,}001 = 4{,}7 \cdot 10^{-3}$

Faktor a auf eine Stelle nach dem Komma runden

Aufgabentyp ⑤ $63\,496 = 6{,}3496 \cdot 10^4 \approx 6{,}3 \cdot 10^4$
Aufgabentyp ⑥ $0{,}05384 = 5{,}384 \cdot 10^{-2} \approx 5{,}4 \cdot 10^{-2}$

2 Schreibe a mit einer Stelle vor dem Komma, wie bei den Aufgabentypen ② und ④.

a) 98 000 = ____________ b) 2680 = ____________

c) 0,0057 = ____________ d) 0,000 732 9 = ____________

3 Runde a auf eine Stelle nach dem Komma, wie bei den Aufgabentypen ⑤ und ⑥.

a) 746 = ____________ b) 26 390 = ____________

c) 0,8427 = ____________ d) 0,060 87 = ____________

e) 348 800 = ____________ f) 0,000 496 = ____________

4 Schreibe mit Zehnerpotenzen.

a) Die mittlere Entfernung der Erde von der Sonne beträgt 149 600 000 km.

≈ ____________

b) Die Masse des Wasserstoffatoms ist 0,000 000 000 000 000 000 000 001 64 g.

____

5 Schreibe mit einer Dezimalzahl.

a) Oberfläche der Erdkugel: $5{,}11 \cdot 10^8\,km^2$ = ____________

b) Wellenlänge des blauen Lichtes: $4{,}8 \cdot 10^{-7}\,m$ = ____________

c) Dauer eines Blitzes: $10^{-4}\,s$ = ____________

Merke:
$1\,000\,000 = 10^6$
$1\,000 = 10^3$
$100 = 10^2$
$10 = 10^1$
$1 = 10^0$
$0{,}1 = 10^{-1}$
$0{,}01 = 10^{-2}$
$0{,}001 = 10^{-3}$

1 Million $= 10^6$
1 Milliarde $= 10^9$
1 Billion $= 10^{12}$

1.1 Schreibe als Produkt mit einer Zehnerpotenz.

a)	b)	c)	d)
800	0,8	34 000 000	0,000 058
60 000	0,009	6 257 000 000	0,004 176
900 000 000	0,0005	386 000	260,0

2.1 Schreibe in der Form $a \cdot 10^b$; die Zahl a soll eine Stelle vor dem Komma haben.

a)	b)	c)	d)
360	0,59	8 400	0,68
89 300 000	0,000 007 49	1 080 000	0,000 048 291
74 600	0,000 63	70 800 000	0,099 999

3.1 Schreibe in der Form $a \cdot 10^b$; schreibe a mit einer Stelle vor dem Komma und runde.

a)	b)	c)	d)
3 910	0,427 8	34 500	285,78
3 456 000	0,003 754 000	250 898	45,098 76
989 898 989	0,000 437 129	18 345 678	6,238 97

4.1 Schreibe mit Zehnerpotenzen.
a) Erdbevölkerung: ca. 7 Milliarden
b) Masse der Erde: 5 974 000 000 000 000 000 000 000 kg
c) Durchmesser eines roten Blutkörperchens: 0,0007 cm
d) 1 Picometer (1 pm) = 1 Milliardstel Millimeter
e) Anzahl aller möglichen Schachpartien: 1 mit 57 Nullen

5.1 Schreibe mit einer Dezimalzahl.
a) Atomdurchmesser: $10^{-10}\,m$
b) Durchmesser von Darmbakterien: $1{,}5 \cdot 10^{-3}\,cm$
c) Landfläche auf der Erde: $1{,}48 \cdot 10^8\,km^2$
d) Genauigkeit einer Analysewaage: $10^{-5}\,g$

6 ☆ Der Umlauf der Erde um die Sonne dauert 365 Tage 6 h 9 min 10 s. Wie viel Sekunden sind das? Schreibe mit einer Zehnerpotenz.

1 Potenzen berechnen

Berechne.

a) $10^3 =$ ____ b) $2^5 =$ ____

Berechne.

a) $(-4)^3 =$ ____ b) $(-2)^{-3} =$ ____

Berechne.

a) $0{,}4^3 =$ ____ b) $(-0{,}5)^{-4} =$ ____

2 Als Potenz schreiben

Schreibe als Potenz

a) mit der Basis 2 $64 =$ ____

b) mit der Basis 10 $10\,000 =$ ____

Schreibe als Potenz

a) mit der Basis 2 $\frac{1}{16} =$ ____

b) mit der Basis 10 $0{,}01 =$ ____

Schreibe als Potenz

a) mit der Basis 2 $0{,}125 =$ ____

b) mit der Basis 3 $0{,}\overline{1} =$ ____

3 Potenzen vergleichen

Vergleiche. Setze <, > oder = ein.

a) 5^3 □ 5^4 b) $(-2)^4$ □ 2^4

Vergleiche. Setze <, > oder = ein.

a) 3^2 □ 3^{-2} b) $(-2)^3$ □ $(-2)^{-3}$

Vergleiche. Setze <, > oder = ein.

a) $(-4)^3$ □ $(-4)^{-2}$ b) $0{,}1^{-2}$ □ 100

4 Potenzen mit gleicher Basis multiplizieren

Berechne.

$2^3 \cdot 2^5 =$ ____

Berechne.

$2^{-5} \cdot 2^3 =$ ____

Berechne.

$(-5)^5 \cdot (-5)^{-3} =$ ____

5 Potenzen mit gleichen Exponenten multiplizieren

Berechne.

$3^2 \cdot 4^2 =$ ____

Berechne.

$2^{-2} \cdot 5^{-2} =$ ____

Berechne.

$0{,}1^{-4} \cdot 50^{-4} =$ ____

6 Potenzen mit gleicher Basis dividieren

Berechne.

$6^5 : 6^2 =$ ____

Berechne.

$5^{-5} : 5^{-3} =$ ____

Berechne.

$(2^2)^{-3} : 4^{-5} =$ ____

7 Potenzen mit gleichen Exponenten dividieren

Berechne.

$10^3 : 5^3 =$ ____

Berechne.

$8^3 : (-2)^3 =$ ____

Berechne.

$4^3 : (-2^2)^3 =$ ____

8 Potenzen vereinfachen

Vereinfache.

$5x^4 \cdot 2x^4 =$ ____

Vereinfache.

$3x^2xy^3 \cdot (-4)y =$ ____

Vereinfache.

$0{,}5x^3 : x \cdot (-5)x^2 =$ ____

9 Potenzen potenzieren

Berechne.

$(2^3)^5 =$ ____

Berechne.

$((-4)^2)^3 =$ ____

Berechne.

$(3^0)^4 =$ ____

10 Zahlen mit Zehnerpotenzen schreiben

Schreibe als Produkt mit einer Zehnerpotenz.

a) $800\,000 =$ ____

b) $0{,}0004 =$ ____

Schreibe in der Form $a \cdot 10^b$; a hat eine Stelle vor dem Komma, runde.

a) $43\,800 \approx$ ____

b) $0{,}006\,450 \approx$ ____

Schreibe in der Form $a \cdot 10^b$; a hat eine Stelle vor dem Komma, runde.

a) $398\,684 \approx$ ____

b) $0{,}006\,098 \approx$ ____

Figuren im Koordinatensystem darstellen

Punkte im Koordinatensystem darstellen

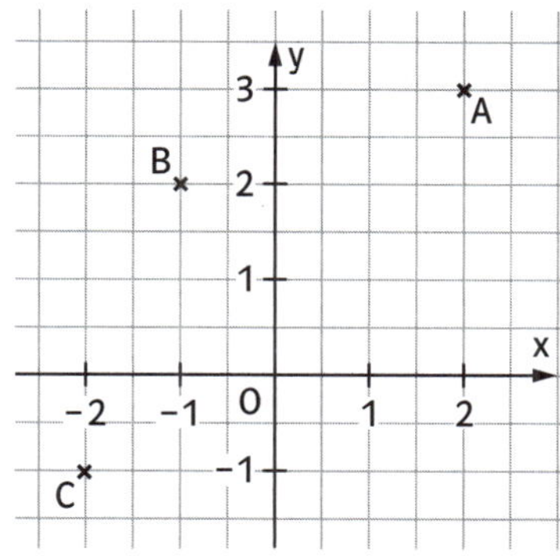

Koordinaten eines Punktes

P(x | y)

x-Wert y-Wert

Beispiele

A(2 | 3); B(−1 | 2); C(−2 | −1)

Wertetabelle

x	2	−1	−2
y	3	2	−1

1

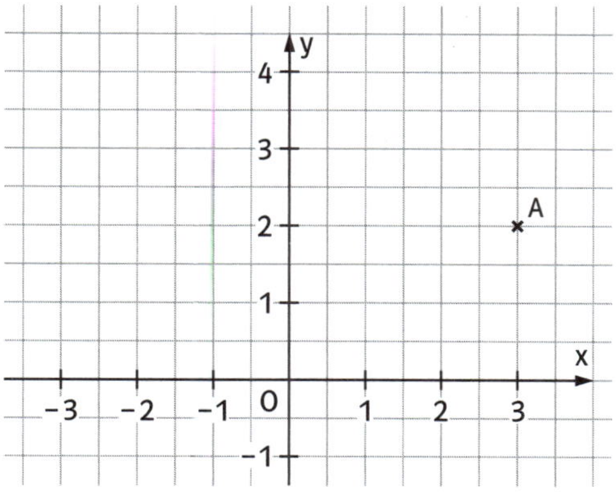

Die Wertetabelle enthält die Koordinaten von fünf Punkten. Trage die Punkte in das Koordinatensystem oben ein und verbinde sie.

	A	B	C	D	E
x	3	2	−2	−3	0
y	2	3	3	2	−1

2

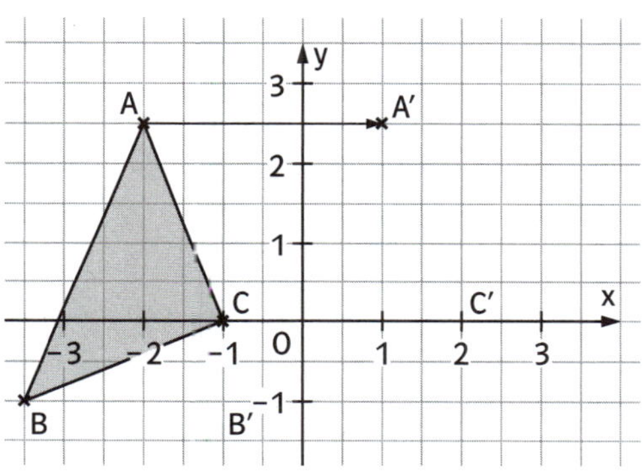

a) Verschiebe das Dreieck.

b) Notiere die Koordinaten der Punkte.

A(|) A′(|)

B(|)

3

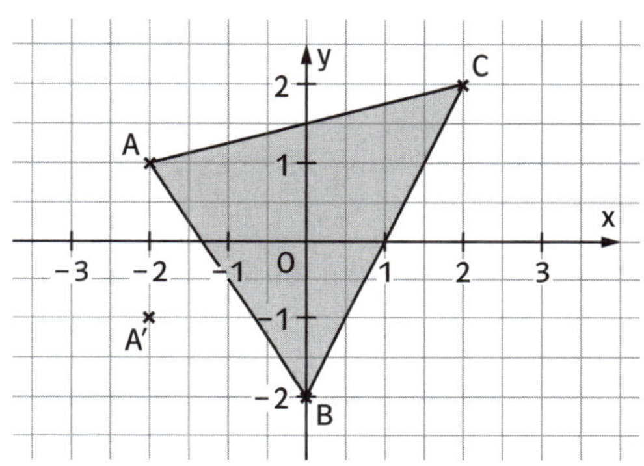

a) Spiegele das Dreieck an der x-Achse.

b) Notiere die Koordinaten der Punkte.

A(

Verschiebung

Punkt A; Bildpunkt A′

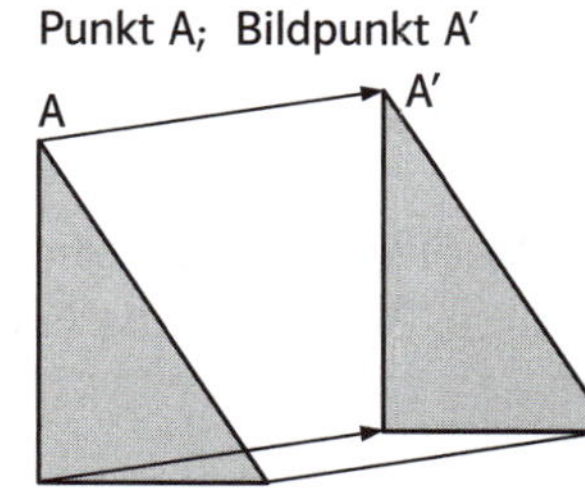

Verschiebungspfeile
- sind gleich lang
- sind parallel zueinander
- zeigen in die gleiche Richtung

Spiegelung

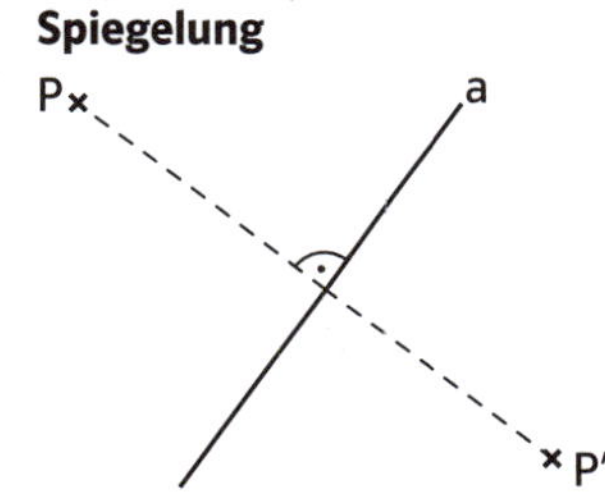

P und P′ haben von der Spiegelachse a den gleichen Abstand.

1.1 Zeichne die Punkte in einem Koordinatensystem ein. Verbinde sie zu einem Sechseck.

	A	B	C	D	E	F
x	1	−1	−4	−1	1	4
y	3	3	−1	−1	−4	−1

2.1 a) Übertrage das Dreieck aus Figur 1 in ein Koordinatensystem.
b) Verschiebe das Dreieck von A nach A′.
c) Bestimme die Koordinaten der Punkte.

3.1 a) Übertrage das Viereck aus Figur 2 in dein Heft und spiegele das Viereck an der y-Achse.
b) Bestimme die Koordinaten der Punkte.

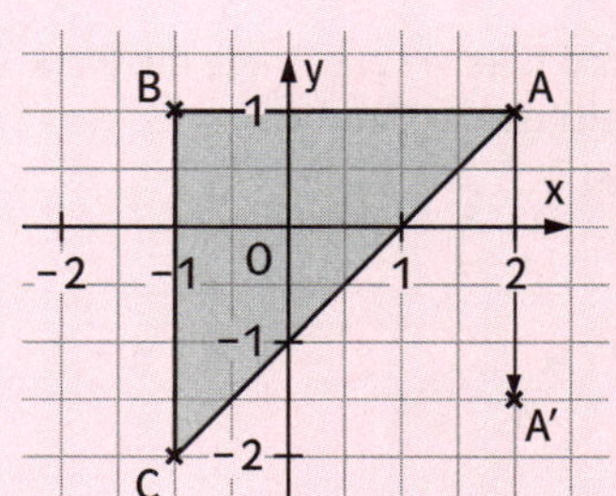

Figur 1

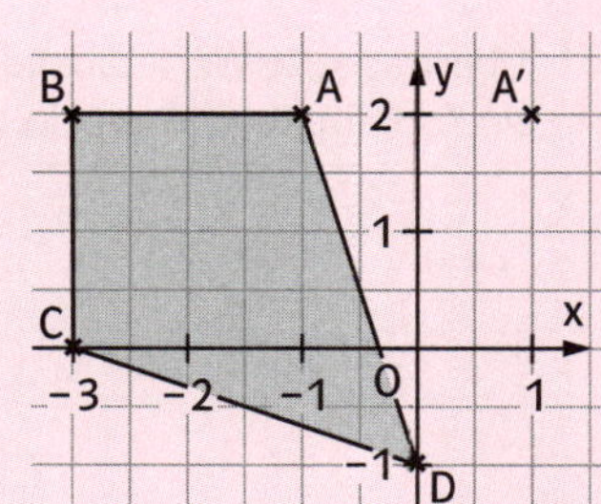

Figur 2

4 Zeichne das Dreieck ABC mit A(1 | 1,5); B(−3,5 | 3); C(−2 | 0).
a) Verschiebe von B nach B′(0 | 0).
b) Spiegele an der x-Achse.
c) Spiegele an der y-Achse.

Funktionen im Koordinatensystem darstellen

1 a) Fülle für die Funktion $y = \frac{1}{2}x + 1$ die Wertetabelle aus. Trage die Punkte dann ins Koordinatensystem ein.

x	−4	−2	0	2	4
$\frac{1}{2}x + 1$					

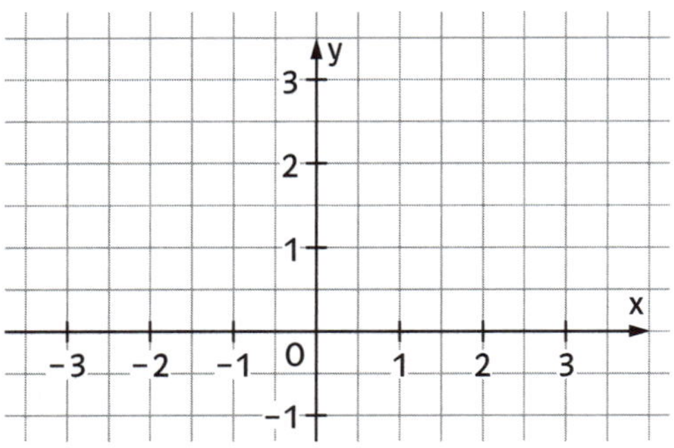

b) Zeichne durch die Punkte eine Gerade.

Funktionen im Koordinatensystem darstellen

Tankfüllung während einer Autofahrt

Funktionsvorschrift

Zeit x ⟶ Tankfüllung y
(in h) (in l)

Wertetabelle

x	0	1	2	3	4
y	40	35	28	28	20

Darstellung im Koordinatensystem

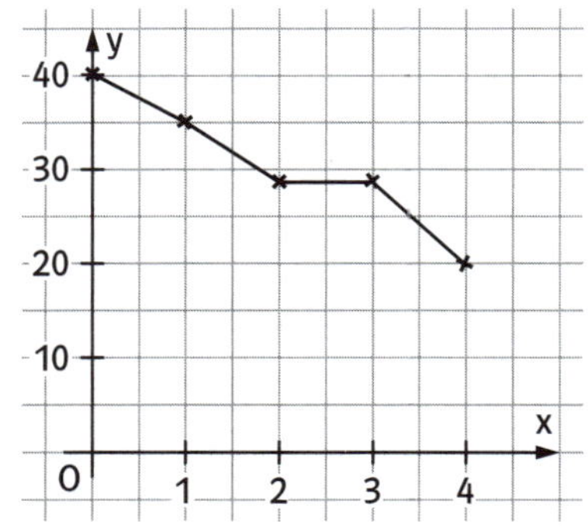

2 Bestimme die Koordinaten für die Punkte. Bestimme die Funktion.

x	−1,5			

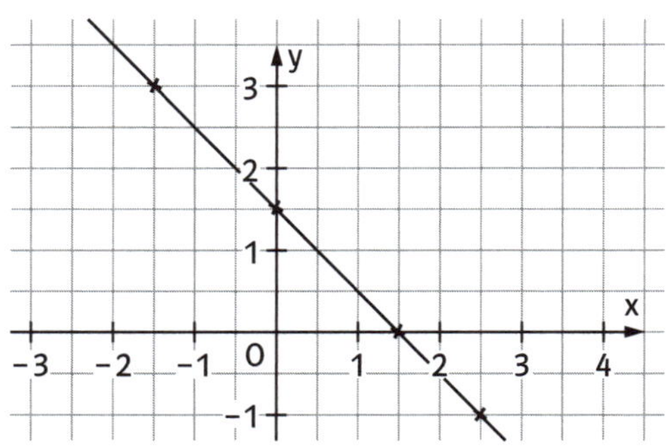

3 Wasser wurde erhitzt.

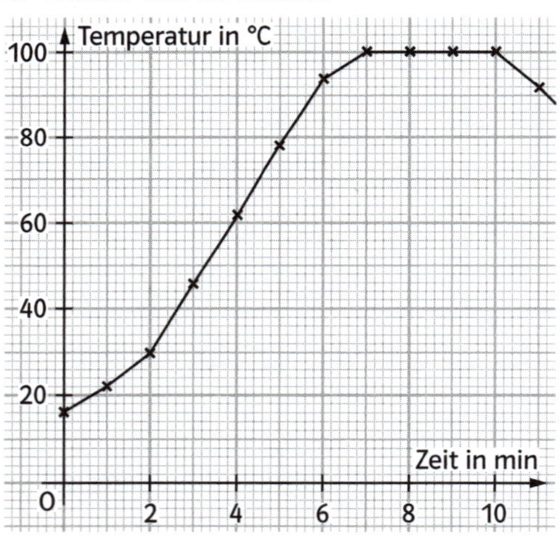

a) Fülle die Tabelle aus.

Zeit in min	0	4	7	9
Temperatur in °C				

b) Lies aus dem Koordinatensystem ab.
- Temperatur des Wassers zu Beginn des Versuchs: ______
- Nach wie viel Minuten waren 50 °C erreicht? ______
- Nach wie viel Minuten begann das Wasser zu sieden? ______
- Wie lange hat das Wasser gesiedet? ______

Funktionen sind eindeutige Zuordnungen. Zu jedem x-Wert gehört genau ein y-Wert.

Beispiele
Gewicht ⟶ Preis
Zeit ⟶ Lohn
Zeit ⟶ Temperatur
$x \to -2x + 3$
$y = -\frac{1}{2}x + 1$

Andere Notationen von Funktionen
$y = 0{,}8 \cdot x$
$x \to 0{,}8 \cdot x$
$f(x) = 0{,}8 \cdot x$

1.1 Übertrage die Wertetabelle und fülle sie aus. Trage die Punkte in ein Koordinatensystem ein. Zeichne die Gerade.

a)

x	−2	−1	0	1	2
2x + 3					

b)

x	−2	−1	0	1	2
2x − 3					

c)

x	−2	−1	0	1	2
−2x + 3					

d)

x	−2	−1	0	1	2
−2x − 3					

1.2 Lege für die Funktion eine Wertetabelle an. Trage die Punkte in ein Koordinatensystem ein. Zeichne die Gerade.

a) $y = 0{,}5x + 2$ b) $y = 0{,}5x - 2$ c) $y = -0{,}5x + 2$
d) $y = -0{,}5x - 2$ e) $y = x + 3$ f) $y = x - 3$
g) $y = -x + 3$ h) $y = -x - 3$ i) $y = 2x$
j) $y = 2$ k) $y = -2x$ l) $y = -2$

2.1 Zeichne eine Gerade durch die Punkte A(−4 | 0) und B(0 | 2). Bestimme die fehlenden Koordinaten der Punkte auf der Geraden. C(−2 | c); D(d | 1,5); E(1 | e); F(3 | y).

3.1 a) Zeichne den Graphen der Funktion *Zeit x (in h) ⟶ Tankfüllung y (in l)* für eine Autofahrt.

x	0	1	2	3	4	5	6	7	8	9	10	11	12
y	32	26	19	14	14	7	30	24	18	11	5	32	32

b) Lies aus dem Koordinatensystem ab.
- Wie viel Liter Benzin waren ungefähr nach 7,5 Stunden im Tank?
- Nach wie viel Stunden wurde eine Pause eingelegt?
- Nach wie viel Stunden wurde getankt?

Lineare Funktionen darstellen

1 Bestimme die Funktionsgleichung für die Gerade durch P_1 und P_2.

a) für $P_1(0|-1)$ und $P_2(2|3)$

(1) $m = \frac{3-(-1)}{2-0} =$ ______

(2) b = ______

(3) y = ______

b) für $P_1(0|3)$ und $P_2(2|-1)$

(1) m = ______

(2) b = ______

(3) y = ______

c) Zeichne die Geraden in Figur 1 ein.

2 Gib die Funktionsgleichung an und zeichne die Gerade rot in Figur 1 ein.

a) $m = \frac{4}{3}$; $b = -1$ b) $m = -\frac{3}{2}$; $b = 2$

y = ______ y = ______

3 ☆ a) Zeichne die Gerade durch A und B und die Gerade durch C und D in Figur 2.
$A(-1|-4)$; $B(0|-1)$; $C(-3|0)$; $D(3|-2)$

b) Bestimme die Funktionsgleichung.

Gerade durch A und B	Gerade durch C und D
m = ______	m = ______
b = ______	b = ______
y = ______	y = ______

Lineare Funktionen darstellen

	$P_1(0\|2)$; $P_2(3\|4)$
(1) **Steigung m** bestimmen $m = \frac{y_2 - y_1}{x_2 - x_1}$	$m = \frac{4-2}{3-0} = \frac{2}{3}$
(2) **y-Abschnitt b** bestimmen $b = y_1$	$b = 2$
(3) **Funktion** bestimmen $y = mx + b$	$y = \frac{2}{3}x + 2$

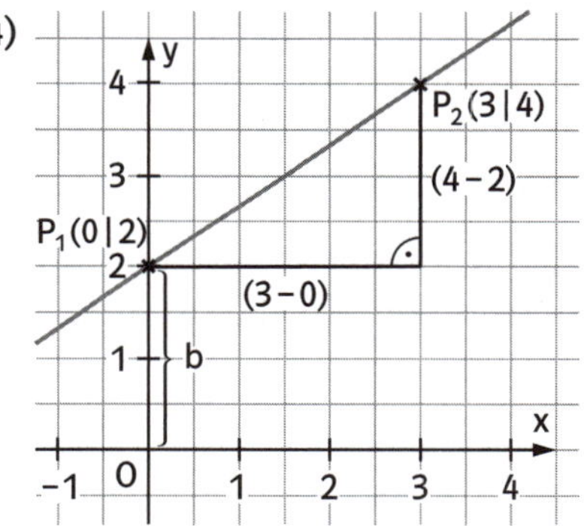

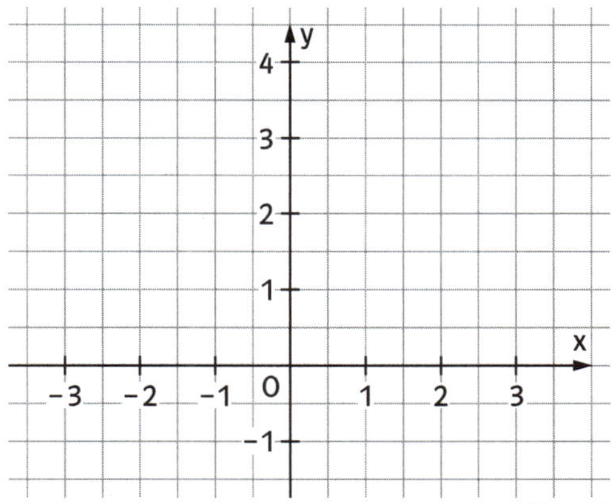

Figur 1

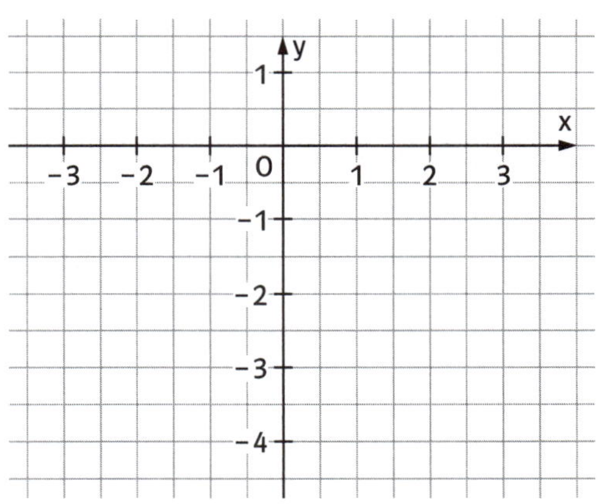

Figur 2

Lineare Funktion
$y = mx + b$
$y = -\frac{3}{4}x + 2$

Steigung $m = -\frac{3}{4}$
y-Abschnitt $b = 2$

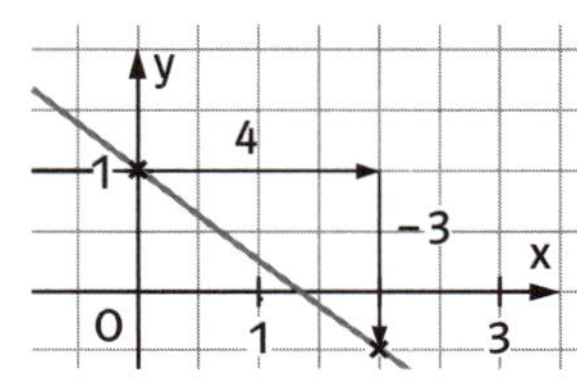

gleicher y-Abschnitt b

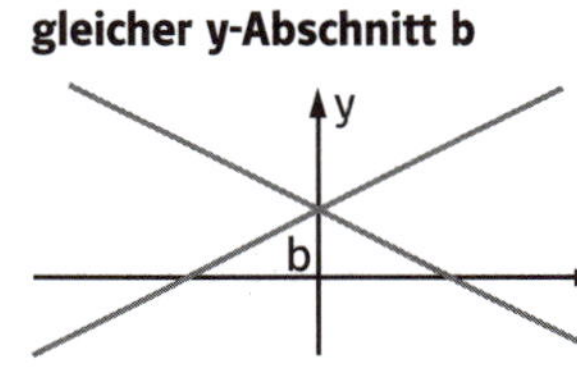

gleiche Steigung m

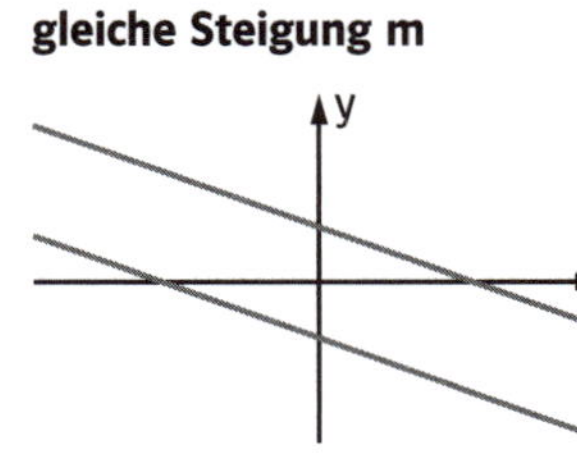

1.1 Bestimme die Funktionsgleichung und zeichne die Gerade.
a) $P_1(0|2)$; $P_2(1|4)$ b) $P_1(0|-3)$; $P_2(3|2)$
c) $P_1(0|1)$; $P_2(2|-4)$ d) $P_1(0|-2)$; $P_2(3|2)$

1.2 a) $P_1(0|3)$; $P_2(4|5)$ b) $P_1(0|-1)$; $P_2(5|0)$
c) $P_1(0|0{,}5)$; $P_2(3|-1{,}5)$ d) $P_1(0|-1{,}5)$; $P_2(4|1{,}5)$

1.3 a) $P_1(0|0)$; $P_2(3|4)$ b) $P_1(0|3)$; $P_2(-4|3)$
c) $P_1(0|-2)$; $P_2(-3|-2)$ d) $P_1(0|0)$; $P_2(4|0)$

2.1 Gib die Funktionsgleichung an und zeichne die Gerade.
a) $m = 2$; $b = -3$ b) $m = -2$; $b = 1$ c) $m = 1$; $b = 0$
d) $m = 0$; $b = 1$ e) $m = 1$; $b = 1$ f) $m = 0$; $b = 0$

2.2 a) $m = \frac{3}{4}$; $b = 2$ b) $m = -\frac{3}{4}$; $b = 2$
c) $m = \frac{3}{4}$; $b = -2$ d) $m = -\frac{3}{4}$; $b = -2$
e) $m = 0$; $b = \frac{3}{5}$ f) $m = 1{,}5$; $b = 0$

3.1 ☆ Zeichne die Gerade. Bestimme die Gleichung.
a) $A(-4|2)$; $B(2|-2{,}5)$ b) $C(-3|-2{,}5)$; $D(1{,}5|3{,}5)$
c) $A(-4|2)$; $B(3|-1{,}5)$ d) $C(-3|-2)$; $D(3|0)$

4 Welche Aussagen für $y = mx + b$ sind wahr? Begründe.
a) Wenn $m = 0$, dann ist die Gerade parallel zur y-Achse.
b) Wenn $m = 1$, dann hat die Gerade eine Steigung von 45°.

Sachaufgaben mit linearen Funktionen berechnen

Sachaufgaben mit linearen Funktionen berechnen
Eine Mietwagenfirma verleiht Kleintransporter zu folgenden Bedingungen: 50 € Grundgebühr und 0,60 € für jeden gefahrenen Kilometer. Berechne den Mietpreis für 400 km.

(1) **Bezeichnungen festlegen**
x gefahrene Kilometer
y Mietkosten in €

(2) **Funktionsgleichung bestimmen**
$y = 0{,}6x + 50$

(3) **Werte einsetzen, berechnen**
$x = 400$
$y = 0{,}6 \cdot 400 + 50 = 290$

(4) **Antwort notieren**
Für 400 km sind 290 € zu zahlen.

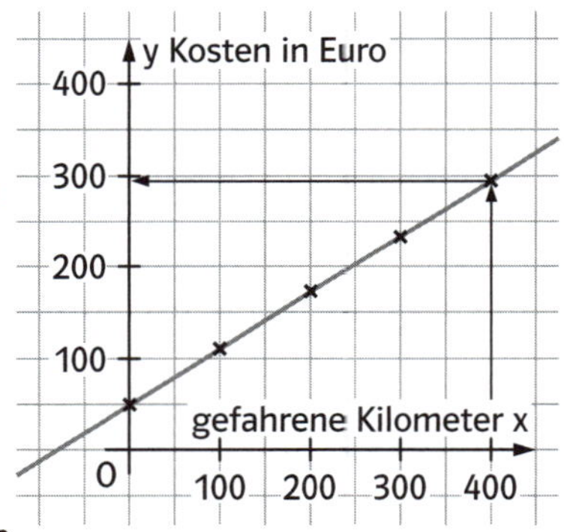

1 Eine Gemeinde will eine Kläranlage bauen. Dafür soll jeder Grundstückseigentümer einen einmaligen Betrag von 1500 € und 0,50 € für jeden m^2 Fläche zahlen.

a) Berechne die Abgaben für Grundstücksgrößen von $1200\,m^2$ bzw. $980\,m^2$.

(1) ______________________________

____

(2) ______________________________

(3) x = __________ __________

__________ __________

__________ __________

(4) ______________________________

b) Zeichne die Gerade ein. Lies die Kosten ab.

x = 1200 x = 980

y ≈ __________ __________

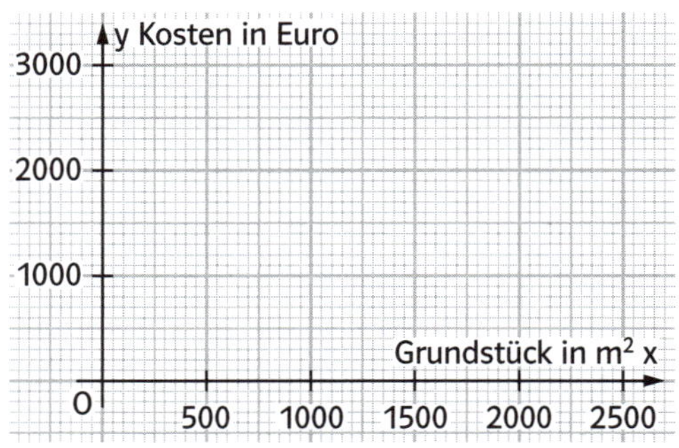

2 ☆ Berechne die Grundstücksgrößen, wenn 2200 € bzw. 1875 € zu zahlen sind.

a) Löse die Gleichung nach x auf.
y = ______ · x + 1500 | −

____

x = ______________________________

b) y = 2200
x = __________

c) y = 1875
____

(2) Funktionsgleichung bestimmen
(für Beispiel im Kasten)

gefahrene Kilometer	x
Kosten ohne Grundgebühr	0,6 x
Kosten mit Grundgebühr	0,6 x + 50

(· 0,6; + 50)

y = 0,6x + 50

3 Bei einem Pkw-Verleih zahlt man für die Miete eines Mittelklassewagens eine Grundgebühr von 60 € und 0,50 € für jeden gefahrenen Kilometer.
a) Berechne jeweils die Mietkosten für Fahrten von 360 km, 680 km und 1254 km Länge.
b) Zeichne jeweils die Gerade und lies die Mietkosten ab.

4 Ein E-Werk verschickt an seine Kunden die Stromabrechnungen. Im City-Tarif zahlt man eine Grundgebühr von 59,50 € im Jahr und 0,21 € für jede „verbrauchte" Kilowattstunde (kWh).
a) Berechne die Stromkosten für 3400 kWh und für 5380 kWh.
b) Zeichne die Gerade auf Millimeterpapier und lies die Stromkosten ab.

5 ☆ Bei einem Geldinstitut kann man einen Kleinkredit zu folgenden Bedingungen erhalten: 90 % der Kreditsumme werden ausgezahlt; einmalige Bearbeitungsgebühr 250 €.
a) Wie viel Euro werden bei einer Kreditsumme von 10 000 €, 20 000 € bzw. 15 000 € ausgezahlt?
b) Zeichne die Gerade auf Millimeterpapier oder kariertes Papier und lies die Auszahlungsbeträge ab.

6 ☆ Berechne mit den Angaben in Aufgabe 5.
a) Berechne die Kreditsummen, wenn 10 000 €, 20 000 € bzw. 15 000 € ausgezahlt werden sollen.
b) Bestimme diese Beträge mit der Geraden zu Aufgabe 5.

Quadratische Funktion $y = x^2$ darstellen

1 a) Figur 1 zeigt Punkte der Normalparabel. Spiegele die Punkte an der y-Achse.

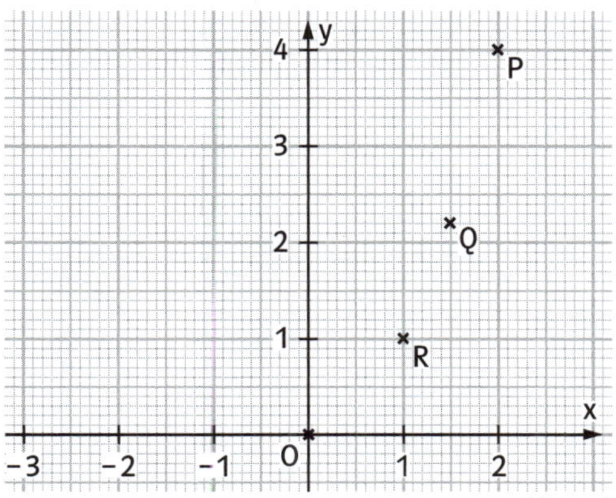

Figur 1

b) Notiere die Koordinaten von Punkt und Bildpunkt.

P(2 | 4)	Q	R
P'	Q'	R'

2 a) Fülle die Tabelle aus.

x	0,2	−0,2	0,4	−0,4	0,6	−0,6	0,8	−0,8	1,2	−1,2	1,4	…
x^2												

b) Trage die Punkte in Figur 1 ein.

c) Bestimme weitere Punkte.

d) Zeichne die Normalparabel in Figur 1.

3 Welche Punkte liegen auf der Normalparabel? Trage sie in Figur 2 ein.
A(2 | 4); B(−2 | 4); C(1,5 | 3); D(1,5 | 2,25); E(1 | 1); F(−1 | −1); G(−1 | 1); H(0 | 0).

4 Bestimme die Koordinaten der Punkte so, dass diese auf der Normalparabel liegen.

A(1,5 | 2,25)	A'
B(−3 |)	B'
C(0,9 |)	C'

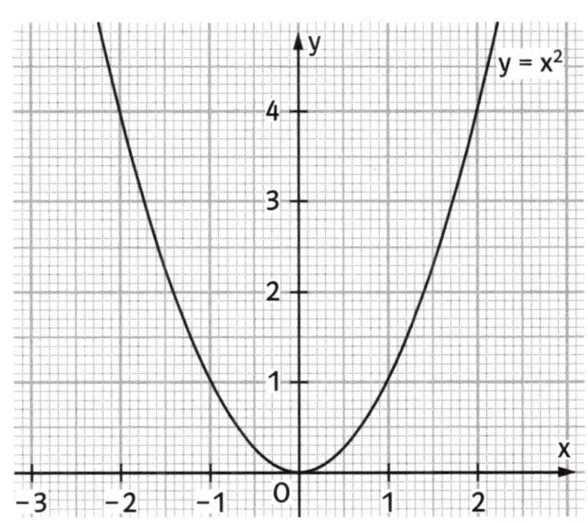

Figur 2

Quadratische Funktion $y = x^2$ darstellen
- Der Graph der quadratischen Funktion $y = x^2$ heißt **Normalparabel**.
- Die Normalparabel ist **achsensymmetrisch** zur y-Achse.
- **Scheitelpunkt S(0 | 0)**
- **Funktionsgleichung $y = x^2$**

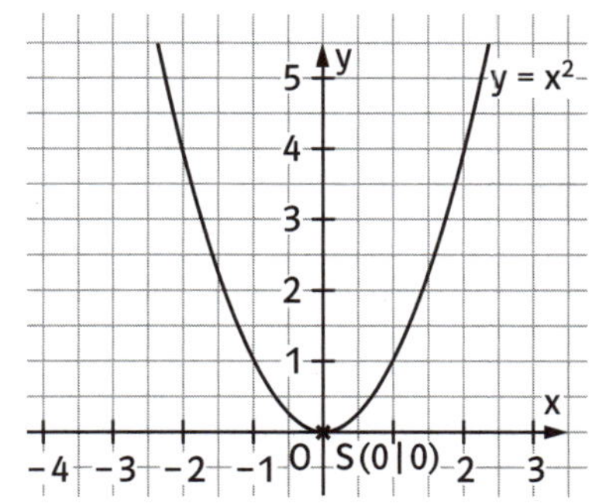

$(-2)^2 = (-2) \cdot (-2) = 4$

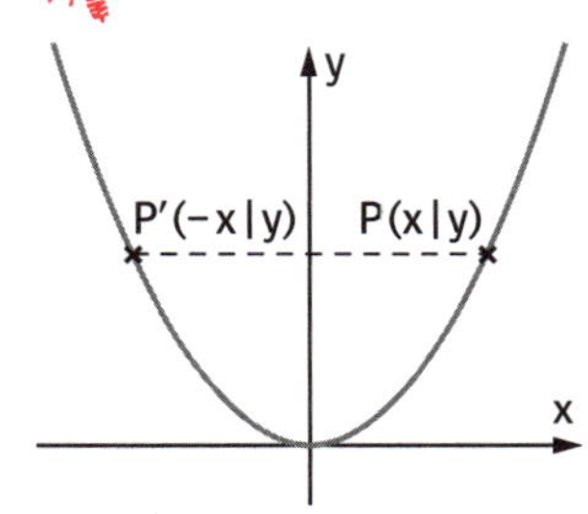

Normalparabel (NP) zeichnen
(1) S(0 | 0) markieren
(2) Punkte und Bildpunkte markieren
(3) Normalparabel zeichnen

2.1 a) Übertrage die Tabelle ins Heft. Fülle sie aus.

x	0	0,5	−0,5	1	−1	1,5	−1,5	2	−2
x^2									

b) Markiere die Punkte in einem Koordinatensystem auf Millimeterpapier.
c) Ergänze weitere Punkte.
d) Zeichne die Normalparabel.

2.2 Zeichne eine Normalparabel auf Karopapier. Bestimme zunächst die Punkte mit den x-Koordinaten 0; 0,5; −0,5; 1; −1; 1,5; −1,5; 2; −2. Achte beim Zeichnen auf die Rundung in der Nähe des Scheitelpunktes.

3.1 Notiere die Punkte, die auf der Normalparabel liegen.
a) A(0 | 0); B(1 | 1); C(1 | −1); D(−1 | 1); E(−1 | −1)
b) A(2 | 2); B(2 | 4); C(−2 | 4); D(2 | −4); E(−2 | −4)

4.1 Bestimme die Koordinaten der Punkte so, dass diese auf der Normalparabel liegen.
a) A(2 | y); A'(−2 | y)
b) B(4 | y); B'(−4 | y)
c) C(0,5 | y); C'(−0,5 | y)
d) D(0,8 | y); D'(−0,8 | y)
e) E(6 | y); E'(−6 | y)
f) F(0,1 | y); F'(−0,1 | y)

5 Welche Aussagen für $y = x^2$ sind wahr? Begründe.
a) Die Parabel ist achsensymmetrisch zur x-Achse.
b) Für negative x-Werte ist der y-Wert auch negativ.

Quadratische Funktionen $y = ax^2$ darstellen

1 a) Fülle die Wertetabelle aus.

x	0	1	−1	2	−2
① $y = x^2$					
② $y = -x^2$					

b) Trage die Punkte aus der Tabelle in Figur 1 ein: $y = x^2$ (rot); $y = -x^2$ (grün).

c) Schneide aus Pappe eine Schablone für die Normalparabel $y = x^2$ aus und kennzeichne sie mit ① (Anleitung in der Randspalte).

d) Zeichne damit die Parabel ② $y = -x^2$.

e) Vergleiche NP ① $y = x^2$ mit ② $y = -x^2$. Die NP wurde ______________ .

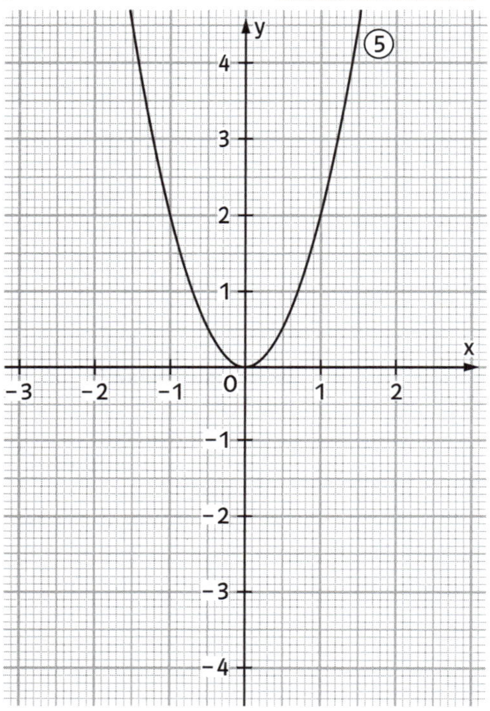

Figur 1

Quadratische Funktionen $y = ax^2$ darstellen
- Die Graphen der quadratischen Funktionen $y = ax^2$ sind **Parabeln**. Sie sind achsensymmetrisch zur y-Achse.
- Die Parabeln $\mathbf{y = ax^2}$ können aus der Normalparabel (NP) entwickelt werden.

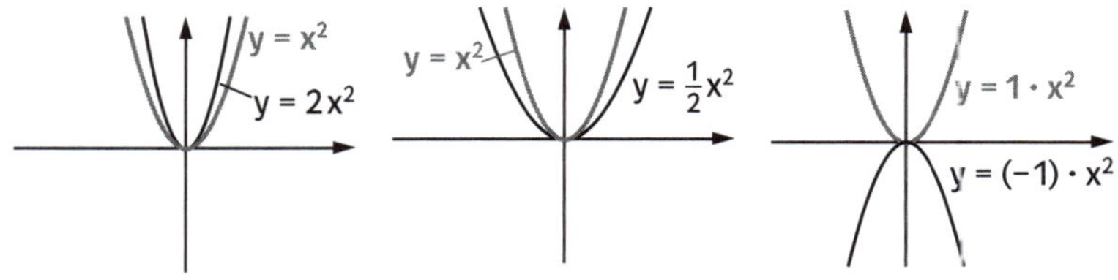

$a > 1$	$0 < a < 1$	$a = -1$
NP wird gestreckt	NP wird gestaucht	NP wird an x-Achse gespiegelt

2 a) Fülle die Wertetabelle aus.

x	0	1	−1	2	−2
① $y = x^2$					
③ $y = \frac{1}{2}x^2$					
④ $y = -\frac{1}{2}x^2$					

b) Trage in Figur 1 die Punkte der Tabelle ein: $y = \frac{1}{2}x^2$ (blau); $y = -\frac{1}{2}x^2$ (schwarz).

c) Stelle eine Schablone her für ③ $y = \frac{1}{2}x^2$.

d) Zeichne damit in Figur 1 die Parabel ④ $y = -\frac{1}{2}x^2$.

e) Vergleiche die NP ① $y = x^2$ mit ③ $y = \frac{1}{2}x^2$. Die NP wurde

______________________________ .

f) Vergleiche die NP ① $y = x^2$ mit ④ $y = -\frac{1}{2}x^2$. Die NP wurde

______________________________ .

$-x^2 = (-1) \cdot x^2$
$-2x^2 = (-1) \cdot 2x^2$

Schablonen herstellen
(1) Parabel ① $y = x^2$ aus Figur 1 auf Transparentpapier übertragen und ausschneiden.
(2) Vorlage auf Pappe kleben.
(3) Schablone ausschneiden und mit $y = x^2$ beschriften.
Stelle auch Schablonen für $y = \frac{1}{2}x^2$ und für $y = 2x^2$ her.

3 a) Schneide eine Schablone zu ⑤ aus.
b) Zeichne damit in Figur 1 die Parabel ⑥, die man durch Spiegelung an der x-Achse erhält.
c) Gib die Funktionsgleichungen der Parabeln an. ⑤ $y =$ __________ ⑥ __________

1.1 Zeichne mit einer Schablone die Parabeln $y = x^2$ und $y = -x^2$ auf Millimeterpapier oder auf kariertes Papier.

2.1 Vergleiche die Normalparabel mit der folgenden Parabel.
a) $y = -x^2$ b) $y = 2x^2$
c) $y = -2x^2$ d) $y = -0{,}5x^2$

3.1 a) Zeichne mit Schablonen auf mm-Papier in ein Koordinatensystem: $y = x^2$; $y = -x^2$; $y = 2x^2$; $y = -2x^2$; $y = 0{,}5x^2$; $y = -0{,}5x^2$.
b) Zeichne die Parabeln auch auf Karopapier.

4 Eine Parabel $y = ax^2$ verläuft durch den Punkt P. Bestimme ihre Gleichung und vergleiche mit der Normalparabel.
a) P(1 | 3) b) P(−1 | −3) c) P(2 | 1) d) P(2 | −1)

Quadratische Funktionen $y = ax^2 + c$ darstellen

1 a) Fülle die Wertetabelle aus.

x	0	1	−1	2	−2
$y = x^2$					
$y = \frac{1}{2}x^2$					
$y = -\frac{1}{2}x^2$					
$y = -\frac{1}{2}x^2 + 3$					

b) Trage die Punkte aus der Tabelle in Figur 1 ein: $y = x^2$ (rot); $y = \frac{1}{2}x^2$ (grün); $y = -\frac{1}{2}x^2$ (blau); $y = -\frac{1}{2}x^2 + 3$ (schwarz).

c) Zeichne die Parabeln.

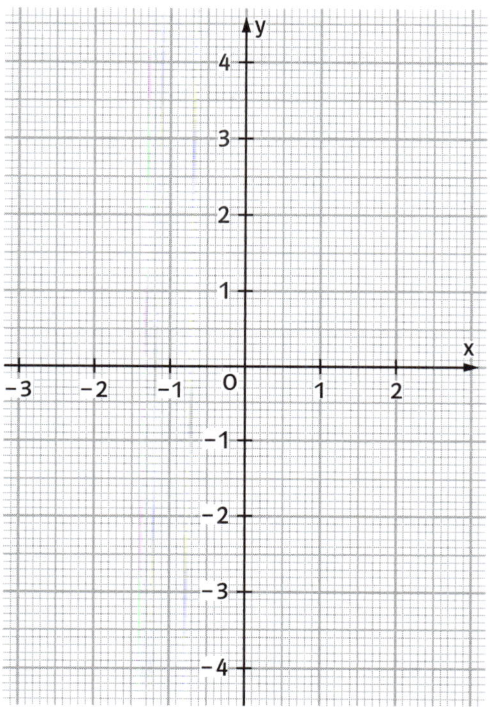

Figur 1

Quadratische Funktionen $y = ax^2 + c$ darstellen

Parabeln mit der Gleichung $y = ax^2 + c$ sind achsensymmetrisch zur y-Achse. Der Scheitelpunkt liegt in $S(0\,|\,c)$.

Parabel zeichnen	$y = \frac{1}{2}x^2 - 3$
(1) Scheitelpunkt $S(0\,\|\,c)$ markieren	$S = (0\,\|\,-3)$
(2) Form bestimmen	$a = \frac{1}{2}$ NP gestaucht
(3) Punkte bestimmen	$A(1\,\|\,-2{,}5)$; $A'(-1\,\|\,-2{,}5)$; $B(2\,\|\,-1)$; $B'(-2\,\|\,-1)$
(4) Parabel zeichnen	

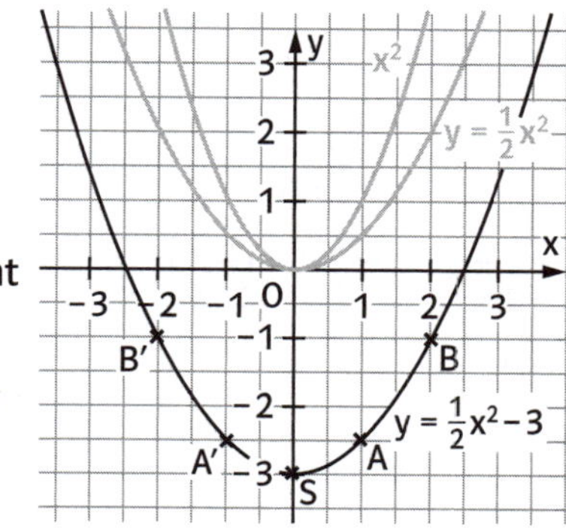

2 Zeichne die Parabeln in Figur 2 ein.

a) $y = x^2 + 1$ b) $y = x^2 - 1$

c) $y = -x^2 + 1$ d) $y = -x^2 - 1$

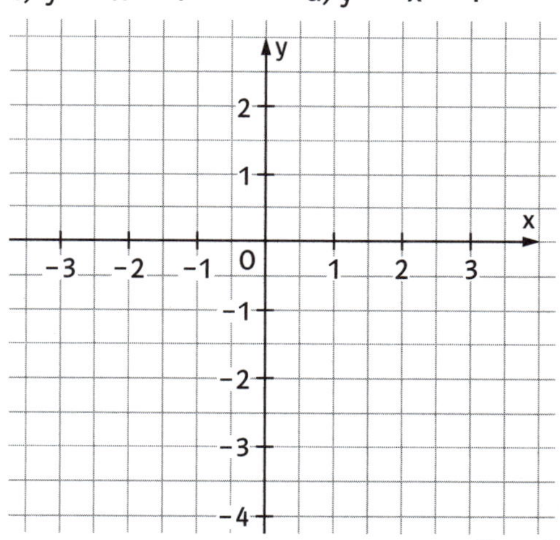

Figur 2

Parabeln mit der Gleichung $y = ax^2 + c$

a bestimmt die Form

$a = 1$	Normalparabel (NP)
$a > 1$	NP gestreckt
$0 < a < 1$	NP gestaucht
$a = -1$	NP gespiegelt
$-1 < a < 0$	NP gespiegelt und gestaucht
$a < -1$	NP gespiegelt und gestreckt

Der Achsenabschnitt c bestimmt die Lage.

$c = 0$	$S(0\,\|\,0)$
$c > 0$	Scheitelpunkt liegt über der x-Achse
$c < 0$	Scheitelpunkt liegt unter der x-Achse

3 Bestimme die y-Koordinaten für die Punkte der Parabel $y = -2x^2 + 4$.

a) $P(-2\,|\,y)$

$y = -2 \cdot (-2)^2 + 4$

$y =$

b) $Q(2\,|\,y)$

$y =$

1.1 Lege Tabellen an. Zeichne die Parabeln mit Schablonen.
$y = x^2$; $y = -x^2$; $y = -x^2 + 2$; $y = -x^2 - 2$

1.2 $y = x^2$; $y = 2x^2$; $y = 2x^2 + 3$; $y = 2x^2 - 3$

1.3 $y = x^2$; $y = 2x^2$; $y = -2x^2$; $y = -2x^2 + 1$; $y = -2x^2 - 1$

1.4 $y = x^2$; $y = \frac{1}{2}x^2$; $y = \frac{1}{2}x^2 + 4$; $y = \frac{1}{2}x^2 - 4$

1.5 $y = x^2$; $y = \frac{1}{2}x^2$; $y = -\frac{1}{2}x^2$; $y = -\frac{1}{2}x^2 + 1$; $y = -\frac{1}{2}x^2 - 1$

2.1 Zeichne die Parabeln mit Schablonen auf Karopapier.
$y = 2x^2$; $y = 2x^2 - 3$; $y = -2x^2 + 3$; $y = -2x^2 - 3$

2.2 $y = \frac{1}{2}x^2 + 4$; $y = \frac{1}{2}x^2 - 4$; $y = -\frac{1}{2}x^2 + 4$; $y = -\frac{1}{2}x^2 - 4$

2.3 $y = x^2$; $y = -x^2$; $y = 2x^2$; $y = -2x^2$

3.1 Bestimme die y-Koordinaten der Punkte auf der Parabel.
a) $y = -x^2 + 3$; $P(0\,|\,y)$; $Q(2\,|\,y)$ b) $y = 2x^2 - 4$; $P(0\,|\,y)$; $Q(-2\,|\,y)$
c) $y = -3x^2 + 2$; $P(2\,|\,y)$; $Q(-2\,|\,y)$ d) $y = \frac{1}{2}x^2$; $P(0\,|\,y)$; $Q(5\,|\,y)$

4 Welche Aussagen für $y = ax^2 + c$ sind wahr? Begründe.
a) Die Parabel ist achsensymmetrisch zur y-Achse.
b) Für $c < 0$ liegt der Scheitelpunkt S über der x-Achse.

1 Lineare Funktionen darstellen ☹ 😐 ☺

Bestimme die Funktionsgleichung für die Gerade durch P_1 und P_2.

m = ______ ; b = ______

y = ______

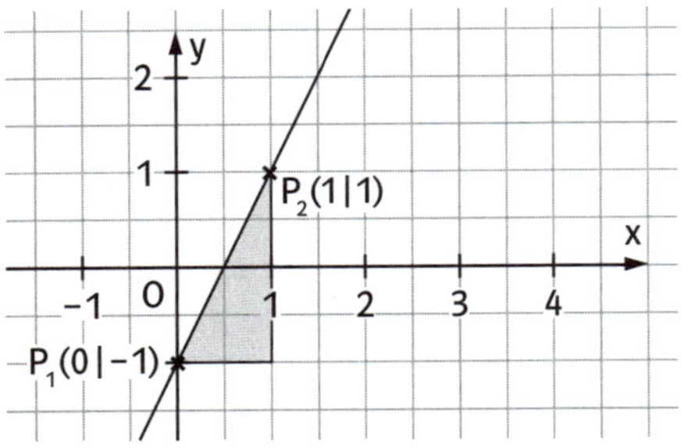

Zeichne die Gerade zur Funktionsgleichung $y = \frac{1}{2}x + 3$.

m = ______ b = ______

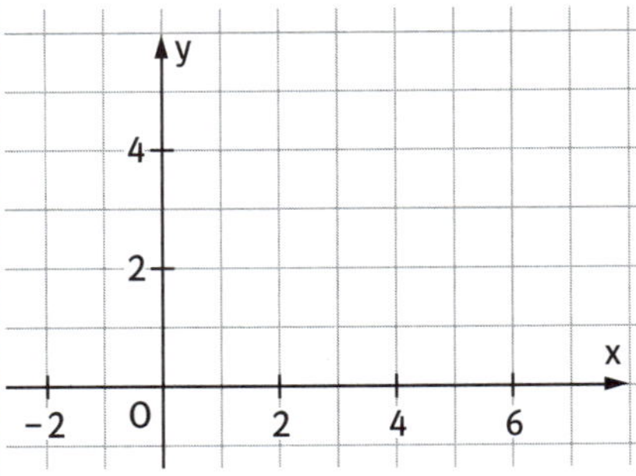

Zeichne eine Gerade durch die Punkte A(−1|0) und B(1|3). Bestimme die Funktionsgleichung.

y = ______

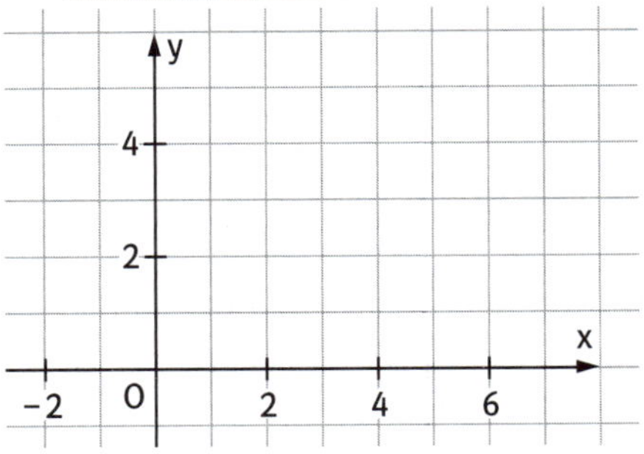

2 Quadratische Funktionen darstellen ☹ 😐 ☺

Zeichne die Normalparabel $y = x^2$.

x	0	1	−1	2	−2	3	−3
y							

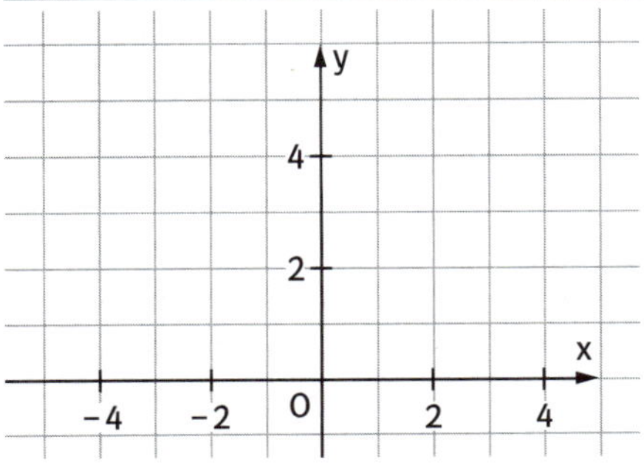

Stelle die quadratische Funktion $y = ax^2$ dar, wenn $a = \frac{1}{2}$.

x							
y							

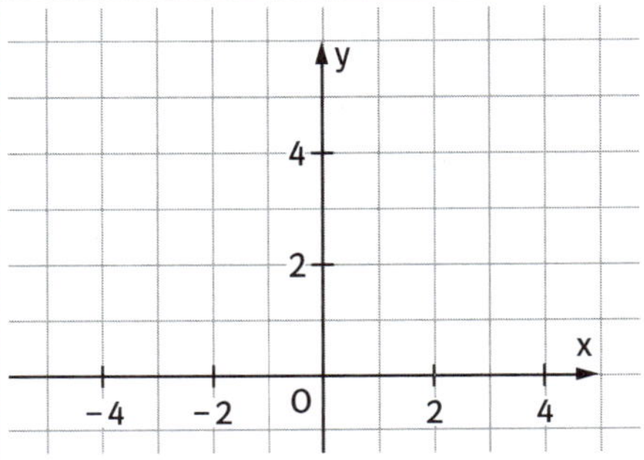

Stelle die Parabeln dar. Vergleiche sie mit der Lage von $y = x^2$.

a) $y = 2x^2$ b) $y = -0{,}5x^2$

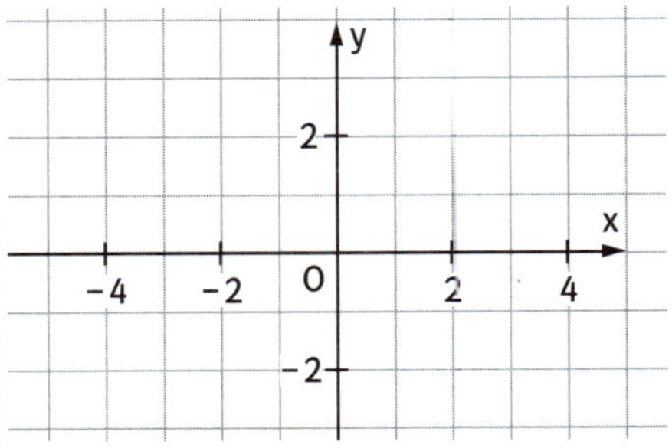

a) ______

b) ______

3 Quadratische Funktionen $y = ax^2 + c$ darstellen ☹ 😐 ☺

Stelle die quadratische Funktion $y = x^2 + 2$ dar.

x	0	1	−1	2	−2	3	−3
y							

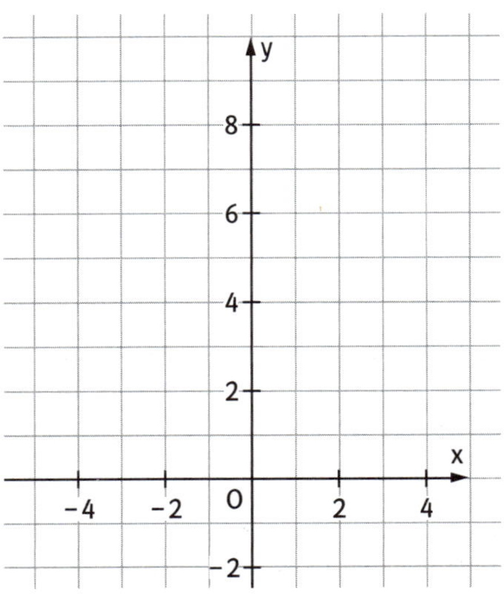

Stelle die quadratische Funktion $y = 2x^2 - 2$ dar.

x	0	1	−1	2	−2	3	−3
y							

Stelle die quadratische Funktion $y = -\frac{1}{2}x^2 + 3$ dar.

x							
y							

Rechtwinklige Dreiecke konstruieren

1 Konstruiere das rechtwinklige Dreieck.
Gegeben: Kathete b = 6,0 cm
Kathete a = 2,0 cm

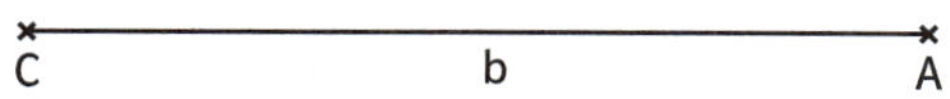

Rechtwinklige Dreiecke konstruieren

Zwei Katheten gegeben	Kathete und Hypotenuse gegeben
(1) 1. Kathete zeichnen	(1) Hypotenuse c zeichnen und halbieren
(2) 2. Kathete vom Punkt C im rechten Winkel zeichnen	(2) Thaleskreis zeichnen
(3) Hypotenuse zeichnen	(3) Fehlenden Punkt C konstruieren
	(4) Katheten zeichnen

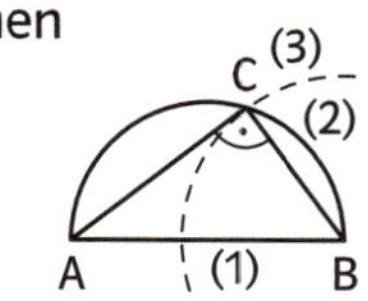

2 Konstruiere das rechtwinklige Dreieck.
Gegeben: Kathete a = 4,0 cm
Kathete b = 3,0 cm

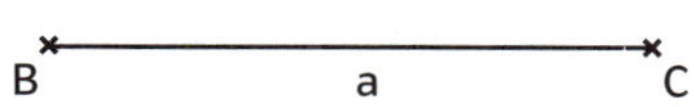

3 Konstruiere das rechtwinklige Dreieck mit dem Thaleskreis.
Gegeben: Hypotenuse c = 4,8 cm
Kathete b = 2,5 cm

4 Konstruiere das rechtwinklige Dreieck.
Gegeben: Hypotenuse a = 3,8 cm
Kathete b = 2,7 cm

5 ☆ Zeichne ein Rechteck mit der Diagonalen d = 6,0 cm und der Seite a = 3,4 cm.

Bezeichnungen im **rechtwinkligen** Dreieck

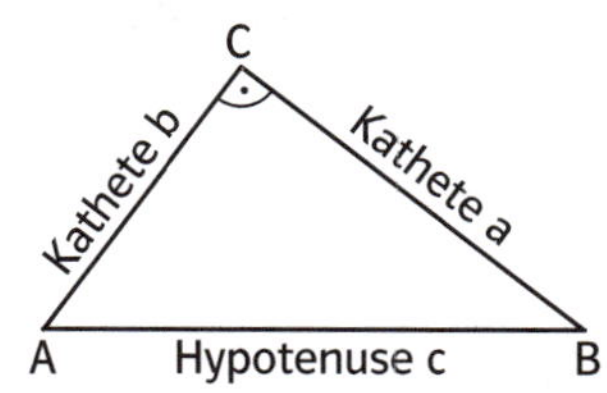

Satz des Thales

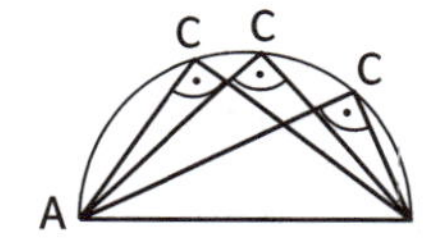

Alle Winkel am Halbkreisbogen sind rechte Winkel. Konstruiert man ein Dreieck aus A und B und einem Punkt C des Halbkreises, erhält man immer ein rechtwinkliges Dreieck.

zu 5

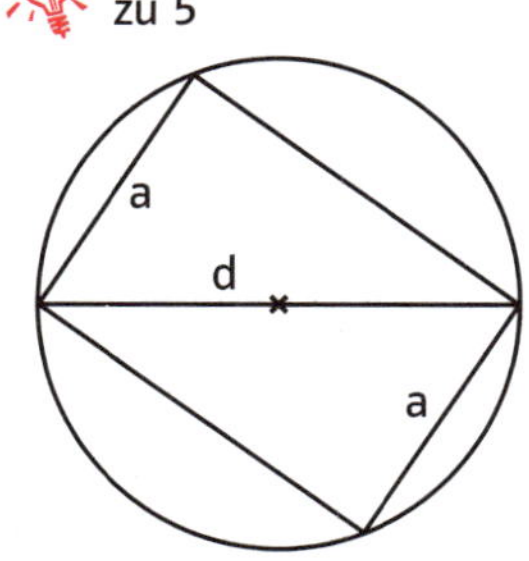

2.1 Konstruiere das rechtwinklige Dreieck.
a) Kathete a = 4,7 cm
Kathete b = 3,8 cm
b) Kathete a = 6,1 cm
Kathete b = 7,2 cm

3.1 Konstruiere das rechtwinklige Dreieck mit dem Thaleskreis.
a) Hypotenuse c = 4,5 cm
Kathete b = 3,9 cm
b) Kathete b = 3,6 cm
Hypotenuse c = 5,2 cm
c) Hypotenuse c = 8,2 cm
Kathete a = 3,5 cm
d) Kathete b = 2,5 cm
Hypotenuse c = 6,8 cm

4.1 Konstruiere das rechtwinklige Dreieck.
a) Hypotenuse a = 7,5 cm
Kathete b = 4,5 cm
b) Kathete a = 5,5 cm
Hypotenuse b = 8,2 cm

5.1 ☆ Zeichne ein gleichschenkliges Dreieck mit der Höhe h = 4,0 cm und dem Schenkel s = 5,2 cm.

6 Kann ein Dreieck zwei rechte Winkel haben? Begründe.

Satz des Pythagoras

1 Berechne die Hypotenuse c.

(1) Gegeben: Kathete a = 12 cm
Kathete b = 15 cm
Gesucht: Hypotenuse c

(2) ______________________

(3) ______________________

____

(4) ______________________

Satz des Pythagoras

$a^2 + b^2 \quad = \quad c^2$

Summe der Kathetenquadrate — gleich — Hypotenusenquadrat

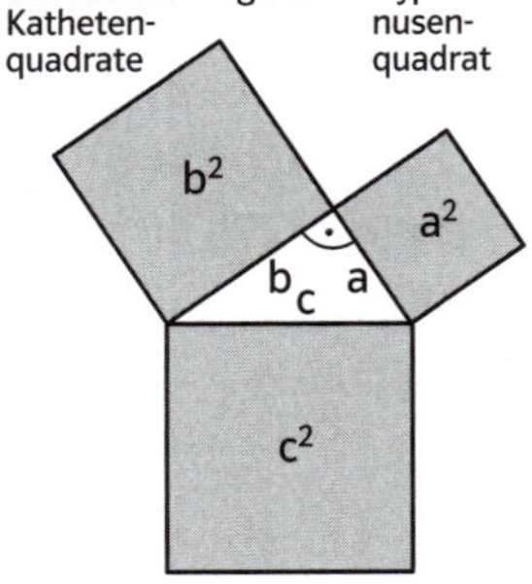

Hypotenuse c mit dem Satz des Pythagoras berechnen

(1) Gegeben: Kathete a = 5 cm
Kathete b = 8 cm
Gesucht: Hypotenuse c

(2) Formel notieren, umformen: $a^2 + b^2 = c^2$
$c = \sqrt{a^2 + b^2}$

(3) Werte einsetzen, berechnen: $c = \sqrt{(5^2) + (8^2)}$
$c = \sqrt{25 + 64}$
$c = \sqrt{89} \approx 9{,}4$

(4) Ergebnis notieren: c = 9,4 cm

2 Berechne die fehlende Kathete.

a) (1) Gegeben: Kathete a = 8,2 cm
Hypotenuse c = 14,5 cm
Gesucht: Kathete b

(2) ______________________

(3) ______________________

____

(4) ______________________

b) (1) Gegeben: Kathete b = 12,5 cm
Hypotenuse c = 15,8 cm
Gesucht: Kathete a

(2) ______________________

(3) ______________________

____

(4) ______________________

3 Bezeichne die Seiten der Dreiecke und berechne die Länge der fehlenden Seite.

a) (1) ______________________

____

____

(2) ______________________

(3) ______________________

____

(4) ______________________

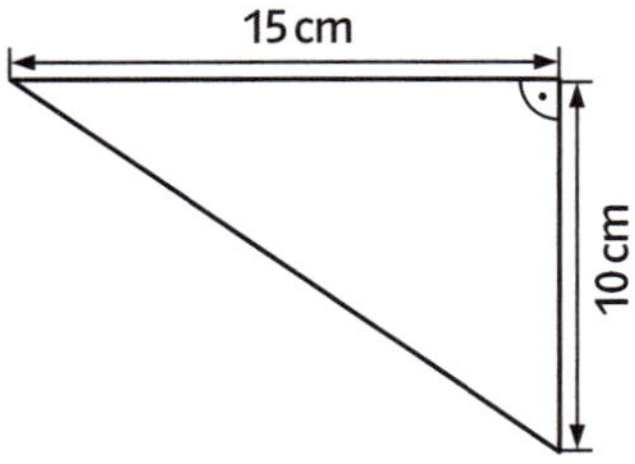

b) (1) ______________________

____

____

(2) ______________________

(3) ______________________

____

(4) ______________________

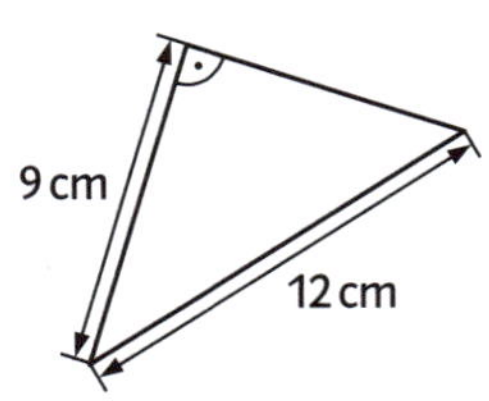

Wurzeln ziehen mit dem Taschenrechner

Pythagoras
griechischer Mathematiker um 600 v. Chr.

zu 2
Kathete berechnen
(1) Gegeben:
Kathete a = 5,0 cm
Hypotenuse c = 8,0 cm
Gesucht: Kathete b
(2) $a^2 + b^2 = c^2$
$b = \sqrt{c^2 - a^2}$
(3) $b = \sqrt{8^2 - 5^2}$
$= \sqrt{64 - 25} = \sqrt{39} \approx 6{,}2$
(4) b ≈ 6,2 cm

zu 1 bis 3
7,9; 9,7; 12,0; 18,0; 19,2

1.1 Berechne die Hypotenuse c.
a) Kathete a = 7 cm; Kathete b = 10 cm
b) Kathete a = 5,3 cm; Kathete b = 9,2 cm
c) Kathete a = 0,73 m; Kathete b = 0,55 m

1.2 Lege eine Skizze an und berechne die Hypotenuse.
a) Kathete b = 1,25 m; Kathete a = 2,05 m
b) Kathete a = 50 cm; Kathete b = 0,35 m

2.1 Berechne die fehlende Kathete.
Kathete a = 8 cm; Hypotenuse c = 12,5 cm

2.2 Lege eine Skizze an und berechne die fehlende Kathete.
Kathete a = 2,55 m; Hypotenuse c = 3,25 m

4 Prüfe: Wenn die beiden Katheten-Quadrate eines Dreiecks gleich groß sind und $a^2 = \frac{1}{2}c^2$, ist das Dreieck gleichschenklig und rechtwinklig.

Satz des Pythagoras in ebenen Figuren anwenden

1 Berechne den Umfang u des Trapezes.

(1)

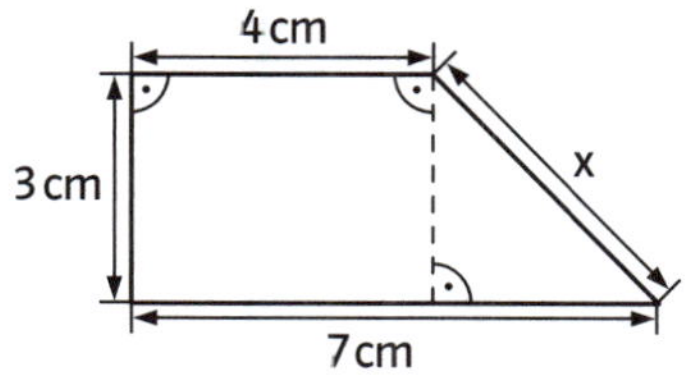

(2) ______

(3) ______

(4) ______

Satz des Pythagoras in ebenen Figuren anwenden

Berechne den Umfang des Trapezes

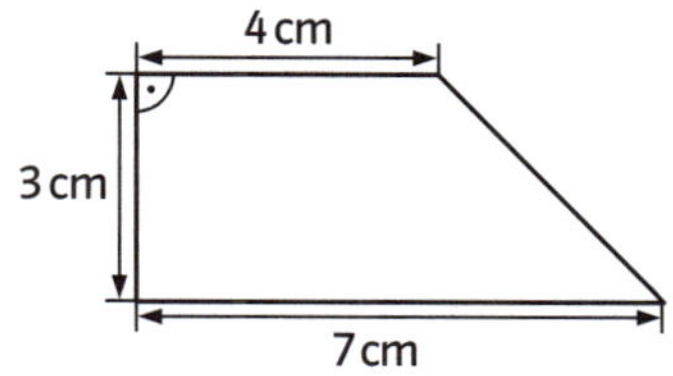

(1) Rechtwinkliges Dreieck in der Figur kennzeichnen, rechten Winkel und Seiten bezeichnen

(2) Formel notieren, umformen

(3) Werte einsetzen, berechnen

(4) Ergebnis notieren

2 Berechne die Länge x.

(1)

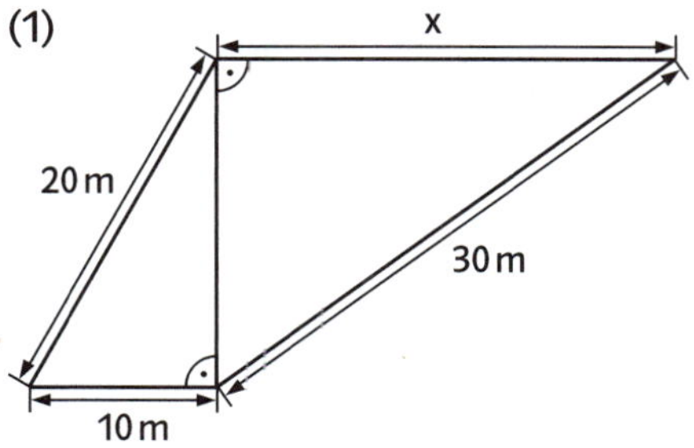

(2) ______

(3) ______

(4) ______

3 Berechne den Umfang u der Raute. Längen der Diagonalen: e = 12 cm; f = 30 cm

(1)

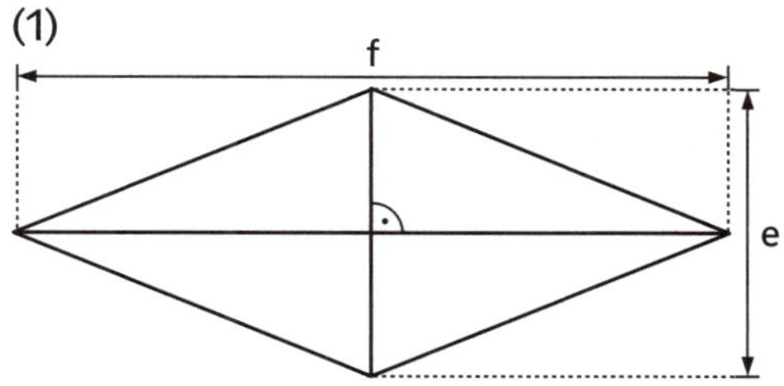

(2) ______

(3) ______

(4) ______

4 Berechne im Fünfeck ABCDE die Länge der Strecke $\overline{AE}$.

$\overline{AB}$ = 20 cm

$\overline{BC} = \overline{CD} = \overline{DE}$ = 5 cm

(1)

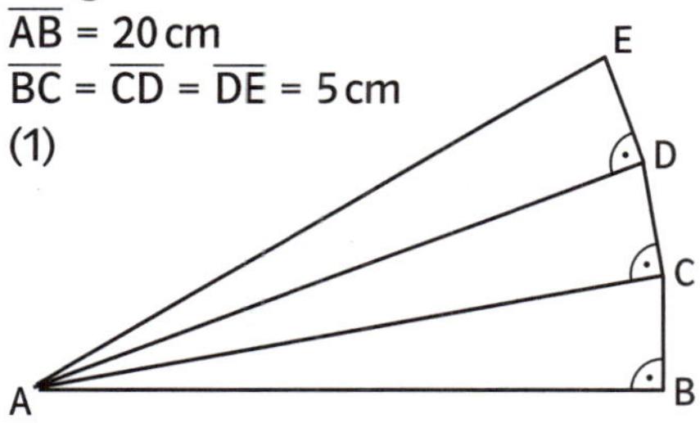

(2) ______

(3) ______

(4) ______

5 Prüfe durch Rechnung, ob das Dreieck mit den angegebenen Seitenlängen (a; b; c) rechtwinklig ist.

a) (5; 12; 13)

______

b) (8; 15; 16)

______

c) (10; 12; 15)

______

zu 5

Wenn in einem Dreieck gilt $a^2 + b^2 = c^2$, dann ist es rechtwinklig.

(a; b; c) bedeutet
Kathete a
Kathete b
Hypotenuse c

Beispiel
Ist das Dreieck (3; 4; 5) rechtwinklig?
$3^2 + 4^2 = 5^2$ ist wahr, das Dreieck ist rechtwinklig.

2.1 Berechne die Länge x in den Figuren 1, 2 und 3. Alle Angaben sind in cm.

3.1 Berechne den Umfang u einer Raute. Längen der Diagonalen: e = 20 cm; f = 30 cm

3.2 Berechne den Umfang u und den Flächeninhalt A des Drachens (Figur 4).
e = 10 cm; f = 18 cm; a = b = 15 cm

4.1 In ein Quadrat (Figur 5) werden weitere Quadrate gezeichnet, deren Seitenmitten jeweils das neue Quadrat bilden. Berechne die Umfänge der Quadrate.

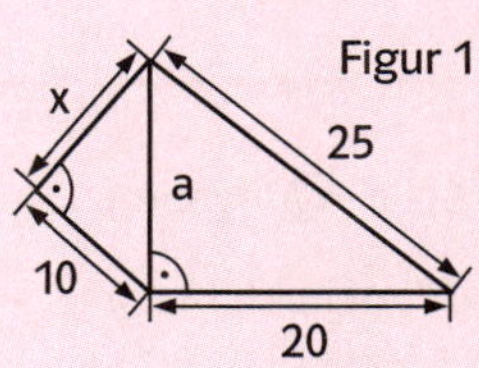

Figur 1

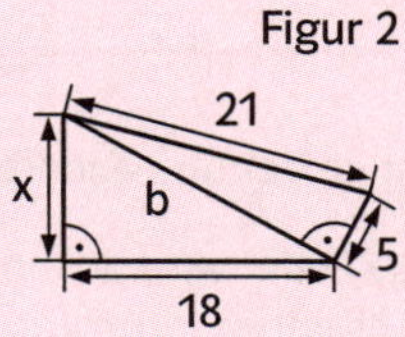

Figur 2

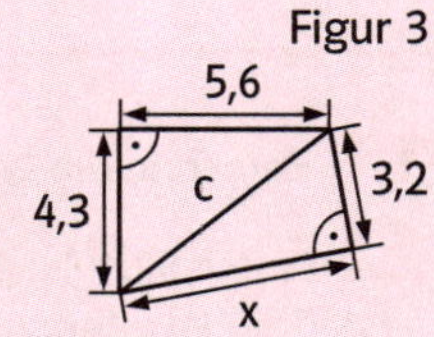

Figur 3

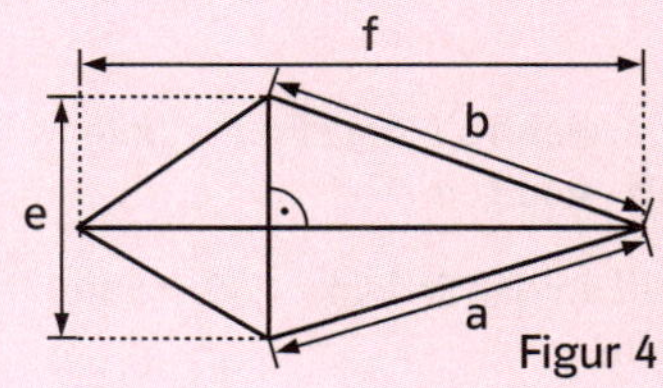

Figur 4

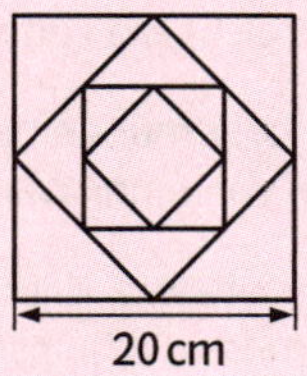

Figur 5

Satz des Pythagoras in Sachaufgaben anwenden

1 Berechne die Aufgabe im Kasten.

(1) Planfigur

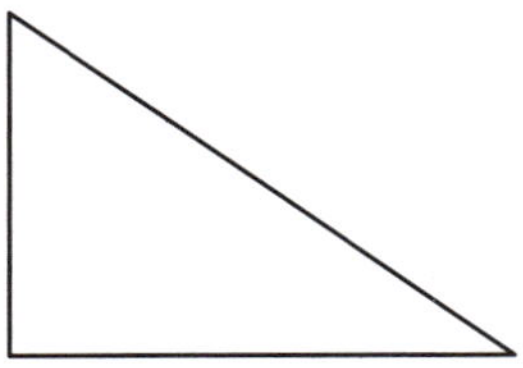

(2) ______________________

(3) ______________________

(4) ______________________

Satz des Pythagoras in Sachaufgaben anwenden

Eine Brücke wird von Stahlseilen gehalten. Berechne die Länge des längsten Seiles.

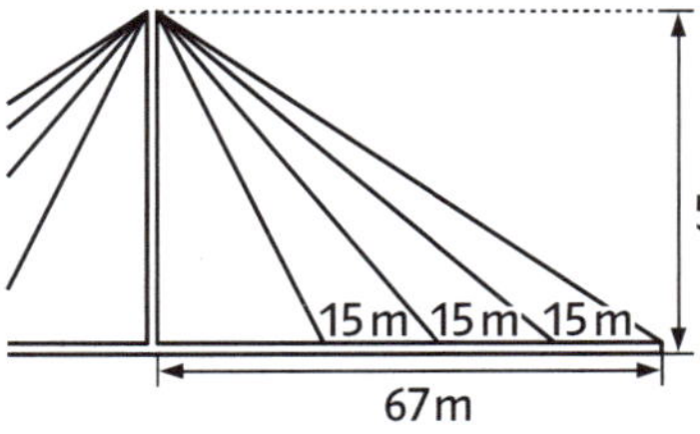

(1) Skizze/Planfigur anlegen, rechten Winkel markieren, die Katheten und die Hypotenuse bezeichnen

(2) Formel notieren, umformen

(3) Werte einsetzen, berechnen

(4) Ergebnis notieren

2 Eine 6,20 m lange Leiter wird an eine Mauer gestellt. Die Leiter steht unten 1,80 m von der Mauer entfernt. Wie hoch reicht die Leiter?

(1) Planfigur

(2) ______________________

(3) ______________________

(4) ______________________

3 Die Giebelwand soll mit Holzlatten verkleidet werden. Wie lang muss die längste Latte sein?

(1) Planfigur

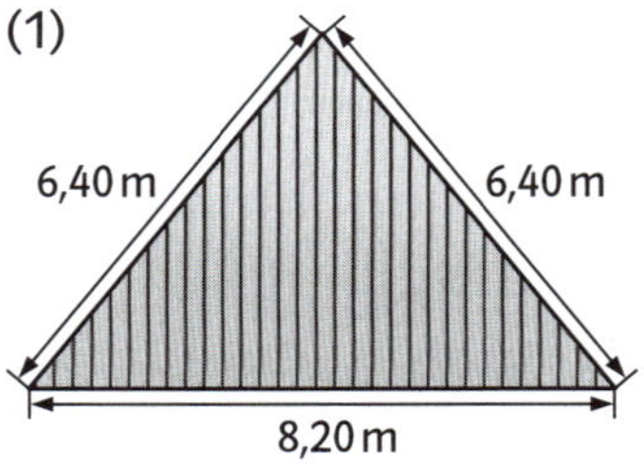

(2) ______________________

(3) ______________________

(4) ______________________

4 Der Bildschirm eines Fernsehers hat die Form eines Rechtecks. Bei einem 42-Zoll-Bildschirm ist die Diagonale 107 cm lang. Wie hoch ist das Bild, wenn es 93 cm breit ist?

(1) Planfigur

(2) ______________________

(3) ______________________

(4) ______________________

5 Eine Stehleiter ist aufgeklappt 1,68 m hoch, die Füße stehen dabei 1,20 m auseinander. Wie lang ist die Leiter im zusammengeklappten Zustand?

(1) Planfigur

(2) ______________________

(3) ______________________

(4) ______________________

i zu 4
Die Bildschirmdiagonale von TV-Geräten oder Monitoren wird in Zoll (") angegeben.
1" entspricht 2,54 cm.
42" entspricht 107 cm.
40" entspricht 102 cm.

1.1 Berechne die Länge der drei anderen Seile in Aufgabe 1.

2.1 Eine 4,50 m lange Leiter wird an eine 6,70 m hohe Mauer gestellt. Die Leiter steht unten 1,10 m von der Mauer entfernt. Wie hoch reicht die Leiter?

2.2 Wie lang muss eine Leiter sein, wenn sie bei einem Abstand von 1,50 m von einer Wand 6,50 hoch sein soll?

3.1 Die Giebelwand ist 5,60 m breit, in der Schräge 4,80 m lang. Wie lang muss die längste Latte sein?

4.1 Ein Fernseher hat einen 40-Zoll-Bildschirm. Wie breit ist das Bild, wenn es 50 cm hoch ist?

4.2 Der Bildschirm eines Monitors ist 27 cm breit und 19 cm hoch. Welche Bildschirm-Diagonale hat er?

5.1 Eine Stehleiter ist aufgeklappt 2,52 m hoch, die Füße stehen dabei 1,80 m auseinander. Wie lang ist die Leiter im zusammengeklappten Zustand?

Kathetensatz

1 Berechne im rechtwinkligen Dreieck den Hypotenusenabschnitt.

(1) Gegeben: a = 6 cm; c = 9 cm
Gesucht: Hypotenusenabschnitt p

(2) ____________________

(3) ____________________

____

(4) ____________________

Kathetensatz

$a^2 = c \cdot p$

Kathetenquadrat — gleich — Rechteck aus der Hypotenuse und dem anliegenden Hypotenusenabschnitt

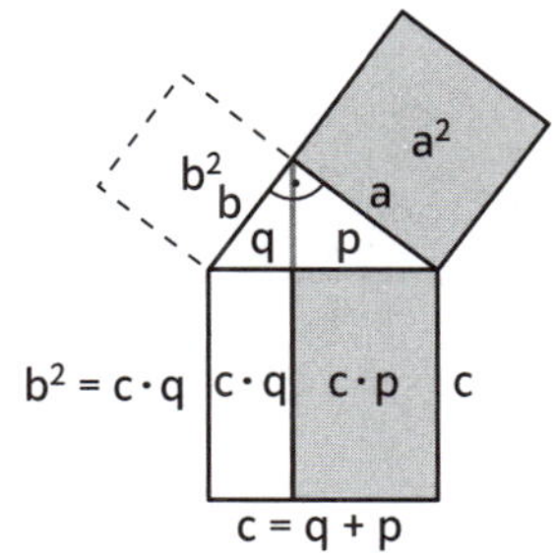

Hypotenusenabschnitt mit dem Kathetensatz berechnen

(1) Gegeben: a = 6 cm, c = 10 cm
Gesucht: p

(2) Formel notieren, umformen: $a^2 = c \cdot p$; $p = \frac{a^2}{c}$

(3) Werte einsetzen, berechnen: $p = \frac{6^2}{10}$; $p = \frac{36}{10} = 3{,}6$

(4) Ergebnis notieren: p = 3,6 cm

2 Berechne die fehlenden Größen für die rechtwinkligen Dreiecke.

	a)	b)	c)	d)	e)
Kathete a	8,0 cm		3,2 cm		
Kathete b		8,5 cm			
Hypotenuse c	10,0 cm	12,8 cm			11,5 cm
Hypotenusenabschnitt p			2,5 cm	4,6 cm	2,8 cm
Hypotenusenabschnitt q				5,4 cm	

3 Zeichne ein Rechteck mit a = 3,6 cm und b = 1,8 cm. Konstruiere mit dem Kathetensatz ein flächengleiches Quadrat.

a = 3,6 cm

4 Konstruiere ein Quadrat mit dem Flächeninhalt 6 cm². Zeichne zunächst ein flächengleiches Rechteck.

zu 3
Konstruktion eines flächengleichen Quadrats

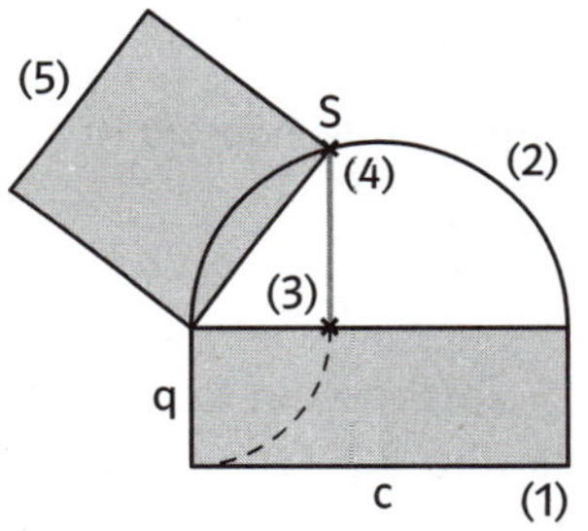

(1) Rechteck zeichnen

(2) Thaleskreis über längerer Rechteckseite zeichnen

(3) Abschnitt auf der Hypotenuse abtragen

(4) Senkrechte bis zum Schnittpunkt S mit dem Halbkreis zeichnen

(5) Kathete und das Quadrat über der Kathete zeichnen

1.1 Berechne den Hypotenusenabschnitt. Gegeben:
a) a = 7 cm; c = 12 cm
b) a = 4,5 cm; c = 6,2 cm
c) b = 9 cm; c = 15 cm
d) b = 6,6 cm; c = 8,5 cm

2.1 Berechne die fehlenden Größen für die rechtwinkligen Dreiecke. Gegeben:
a) Kathete a = 4 cm; Hypotenusenabschnitt p = 3 cm
b) Kathete b = 5,2 cm; Hypotenusenabschnitt q = 3,8 cm
c) Hypotenuse c = 8 cm; Hypotenusenabschnitt p = 3,5 cm
d) Hypotenuse c = 12 cm; Hypotenusenabschnitt q = 7,6 cm

3.1 Zeichne ein Rechteck mit a = 6 cm und b = 8,5 cm. Konstruiere ein flächengleiches Quadrat.

3.2 Zeichne ein Rechteck mit dem Flächeninhalt 40 cm², eine Seite ist a = 5 cm. Konstruiere ein flächengleiches Quadrat.

4.1 Zeichne ein Quadrat mit dem Flächeninhalt
a) 24 cm²; b) 30 cm²; c) 21 cm²; d) 32 cm².
Zeichne zunächst ein flächengleiches Rechteck.

Höhensatz

1 Berechne die Höhe im rechtwinkligen Dreieck.

(1) Gegeben: $p = 4\,cm$; $q = 7\,cm$
Gesucht: Höhe h

(2) ______________________

____

(3) ______________________

____

(4) ______________________

____

Höhensatz

$h^2 = p \cdot q$

Höhenquadrat – gleich – Rechteck aus den beiden Hypotenusenabschnitten

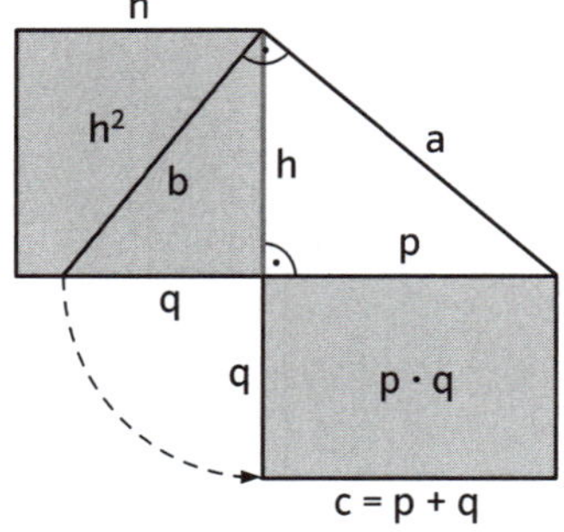

Höhe mit dem Höhensatz berechnen

(1) Gegeben: $p = 3\,cm$
$q = 5\,cm$
Gesucht: h

(2) Formel notieren, umformen — $h^2 = p \cdot q$; $h = \sqrt{p \cdot q}$

(3) Werte einsetzen, berechnen — $h = \sqrt{3 \cdot 5}$; $h = \sqrt{15} \approx 3{,}9$

(4) Ergebnis notieren — $h = 3{,}9\,cm$

2 Berechne die fehlenden Größen für die rechtwinkligen Dreiecke.

	a)	b)	c)	d)	e)
Kathete a					3,2 cm
Kathete b					
Hypotenuse c				7,0 cm	7,5 cm
Hypotenusenabschnitt p	3,0 cm	2,5 cm		4,4 cm	
Hypotenusenabschnitt q	5,0 cm		5,5 cm		
Höhe h		6,0 cm	8,0 cm		

3 Zeichne ein Rechteck mit $p = 2{,}7\,cm$ und $q = 2{,}2\,cm$. Konstruiere mit dem Höhensatz ein flächengleiches Quadrat.

4 ☆ Konstruiere mit dem Höhensatz eine Strecke der Länge von $\sqrt{8}$ cm.

p = 4 cm

zu 2 d)
Kathetensatz anwenden
$a^2 = c \cdot p$
$b^2 = c \cdot q$

zu 3
Konstruktion eines flächengleichen Quadrats

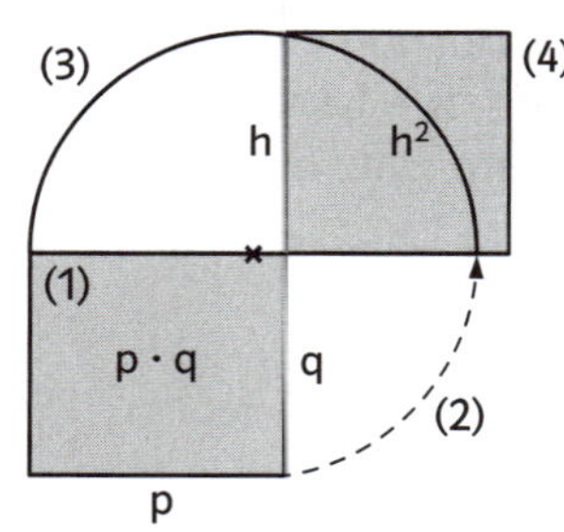

(1) Rechteck (p · q) zeichnen

(2) Hypotenuse c (c = p + q) zeichnen

(3) Thaleskreis über der Hypotenuse zeichnen

(4) Höhe h und das Quadrat über der Höhe zeichnen

1.1 Berechne die Höhe. Gegeben:
a) $p = 3\,cm$; $q = 6\,cm$
b) $p = 2{,}5\,cm$; $q = 4{,}5\,cm$
c) $p = 13\,cm$; $q = 7\,cm$
d) $p = 75\,cm$; $q = 90\,cm$

2.1 Berechne die fehlenden Größen für die rechtwinkligen Dreiecke.
a) Hypotenusenabschnitt $p = 3\,cm$; Höhe $h = 4\,cm$
b) Hypotenusenabschnitt $q = 7\,cm$; Höhe $h = 6{,}5\,cm$
c) Hypotenuse $c = 8{,}3\,cm$; Hypotenusenabschnitt $p = 4{,}9\,cm$
d) Hypotenuse $c = 12\,cm$; Hypotenusenabschnitt $q = 8{,}8\,cm$

3.1 Zeichne ein Rechteck mit $p = 7\,cm$ und $q = 4{,}5\,cm$. Konstruiere mit dem Höhensatz ein flächengleiches Quadrat.

3.2 Zeichne ein Rechteck mit dem Flächeninhalt $35\,cm^2$, eine Seite soll 5 cm lang sein. Konstruiere ein flächengleiches Quadrat.

4.1 ☆ Konstruiere eine Strecke mit der Länge
a) $\sqrt{12}$ cm; b) $\sqrt{18}$ cm; c) $\sqrt{30}$ cm; d) $\sqrt{40}$ cm;
e) $\sqrt{50}$ cm; f) $\sqrt{20}$ cm; g) $\sqrt{24}$ cm; h) $\sqrt{27}$ cm.

1 Den Satz des Pythagoras anwenden

Berechne die Hypotenuse c.
Gegeben: Kathete a = 4 cm
Kathete b = 7 cm

Berechne die fehlende Kathete.
Gegeben: Kathete b = 13,5 cm
Hypotenuse c = 17,2 cm

Berechne die fehlende Seite.

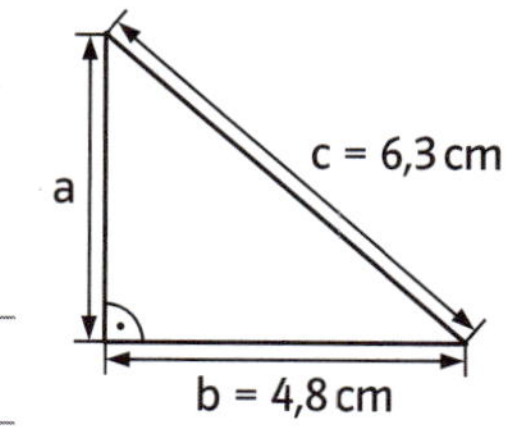

2 Den Satz des Pythagoras bei ebenen Figuren anwenden

Berechne die fehlende Kathete.
Gegeben: Kathete a = 6 cm
Hypotenuse c = 11 cm

Berechne die Höhe h im Dreieck.

Skizze

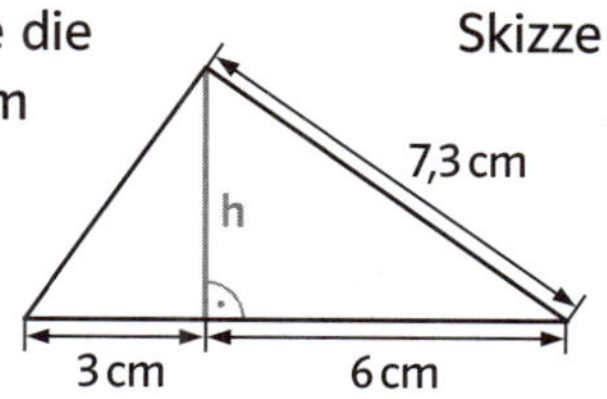

Berechne die Höhe h im gleichseitigen Dreieck.

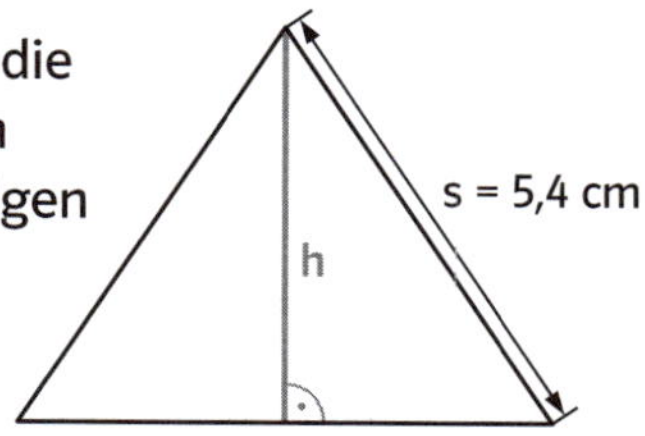

3 Den Satz des Pythagoras bei Sachaufgaben anwenden

Eine 5,00 m lange Leiter wird an eine Mauer gestellt. Sie steht unten 1,20 m von der Mauer entfernt. Wie hoch reicht die Leiter?

Ein 37-Zoll-Monitor hat eine Bildschirmdiagonale von 94 cm. Wie breit ist das Bild, wenn es 46 cm hoch ist?

Der Bildschirm eines Fernsehers hat das Format 16 : 9 (Verhältnis Breite : Höhe). Der Schirm ist 71 cm breit. Bestimme die Höhe und die Diagonale in cm.

4 Den Kathetensatz anwenden

Berechne den Hypotenusenabschnitt p mit dem Kathetensatz $a^2 = c \cdot p$.
Kathete
a = 5 cm
Hypotenuse
c = 8 cm

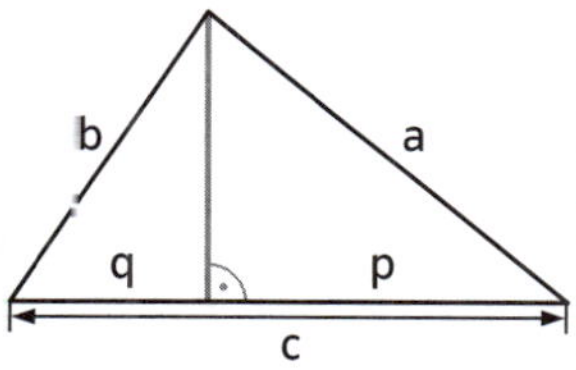

Gegeben: Kathete a = 4 cm
Hypotenusenabschnitt p = 3,5 cm
Berechne die Kathete b und die Hypotenuse c.

Zeichne ein Rechteck mit a = 3 cm und b = 1,5 cm. Konstruiere ein flächengleiches Quadrat.

5 Den Höhensatz anwenden

Berechne die Höhe h mit dem Höhensatz $h^2 = p \cdot q$.
Abschnitte
p = 5 cm
q = 8 cm

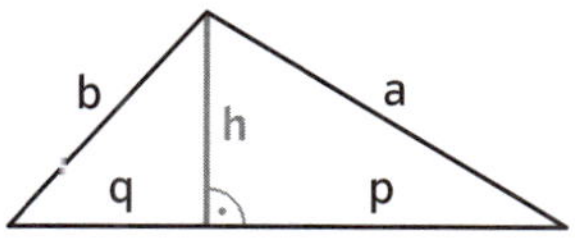

Gegeben: Hypotenuse c = 8 cm
Hypotenusenabschnitt p = 4,5 cm
Berechne die Höhe h.

Konstruiere mit dem Höhensatz eine Strecke der Länge $\sqrt{3}$ cm.

Kongruenzabbildungen durchführen

1 Führe eine Verschiebung durch.

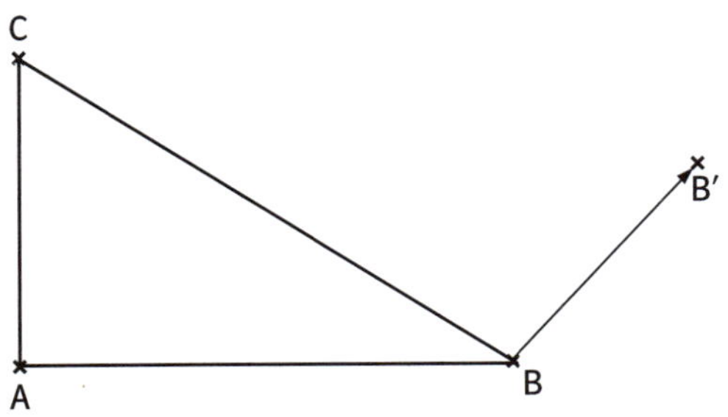

Verschiebung	**Achsenspiegelung**	**Halbdrehung** (Punktspiegelung)
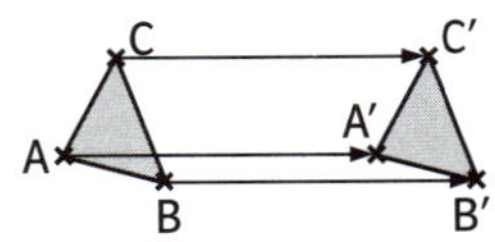	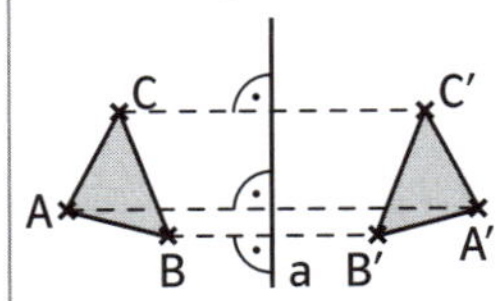	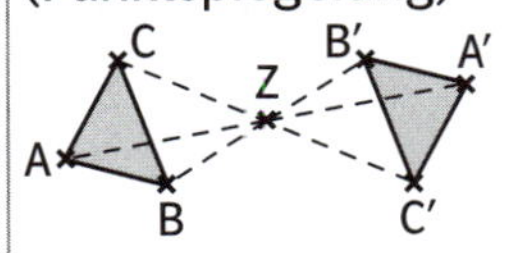
(1) Länge des Verschiebungspfeils messen	(1) Durch jeden Punkt der Figur eine Senkrechte zur Spiegelachse a zeichnen	(1) Jeden Punkt der Figur mit dem Drehzentrum Z verbinden
(2) Durch alle Punkte Parallelen gleicher Länge zeichnen	(2) Den Abstand vom Punkt zur Spiegelachse a messen	(2) Die Länge dieser Strecken messen
(3) Bildpunkte kennzeichnen	(3) Diesen Abstand auf der anderen Seite der Spiegelachse abtragen	(3) Die geraden Linien über Z hinaus um die gemessene Strecke verlängern
(4) Bildfigur zeichnen	(4) Bildfigur zeichnen	(4) Bildfigur zeichnen

2 Führe eine Achsenspiegelung an a durch.

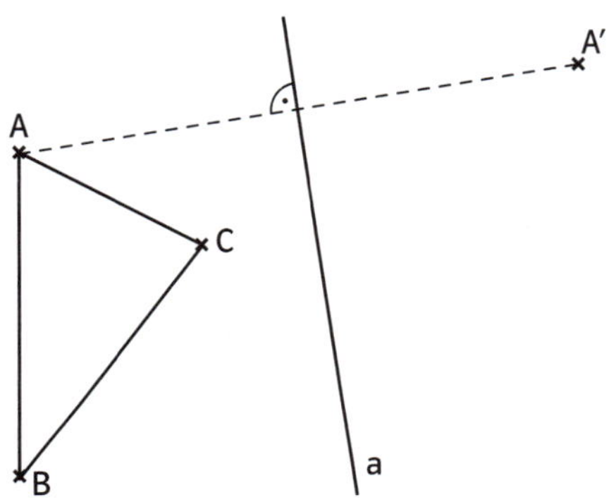

3 Führe eine Halbdrehung um Z durch.

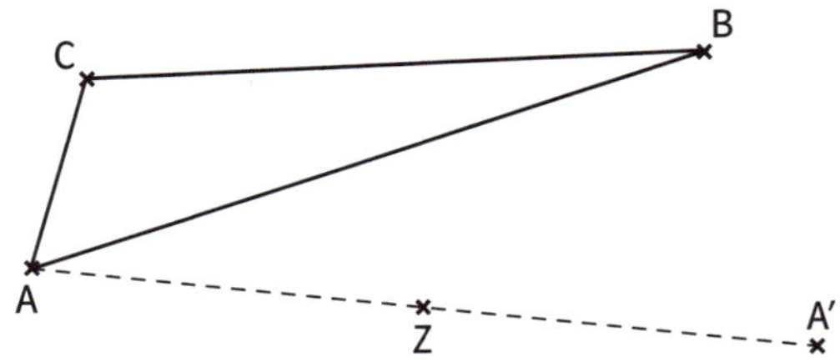

4 Berechne für den Maßstab 1 : 25 die fehlende Größe.

	a)	b)	c)
Bildstrecke	20 mm		150 m
Strecke		50 cm	

5 Löse die Gleichung durch Äquivalenzumformungen.

a) $\frac{x}{15} = \frac{3}{5}$ | · 15

b) $\frac{x}{7} = \frac{15}{42}$ |

zu 3

Durch Spiegelung, Verschiebung und Drehung entstehen zueinander **kongruente** (deckungsgleiche) Figuren.

Für Kongruenzabbildungen gilt
- Strecken und Bildstrecken sind gleich lang
- Winkel und Bildwinkel sind gleich groß

zu 4

Maßstab = $\frac{\text{Bildstrecke}}{\text{Strecke}}$

zu 5

Gleichungen lösen

$\frac{x}{3} = \frac{4}{6}$ | · 3

$x = \frac{4 \cdot 3}{6}$

$x = 2$

zu 4 und 5

2; 2,5; 9; 500; 3750

1.1 Zeichne Figur 1 ab und führe eine Verschiebung durch.

2.1 Zeichne Figur 2 ab und führe eine Achsenspiegelung an a durch.

3.1 Zeichne Figur 3 ab und führe eine Halbdrehung um Z durch.

4.1 Berechne für den Maßstab 1:100 die fehlende Größe.

	a)	b)	c)	d)
Bildstrecke			4,5 cm	81 mm
Strecke	2500 m	30 000 m		

5.1 Berechne x. a) $\frac{x}{24} = \frac{7}{96}$ b) $\frac{x}{45} = \frac{5}{18}$ c) $\frac{2}{75} = \frac{x}{25}$

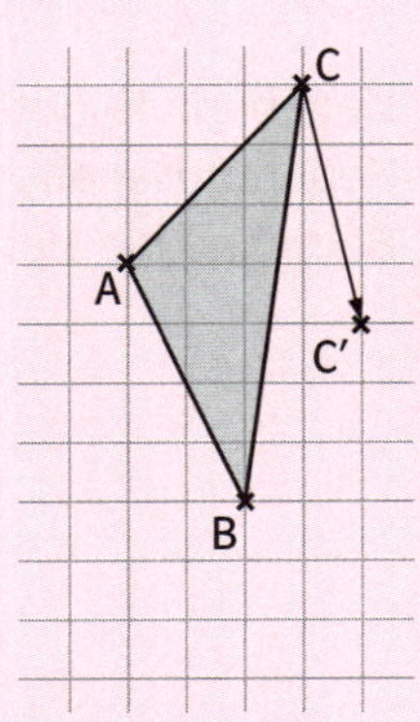

Figur 1

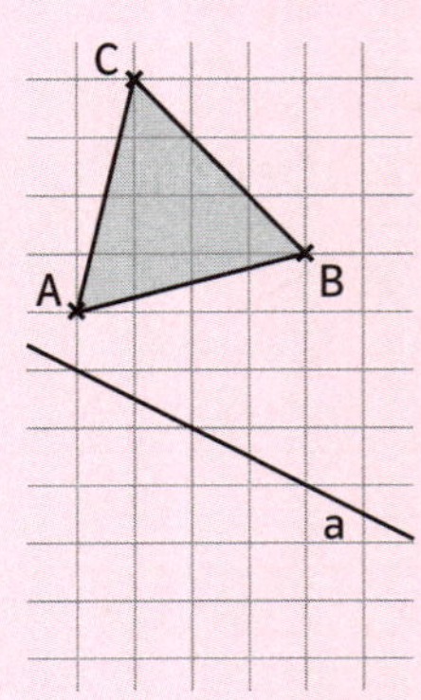

Figur 2

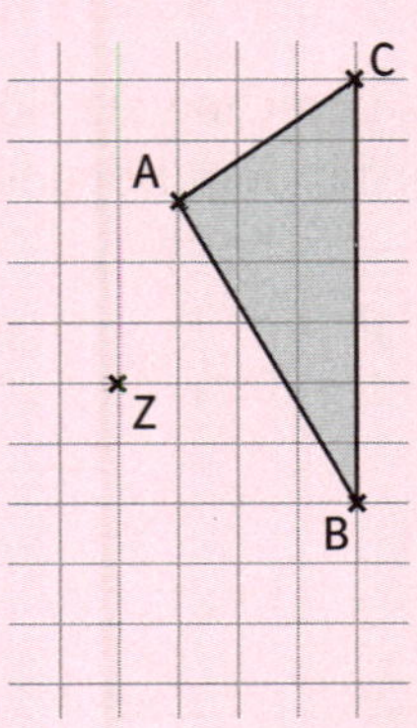

Figur 3

Figuren verkleinern und vergrößern

1 a) Übertrage die Figur aufs große Karomuster.

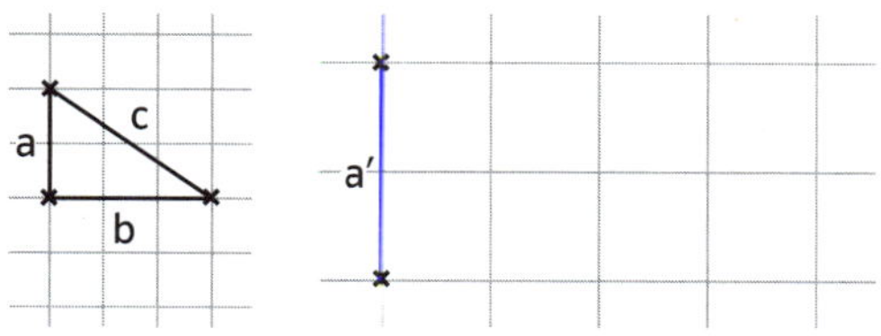

b) Miss die Seitenlängen von Figur und Bildfigur, trage sie in die Tabellen ein und bestimme den Maßstab.

a′	a

b′	b

c′	c

Figuren verkleinern
Verkleinere die Figur im Maßstab 1:2

Figur Bildfigur

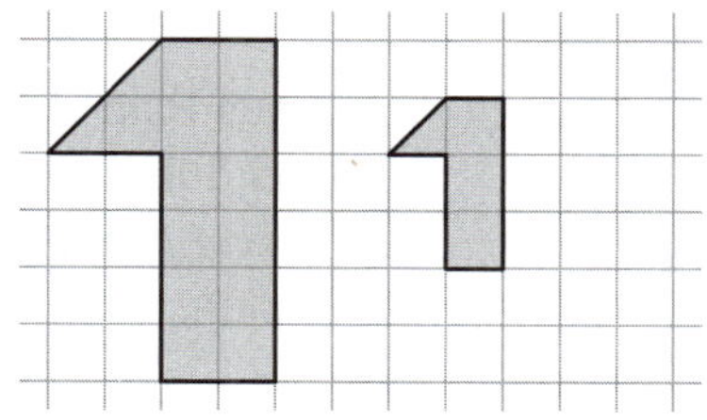

Jede Seite der Bildfigur wird um die Hälfte verkürzt gezeichnet.

Figuren vergrößern
Vergrößere die Figur im Maßstab 2:1

Figur Bildfigur

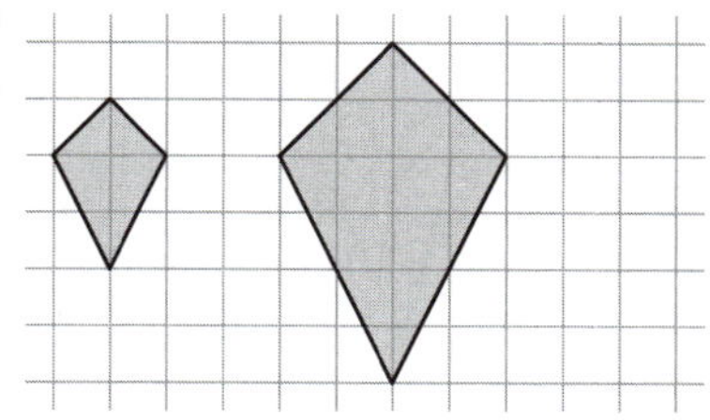

Jede Seite der Bildfigur wird um das 2fache vergrößert gezeichnet.

2 a) Verkleinere die Figur im Maßstab 1:2.

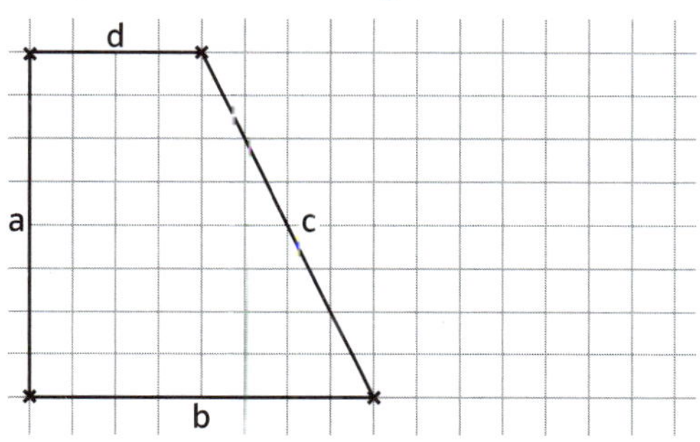

b) Miss die Längen von Figur und Bildfigur und vergleiche sie miteinander.

3 a) Vergrößere die Figur im Maßstab 3:1.

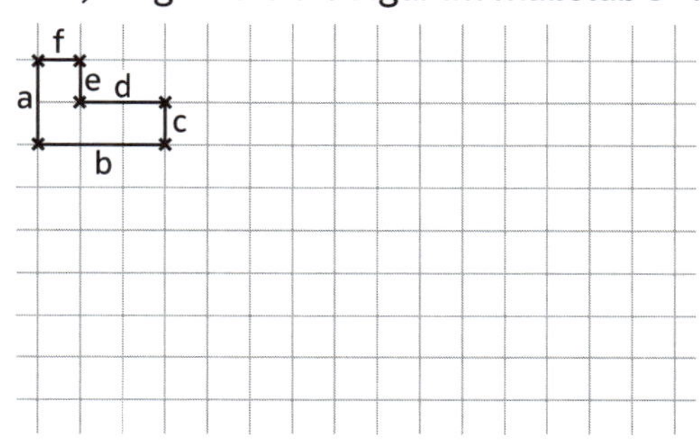

b) Miss die Längen von Figur und Bildfigur und vergleiche sie miteinander.

Maßstab $= \frac{\text{Bildstrecke}}{\text{Strecke}}$

$1:2 = \frac{1}{2}$

(lies „1 zu 2“)

4 Figur 1 soll vergrößert werden.

a) Notiere die Länge der Strecken $\overline{A'B'}$ und $\overline{AB}$.

$\overline{A'B'}$ = ____________ $\overline{AB}$ = ____________

b) Bestimme den Maßstab.

____

c) Zeichne die Vergrößerung von Figur 1 fertig.

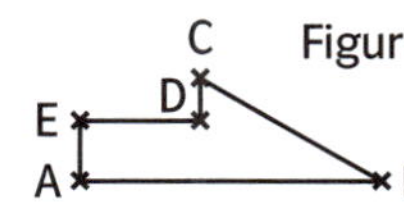

Figur 1

2.1 Übertrage Figur 2 in dein Heft und verkleinere sie im Maßstab 1:2.

3.1 Übertrage Figur 2 in dein Heft und vergrößere sie im Maßstab 4:1.

4.1 Figur 3 soll vergrößert werden.
a) Zeichne Figur 3 in dein Heft.
b) Notiere die Längen der Strecken $\overline{D'E'}$ und $\overline{DE}$.
c) Bestimme den Maßstab.
d) Zeichne die Vergrößerung von Figur 3 zu Ende.

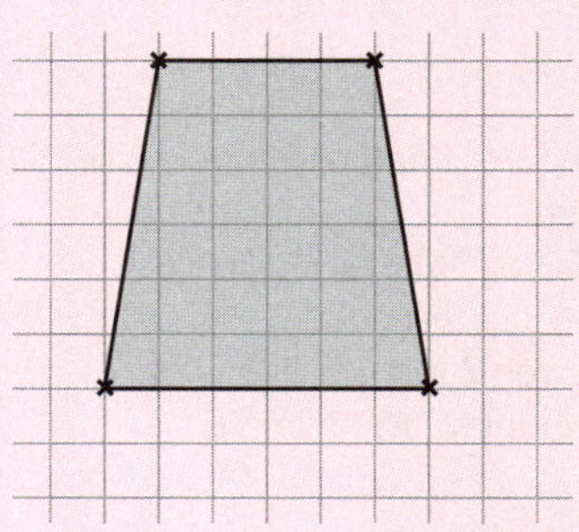

Figur 2

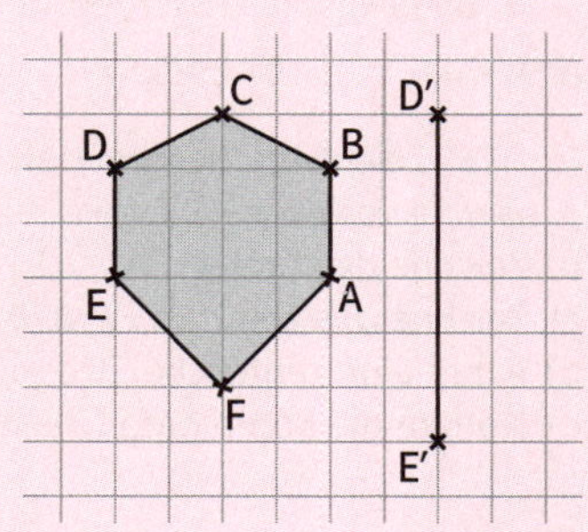

Figur 3

Zentrische Streckungen durchführen

1 Bilde die Figur durch zentrische Streckung von Z mit $k = 2$ ab.

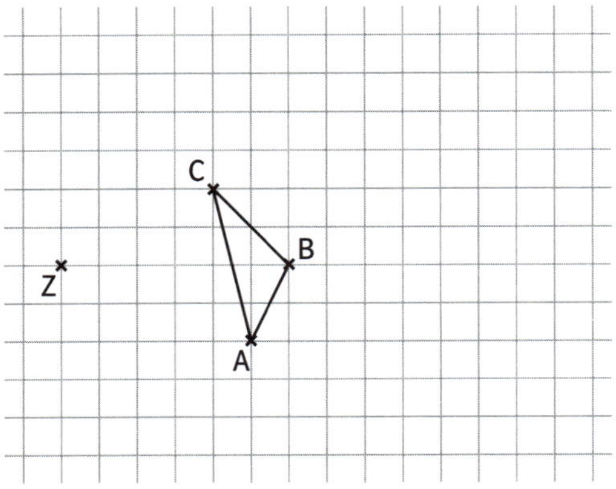

Zentrische Streckungen durchführen
Bilde die Figur durch zentrische Streckung mit $k = 2$ ab.

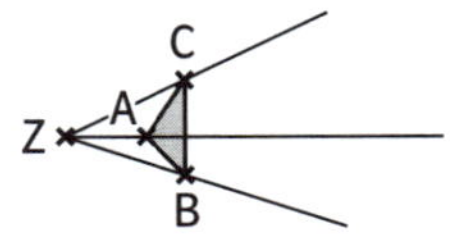

(1) Von Z aus Halbgeraden durch die Punkte A, B, C zeichnen

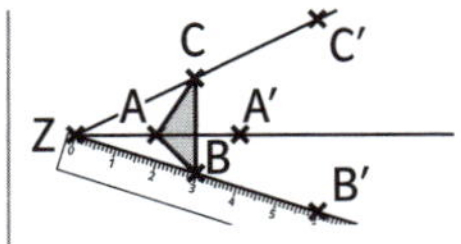

(2) Den Abstand jedes Punktes vom Zentrum Z messen und mit $k = 2$ multiplizieren
(3) Diesen Abstand von Z aus abtragen und die Bildpunkte markieren

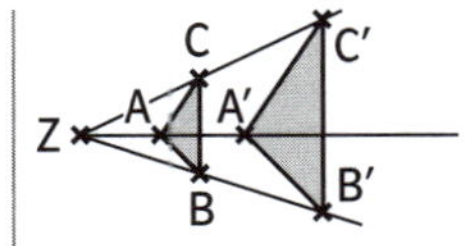

(4) Bildfigur zeichnen

2 Bilde die Figur durch zentrische Streckung von Z mit $k = 3$ ab.

Streckfaktor k
$k > 1$ Vergrößerung
$0 < k < 1$ Verkleinerung

3 Bilde die Figur ABCD durch zentrische Streckung von Z ab.

a) $k = 2{,}5$ b) $k = -1{,}2$

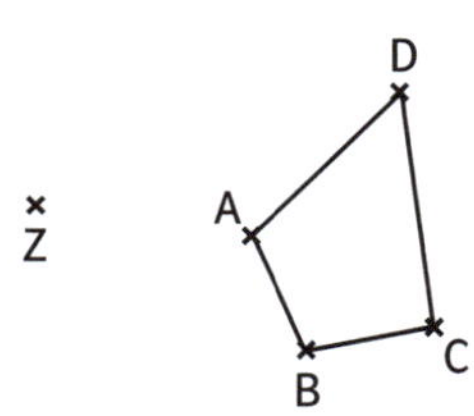

zu 3 b)
Zentrische Streckung mit negativem Streckfaktor
$k = -1$

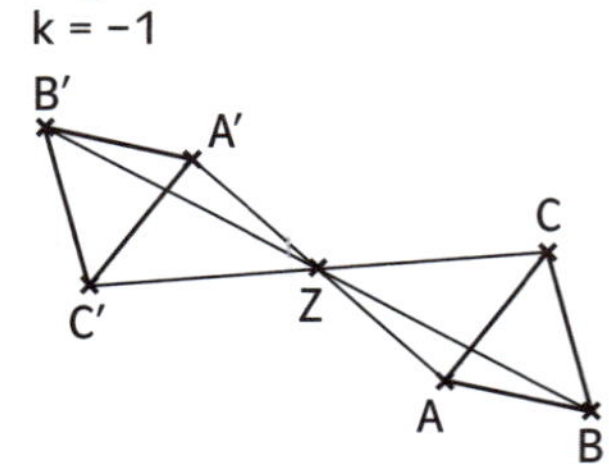

1.1 Bilde Figur 1 durch zentrische Streckung von Z ab mit
a) $k = 2$; b) $k = 2{,}5$; c) $k = 3$; d) $k = 3{,}5$.

3.1 Bilde Figur 2 durch zentrische Streckung von Z ab mit
a) $k = 0{,}5$; b) $k = 1{,}5$; c) $k = -1{,}5$; d) $k = -\frac{1}{2}$.

4 a) Zeichne in deinem Heft ein Koordinatensystem, dessen Achsen jeweils von −8 bis +8 reichen.
b) Zeichne das Dreieck $A(-4{,}5\,|\,0{,}5)$; $B(-4\,|\,-1)$; $C(-3\,|\,1{,}5)$.
c) Zeichne das Zentrum $Z(-8\,|\,0)$.
d) Führe eine zentrische Streckung von Z mit $k = 3$ aus.
e) Notiere die Koordinaten der Bildpunkte A′; B′ und C′.

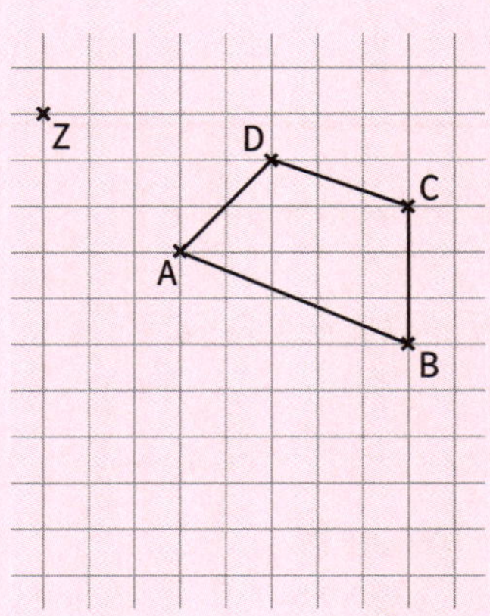

Figur 1

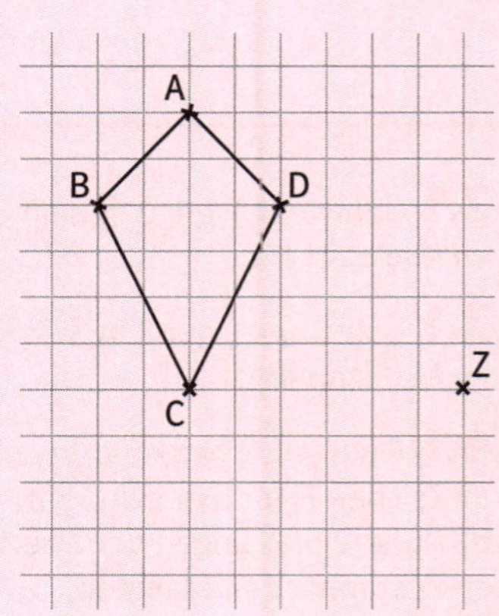

Figur 2

Eigenschaften von zentrischen Streckungen

1 Konstruiere das Bilddreieck der zentrischen Streckung, zeichne nur die entsprechenden parallelen Dreiecksseiten.

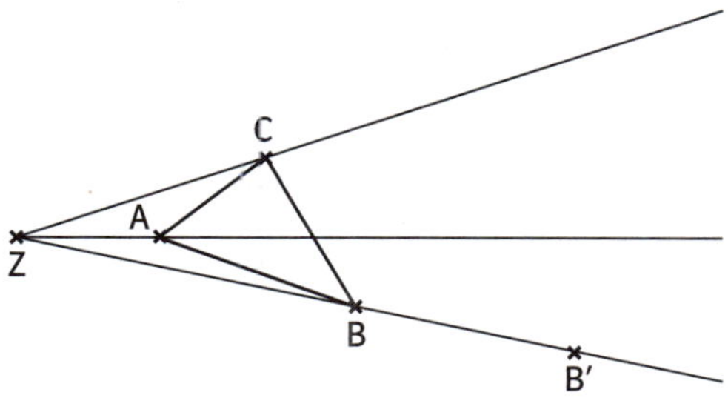

Eigenschaften von zentrischen Streckungen

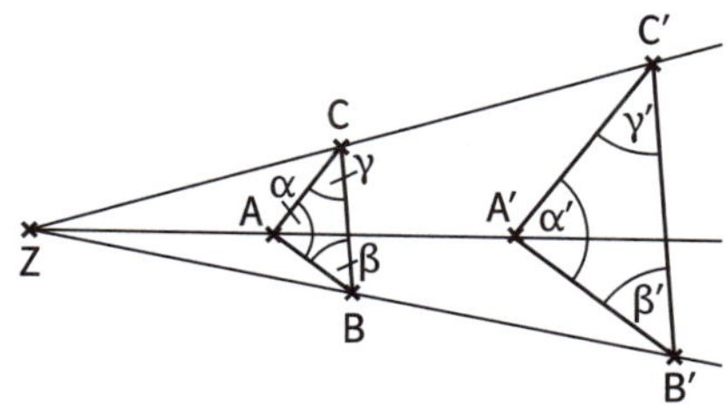

- **Strecke und Bildstrecke** sind zueinander parallel.
- **Winkel und Bildwinkel** sind gleich groß.
- **Streckenlängen** werden mit k multipliziert,

  z. B. $\overline{ZA} \cdot k = \overline{ZA'}$

  $\overline{AB} \cdot k = \overline{A'B'}$

2 Konstruiere das Bilddreieck der zentrischen Streckung nur durch Zeichnen der entsprechenden gleich großen Winkel.

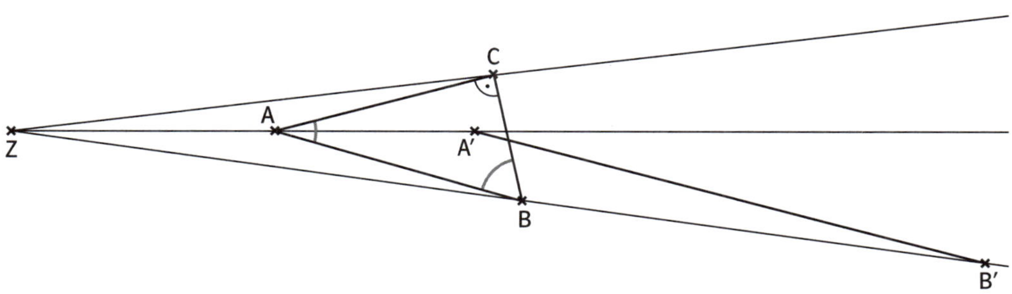

Denke an die Eigenschaften der zentrischen Streckung.

Streckfaktor
k > 1 Vergrößerung
k < 1 Verkleinerung

3 Konstruiere die Bildfigur der zentrischen Streckung mit dem Streckfaktor $k = 2{,}1$.

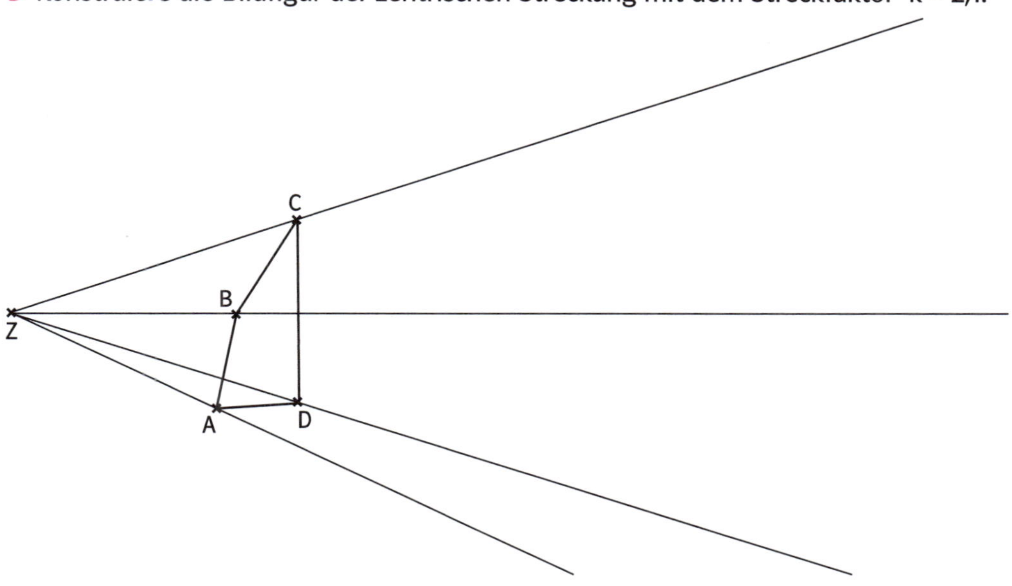

1.1 Übertrage die Figuren 1 und 2 in dein Heft und konstruiere die Bildfiguren der zentrischen Streckung. Zeichne nur die entsprechenden parallelen Seiten.

2.1 Übertrage die Figuren 1 und 2 in dein Heft und konstruiere die Bildfiguren der zentrischen Streckung. Zeichne nur die entsprechenden gleich großen Winkel.

3.1 Übertrage die Figuren 1 und 2 in dein Heft und konstruiere die Bildfiguren der zentrischen Streckung mit $k = 2{,}5$.

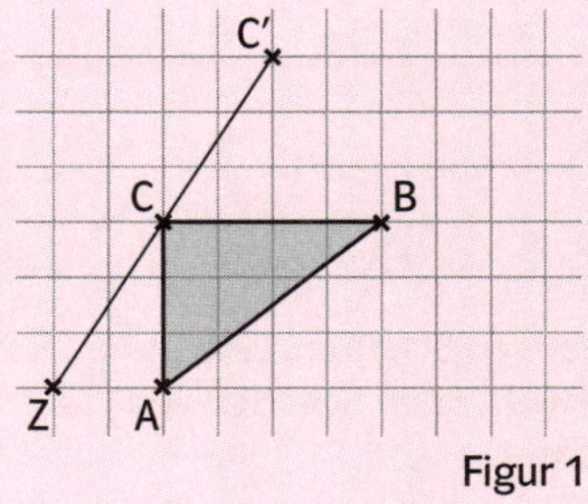

Figur 1

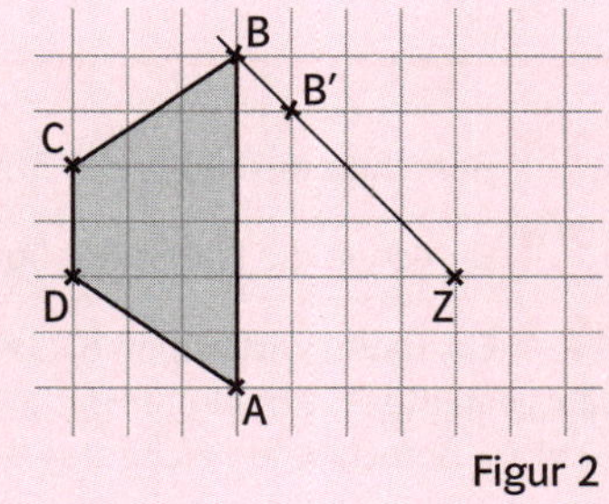

Figur 2

1. Strahlensatz

1 Notiere die fehlende Strecke.

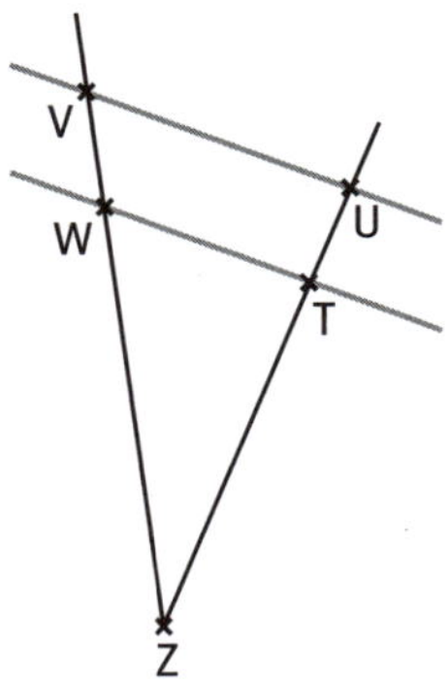

a) $\frac{\overline{ZV}}{\overline{ZW}} = \frac{\overline{ZU}}{\square}$

b) $\frac{\overline{ZU}}{\overline{ZT}} = \frac{\square}{\overline{ZW}}$

c) $\frac{\overline{ZW}}{\overline{ZV}} = \frac{\overline{ZT}}{\square}$

d) $\frac{\overline{ZT}}{\overline{ZU}} = \frac{\square}{\overline{ZV}}$

Längen mit dem 1. Strahlensatz berechnen

Berechne die Länge der Strecke x.

(1) Verhältnisgleichung notieren $\quad \frac{x}{7{,}5} = \frac{16}{10}$

(2) Gleichung umformen, berechnen $\quad x = \frac{16}{10} \cdot 7{,}5$

(3) Antwort notieren $\quad x = 12\,\text{cm}$

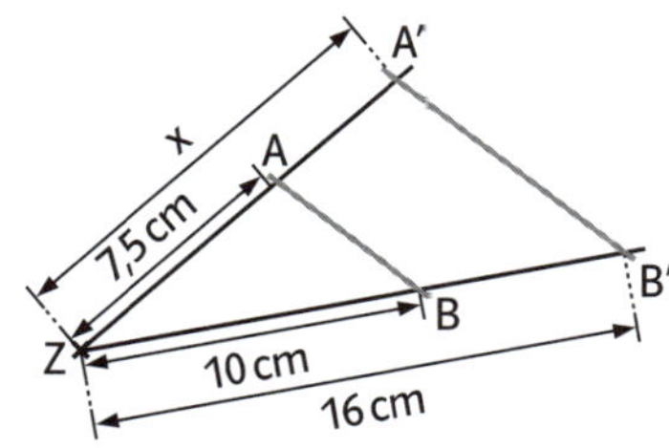

2 Berechne die Länge der Strecke x.

a)

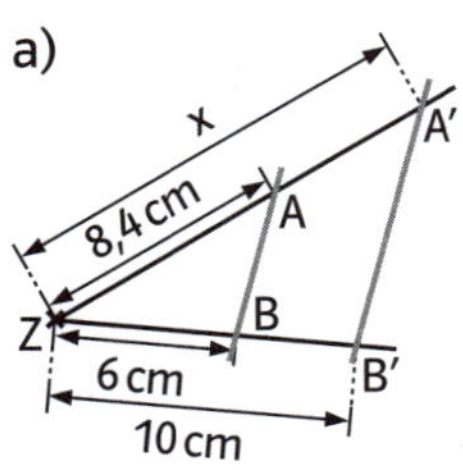

(1) ____________

(2) ____________

(3) ____________

b)

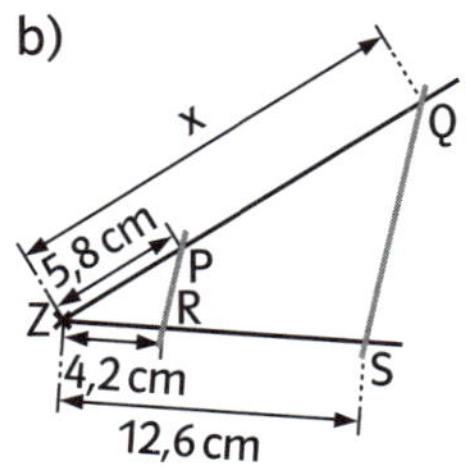

(1) ____________

(2) ____________

(3) ____________

3 Berechne die Länge der Strecke x.

a)

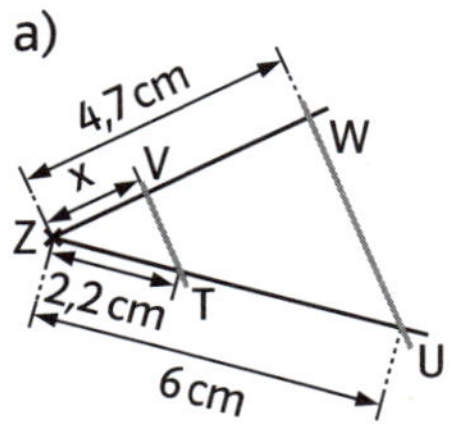

(1) ____________

(2) ____________

(3) ____________

b)

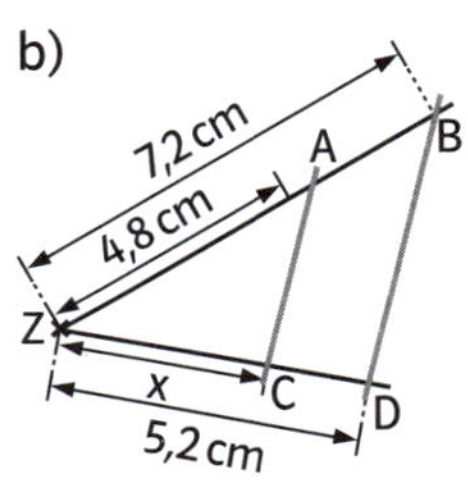

(1) ____________

(2) ____________

(3) ____________

4 Ein Baum wirft einen 6 m langen Schatten. Ein davor aufgestelltes 3 m langes Verkehrsschild wirft einen Schatten von 1,25 m.
Berechne die Höhe des Baumes.

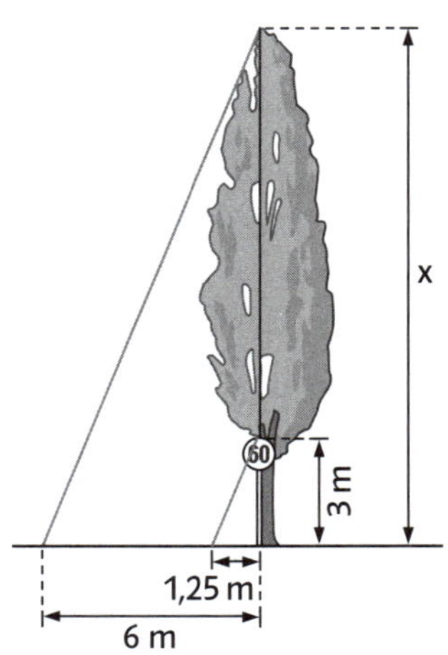

(1) ____________

(2) ____________

(3) ____________

1. Strahlensatz
Das Streckenverhältnis auf dem einen Strahl ist genau so groß wie das Streckenverhältnis auf dem anderen Strahl.

$\frac{\overline{ZA'}}{\overline{ZA}} = \frac{\overline{ZB'}}{\overline{ZB}}$

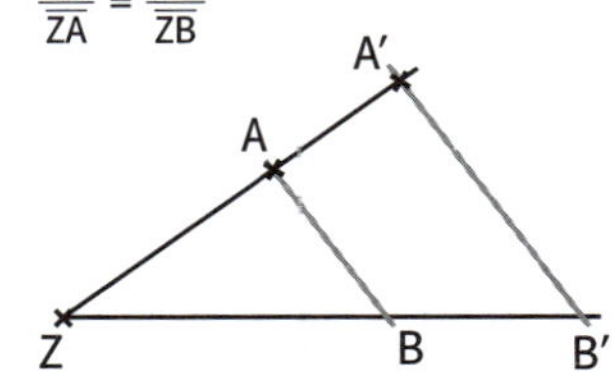

Runde das Ergebnis sinnvoll.

zu 2 bis 4
1,7; 3,5; 14; 14,4; 17,4

2.1 Berechne die Länge der Strecke x von Figur 1.

3.1 Berechne die Länge der Strecke x von Figur 2.

4.1 Ein Baum wirft einen 6,45 m langen Schatten. Eine davor aufgestellte 2,50 m lange Holzlatte wirft einen Schatten von 0,90 m. Berechne die Höhe des Baumes.

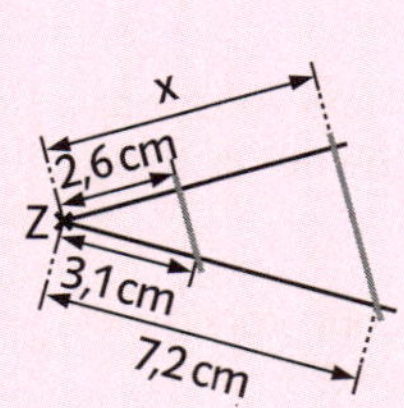

Figur 1

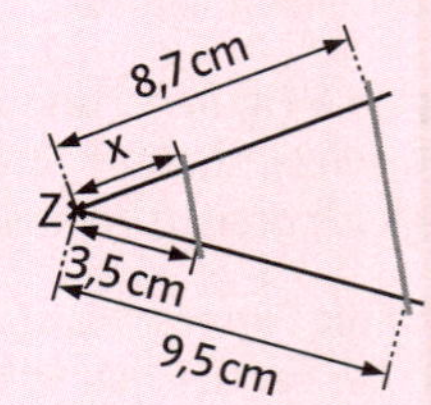

Figur 2

2. Strahlensatz

1 Notiere die fehlende Strecke.

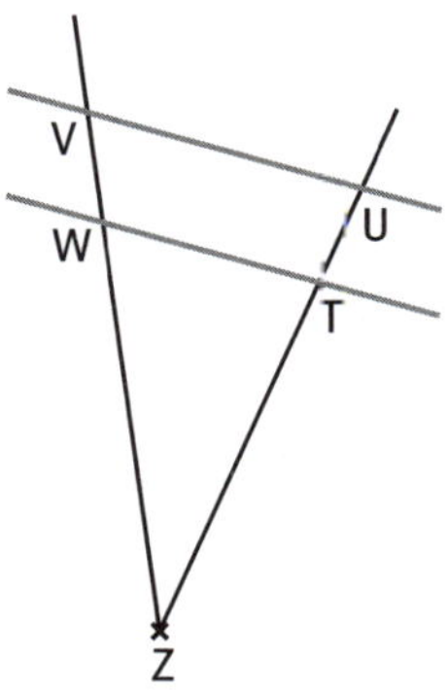

a) $\frac{\overline{ZU}}{\overline{ZT}} = \frac{\square}{\overline{TW}}$

b) $\frac{\overline{ZV}}{\overline{ZW}} = \frac{\overline{UV}}{\square}$

c) $\frac{\overline{TW}}{\overline{UV}} = \frac{\overline{ZT}}{\square}$

d) $\frac{\overline{ZW}}{\overline{ZV}} = \frac{\overline{TW}}{\square}$

Längen mit dem 2. Strahlensatz berechnen

Berechne die Länge der Strecke x.

(1) Verhältnisgleichung notieren $\frac{x}{5{,}2} = \frac{13{,}6}{8{,}5}$

(2) Gleichung umformen, berechnen $x = \frac{13{,}6}{8{,}5} \cdot 5{,}2$

(3) Antwort notieren $x \approx 8{,}3\,\text{cm}$

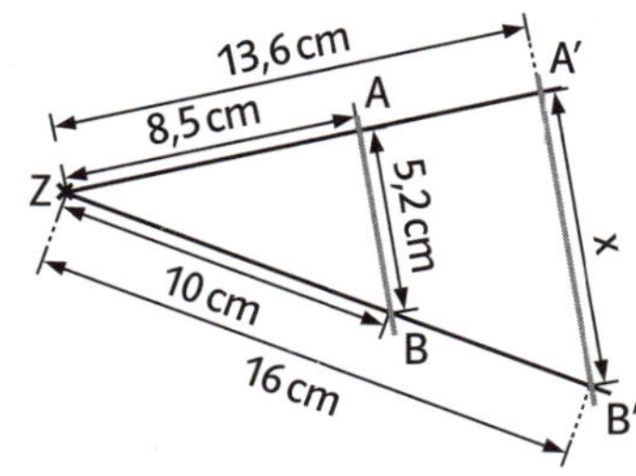

2. Strahlensatz
Das Streckenverhältnis auf dem einen Strahl ist genau so groß wie das Streckenverhältnis der beiden Parallelen zueinander.

$\frac{\overline{ZA'}}{\overline{ZA}} = \frac{\overline{A'B'}}{\overline{AB}}$ und $\frac{\overline{ZB'}}{\overline{ZB}} = \frac{\overline{A'B'}}{\overline{AB}}$

2 Berechne die Länge der Strecke x.

a)

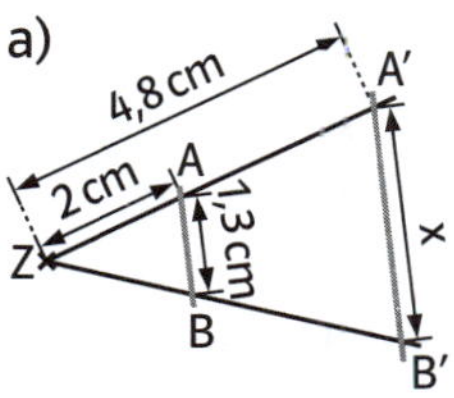

(1) ______
(2) ______
(3) ______

b)

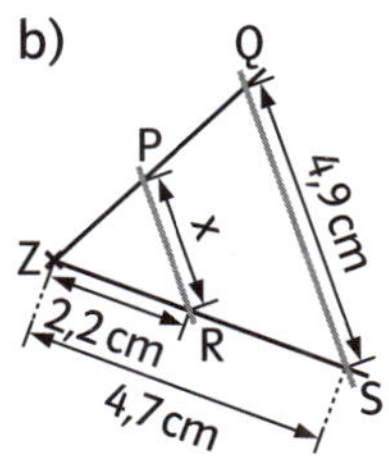

(1) ______
(2) ______
(3) ______

3 Berechne die Länge der Strecke x.

a)

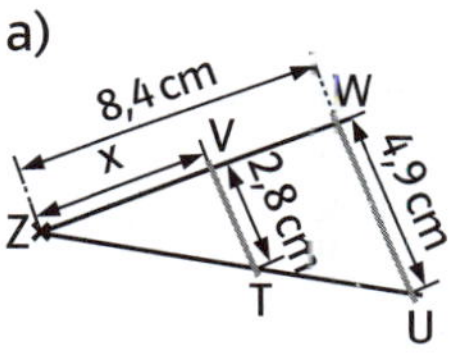

(1) ______
(2) ______
(3) ______

b)

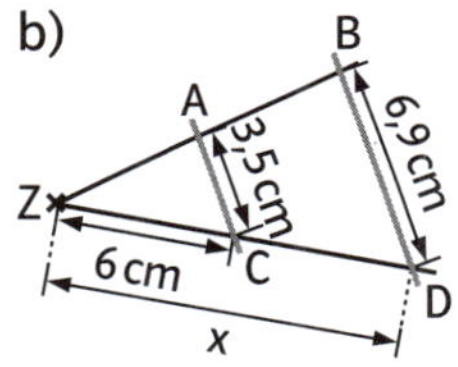

(1) ______
(2) ______
(3) ______

c)

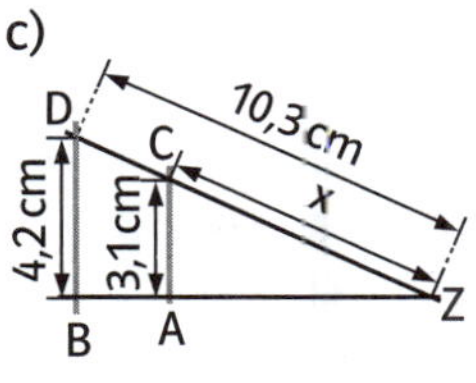

(1) ______
(2) ______
(3) ______

d)

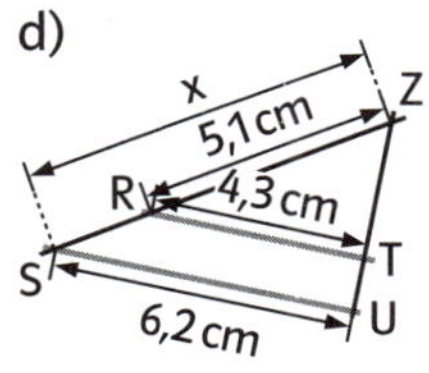

(1) ______
(2) ______
(3) ______

Runde das Ergebnis sinnvoll.

4 Eine Rampe wird gebaut. Bei einer Länge der Schrägen von 50 m wird eine Höhe von 6 m erreicht. Welche Höhe h hat die Rampe nach 40 m?

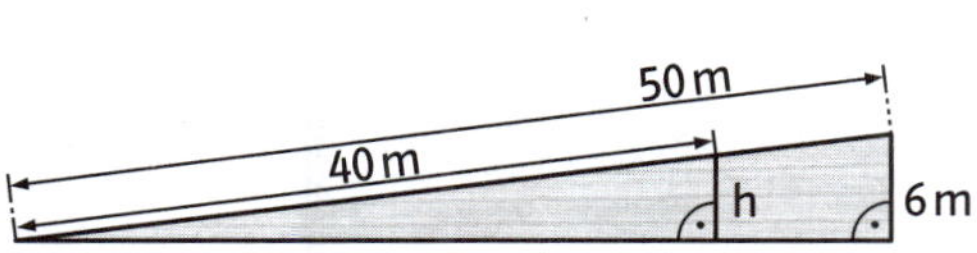

(1) ______
(2) ______
(3) ______

zu 2 bis 4
2,3; 3,1; 4,8; 4,8; 11,8

2.1 Berechne die Länge der Strecke x von Figur 1.

3.1 Berechne die Länge der Strecke x von Figur 2.

4.1 Eine Rampe wird gebaut. Bei einer Länge der Schrägen von 45,00 m wird eine Höhe von 5,50 m erreicht. Welche Höhe h hat die Rampe nach 13,00 m?

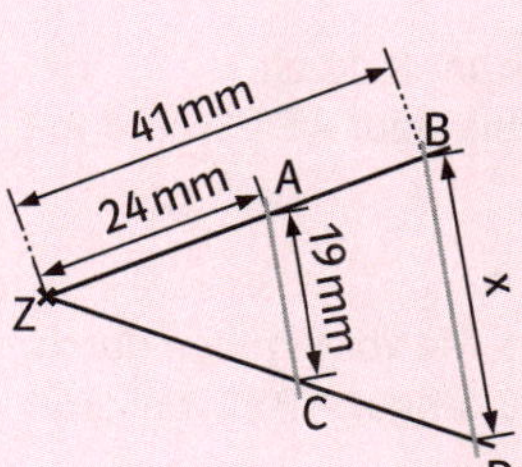

Figur 1

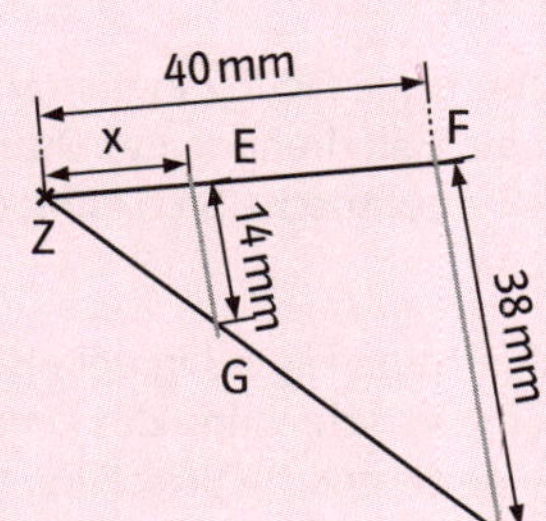

Figur 2

Ähnlichkeitsabbildungen durchführen

1 a) Spiegele das Dreieck ABC an der Geraden a.

b) Führe eine zentrische Streckung des Dreiecks A'B'C' von Z mit $k = 2$ durch.

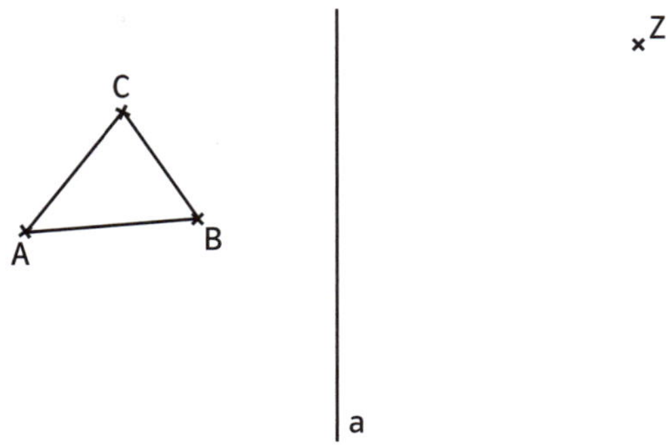

Ähnlichkeitsabbildung durchführen
Werden eine Kongruenzabbildung (Spiegelung, Drehung, Verschiebung) und eine zentrische Streckung nacheinander ausgeführt, nennt man sie **Ähnlichkeitsabbildung**.

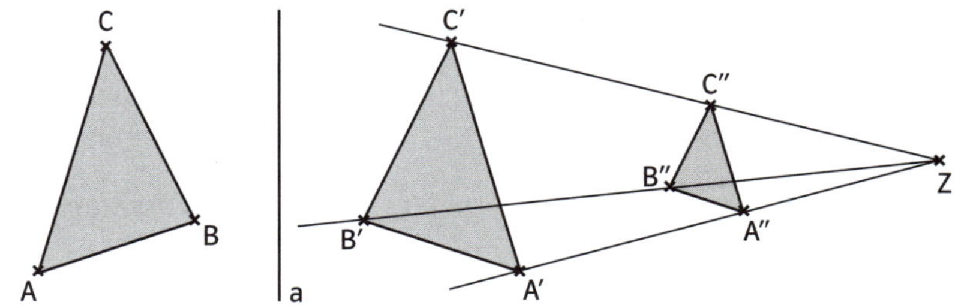

(1) Spiegele die Figur ABC an der Geraden a (Kongruenzabbildung)

(2) Führe eine zentrische Streckung der Figur A'B'C' von Z mit dem Streckfaktor $k = \frac{1}{2}$ durch

2 a) Führe eine Halbdrehung des Dreiecks ABC um A durch.

b) Führe eine zentrische Streckung des Dreiecks A'B'C' von Z mit $k = 1{,}3$ durch.

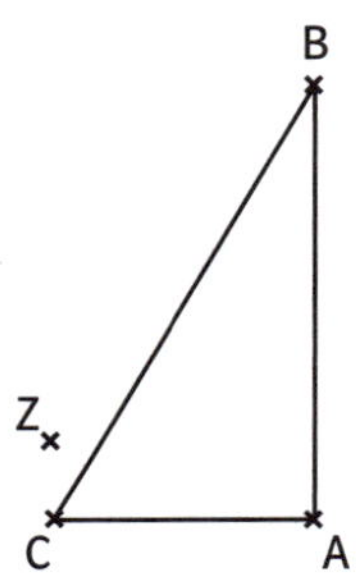

3 a) Führe eine Verschiebung des Quadrates ABCD durch

b) Führe eine zentrische Streckung des Quadrates A'B'C'D' von D mit $k = 1{,}5$ durch.

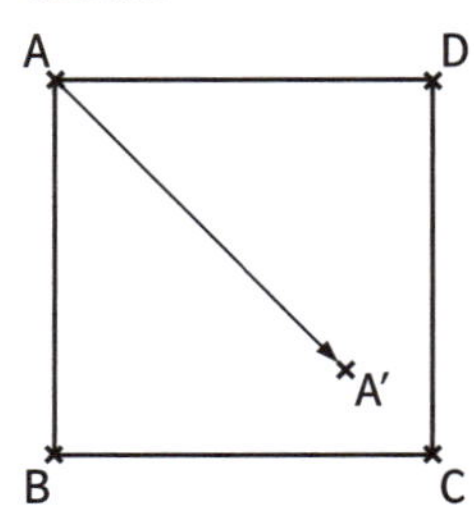

Kongruenzabbildungen
- Spiegelung
- Drehung
- Verschiebung

zentrische Streckung
Zentrum Z
Streckfaktor k

zu 2
Halbdrehung
Drehung um 180°

Figuren, die **kongruent** zueinander sind, sind **deckungsgleich**.

1.1 a) Übertrage Figur 1 in dein Heft.
b) Spiegele das Dreieck an der Geraden a.
c) Führe eine zentrische Streckung der Bildfigur A'B'C' von Z mit $k = 2{,}5$ durch.

2.1 a) Übertrage Figur 2 in dein Heft.
b) Führe eine Halbdrehung des Dreiecks um B durch.
c) Führe eine zentrische Streckung der Bildfigur A'B'C' von A mit $k = 3$ durch.

3.1 a) Übertrage Figur 3 in dein Heft.
b) Führe eine Verschiebung des Dreiecks wie vorgegeben durch.
c) Führe eine zentrische Streckung der Bildfigur A'B'C' von Z mit $k = 1\frac{1}{2}$ durch.

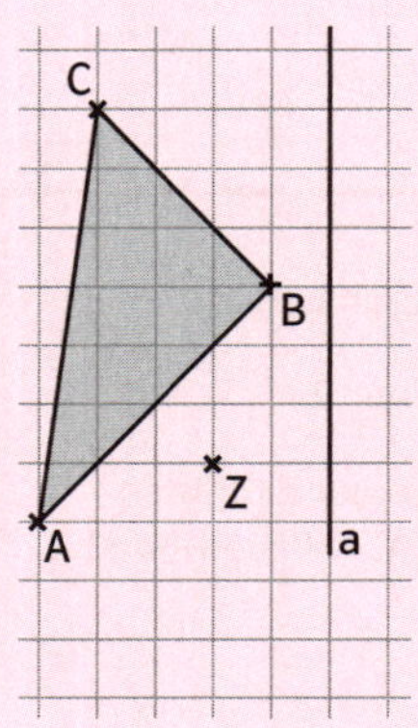

Figur 1

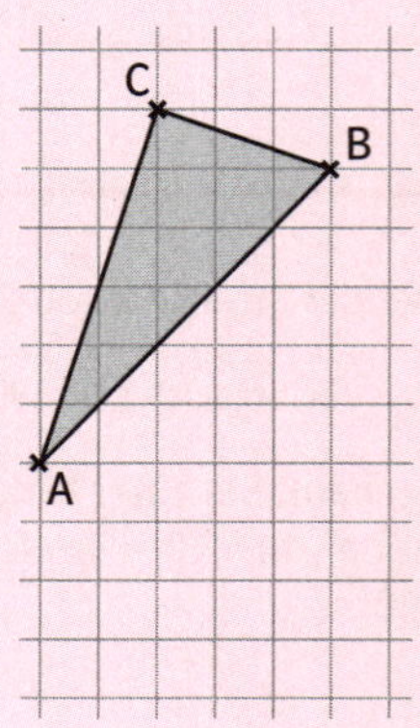

Figur 2

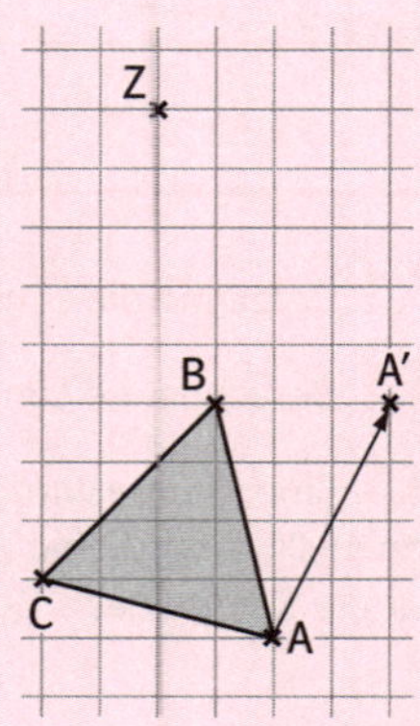

Figur 3

1 Zentrische Streckung durchführen ☹ 😐 ☺

Bilde die Figur durch zentrische Streckung mit $k = 2$ ab.

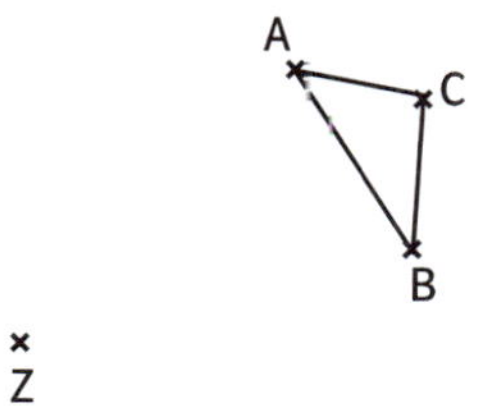

Bilde die Figur durch zentrische Streckung mit $k = 0{,}75$ ab.

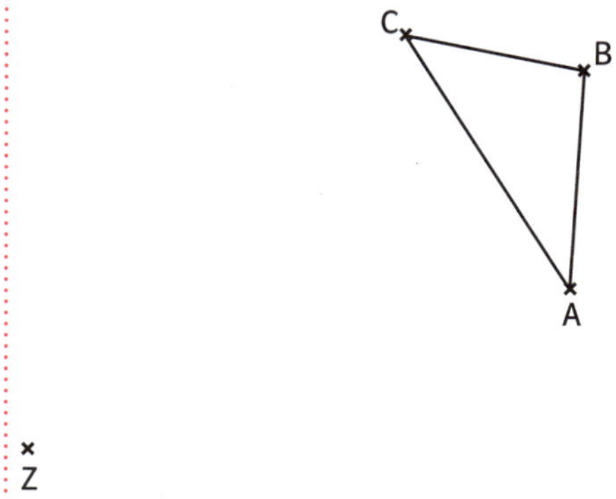

Bilde die Figur durch zentrische Streckung mit $k = -1{,}5$ ab.

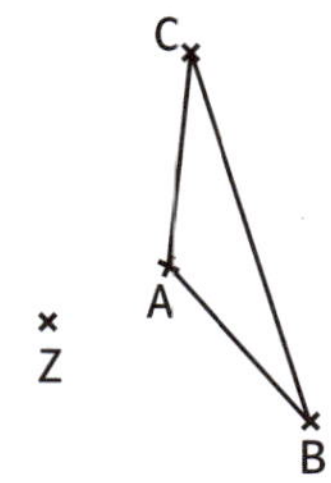

2 Länge einer Strecke mit dem 1. Strahlensatz berechnen ☹ 😐 ☺

Notiere die fehlende Strecke

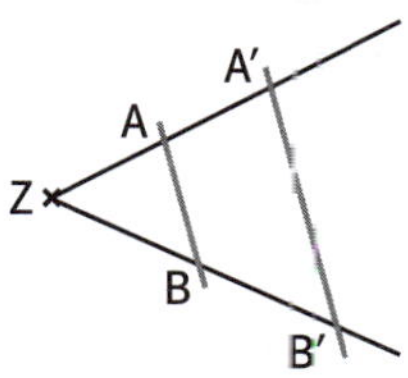

$\frac{\overline{ZA'}}{\overline{ZA}} = \frac{\square}{\overline{ZB}}$

Berechne die Länge der Strecke x.

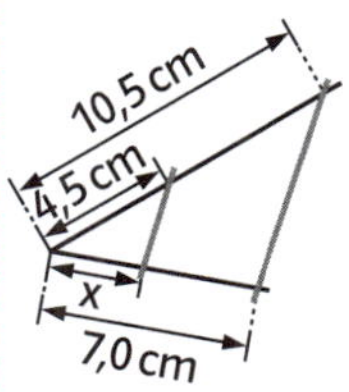

Berechne die Seillänge l.

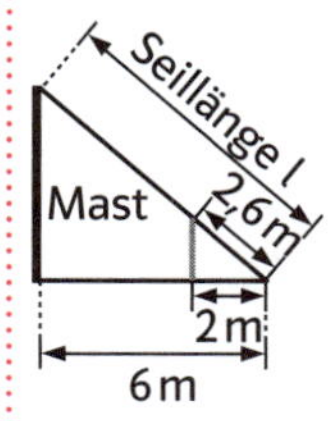

3 Länge einer Strecke mit dem 2. Strahlensatz berechnen ☹ 😐 ☺

Notiere die fehlende Strecke.

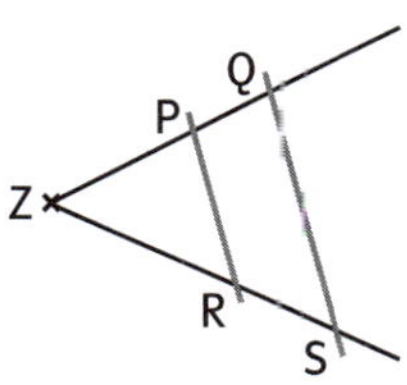

$\frac{\overline{PR}}{\overline{QS}} = \frac{\square}{\overline{ZS}}$

Berechne x.

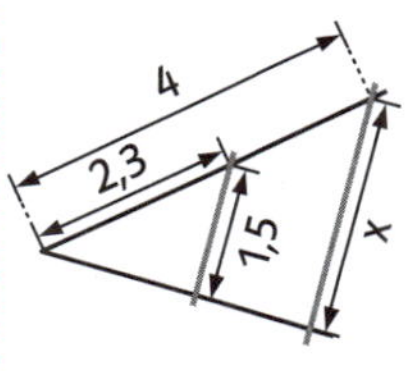

Berechne die Höhe h der Rampe.

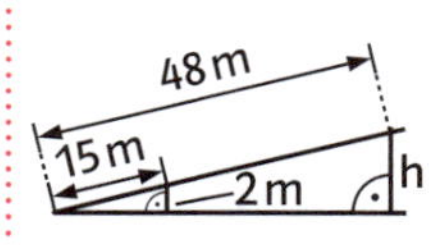

4 Ähnlichkeitsabbildungen durchführen ☹ 😐 ☺

Zeichne zum Dreieck ABC eine ähnliche Figur A'B'C'.

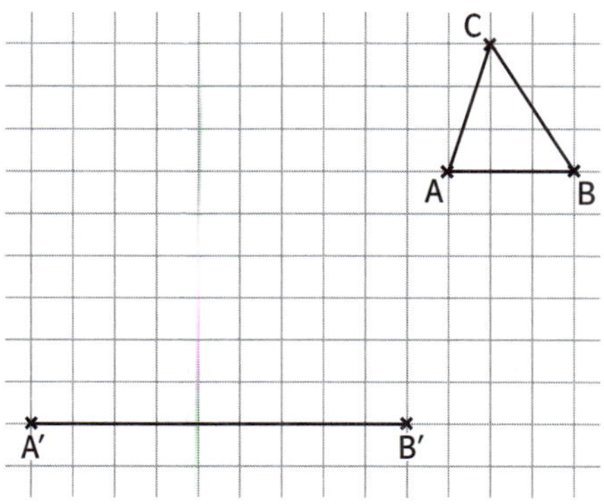

Zeichne zum Dreieck ABC eine ähnliche Figur.

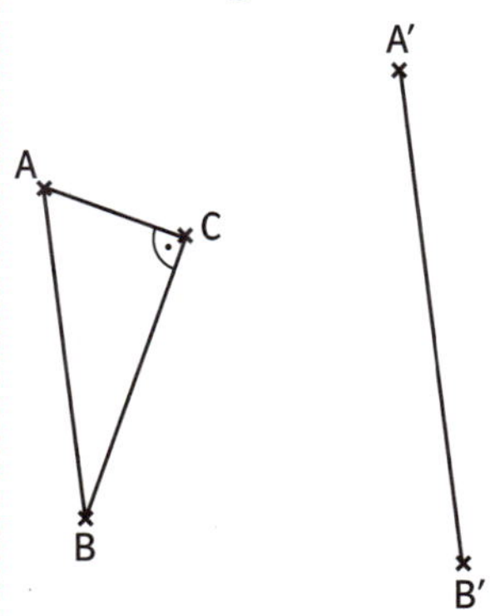

Prüfe rechnerisch, ob die Figuren ähnlich sind.

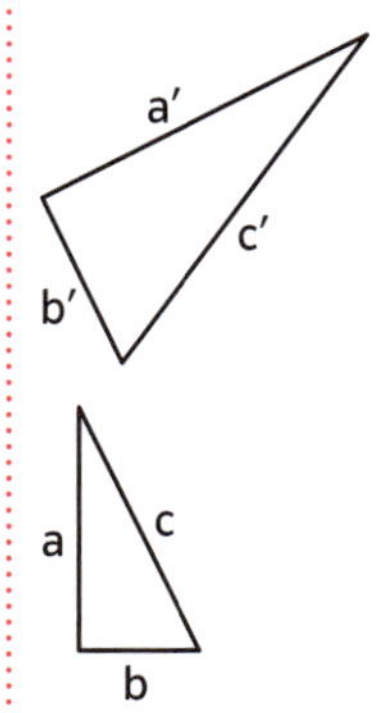

Die Dreiecke sind

Äquivalenzumformungen durchführen

1 Löse die Gleichung.

a) $3x = 75$ | : 3
x =
L = { }

b) $\frac{1}{3}x = 4$ |
x =

c) $2x + 5 = 12$ |

d) $4x - 5 = 3$ |

Äquivalenzumformungen
Bei Äquivalenzumformungen bleibt die Lösungsmenge gleich.

① **beidseitige Addition**

$$x - 7 = 9 \quad |+7$$
$$x - 7 + 7 = 9 + 7$$
$$x = 16$$

② **beidseitige Subtraktion**

$$x + 15 = 3 \quad |-15$$
$$x + 15 - 15 = 3 - 15$$
$$x = -12$$

③ **beidseitige Multiplikation**

$$\frac{1}{3}x = 4 \quad |\cdot 3$$
$$\frac{1}{3}\cdot 3 \cdot x = 4 \cdot 3$$
$$x = 12$$

④ **beidseitige Division** ($\neq 0$)

$$-4x = 12 \quad |:(-4)$$
$$(-4):(-4)\cdot x = 12:(-4)$$
$$x = -3$$

2 Löse die Gleichung.

a) $\frac{2}{5}x + 4 = 2$ | − 4
=

b) $-4x - 15 = 15 - 6x$ |

3 Berechne. Löse die Klammern auf und fasse zusammen, bevor du vereinfachst.

a) $9(x + 5) + 2x = 7x - 3$

b) $-(x - 5) = 9 - (x - 4)$

c) $-2(3x + 1) = -2 - (5x + 3)$

d) $6(x + 2) = 2x - (10 - 6)$

Lösungsmenge L
Menge aller Lösungen einer Gleichung oder Ungleichung **L = {x}**

zu 2
$\frac{2}{5}x = 16 \quad |\cdot\frac{5}{2}$
$x = \frac{16\cdot 5}{2}$
$x = 40$

zu 3
Klammern auflösen
$9(x + 5)$
$= 9x + 45$

$(+)\cdot(+) \rightarrow (+)$
$(-)\cdot(-) \rightarrow (+)$
$(+)\cdot(-) \rightarrow (-)$
$(-)\cdot(+) \rightarrow (-)$

zu 1 bis 3
{ }; {−12}; {−5}; {−4}; {2}; {0}; $\{3\frac{1}{2}\}$; {12}; {15}; {25}

1.1 Löse die Gleichung.

a) $3x = 30$ b) $11x = 77$ c) $\frac{1}{8}x = 3$
d) $7x = 21$ e) $\frac{1}{9}x = 12$ f) $12x = 96$
g) $\frac{1}{5}x = -5$ h) $7x = 36$ i) $-\frac{1}{5}x = -6$
j) $-4x = 12$ k) $-\frac{1}{15}x = -\frac{2}{25}$ l) $-9x = 15$

1.2 a) $x + 1 = 2$ b) $x - 12 = 2$ c) $3 + 2x = 7$
d) $x + 5 = 13$ e) $x - 8 = 3$ f) $x - 3 = -12$
g) $4x = 3x + 4$ h) $-7x = 13 + 8x$ i) $0 = -3 - x$
j) $x - \frac{5}{8} = 1$ k) $x + \frac{3}{8} = \frac{5}{8}$ l) $x + \frac{7}{9} = \frac{3}{5}$

2.1 Löse die Gleichung.

a) $3x + 2 = 4$ b) $-4x + 2 = 1$ c) $\frac{3}{8}x - 4 = 17$
d) $-7x = 15x - 8$ e) $-\frac{3}{8}x + 1 = -13$ f) $-7x = -15x - 8$

3.1 Löse die Gleichung.

a) $4(x - 3) + 2 = 3x$ b) $3 + (4x + 2) = 2x + 1$
c) $5(3 + x) = 7 - 6(x - 7)$ d) $9x - 3(4x + 3) = -7(9x - 10)$

4 Erkläre den Fehler bei den Äquivalenzumformungen.

a) $4 - 3(2x + 2) + 5x = 2x$
$4 - \;\; 6x - 1 \;\; + 5x = 2x$

b) $2(x - 5) + 4x = 26$
$2x - 25 + 4x = 26$

Quadratische Gleichungen $ax^2 + c = 0$ lösen

1 Löse die Gleichungen im Kopf.

a) $x^2 = 36$

$x_1 =$ ____ ; $x_2 =$ ____

$L = \{$ ____

b) $x^2 = 16$

$x_1 =$ ____ ; $x_2 =$ ____

c) $x^2 = 7$

$x_1 = \sqrt{7}$; $x_2 =$ ____

d) $x^2 = 12$

____ ; ____

Quadratische Gleichungen $ax^2 + c = 0$ lösen

	$5x^2 - 9 = 2x^2 - 3 + x^2$	
(1) Ordnen, zusammenfassen	$5x^2 - 9 = 3x^2 - 3$	$\mid -3x^2$
(2) Äquivalenzumformungen durchführen	$2x^2 - 9 = -3$	$\mid +9$
	$2x^2 = 6$	$\mid :2$
	$x^2 = 3$	
(3) Lösungen notieren	$x_1 = \sqrt{3}$; $x_2 = -\sqrt{3}$	
	$L = \{\sqrt{3}; -\sqrt{3}\}$	

2 Löse die Gleichung.

a) $x^2 - 81 = 0$ $\mid +81$

=

$x_1 =$

b) $x^2 - \frac{4}{9} = 0$ ____

$x_1 =$

c) $8x^2 - 75 = 3x^2 + 5$ ____

d) $4x^2 + 20 + 6x^2 = 56 + 6x^2$ ____

3 Bestimme zunächst die Anzahl der Lösungen. Gib dann die Lösungsmenge an.

a) $x^2 - 5 = 0$
Anzahl der Lösungen: ____

$x^2 = 5$

$x_1 =$

b) $x^2 + 3 = 0$
Anzahl der Lösungen: ____

c) $x^2 = 0$
Anzahl der Lösungen: ____

d) $x^2 + 20 = 10$
Anzahl der Lösungen: ____

e) $x^2 - 100 = 0$
Anzahl der Lösungen: ____

f) $5x^2 - 50 = 0$
Anzahl der Lösungen: ____

Parabel zur Aufgabe oben
$x^2 = 3$; $x^2 - 3 = 0$

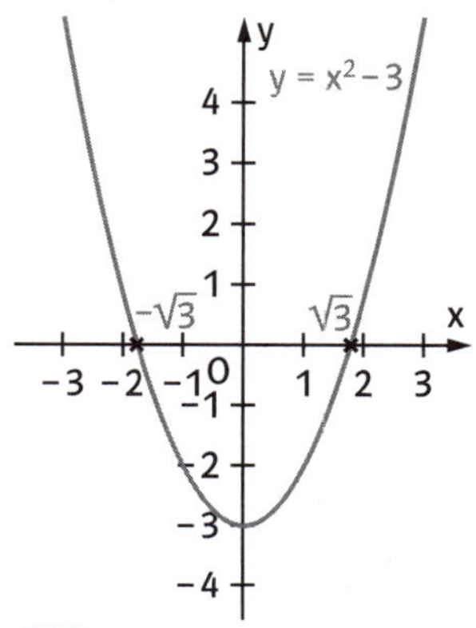

zu 3
Anzahl der Lösungen
$x^2 = c$

$c > 0$ zwei Lösungen
$c = 0$ eine Lösung
$c < 0$ keine Lösung

Beispiele
$x^2 = 2$ zwei Lösungen
$x^2 = 0$ eine Lösung
$x^2 = 2$ keine Lösung

zu 1 bis 3

$\{\}$; $\{\}$; $\{0\}$; $\{\frac{2}{3}; -\frac{2}{3}\}$; $\{\sqrt{3}; -\sqrt{3}\}$; $\{\sqrt{7}; -\sqrt{7}\}$; $\{3; -3\}$; $\{\sqrt{10}; -\sqrt{10}\}$; $\{\sqrt{12}; -\sqrt{12}\}$; $\{4; -4\}$; $\{4; -4\}$; $\{6; -6\}$; $\{9; -9\}$; $\{10; -10\}$

1.1 Löse die Gleichung im Kopf.

a) $x^2 = 100$ b) $x^2 = 64$ c) $x^2 = 9$ d) $x^2 = 49$
e) $x^2 = 1$ f) $x^2 = 25$ g) $x^2 = 0$ h) $x^2 = 81$

1.2 Gib die Lösungen als Wurzel an.

a) $x^2 = 15$ b) $x^2 = 22$ c) $x^2 = 10$ d) $x^2 = 43$
e) $x^2 = 3$ f) $x^2 = 200$ g) $2x^2 = 30$ h) $5x^2 = 40$

1.3 Gib die Lösungen auf eine Dezimalstelle gerundet an.

a) $x^2 = 2$ b) $x^2 = 6$ c) $x^2 = 8$ d) $x^2 = 5$
e) $x^2 = 3$ f) $x^2 = 10$ g) $2x^2 = 30$ h) $5x^2 = 55$

2.1 Löse die Gleichung.

a) $x^2 - 121 = 0$ b) $4 - x^2 = 0$ c) $x^2 + 1 = 0$
d) $5x^2 - 22 = -2$ e) $3x^2 - 140 = 7$ f) $5x^2 + 12 = 92$

3.1 Bestimme zunächst die Anzahl der Lösungen. Gib dann die Lösungsmenge an.

a) $x^2 - 2 = 0$ b) $x^2 + 5 = 7$ c) $2x^2 + 10 = 5$

4 ☆ Welche Aussagen für $ax^2 + c = 0$ sind wahr? Begründe.

a) Jede Gleichung dieser Form hat zwei Lösungen.
b) Wenn $c < 0$ ist, gibt es keine Lösung.

Quadratische Gleichungen $ax^2 + bx = 0$ lösen

1 Löse die Gleichung.

a) $x^2 - 9x = 0$ b) $x^2 + 16x = 0$

(1) ______ ______

(2) ______ ______

(3) $x_1 =$; $x_2 =$ ______ $x_1 =$ ______

(4) L = { } ______

Quadratische Gleichungen $ax^2 + bx = 0$ lösen

	$x^2 - 2x = 0$
(1) In ein Produkt verwandeln	$x \cdot (x - 2) = 0$
(2) Die Faktoren gleich Null setzen	$x_1 = 0$; $x_2 - 2 = 0$
(3) Beide Gleichungen lösen	$x_1 = 0$; $x_2 = 2$
(4) Lösungsmenge notieren	L = {0; 2}

2 Löse die Gleichung.

a) $10x^2 - 25x = 0$ b) $18x^2 + 27x = 0$ c) $-5x^2 - 30x = 0$

(1) $5x \cdot ($ ______ $) = 0$ (1) ______ (1) ______

(2) $5x = 0$; ______ (2) ______ (2) ______

(3) ______ (3) ______ (3) ______

(4) ______ (4) ______ (4) ______

d) $-6x^2 - 12x = 0$ e) $-\frac{1}{2}x^2 + 5x = 0$ f) $\frac{1}{3}x^2 + 3x = 0$

(1) ______ (1) ______ (1) ______

(2) ______ (2) ______ (2) ______

(3) ______ (3) ______ (3) ______

(4) ______ (4) ______ (4) ______

3 Löse die Gleichung.

a) $12x^2 = 24x \quad | -24x$ b) $7x^2 = 21x$ c) $21x^2 = -63x$

$12x^2 - 24x =$ ______ ______ ______

(1) ______ (1) ______ (1) ______

(2) ______ (2) ______ (2) ______

(3) ______ (3) ______ (3) ______

(4) ______ (4) ______ (4) ______

Aus $a \cdot b = 0$ folgt $a = 0$ oder $b = 0$.

Gemeinsamen Teiler ausklammern
Beispiel:
$10x^2 - 25x$
gemeinsamer Teiler ist $5x$,
also $5x \cdot (2x - 5)$

zu 3
Zunächst in eine Gleichung der Form $ax^2 + bx = 0$ bringen.

Auf keinen Fall auf beiden Seiten durch x dividieren!

zu 1 bis 3
{0; −16}; {0; −9}; {0; −6}; {0; −3}; {0; −2}; {0; −1,5}; {0; 2}; {0; 2,5}; {0; 3}; {0; 9}; {0; 10}

1.1 Löse die Gleichung.
a) $x^2 - 4x = 0$ b) $x^2 + x = 0$ c) $x^2 - 16x = 0$
d) $x^2 + 9x = 0$ e) $x^2 - 25x = 0$ f) $x^2 + 7x = 0$

2.1 Löse die Gleichung.
a) $8x^2 - 4x = 0$ b) $20x^2 + 5x = 0$ c) $24x^2 - 8x = 0$
d) $-9x^2 + 27x = 0$ e) $-18x^2 - 72x = 0$ f) $6x^2 - 3x = 0$

2.2 a) $9x^2 - 12x = 0$ b) $15x^2 + 10x = 0$ c) $8x^2 - 6x = 0$
d) $3x^2 - 4{,}5x = 0$ e) $3{,}6x^2 + 6x = 0$ f) $45x - 60x^2 = 0$

3.1 Löse die Gleichung.
a) $3x^2 = 12x$ b) $7x^2 = -21x$ c) $5x^2 = 15x$
d) $32x = 6x^2$ e) $x^2 = -4x$ f) $7x^2 = -49x$

3.2 a) $15x^2 = 20x$ b) $-12x^2 = -15x$ c) $63x^2 = -27x$
d) $32x = -24x^2$ e) $-72x^2 = -66x$ f) $3{,}2x^2 = -3x$

3.3 ☆ a) $23x^2 - 5x = 13x + 15x$
b) $9x^2 + 5x + 6x^2 = 18x^2 - 7x$
c) $12x^2 + 3x + 7x^2 = -9x + 23x$
d) $14x - 12x^2 = 23x + 25x - 40x$
e) $57 + 14x^2 - 12 - 13x - 8x^2 = 5x + 45$
f) $40x^2 - 13x = 3x^2 + 34x^2 + 5x$

4 Welche Aussagen für $x^2 + bx = 0$ sind wahr? Begründe.
a) Jede Gleichung dieser Form hat die Lösung L = {0; b}.
b) Es gibt keine Lösungsmenge, wenn $b < 0$ ist.

Quadratische Gleichungen $x^2 + bx + c = 0$ lösen

1 Ergänze nach den binomischen Formeln.

a) $(x + 3)^2 = x^2 + 6x +$ ______

b) $(x - 7)^2 = x^2 - 14x +$ ______

c) ______ $= x^2 + 28x +$ ______

d) ______ $= x^2 - 7x +$ ______

e) ______ $= x^2 + 9x +$ ______

f) ______ $= x^2 - 3x +$ ______

g) ______ $= x^2 - \frac{1}{2}x +$ ______

h) ______ $= x^2 + 0{,}5x +$ ______

$x^2 + bx + c = 0$ mit quadratischer Ergänzung lösen

	$x^2 - 6x + 1 = 0 \quad \mid -1$
(1) Gleichung umformen	$x^2 - 6x = -1$
(2) Quadratische Ergänzung auf beiden Seiten addieren	$x^2 - 6x + \left(\frac{6}{2}\right)^2 = \left(\frac{6}{2}\right)^2 - 1$
(3) Linke Seite zum Quadrat umformen, rechte Seite ausrechnen	$(x - 3)^2 = 8$
(4) Auf beiden Seiten die Wurzel ziehen (2 Möglichkeiten)	$x_1 - 3 = \sqrt{8};\quad x_2 - 3 = -\sqrt{8}$
(5) Lösungen berechnen und Lösungsmenge notieren	$x_1 = 3 + \sqrt{8};\quad x_2 = 3 - \sqrt{8}$ $L = \{3 + \sqrt{8};\ 3 - \sqrt{8}\}$

2 Bestimme die quadratische Ergänzung und forme in ein Quadrat um.

a) $x^2 - 4x$ + ______ = ______

b) $x^2 + 2x$ ______ = ______

c) $x^2 + 6x$ ______ = ______

d) $x^2 - 3x$ ______ = ______

e) $x^2 + 5x$ ______ = ______

f) $x^2 + \frac{1}{2}x$ ______ = ______

3 Bestimme die Lösungsmenge mithilfe der quadratischen Ergänzung.

$x^2 + 4x = 12 \quad \mid +\left(\frac{4}{2}\right)^2$

(2) ______

(3) ______

(4) ______

(5) $x_1 =$ ______ ; $x_2 =$ ______

$L = \{\ \ ;\ \ \}$

4 Forme die Gleichung zunächst um. Löse dann mithilfe der quadratischen Ergänzung.

a) $x^2 - 8x + 12 = 0$

(1) ______

(2) ______

(3) ______

(4) ______

(5) ______

b) $x^2 + 10x + 9 = 0$

(1) ______

(2) ______

(3) ______

(4) ______

(5) ______

Binomische Formeln

$a^2 + 2ab + b^2 = (a + b)^2$

$a^2 - 2ab + b^2 = (a - b)^2$

Quadratische Ergänzung bestimmen

$x^2 - 6x + \square = \square - 1$

(1) Koeffizienten des x-Gliedes bestimmen: 6

(2) durch 2 teilen und quadrieren: $\left(\frac{6}{2}\right)^2 = 3^2$

(3) einsetzen für $\square$

$(\sqrt{27})^2 = 27$

☑ zu 3 und 4

{−1; −9}; {2; −6}; {2; 6}

2.1 Bestimme die quadratische Ergänzung und forme in ein Quadrat um.

a) $x^2 + 18x + \square$ b) $x^2 - 14x + \square$ c) $x^2 - 28x + \square$
d) $x^2 + x + \square$ e) $x^2 + 15x + \square$ f) $x^2 - 35x + \square$
g) $x^2 + 43x + \square$ h) $x^2 - 200x + \square$ i) $x^2 - 13x + \square$

2.2 a) $x^2 + 0{,}6x + \square$ b) $x^2 + 0{,}8x + \square$ c) $x^2 - 1{,}8x + \square$
d) $x^2 + 0{,}3x + \square$ e) $x^2 - 1{,}1x + \square$ f) $x^2 - 3{,}7x + \square$
g) $x^2 - 1{,}2x + \square$ h) $x^2 + 3{,}9x + \square$ i) $x^2 + \frac{1}{3}x + \square$

3.1 Bestimme die Lösungsmenge mithilfe der quadratischen Ergänzung.

a) $x^2 + 10x = -9$ b) $x^2 + 6x = -9$ c) $x^2 + 4x = 12$
d) $x^2 + 3x = 28$ e) $x^2 + 8x = -15$ f) $x^2 + x = 30$

4.1 Forme die Gleichung zunächst um. Löse dann mithilfe der quadratischen Ergänzung.

a) $x^2 - 3x + 2 = 0$ b) $x^2 - 2x - 3 = 0$ c) $x^2 - 5x + 4 = 0$
d) $x^2 + 4x - 32 = 0$ e) $x^2 + 6x - 27 = 0$ f) $x^2 - 3x - 10 = 0$

Diskriminante einer quadratischen Gleichung

1 Bestimme jeweils die Koeffizienten p und q der Gleichung $x^2 + px + q = 0$.

a) $x^2 + 3x + 2 = 0$ p = ; q = ____

b) $x^2 + 4x - 5 = 0$ ____

c) $x^2 - 2x + 7 = 0$ ____

d) $x^2 - 2x - 5 = 0$ ____

e) $x^2 - 5x + 6 = 0$ ____

f) $x^2 - \frac{2}{3}x + \frac{5}{9} = 0$ ____

g) $x^2 - 0{,}5x + 2 = 0$ ____

Anzahl der Lösungen mithilfe der Diskriminante bestimmen

(1) Gleichung in die Normalform bringen $x^2 + px + q = 0$	$x^2 - 6x - 9 = 0$
(2) p und q bestimmen	$p = -6;\quad q = -9$
(3) p und q in die Formel für die Diskriminante D einsetzen	$D = \left(\frac{p}{2}\right)^2 - q$ $D = \left(\frac{-6}{2}\right)^2 - (-9)$ $= 9 + 9 = 18$
(4) Anzahl der Lösungen bestimmen	$D = 18$, somit $D > 0$ also gibt es 2 Lösungen

2 Bestimme p und q. Setze p und q in die Formel für die Diskriminante D ein und berechne.

a) $x^2 + 4x + 7 = 0$ p = ; q = ____
$D = \left(\frac{4}{2}\right)^2 - 7 =$ ____

b) $x^2 + 10x + 2 = 0$ p = ; q = ____
D = ____

c) $x^2 - 12x + 3 = 0$ p = ; q = ____
D = ____

d) $x^2 + 8x - 5 = 0$ p = ; q = ____
D = ____

e) $x^2 - 5x - 2 = 0$ ____
D = ____

f) $x^2 + 18x + 81 = 0$ ____
D = ____

3 Wie viele Lösungen hat die quadratische Gleichung für die angegebene Diskriminante D?

a) $D = 4$ ____ b) $D = 2086$ ____ c) $D = 0$ ____ d) $D = -27$ ____

4 Bestimme p und q. Berechne die Diskriminante D. Gib die Anzahl der Lösungen an.

a) $x^2 + 6x + 9 = 0$ p = ; q = ____
D = ____
Anzahl der Lösungen: ____

b) $x^2 - 10x - 31 = 0$ p = ; q = ____
D = ____
Anzahl der Lösungen: ____

Diskriminante D
Durch Umformen aus der Normalform $x^2 + px + q = 0$ erhält man

$$\left(x + \frac{p}{2}\right)^2 = \underbrace{\left(\frac{p}{2}\right)^2 - q}_{\text{Diskriminante D}}$$

Mit der Diskriminanten

$$\mathbf{D = \left(\frac{p}{2}\right)^2 - q}$$

kann die Anzahl der Lösungen bestimmt werden.
$D > 0$ zwei Lösungen
$D = 0$ eine Lösung
$D < 0$ keine Lösung

1.1 Bestimme jeweils die Koeffizienten p und q der Gleichung $x^2 + px + q = 0$.

a) $x^2 + 5x - 3 = 0$
b) $x^2 - 7x - 3 = 0$
c) $x^2 + 1{,}5x + 3 = 0$
d) $x^2 - 34x - 3 = 0$
e) $x^2 - 0{,}18x - 3{,}4 = 0$
f) $x^2 + 5{,}7x - 30{,}6 = 0$

1.2 ☆
a) $x^2 + \frac{2}{7}x + \frac{5}{6} = 0$
b) $x^2 - \frac{3}{5}x + \frac{7}{10} = 0$
c) $x^2 + \frac{3}{4}x - \frac{19}{23} = 0$
d) $x^2 - 1\frac{3}{8}x + 12\frac{3}{5} = 0$
e) $x^2 + 12\frac{3}{11}x + \frac{35}{48} = 0$
f) $x^2 + 13\frac{11}{32} = 0$
g) $x^2 - 8\frac{23}{44}x = 0$
h) $x^2 - 1\frac{1}{2}x + 3\frac{1}{2} = 0$

4.1 Bestimme p und q. Setze p und q in die Formel für die Diskriminante D ein und berechne. Bestimme die Anzahl der Lösungen.

a) $x^2 + 12x - 7 = 0$
b) $x^2 - 8x + 34 = 0$
c) $x^2 - 13x - 9 = 0$
d) $x^2 - 4x + 9 = 0$
e) $x^2 + 14x + 49 = 0$
f) $x^2 - 2x + 16 = 0$
g) $x^2 - 5{,}1x - 5 = 0$
h) $x^2 - 0{,}1x = 0$
i) $x^2 - 9 = 0$

4.2 ☆
a) $x^2 + 8x + \frac{1}{5} = 0$
b) $x^2 - \frac{4}{5}x - 1 = 0$
c) $x^2 + \frac{2}{3}x - \frac{5}{9} = 0$
d) $x^2 - \frac{1}{5}x - \frac{7}{10} = 0$
e) $x^2 + \frac{3}{4}x + \frac{5}{8} = 0$
f) $x^2 - \frac{3}{5}x + 5 = 0$
g) $x^2 + 3x - \frac{7}{9} = 0$
h) $x^2 - \frac{6}{11}x + \frac{4}{7} = 0$
i) $x^2 + \frac{8}{3}x - \frac{5}{6} = 0$
j) $x^2 - \frac{3}{16}x + \frac{8}{3} = 0$
k) $x^2 - 2\frac{1}{3}x - \frac{3}{4} = 0$

Quadratische Gleichungen mit der Lösungsformel lösen

1 Bestimme die Lösungen.
$x^2 + 20x + 19 = 0$

(2) $p = 20;\ q = 19$

(3) $x_1 = -\frac{20}{2} + \sqrt{\left(\frac{20}{2}\right)^2 - 19}$

=

x_2 =

(4) L =

Quadratische Gleichungen mit der Lösungsformel lösen

	$-2x^2 + 8x + 10 = 0 \quad \mid : (-2)$
(1) In die Normalform $x^2 + px + q = 0$ umformen	$x^2 - 4x - 5 = 0$
(2) p und q bestimmen	$p = -4; \quad q = -5$
(3) p und q in die Lösungsformel (s. Randspalte) einsetzen, Lösungen bestimmen	$x_1 = -\frac{-4}{2} + \sqrt{\left(\frac{-4}{2}\right)^2 - (-5)}$ $= 2 + \sqrt{9} = 5$ $x_2 = 2 - \sqrt{9} = -1$
(4) Lösungsmenge notieren	$L = \{5; -1\}$

2 Bestimme die Lösungen.
$x^2 - 2x - 8 = 0$

(2)

(3)

(4)

3 Bestimme die Lösungen.
$x^2 + \frac{4}{5}x - \frac{12}{25} = 0$

(2)

(3)

(4)

4 Forme zunächst um in die Normalform. Bestimme dann die Lösungen.

a) $2x^2 + 40x + 72 = 0 \quad \mid : 2$

(1) $x^2 + 20x + 36 = 0$

(2) p = ; q =

(3) x_1 =

x_2 =

(4) L =

b) $5x^2 - 2x - 1 = 0 \quad \mid$

(1)

(2)

(3)

(4)

Lösungsformel
für quadratische Gleichungen in der Normalform

$x_1 = -\frac{p}{2} + \sqrt{\left(\frac{p}{2}\right)^2 - q}$

$x_2 = -\frac{p}{2} - \sqrt{\left(\frac{p}{2}\right)^2 - q}$

Normalform
$x^2 + bx + c = 0$

zu 4
Eine Summe durch eine Zahl dividieren
$(2x^2 + 40x + 72) : 2$
$= x^2 + 20x + 36$

zu 1 bis 4
$\{-1; -19\}$; $\{-2; -18\}$; $\left\{\frac{2}{5}; -1\frac{1}{5}\right\}$; $\{0{,}69; -0{,}29\}$; $\{4; -2\}$

1.1 Löse mit der Lösungsformel.
a) $x^2 + 2x - 24 = 0$ b) $x^2 - 12x + 27 = 0$ c) $x^2 - 4x - 12 = 0$
d) $x^2 + 6x - 55 = 0$ e) $x^2 - 8x - 33 = 0$ f) $x^2 - 10x + 9 = 0$

2.1 Bestimme die Lösungen.
a) $x^2 + 2x - 6 = 0$ b) $x^2 + x + 8 = 0$ c) $x^2 + 3x - 10 = 0$
d) $x^2 - 11x + 24 = 0$ e) $x^2 - 19x + 90 = 0$ f) $x^2 - 5x - 6 = 0$
g) $x^2 - 9x + 8 = 0$ h) $x^2 - 13x + 42 = 0$ i) $x^2 + x - 2 = 0$

3.1 ☆ Bestimme die Lösungen.
a) $x^2 - \frac{4}{5}x + \frac{3}{25} = 0$ b) $x^2 + \frac{1}{6}x - \frac{1}{3} = 0$
c) $x^2 - \frac{1}{6}x - \frac{1}{6} = 0$ d) $x^2 + \frac{17}{20}x - \frac{3}{20} = 0$
e) $x^2 - \frac{1}{3}x - \frac{1}{12} = 0$ f) $x^2 - \frac{2}{5}x - \frac{1}{5} = 0$

3.2 a) $x^2 + 1{,}2x - 3 = 0$ b) $x^2 + 1{,}56x = 0$
c) $x^2 - 1{,}5x + 0{,}5 = 0$ d) $x^2 - 0{,}6x + 0{,}08 = 0$
e) $x^2 - 0{,}45x + 0{,}05 = 0$ f) $x^2 - 3{,}2x + 2{,}4 = 0$
g) $x^2 - 7{,}5x + 12{,}5 = 0$ h) $x^2 - 1{,}8x + 0{,}72 = 0$
i) $x^2 - 0{,}4x - 0{,}2 = 0$ j) $x^2 - 0{,}5x - 7{,}5 = 0$

4.1 Forme zunächst um in die Normalform und löse dann.
a) $5x^2 + 10x - 120 = 0$ b) $2x^2 - 4x - 16 = 0$
c) $4x^2 - 16x - 20 = 0$ d) $3x^2 - 18x + 24 = 0$
e) $-2x^2 + 4x + 6 = 0$ f) $5x^2 + 20x - 60 = 0$

4.2 ☆ a) $3x^2 - \frac{1}{2}x - \frac{9}{144} = 0$ b) $\frac{1}{5}x^2 - 3x + 10 = 0$
c) $\frac{2}{3}x^2 + \frac{1}{2}x - 2 = 0$ d) $\frac{3}{4}x^2 + \frac{3}{8}x - \frac{3}{5} = 0$
e) $\frac{3}{4}x^2 - \frac{3}{3}x + 1 = 0$ f) $\frac{3}{2}x^2 + 30x + 54 = 0$

Satz von Vieta

1 Überprüfe mithilfe des Satzes von Vieta, ob die berechneten Lösungen stimmen.

a) $x^2 - 3x - 18 = 0$; $L = \{6; -3\}$

(1) p = −3; q = ____________________

(2) p = −(____________________

(3) ____________________

____

Lösungen mithilfe des Satzes von Vieta überprüfen

	$x^2 + 7x - 60 = 0$ $L = \{5; -12\}$
(1) p und q ablesen	$p = 7$; $q = -60$
(2) Lösungen x_1 und x_2 in Satz von Vieta einsetzen	$p = -(5 + (-12)) = 7$ $q = 5 \cdot (-12) = -60$
(3) Abgelesene und berechnete Werte vergleichen	Die Werte sind gleich. Die Lösungen stimmen.

b) $x^2 + 21x - 72 = 0$; $L = \{3; -24\}$

(1) ____________________

(2) ____________________

(3) ____________________

____

c) $x^2 - 5x + 6 = 0$; $L = \{2; -3\}$

(1) ____________________

(2) ____________________

(3) ____________________

____

Satz von Vieta
Sind x_1 und x_2 Lösungen der Gleichung $x^2 + px + q = 0$ so gilt $\mathbf{p = -(x_1 + x_2)}$ und $\mathbf{q = x_1 \cdot x_2}$.

2 Bestimme mithilfe des Satzes von Vieta die Lösungsmenge durch Einsetzen. Die Lösungen sind ganzzahlig.

Gleichung	a) $x^2 - 9x + 20 = 0$			b) $x^2 + 5x - 24 = 0$		
Versuch	1.	2.	3.	1.	2.	3.
(1) p bestimmen $x^2 + px + q = 0$	p = −9			p =		
q bestimmen $x^2 + px + q = 0$	q = 20			q =		
(2) Lösungen für x_1 und x_2 annehmen	2; 10	−4; −5	4; 5			
(3) p berechnen $p = -(x_1 + x_2)$	p = −12	p =				
q berechnen $q = x_1 \cdot x_2$	q = 20	q =				
(4) Werte in (1) und (3) vergleichen beide wahr/falsch?	f					
(5) Lösungsmenge angeben	—					

i
Francois Vieta
französischer Mathematiker
1540–1603

zu 2
Überlege, welche Lösungen in Schritt (2) angenommen werden können.

Da $q = 20$ muss $x_1 \cdot x_2 = 20$ sein.

Somit kann $x_1 = 2$ und $x_2 = 10$ angenommen werden.

3 ☆ Gib die Normalform der quadratischen Gleichung an, zu der die Lösungsmenge $L = \{3; -1\}$ gehört.

p = __________ ; q = __________ Normalform ____________________

1.1 Überprüfe, ob die berechneten Lösungen stimmen.

a) $x^2 + x - 12 = 12$; $L = \{3; -4\}$
b) $x^2 - 5x + 6 = 0$; $L = \{2; 3\}$
c) $x^2 - x - 6 = 0$; $L = \{2; 3\}$
d) $x^2 - 3x - 4 = 0$; $L = \{-4; 1\}$
e) $x^2 - 3x - 4 = 0$; $L = \{-1; 4\}$
f) $x^2 - 11x + 30 = 0$; $L = \{5; 6\}$
g) $x^2 - x - 2 = 0$; $L = \{-1; 2\}$
h) $x^2 - 5x - 6 = 0$; $L = \{-1; 6\}$

2.1 Bestimme die Lösungsmenge durch Einsetzen.

a) $x^2 + 5x - 24 = 0$
b) $x^2 - 14x + 48 = 0$
c) $x^2 - 14x + 33 = 0$
d) $x^2 + x - 12 = 0$

3.1 ☆ Gib die Normalform der Gleichung an, die zu L passt.

a) $L = \{3; -5\}$
b) $L = \{-4; 10\}$

Sachaufgaben mit quadratischen Gleichungen berechnen

1 In einem Rechteck ist eine Seite um 1 cm kürzer als die andere.
Die Diagonale ist 5 cm lang.
Bestimme die Seitenlängen.
Fertige zunächst eine Skizze an und beschrifte sie.

Skizze

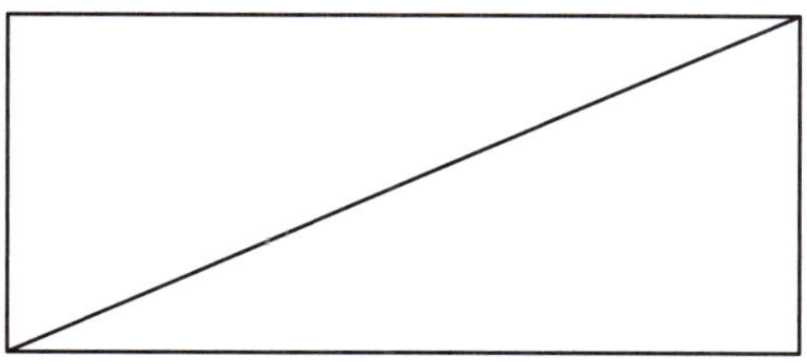

(1) ____________________

(2) ____________________

____

____

____

(3) ____________________

____

____

(4) längere Seite: ____________________

kürzere Seite: ____________________

(5) ____________________

____

Sachaufgabe mit quadratischer Gleichung berechnen

Eine Kathete im rechtwinkligen Dreieck ist 4 cm kürzer als die andere.
Die Hypotenuse ist 12 cm lang.
Wie lang sind die Katheten?

Skizze

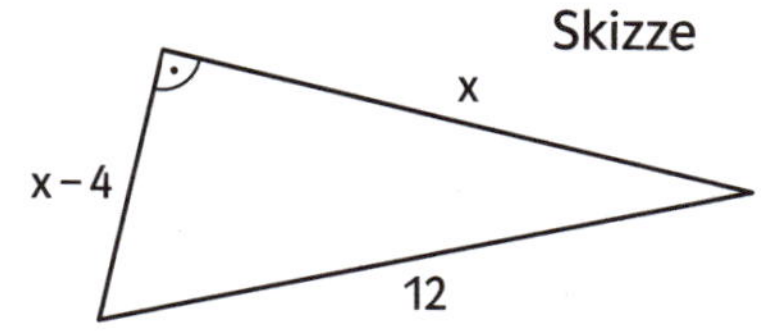

(1) Variable festlegen	Längere Kathete x
(2) Gleichung aufstellen, in die Normalform umformen	$x^2 + (x - 4)^2 = 12^2$ $x^2 - 4x - 64 = 0$
(3) Mit der Lösungsformel lösen	$x_1 = 2 + \sqrt{68} \approx 10{,}2$ $x_2 = 2 - \sqrt{68} \approx -6{,}2$
(4) Gesuchte Größen bestimmen	längere Kathete: 10,2 cm kürzere Kathete: 10,2 cm − 4,0 cm = 6,2 cm
(5) Antwort notieren	Die Länge der Katheten ist 10,2 cm und 6,2 cm.

Satz des Pythagoras

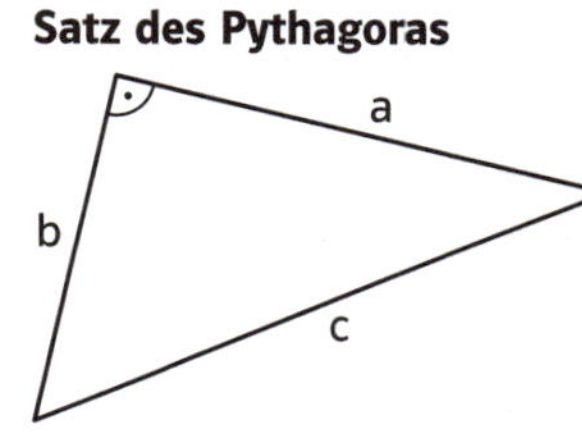

$a^2 + b^2 = c^2$

Lösungsformel für quadratische Gleichungen in der Normalform

$x_1 = -\frac{p}{2} + \sqrt{\left(\frac{p}{2}\right)^2 - q}$

$x_2 = -\frac{p}{2} - \sqrt{\left(\frac{p}{2}\right)^2 - q}$

2 Die Diagonale eines Quadrates ist 4 cm länger als eine Seite.
Berechne die Längen der Seiten und der Diagonalen.
Fertige zunächst eine Skizze an und beschrifte sie.

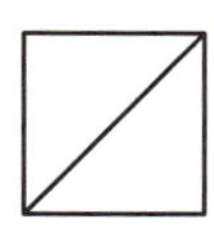

(1) ____________________

(2) ____________________

____

____

____

(3) ____________________

____

____

(4) ____________________

____

(5) ____________________

1.1 In einem Rechteck ist die eine Seite 4 cm länger als die andere. Die Diagonale ist 25 cm lang. Bestimme die Seitenlängen.

1.2 In einem Rechteck ist die eine Seite 10 cm kürzer als die andere. Die Diagonale ist 50 cm lang. Bestimme die Seitenlängen.

2.1 Die Seite eines Quadrats ist 10 cm kürzer als die Diagonale. Berechne die Längen der Seiten und der Diagonalen.

2.2 Die Seite eines Quadrats ist 6 cm kürzer als die Diagonale. Berechne die Längen der Seiten und der Diagonalen.

3 Der Flächeninhalt eines Rechtecks ist 25 m^2. Der Umfang beträgt 21 m. Berechne die Seitenlängen.

4 In einem Dreieck ist die Höhe 4 cm kürzer als die zugehörige Seite. Der Flächeninhalt ist 70 cm^2. Berechne die Längen der Höhe und der zugehörigen Seite.

5 Ein Quader hat einen Rauminhalt von 720 cm^3. Die Höhe ist 15 cm, seine Breite ist um 2 cm größer als seine Länge. Berechne Länge und Breite der Grundfläche. Beschreibe den Lösungsweg.

1 Quadratische Gleichungen der Form $ax^2 + c = 0$ lösen

Löse die Gleichung.
$x^2 - 81 = 0$

Löse die Gleichung.
$x^2 - 169 = 0$

Löse die Gleichung.
$x^2 + 85 = 0$

2 Quadratische Gleichungen der Form $ax^2 + bx + c = 0$ lösen

Löse die Gleichung.
$x^2 - 49x = 0$

Löse die Gleichung.
$24x^2 - 8x = 0$

Löse die Gleichung.
$40x^2 - 13x = 3x^2 + 34x^2 + 5x$

3 Quadratische Ergänzung bestimmen

Bestimme die quadratische Ergänzung und forme in ein Quadrat um.

$x^2 + 20x +$ ______

Bestimme die quadratische Ergänzung und forme in ein Quadrat um.

$x^2 + \frac{1}{3}x +$ ______

Bestimme die quadratische Ergänzung und forme in ein Quadrat um.

$x^2 - 0{,}3x +$ ______

4 Quadratische Gleichungen mit der Lösungsformel berechnen

Löse mit der Lösungsformel.
$x^2 + 6x - 55 = 0$

$x_1 =$

$x_2 =$

Löse mit der Lösungsformel.
$x^2 - 1{,}5x + 0{,}5 = 0$

$x_1 =$

$x_2 =$

Löse mit der Lösungsformel.
$2x^2 - 10x + 12 = 0$

$x_1 =$; $x_2 =$

5 Lösungen von quadratischen Gleichungen überprüfen

Überprüfe die Lösungen mithilfe des Satzes von Vieta.
$x^2 - 5x + 6 = 0$; $L = \{2; 3\}$

Überprüfe die Lösungen mithilfe des Satzes von Vieta.
$x^2 + x - 6 = 0$; $L = \{2; -3\}$

Überprüfe die Lösungen mithilfe des Satzes von Vieta.
$x^2 - 0{,}7x + 0{,}6 = 0$; $L = \{0{,}5; -1{,}2\}$

6 Sachaufgaben mit quadratischen Gleichungen berechnen

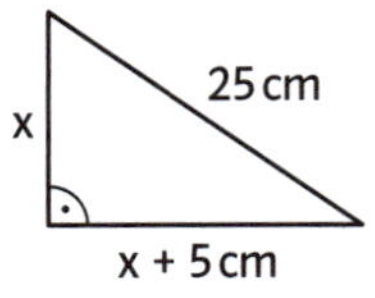

Bestimme die Seitenlängen im rechtwinkligen Dreieck.

Verlängert man eine Seite eines Quadrats um 2 cm, entsteht ein Rechteck mit einem Flächeninhalt von 80 cm². Welche Seitenlänge hat das Quadrat?

Die Seiten eines Rechtecks unterscheiden sich um 10 cm. Der Flächeninhalt beträgt 375 cm². Wie lang sind die Rechteckseiten?

Lineare Gleichungen und Äquivalenzumformungen

1 Zeichne die Gerade.

a) $y = 2x + 1$ b) $y = -3x + 4$

c) $y = \frac{3}{2}x - 4$ d) $y = -2x$

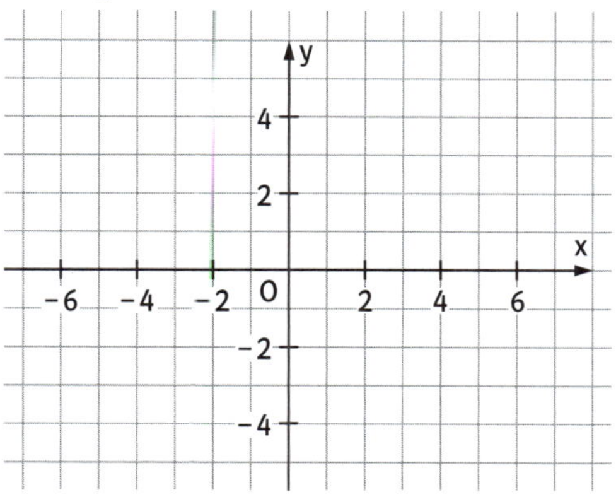

Lineare Gleichung $y = mx + b$ im Koordinatensystem darstellen

$y = \frac{1}{2}x - 2$

(1) Punkt P(0 | b) auf der y-Achse markieren — P(0 | −2)

(2) Steigung m bestimmen, Steigungsdreiecke einzeichnen — $m = \frac{1}{2}$

(3) Gerade zeichnen

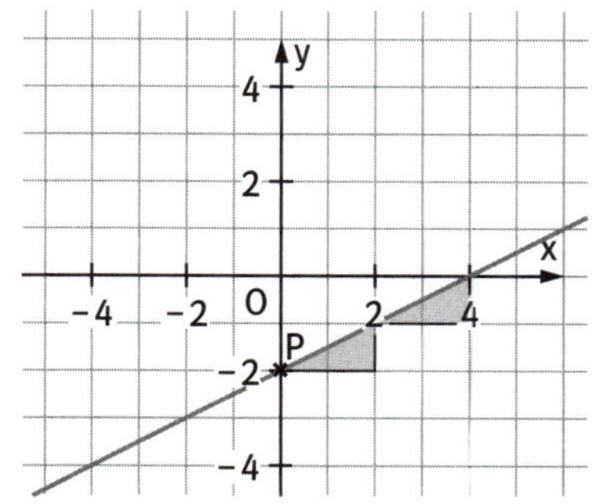

b y-Achsenabschnitt
m Steigung

Steigungsdreiecke

m = 1

$m = \frac{1}{2}$

$m = -\frac{3}{5}$

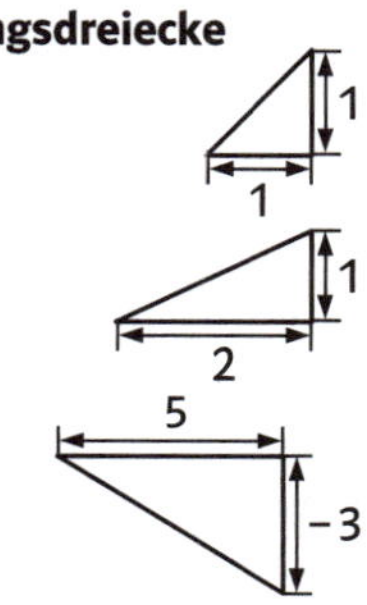

2 Prüfe, ob der Punkt auf der Geraden liegt.

Punkt P(x | y)	(1 | 3)	(6 | 0)	(1 | −2)	(3 | 0,5)
Gerade	$y = 2x + 1$	$y = -0{,}5x + 3$	$y = -3x - 5$	$y = 1{,}5x - 4$
Einsetzen	3 = 2 · ___ + ___			
wahr oder falsch?				

3 Bestimme die Geradengleichung.

a) $m = \frac{1}{2}$; $b = -2$ y = ______ b) $m = -2$; $b = 0$ y = ______

c) $m = 1{,}5$; $b = 2{,}5$ y = ______ d) $m = -1$; $b = 5$ y = ______

4 Berechne durch schrittweise Äquivalenzumformungen.

a) $2x - 5 = -x + 1$ | +x b) $2 \cdot (1 + 3y) - 4 = 0$ | c) $\frac{3}{2}x + 4 = 5x - 3$ |

zu 4

Äquivalenzumformungen
- Klammern auflösen
- ordnen, zusammenfassen
- beidseitige Addition/Subtraktion einer Zahl
- beidseitige Multiplikation mit einer Zahl ungleich Null
- beidseitige Division durch eine Zahl ungleich Null

1.1 Zeichne die Gerade.

a) $y = x + 2$ b) $y = -x + 3$ c) $y = 1{,}5x - 1$

d) $y = -2{,}5x + 5$ e) $y = 2x - 3$ f) $y = -\frac{1}{2}x + 3$

g) $y = \frac{3}{4}x - 2$ h) $y = \frac{1}{2}x + 1\frac{1}{2}$ i) $y = -2x + 6$

j) $y = -\frac{1}{2}x - 1$ k) $y = 2x + 5$ l) $y = -3x - 3$

2.1 Prüfe, ob der Punkt auf der Geraden liegt.

a) P = (2 | 6) $y = 3x$ b) P = (5 | 13) $y = -2x + 3$

c) P = (−4 | 6) $y = -x - 2$ d) P = (3 | 1) $y = 4x - 6$

e) P = (5 | −20) $y = -3x - 5$ f) P = (4 | −6) $y = -x - 2$

g) P = (4 | 4) $y = \frac{1}{2}x + 2$ h) P = (−6 | −6) $y = -1{,}5x - 3$

3.1 Bestimme die Geradengleichung.

a) $m = -3$; $b = 3$ b) $m = 4$; $b = -4$ c) $m = 2{,}5$; $b = \frac{1}{2}$

d) $m = -\frac{2}{3}$; $b = -\frac{3}{2}$ e) $m = -\frac{1}{4}$; $b = 3{,}5$ f) $m = 3\frac{1}{4}$; $b = -4\frac{1}{5}$

g) $m = 1\frac{3}{4}$; $b = 0$ h) $m = 2\frac{1}{2}$; $b = 1\frac{1}{2}$ i) $m = -4$; $b = 8$

4.1 Berechne durch schrittweise Äquivalenzumformungen.

a) $4x + 18 = 42$ b) $4 \cdot (x + 22) = 160$

c) $3x - 4 = 18 - 2x - 7$ d) $2 \cdot (x - 3) + 1 = 3$

5 Erkläre den Fehler bei den Äquivalenzumformungen.

a) $2x + 8 + 5x = 29$
$7x = 37$

b) $3(x - 7) = 6$
$3x - 7 = 6$

Lineare Gleichungen mit zwei Variablen lösen

Lineare Gleichungen mit zwei Variablen lösen

(1) In die Normalform $y = mx + b$ umformen

$$2y - 6x = 4 \quad |:2$$
$$y - 3x = 2$$
$$y = 3x + 2$$

(2) Werte für x einsetzen, y berechnen

x	y = 3x + 2
−2	$y = 3 \cdot (-2) + 2 = -6 + 2 = \mathbf{-4}$
−1	$y = 3 \cdot (-1) + 2 = -3 + 2 = -1$
0	$y = 3 \cdot (0) + 2 = 0 + 2 = 2$
1	$y = 3 \cdot (1) + 2 = 3 + 2 = 5$
2	$y = 3 \cdot (2) + 2 = 6 + 2 = 8$

(3) Lösungspaare in Wertetabelle eintragen

x	**−2**	−1	0	1	2
y	**−4**	−1	2	5	8

1 Bestimme Lösungspaare der Gleichung $y = 2x - 3$.

(2)

x	y = 2x − 3
−2	y =
−1	
0	
1	
2	

(3)

x	−2				
y					

2 a) Trage die Lösungspaare als Punkte in das Koordinatensystem ein, verbinde die Punkte.

x	−2	−1	0	1	2
y	0	$\frac{1}{2}$	1	$1\frac{1}{2}$	2

b) Bestimme den Achsenabschnitt b und die Steigung m.

b = ______ m = ______

c) Gib die Geradengleichung an.

y = ______

d) Bestimme weitere Lösungspaare dieser Gleichung.

x	y =
$-1\frac{1}{2}$	
$1\frac{1}{2}$	
3	

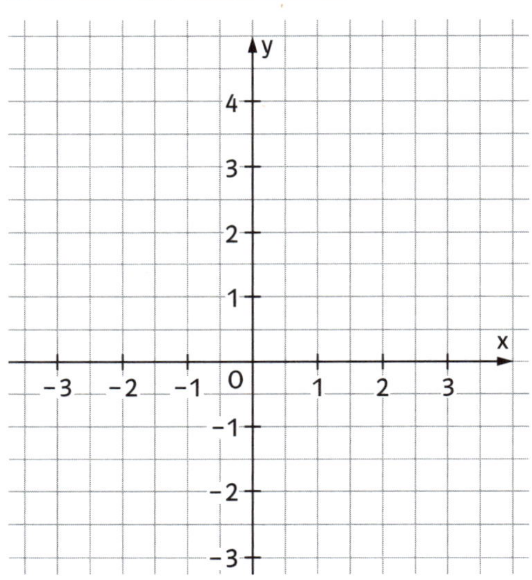

e) Übertrage diese Lösungspaare in das Koordinatensystem.

Wo liegen die Punkte? ______

Normalform einer Gleichung
$y = mx + b$
b y-Achsenabschnitt
m Steigung

1.1 Bestimme Lösungspaare der Gleichung.

a) $2y = 4x + 8$ b) $3y = -15x - 21$ c) $2y - 6x = 10$
d) $3y - 3x = 3$ e) $8y - 4x - 16 = 0$ f) $8x - 2y + 2 = 0$

1.2 Bestimme Lösungspaare der Gleichung.

a) $\frac{1}{2}y = -2x + 1$ b) $\frac{3}{4}x + \frac{1}{4}y = 6$ c) $\frac{1}{4}x + \frac{1}{2}y = 1$
d) $\frac{1}{5}y + \frac{3}{4}x = -2$ e) $\frac{1}{6}y + \frac{1}{2}x = 1$ f) $0{,}5x + \frac{1}{2}y = 4$
g) $0{,}5y - 2x = 6$ h) $0{,}12x + 1{,}2y = 6$ i) $2y - 0{,}5x = 10$

2.1 Trage die Punkte in ein Koordinatensystem ein, bestimme b und m und gib die Geradengleichung an.

a)

x	−2	−1	0	1	2	3
y	−4	−3	−2	−1	0	1

b)

x	−2	−1	0	1	2	3
y	10	8	6	4	2	0

c)

x	−2	−1	0	1	2	3
y	−4	−2,5	−1	0,5	2	3,5

Lineare Gleichungssysteme zeichnerisch lösen

1 Löse das lineare Gleichungssystem zeichnerisch. Mache die Probe.

$y = x - 1$ $y = -x + 3$

(1)

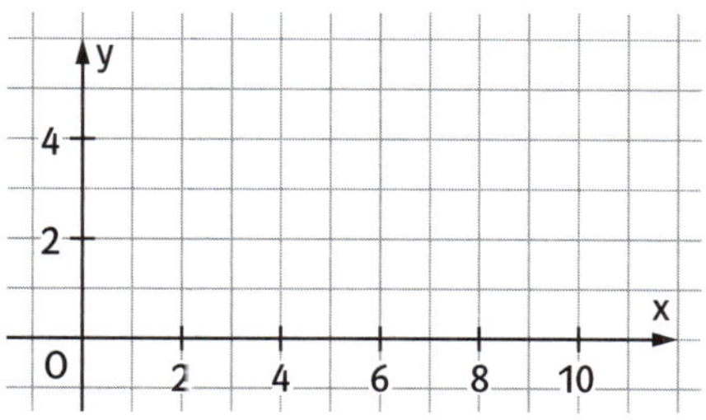

(2) P(_____ | _____)

(3)

Gleichung	(___ | ___) einsetzen	w/f

Lineare Gleichungssysteme zeichnerisch lösen

(1) Beide Geraden zeichnen — $y = x + 1$ und $y = -x + 3$

(2) Koordinaten des Schnittpunktes P ablesen — P(1 | 2)

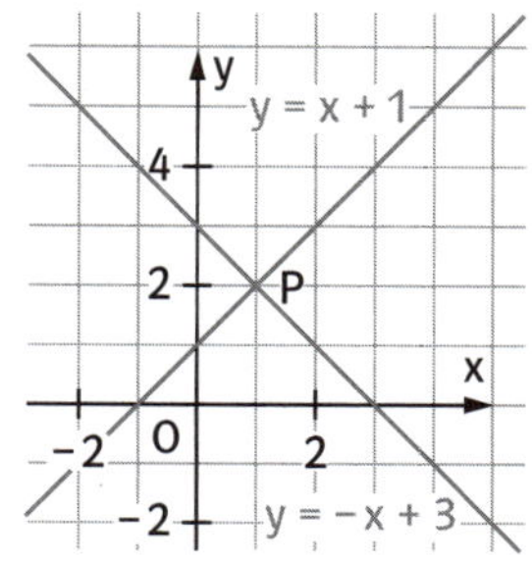

(3) Probe machen — Koordinaten des Schnittpunktes in die Ausgangsgleichungen einsetzen.

Gleichung	(1 | 2) einsetzen	wahr/falsch
$y = x + 1$	$2 = 1 + 1$	wahr
$y = -x + 3$	$2 = -1 + 3$	wahr

2 Forme die beiden Gleichungen zuerst in die Normalform um. Löse dann das lineare Gleichungssystem zeichnerisch. Mache die Probe.

a) $3y - x = -6$ $2y + \frac{4}{3}x = 8$

b) $3y + 5x = 9$ $\frac{1}{2}y + 3 = \frac{2}{3}x$

(1)

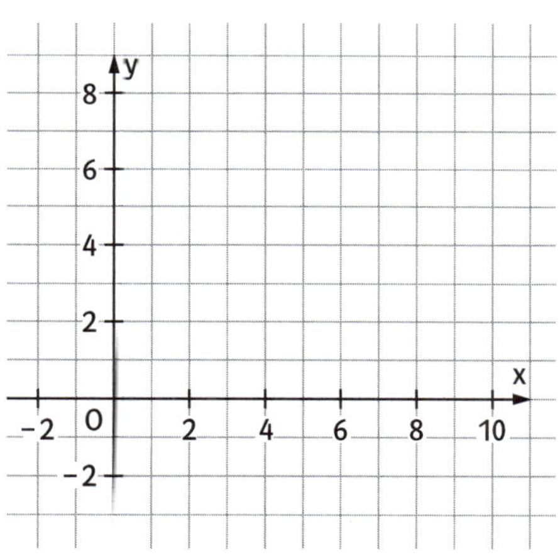

(1)

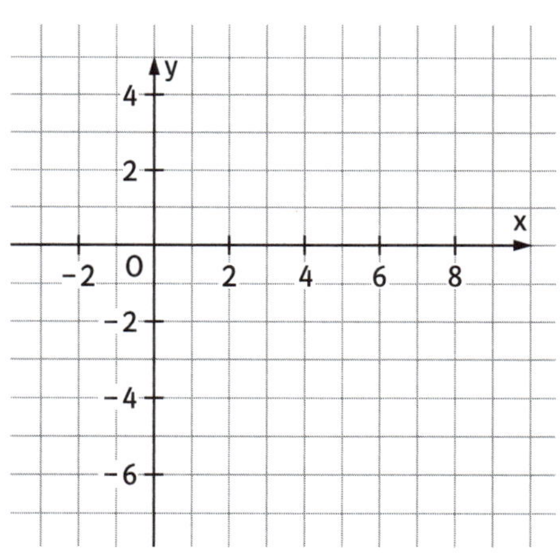

(2) __________

(3)

Gleichung	(___ | ___) einsetzen	w/f

(2) __________

(3)

Gleichung	(___ | ___) einsetzen	w/f

Schrittweise umformen in die **Normalform** $y = mx + b$

Wertepaar

(2 | 1)
x-Wert y-Wert

1.1 Löse das lineare Gleichungssystem zeichnerisch. Mache die Probe.

a) $y = x + 1$; $y = -x + 5$

b) $y = x - 2$; $y = -x + 6$

c) $y = \frac{2}{3}x - 3$; $y = -\frac{1}{6}x + 2$

2.1 Forme die Gleichungen zuerst in die Normalform um. Löse dann das lineare Gleichungssystem zeichnerisch. Probe.

a) $2y + 2x = -4$; $y - 2x = 4$

b) $3y - 6x = 12$; $2y = 2x + 2$

c) $\frac{3}{4}y - x = 3$; $y + \frac{2}{3}x = -2$

Lineare Gleichungssysteme durch Gleichsetzen lösen

1 Löse durch Gleichsetzen.
$y = 3x + 4$
$y = 2x + 6$

(1) ______
(2) ______
______
(3) ______
______
(4) ______
(5)

Gleichung	(___ | ___) einsetzen	w/f

Lineare Gleichungssysteme durch Gleichsetzen lösen

$y = 2x - 5$
$y = -x + 1$

(1) Gleichsetzen — $2x - 5 = -x + 1 \quad | +x$

(2) Gleichung lösen — $3x - 5 = 1 \quad | +5$
$3x = 6 \quad | :3$
$x = 2$

(3) Fehlenden Wert (x oder y) berechnen — $y = 2 \cdot 2 - 5$
$y = -1$

(4) Lösung als Wertepaar notieren — $(2 | -1)$

(5) Probe machen

Gleichung	(2 | −1) einsetzen	w/f
$y = 2x - 5$	$-1 = 2 \cdot 2 - 5$	w
$y = -x + 1$	$-1 = -2 + 1$	w

2 Forme die Gleichungen zuerst in die Normalform um. Löse durch Gleichsetzen. Mache die Probe.

a) $\frac{1}{2}y - x = -1$ $\quad 2y - 8 = -2x$

b) $3y - 12x = 18$ $\quad 0{,}5y - 7 = x$

(1) ______
(2) ______
______
(3) ______
______
(4) ______
(5)

Gleichung	(___ | ___) einsetzen	w/f

Gleichung	(___ | ___) einsetzen	w/f

Wertepaar
$(2 | -1)$

Normalform
$y = mx + b$

Gleichsetzen
$y = 2x - 5$
$y = -x + 1$
$y = y$ gleichsetzen
$2x - 5 = -x + 1$

zu 1 und 2
{2 | 2}; {2 | 10}; {4 | 22}

1.1 Löse durch Gleichsetzen. Mache die Probe.

a) $y = 3x - 4$; $y = -x + 16$
b) $y = 2x + 4$; $y = 6x - 8$
c) $y = 1{,}5x - 3$; $y = x + 7$
d) $y = \frac{1}{2}x - 1$; $y = -\frac{3}{2}x + 3$
e) $y = -\frac{1}{3}x + 2$; $y = -\frac{5}{6}x + 4$
f) $y = \frac{3}{4}x - 6$; $y = -\frac{1}{2}x + \frac{1}{4}$

2.1 Löse durch Gleichsetzen. Mache die Probe.

a) $x + y = 6$; $-x + y = -2$
b) $2x + y = 8$; $6x + 2y = 2$
c) $6x + 2y = 22$; $2x + y = 6$
d) $\frac{2}{3}x + \frac{1}{3}y = 1$; $2y = 4x - 2$
e) $-\frac{1}{2}x + \frac{1}{4}y = 4$; $3x + 3y = 3$
f) $\frac{2}{5}x + \frac{1}{5}y = \frac{8}{5}$; $3x + y = 11$

Lineare Gleichungssysteme durch Einsetzen lösen

1 Löse durch Einsetzen.

$4x + 2y = 8$
$x = y - 4$

(2) ______

(3) ______

(4) ______

(5)

Gleichung	(___ | ___) einsetzen	w/f

Lineare Gleichungssysteme durch Einsetzen lösen

$2x - 4y = 4$
$x - 3y = 1$

(1) Eine Gleichung nach x oder y umformen

$x - 3y = 1 \quad | +3y$
$x = 3y + 1$

(2) Diesen Term in die andere Gleichung einsetzen, y-Wert durch Umformen berechnen

$2 \cdot (3y + 1) - 4y = 4$
$6y + 2 - 4y = 4$
$2y + 2 = 4 \quad | -2$
$2y = 2 \quad | : 2$
$y = 1$

(3) Fehlenden Wert (x oder y) berechnen

$x = 3 \cdot 1 + 1$
$x = 4$

(4) Lösung als Wertepaar notieren (4 | 1)

(5) Probe machen

Gleichung	(4 | 1) einsetzen	w/f
$2x - 4y = 4$	$2 \cdot 4 - 4 \cdot 1 = 4$	w
$x - 3y = 1$	$4 - 3 \cdot 1 = 1$	w

2 Forme einen der beiden Terme nach x oder y um. Löse durch Einsetzen. Mache die Probe.

a) $2y = 4x + 6$
$\frac{x}{2} + y = 3$

(1) ______

(2) ______

(3) ______

(4) ______

(5)

Gleichung	(___ | ___) einsetzen	w/f

b) $y + 2x = 7$
$x + 5 = 2y - 4$

(1) ______

(2) ______

(3) ______

(4) ______

(5)

Gleichung	(___ | ___) einsetzen	w/f

Einsetzen

$x = 3y - 1$
$2x - 4y = 4$
Erste Gleichung in zweite einsetzen
$2(3y - 1) - 4y = 4$

zu 1 und 2
{0 | 3}; {0 | 4}; {1 | 5}

1.1 Löse durch Einsetzen. Mache die Probe.

a) $y - x = 3$; $y = 2x$
b) $y + x = 2$; $y = 3x - 6$
c) $y - 3x = -1$; $y = 4x - 2$
d) $4y + 8x = 8$; $y = x - 7$
e) $6y + 9x = 42$; $y = 2x + 4$
f) $2y + 2x = -4$; $x = 3y - 2$
g) $2y - 4x = 3$; $x = y + 4$
h) $y - 4x = -4$; $y = 2x + 2$
i) $2y - 5x = 2$; $x = -2y - 10$

2.1 Forme einen der beiden Terme nach x oder y um. Löse durch Einsetzen. Mache die Probe.

a) $4x + 2y = 8$; $3x + y = 1$
b) $2x + 2y = 18$; $-x + y = -3$
c) $4x + 2y = 16$; $3x + y = 11$

2.2 Forme einen der beiden Terme nach x oder y um. Löse durch Einsetzen. Mache die Probe.

a) $2y - 4x = 10$; $y + x = 14$
b) $3y - 2x = 9$; $2y - 2x = 10$
c) $4y - 12x = 20$; $3y - 3x = 21$

Sachaufgaben mit linearen Gleichungssystemen berechnen

1 Durch Mischung von 5 l Alkohol einer Sorte mit 5 l Alkohol einer anderen Sorte erhält der Apotheker 54 %igen Alkohol. 6 l der ersten Sorte gemischt mit 4 l der zweiten Sorte ergibt 48 %igen Alkohol. Welchen Alkoholgehalt haben beide Sorten?

(1) ______

(2) ______

(3) ______

(4) ______

(5) ______

Sachaufgaben mit linearen Gleichungssystemen berechnen

Vollmilch hat 3,5 % Fettgehalt, Magermilch 1,0 %. Wie viel l Vollmilch und wie viel l Magermilch muss man mischen, um 5 l Milch mit 2 % Fettgehalt zu erhalten?

(1) Variablen festlegen	Vollmilch x Magermilch y
(2) Gleichungssystem notieren	$x + y = 5$ $0{,}035x + 0{,}01y = 0{,}02 \cdot 5$
(3) Lösungsverfahren wählen	einsetzen
(4) Gleichungssystem lösen	$x + y = 5$ $y = 5 - x$ $0{,}035x + 0{,}01(5 - x) = 0{,}1$ $3{,}5x + 5 - x = 10$ $2{,}5x = 5$ $x = 2$ $y = 5 - 2$ $y = 3$
(5) Antwort notieren	Man muss 2 l Vollmilch und 3 l Magermilch mischen.

2 30 %ige Essigsäure soll mit Wasser so verdünnt werden, dass 6 l 5 %ige Essigsäure entstehen. Wie viel l Wasser und wie viel l Essigsäure werden benötigt?

(1) ______

(2) ______

(4) ______

(5) ______

3 Wie viel kg Messing 45 (45 % Kupfer, 55 % Zink) und wie viel kg Messing 70 müssen zu 50 kg Messing 65 zusammengeschmolzen werden?

(1) ______

(2) ______

(4) ______

(5) ______

Lösungsverfahren
- Gleichsetzen
- Einsetzen

% Prozent

$1\,\% = \frac{1}{100} = 0{,}01$

$3{,}5\,\% = \frac{3{,}5}{100} = 0{,}035$

$45\,\% = \frac{45}{100} = 0{,}45$

‰ Promille

$7\,‰ = \frac{7}{1000} = 0{,}007$

$1\,\% = 10\,‰$

1.1 Durch Mischen von 6 l Alkohol einer Sorte mit 4 l Alkohol einer anderen Sorte erhält man 48 %igen Alkohol. 3 l der ersten Sorte gemischt mit 7 l der zweiten Sorte ergibt 54 %igen Alkohol.

2.1 40 %ige Essigsäure wird mit Wasser so vermischt, dass 5 l 25 %ige Essigsäure entstehen. Wie viel l Essigsäure und wie viel l Wasser werden benötigt?

3.1 Wie viel Gramm 333er Gold (333 ‰ Gold, 667 ‰ Kupfer) und wie viel Gramm 900er Gold müssen zu einem 20 g schweren Armreif aus 585er Gold zusammengeschmolzen werden?

3.2 Wie viel Gramm 585er Gold und wie viel Gramm 900er Gold müssen zu einem 5 g schweren Ring aus 750er Gold zusammengeschmolzen werden?

1 Lineare Gleichung darstellen ☹ 😐 ☺

Zeichne die Gerade.
$y = x + 1$

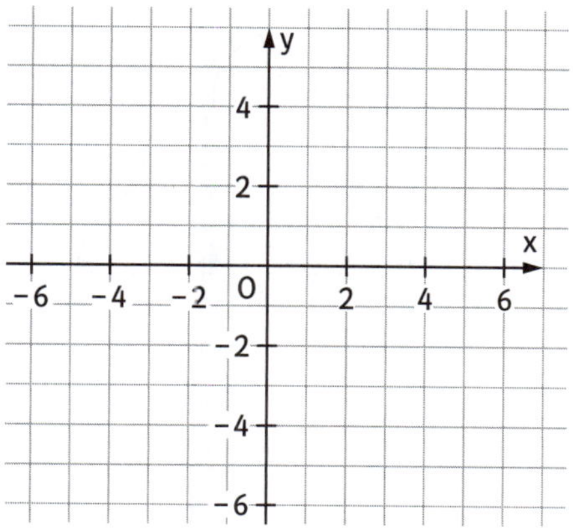

Zeichne die Gerade.
$y = \frac{1}{2}x + 2$

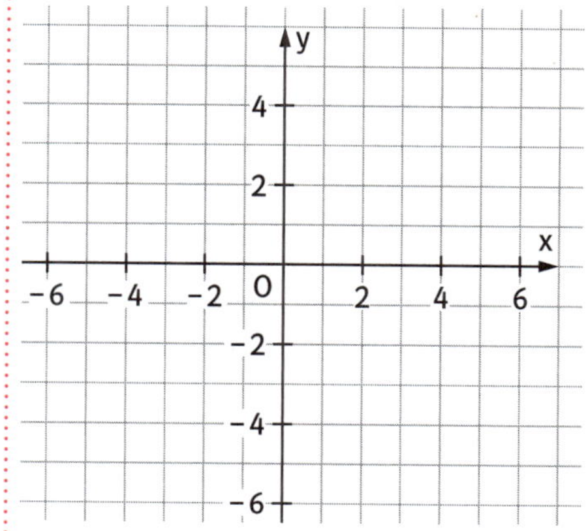

Zeichne die Gerade.
$y = -1{,}5x + 3$

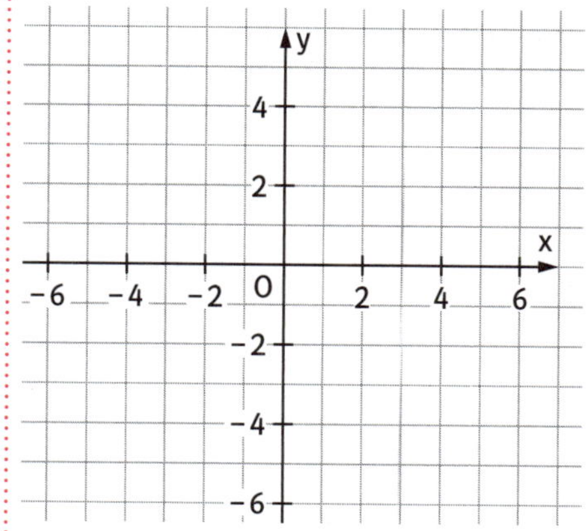

2 Lineare Gleichung in die Normalform umformen ☹ 😐 ☺

Forme in die Normalform um.
$2x + y = 7 \quad |$ ______

Forme in die Normalform um.
$3x - 4y = 6 \quad |$ ______

Forme in die Normalform um.
$\frac{1}{2}x + \frac{2}{3}y - 2 = 0 \quad |$ ______

3 Lösungskontrolle bei einer Gleichung durchführen ☹ 😐 ☺

Prüfe, ob der Punkt P auf der Geraden liegt.
$y = 2x + 4;\quad P(4\,|\,12)$

☐ wahr ☐ falsch

Prüfe, ob der Punkt P auf der Geraden liegt.
$y = -3x + 6;\quad P(5\,|\,-21)$

☐ wahr ☐ falsch

Prüfe, ob der Punkt P auf der Geraden liegt.
$y = -\frac{3}{5}x - 2{,}5;\quad P(-4\,|\,-0{,}1)$

☐ wahr ☐ falsch

4 y-Achsenabschnitt und Steigung einer linearen Gleichung bestimmen ☹ 😐 ☺

Bestimme m und b.
$y = 2x + 4$

m = ______ b = ______

Bestimme m und b.
$y = -1{,}5x + \frac{3}{2}$

m = ______ b = ______

Bestimme m und b.
$y - x + 3 = 0$

m = ______ b = ______

5 Lineares Gleichungssystem lösen ☹ 😐 ☺

Löse das lineare Gleichungssystem.
$y = 4x - 5$
$y = 2x + 1$

Löse das lineare Gleichungssystem.
$2x + y = 8$
$x = y - 2$

Löse das lineare Gleichungssystem.
$-5x + 4y = -3$
$\frac{1}{3}x + 2y = 7$

Umfang und Flächeninhalt von Vielecken berechnen

Flächeninhalt A eines Vieleckes berechnen

$A = A_{Trapez} + A_{Dreieck}$

Für jede Teilfigur
(1) Gegebene Werte notieren
(2) Formel notieren
(3) Werte einsetzen, berechnen

Für die Gesamtfigur
(4) Teilflächen addieren

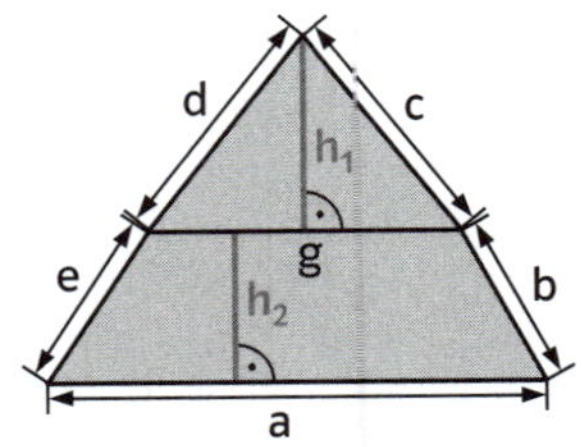

1 a) Berechne den Flächeninhalt A der Figur im Kasten.
a = 9,9 cm; g = 6,4 cm
h_1 = 3,9 cm; h_2 = 3,0 cm

Trapez	Dreieck
(1) ______	______
______	______
(2) ______	______
(3) ______	______

(4) ______

b) Berechne den Umfang u der Figur.
(1) a = 9,9 cm; b = 4,2 cm; c = 4,3 cm; d = 4,5 cm; e = 4,5 cm
(2) ______ (3) ______

2 Berechne den Flächeninhalt A des Vieleckes.

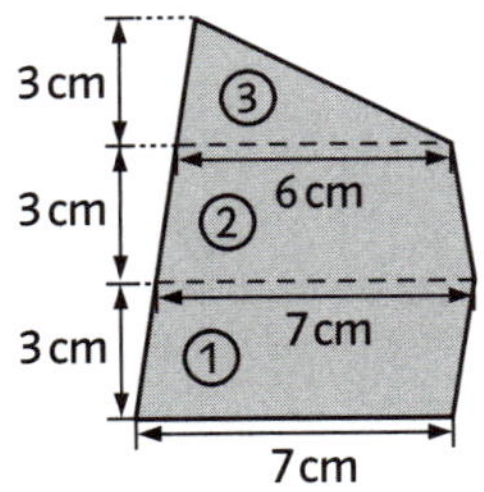

Teilfigur ① ______
(1) ______
(2) ______
(3) ______

Teilfigur ② ______
(1) ______
(2) ______
(3) ______

Teilfigur ③ ______
(1) ______
(2) ______
(3) ______

(4) ______

3 Berechne den Umfang u des Vieleckes. Berechne unbekannte Seitenlängen mit dem Satz des Pythagoras.

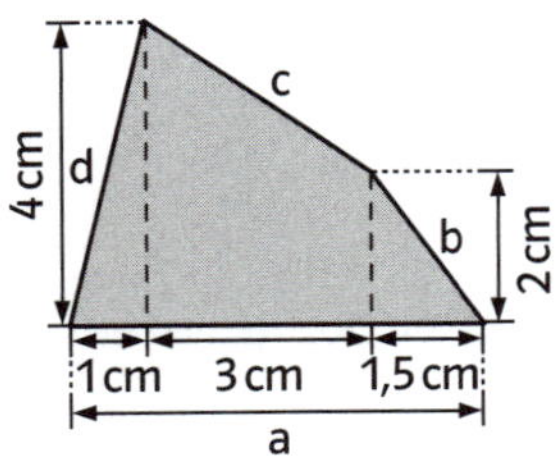

a = ______
b = ______
c = ______
d = ______

u = ______

Flächeninhalt A
Parallelogramm
$A = a \cdot h$

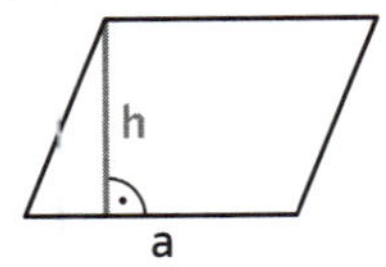

Trapez
$A = \frac{a + c}{2} \cdot h$

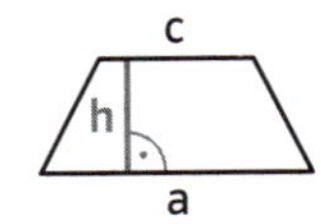

Dreieck
$A = \frac{g \cdot h}{2}$

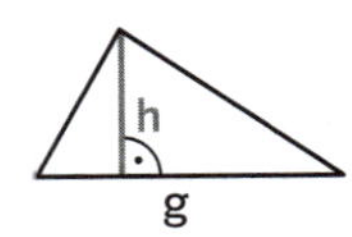

Umfang u
Summe aller Seitenlängen

Satz des Pythagoras
$a^2 + b^2 = c^2$

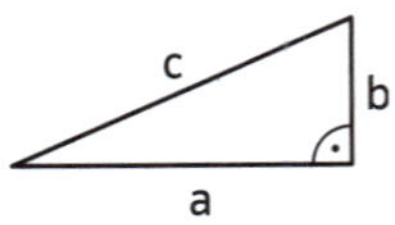

1.1 Berechne den Umfang u eines Sechseckes mit den Seitenlängen: a = 7,2 cm; b = 4,8 cm; c = 5,5 cm; d = 8,7 cm; e = 9,7 cm und f = 6,3 cm.

2.1 Berechne den Flächeninhalt A des Vieleckes (Figur 1).

3.1 Berechne den Umfang u des Vieleckes (Figur 2).

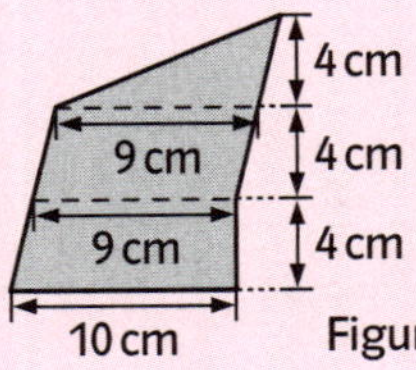

Figur 1

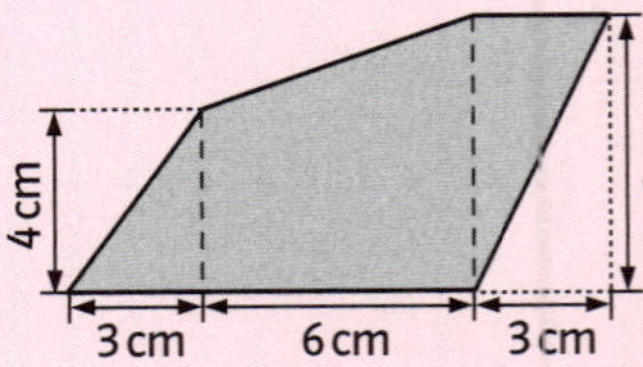

Figur 2

Kreiszahl π bestimmen

1 Der Viertelkreis ($r = 1\,dm$) wird in $n = 5$ Streifen geteilt. Bestimme mit dem Satz des Pythagoras die Höhen (runde auf 4 Stellen nach dem Komma).

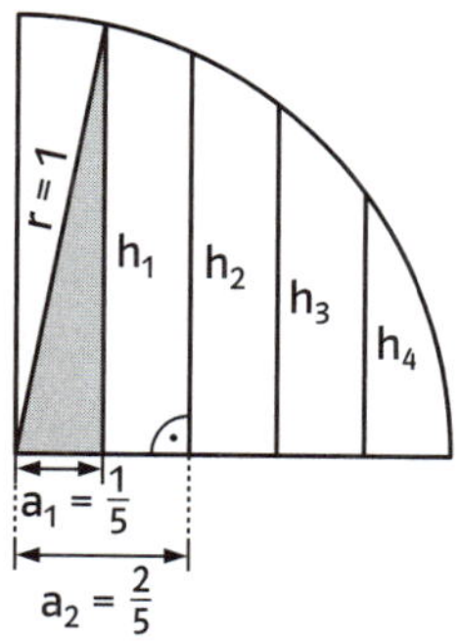

$h_1 = \sqrt{1^2 - \left(\frac{1}{5}\right)^2}\,dm \approx 0{,}9798\,dm$

$h_2 = \sqrt{1^2 - \left(\frac{2}{5}\right)^2}\,dm \approx$

$h_3 =$ ______ $\approx$ ______

$h_4 =$ ______ $\approx$ ______

Kreisfläche bestimmen

Der Flächeninhalt des Kreises kann durch die Berechnung von Rechteckflächen eingeschachtelt werden.

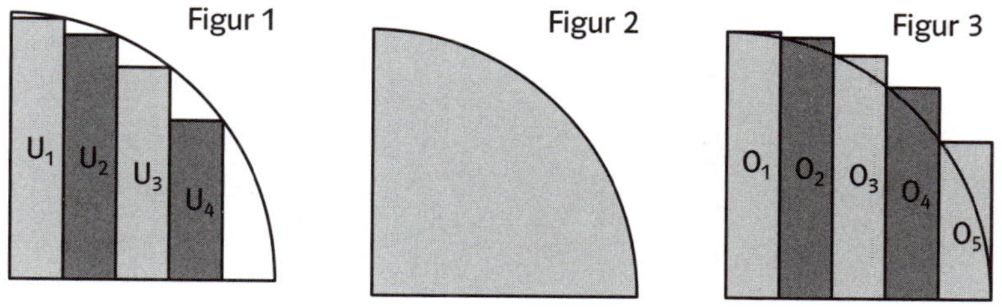

Untersumme < Viertelkreis < Obersumme

2 Berechne den Flächeninhalt der vier unteren Streifenrechtecke U_1 bis U_4 (Figur 1).

$U_1 = \frac{1}{n} \cdot h_1 = \frac{1}{5} \cdot 0{,}9798\,dm^2 = 0{,}1960\,dm^2$

$U_2 = \frac{1}{n} \cdot h_2 = \frac{1}{5} \cdot$ ______ $=$ ______ $=$ ______

$U_3 =$ ______ $=$ ______ $=$ ______

$U_4 =$ ______ $=$ ______ $=$ ______

3 Berechne den Flächeninhalt der fünf oberen Streifenrechtecke O_1 bis O_4 (Figur 3).

$O_1 = \frac{1}{n} \cdot 1 = \frac{1}{5} \cdot 1$ ______

$O_2 = \frac{1}{n} \cdot h_1 =$ ______

$O_3 = \frac{1}{n} \cdot h_2 =$ ______

$O_4 = \frac{1}{n} \cdot h_3 =$ ______

$O_5 = \frac{1}{n} \cdot h_4 =$ ______

4 a) Berechne für einen Vollkreis die Summe aller unteren Streifenrechtecke.
Untersumme $= 4 \cdot (U_1 + U_2 + U_3 + U_4)$

$=$ ______

b) Berechne für einen Vollkreis die Summe aller oberen Streifenrechtecke.

Obersumme ______

$=$ ______

5 Der Flächeninhalt des Kreises liegt im Intervall [Untersumme; Obersumme]. Berechne bei $n = 5$ Streifen den Näherungswert (Mittelwert beider Flächeninhalte) für π.

Untersumme	Näherung für π	Obersumme

Satz des Pythagoras

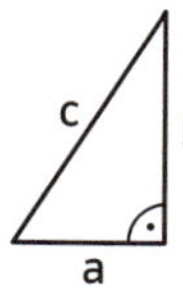

$a^2 + b^2 = c^2$
$b = \sqrt{c^2 - a^2}$

b entspricht der Höhe h
c entspricht dem Radius r
a entspricht dem Streifenabschnitt

Kreiszahl π
π (sprich: Pi)

Dezimeter
1 dm = 10 cm

zu 5
Intervall
[a; b] enthält alle Zahlen von a bis b.

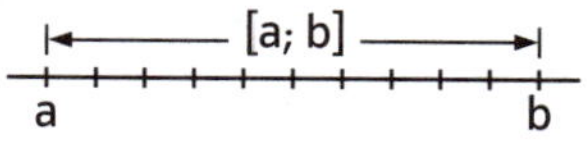

zu 5
Mittelwert
von a und b ist $\frac{a+b}{2}$.

6 Berechne die Aufgaben 1 bis 5 für
a) $n = 6$; b) $n = 8$; c) $n = 10$; d) $n = 12$.

7 Suche im Internet nach Verfahren, die Kreiszahl π zu bestimmen. Auf wie viele Stellen nach dem Komma kann π angegeben werden?

Umfang und Flächeninhalt von Kreisen berechnen

1 Berechne von einem Kreis ($d = 4{,}2\,cm$)

a) den Umfang u.

(1)
(2)
(3)

b) den Flächeninhalt A.

(1)
(2)
(3)

Umfang u und Flächeninhalt A von Kreisen berechnen

	Umfang	Flächeninhalt
(1) Gegebene Werte notieren	$d = 5{,}6\,cm$	$r = 2{,}8\,cm$
(2) Formel notieren, evtl. umformen	$u = \pi \cdot d$	$A = \pi \cdot r^2$
(3) Werte einsetzen, berechnen	$u = \pi \cdot 5{,}6\,cm$ $\approx 17{,}6\,cm$	$A = \pi \cdot (2{,}8\,cm)^2$ $\approx 24{,}6\,cm^2$

2 Berechne die gesuchte Größe bei einem Kreis. Runde sinnvoll.

a) $u = 19{,}5\,cm$
gesucht: d

(2) $u = \pi \cdot d$

$d =$

(3) $d =$

b) $A = 78{,}5\,cm^2$
gesucht: r

c) $u = 2{,}51\,m$
gesucht: r

d) $A = 33{,}20\,m^2$
gesucht: d

3 Berechne für einen Halbkreis mit $d = 6{,}4\,cm$

a) den Umfang u;

(1)
(2)
(3)

b) den Flächeninhalt A.

(1)
(2)
(3)

4 ☆ Berechne für die graue Figur.

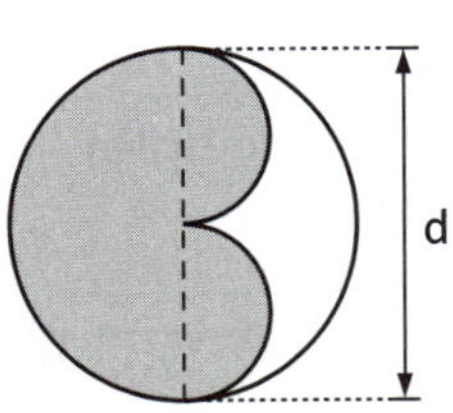

a) den Umfang u;

b) den Flächeninhalt A.

Kreis

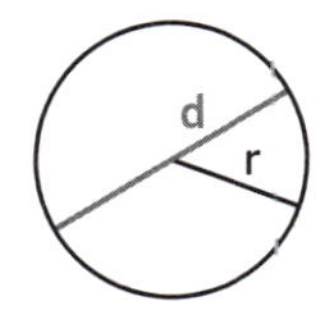

Durchmesser d
Radius r
$d = 2 \cdot r$

Umfang u
$u = \pi \cdot d$
oder
$u = 2 \cdot \pi \cdot r$

Flächeninhalt A
$A = \pi \cdot r^2$
oder
$A = \frac{\pi}{4} \cdot d^2$
$A = \pi \cdot \frac{d^2}{4}$

Die Kreiszahl π
π (sprich: Pi) ist eine mathematische Konstante. π beschreibt das Verhältnis des Umfangs eines Kreises zu seinem Durchmesser.
$\pi = 3{,}14159\ldots$

zu 1 bis 4
0,4; 5,0; 6,2; 6,5; 10,1; 13,2; 13,9; 16,1; 18,8; 21,2

1.1 Berechne den Umfang u und Flächeninhalt A eines Kreises.
a) $r = 8\,cm$ b) $d = 1{,}20\,m$ c) $r = 12{,}5\,cm$

2.1 Berechne die gesuchten Größen bei einem Kreis.
a) gegeben: $u = 40{,}8\,cm$; gesucht: r und A
b) gegeben: $A = 113{,}1\,cm^2$; gesucht: d und u
c) gegeben: $d = 1{,}25\,m$; gesucht: u und A

3.1 Berechne den Umfang u und den Flächeninhalt A eines Viertelkreises mit $r = 7\,cm$.

4.1 ☆ Berechne den Umfang u und den Flächeninhalt A der grauen Figur.

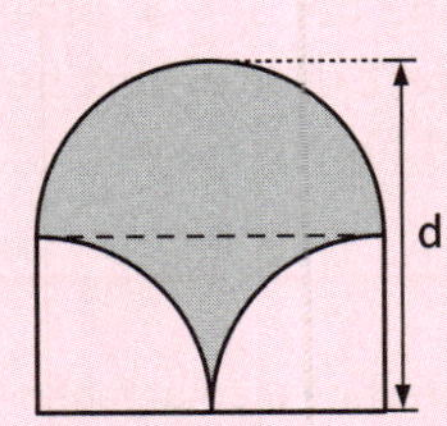

Kreisausschnitt, Kreisbogen und Kreisring berechnen

1 Berechne von einem Kreisausschnitt

a) den Flächeninhalt A;
(1) $r = 8{,}2\,cm$
$\alpha = 110°$
(2) ______
(3) ______
______

b) den Kreisbogen b.
(1) $r = 8{,}2\,cm$
$\alpha = 110°$
(2) ______
(3) ______
______

Flächeninhalt A des Kreisausschnitts berechnen

(1) Gegebene Werte notieren: $r = 5{,}2\,cm$; $\alpha = 110°$

(2) Formel notieren, evtl. umformen: $\mathbf{A = \frac{\alpha}{360°} \cdot \pi \cdot r^2}$

(3) Werte einsetzen, berechnen: $A = \frac{110°}{360°} \cdot \pi \cdot (5{,}2\,cm)^2 \approx 26{,}0\,cm^2$

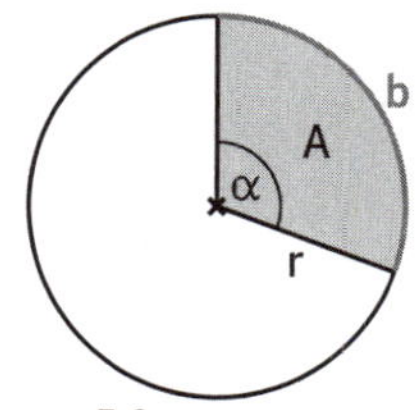

$r = 5{,}2\,cm$
$\alpha = 110°$

2 Berechne die gesuchte Größe von einem Kreisausschnitt. Runde sinnvoll.

a) $r = 8{,}2\,cm$
$b = 10{,}0\,cm$
gesucht: α

b) $\alpha = 130°$
$A = 30{,}7\,cm^2$
gesucht: r

c) $\alpha = 200°$
$b = 29{,}7\,cm$
gesucht: r

(2) ______
______
(3) ______
______

Kreisbogen b berechnen

(1) $r = 5{,}2\,cm$
$\alpha = 110°$

(2) $\mathbf{b = \frac{\alpha}{180°} \cdot \pi \cdot r}$

(3) $b = \frac{110°}{180°} \cdot \pi \cdot 5{,}2\,cm \approx 10{,}0\,cm$

3 Berechne den Flächeninhalt A des Kreisrings.

a) $d_1 = 8{,}2\,cm$
$d_2 = 5{,}6\,cm$

b) $r_1 = 6{,}30\,m$
$r_2 = 4{,}25\,m$

(2) ______
(3) ______
______

Flächeninhalt des Kreisrings berechnen

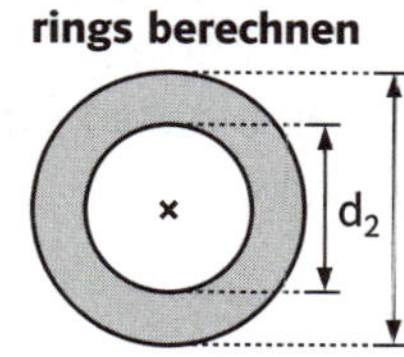

d_1 Durchmesser äußerer Kreis
d_2 Durchmesser innerer Kreis

$\mathbf{A = \frac{\pi}{4} \cdot (d_1^2 - d_2^2)}$

oder

r_1 Radius äußerer Kreis
r_2 Radius innerer Kreis

$A = \pi \cdot (r_1^2 - r_2^2)$

4 ☆ Berechne für die graue Figur

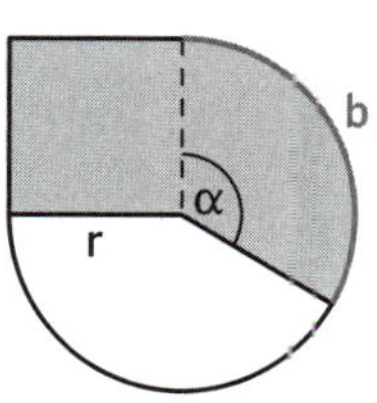

$\alpha = 120°$
$r = 6{,}0\,cm$

a) den Umfang u;
______

b) den Flächeninhalt A.
______

zu 1 bis 4
5,2; 8,5; 15,7; 28,2; 36,6; 64,5; 67,9; 69,9

1.1 Berechne den Flächeninhalt A und den Kreisbogen b eines Kreisausschnittes.
a) $r = 5{,}8\,cm$; $\alpha = 75°$ b) $r = 1{,}25\,m$; $\alpha = 100°$
c) $\alpha = 125°$; $r = 80\,cm$ d) $d = 200\,mm$; $\alpha = 45°$

2.1 Berechne alle übrigen Größen des Kreisausschnittes.
a) $r = 12\,cm$; $A = 94{,}2\,cm^2$ b) $r = 0{,}75\,m$; $b = 1{,}70\,m$
c) $\alpha = 50°$; $A = 31{,}5\,cm^2$ d) $\alpha = 250°$; $b = 52{,}4\,cm$

3.1 Berechne den Flächeninhalt A des Kreisringes.
a) $d_1 = 8\,cm$; $d_2 = 5\,cm$
b) $r_1 = 12\,cm$; $r_2 = 7\,cm$

4.1 ☆ Berechne den Umfang u und den Flächeninhalt A der grauen Figur.

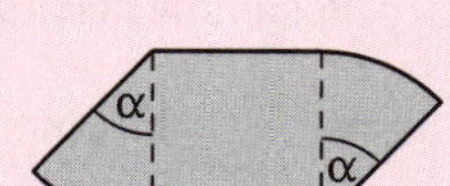

$a = r = 8{,}0\,cm$
$\alpha = 45°$

Sachaufgaben zu Kreisteilen berechnen

1 Berechne die Aufgabe im Kasten.

(1)

(2)

(3)

(4)

Sachaufgaben zu Kreisberechnungen berechnen

Die Sonne ist ungefähr 150 000 000 km von der Erde entfernt. Man sieht sie von der Erde aus unter einem Winkel von $\alpha = 0{,}53°$. Bestimme den Durchmesser d der Sonne. Die Länge von d ist ungefähr gleich der Länge vom Bogen b.

(1) Gegebene Werte notieren
(2) Formel notieren, evtl. umformen
(3) Werte einsetzen, berechnen
(4) Antwort notieren

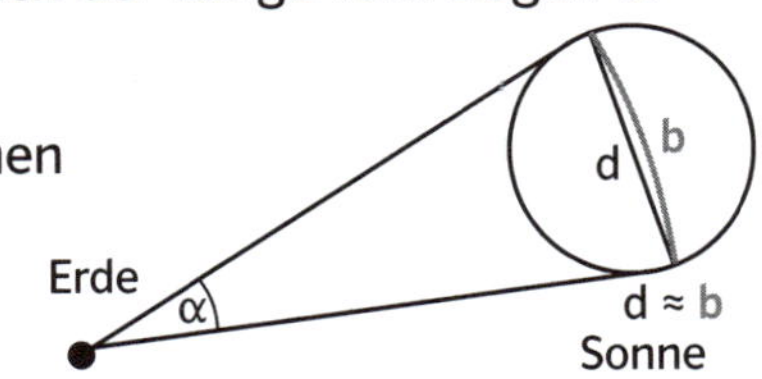

2 Zur besseren Druckverteilung werden bei Schraubverbindungen oft Unterlegscheiben verwendet. Berechne den Flächeninhalt der Scheibe.

(1)

(2)

(3)

(4)

Skizze

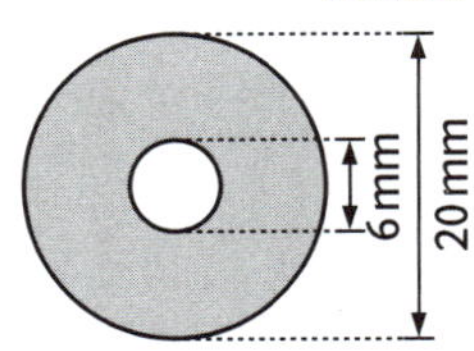

Formeln stehen in den Randspalten der vorherigen Seiten und in der Formelsammlung Seite 87/88

3 ☆ Ein Brunnen hat einen äußeren Umfang von 7,54 m. Die Stärke der Brunnenwand beträgt 0,25 m. Berechne den inneren Durchmesser des Brunnens.

Skizze

4 ☆ Aus einem quadratischen Blech mit $a = 12\,cm$ soll ein möglichst großer 2,5 cm breiter Kreisring ausgeschnitten werden. Wie viel cm^2 Blech bleiben als Verschnitt übrig?

Skizze

Skizzen können helfen

5 Ein Rohr hat einen Innendurchmesser von 100 mm und eine Wandstärke von 8 mm. Berechne den äußeren Umfang des Rohres.

6 Eine Unterlegscheibe soll den Flächeninhalt 250 mm^2 haben. Bestimme den Außendurchmesser zum Innendurchmesser.

a) 5 mm. b) 6 mm. c) 7 mm. d) 4 mm.

7 Uwe legt während einer Radtour eine Strecke von 35,6 km zurück. Wie viele Umdrehungen machen dabei die beiden Räder des Fahrrades (Außendurchmesser 716 mm)?

8 ☆ Berechne die Entfernung zweier Punkte auf dem Äquator (Erdradius r = 6378 km). Der Winkel im Erdmittelpunkt zwischen den Längenkreisen der beiden Punkte beträgt 5°.

9 ☆ Der Umfang eines Quadrates und eines Kreises beträgt jeweils 160 cm. Berechne und vergleiche die Flächeninhalte der beiden Figuren.

10 Der Wurfbereich beim Kugelstoßen hat die Form eines Kreisausschnittes. Der Winkel beträgt 65°, der Radius 1,067 m. Welche innere und welche äußere Länge hat der 10 cm breite Balken? Vergleiche die Längen.

1 Flächeninhalt eines Kreises berechnen

Berechne den Flächeninhalt A des Kreises mit r = 1,20 m.

Ein Kreis hat einen Flächeninhalt A von 1,77 m^2. Berechne den Durchmesser d.

Aus einem quadratischen Blech (a = 25 cm) soll eine möglichst große Kreisscheibe geschnitten werden. Berechne den Flächeninhalt A der Scheibe.

2 Flächeninhalt eines Kreisrings berechnen

Berechne den Flächeninhalt A des Kreisrings.

r_2 = 5,0 cm
r_1 = 8,5 cm

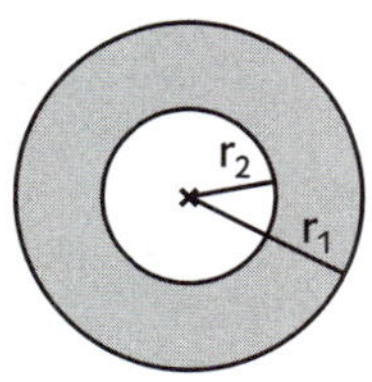

Berechne die Querschnittsfläche des Eisenrohres.

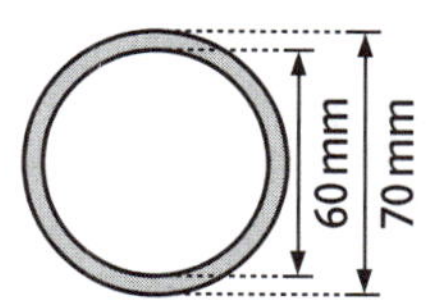

Eine Unterlegscheibe hat einen Innenradius von 6 mm und einen Flächeninhalt A von 200 mm^2. Berechne den Außenradius.

3 Flächeninhalt eines Kreisausschnitts berechnen

Berechne den Flächeninhalt A des Kreisausschnitts.

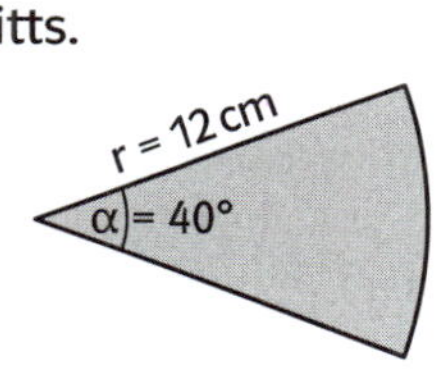

Ein Kreisausschnitt (r = 10 cm) hat einen Flächeninhalt A von 43,6 cm^2. Berechne Winkel α.

Eine Küche hat ein Eckregal mit dem abgebildeten Boden. Berechne die Abstellfläche.

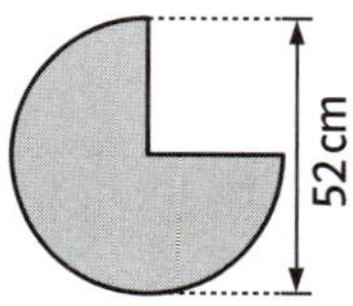

4 Kreisbogen berechnen

Berechne die Bogenlänge b des Kreisausschnitts.

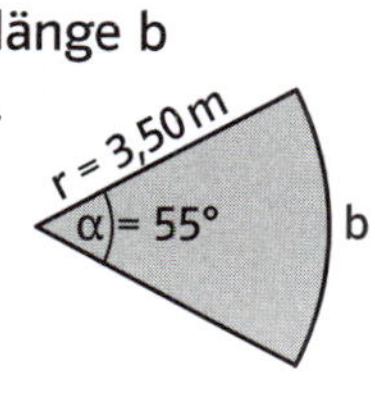

Ein Kreisausschnitt (α = 70°) hat eine Bogenlänge b von 91,6 cm. Berechne den Radius.

Ein Pkw hat einen Wendekreisradius von 4,90 m. Berechne den Weg des Rades auf der äußeren Spur, wenn das Auto rechtwinklig abbiegt.

Volumen von Prismen berechnen

1 Berechne das Volumen V des Dreieckprismas. Runde sinnvoll.

(1) ______

______

(2) ______

______

(3) ______

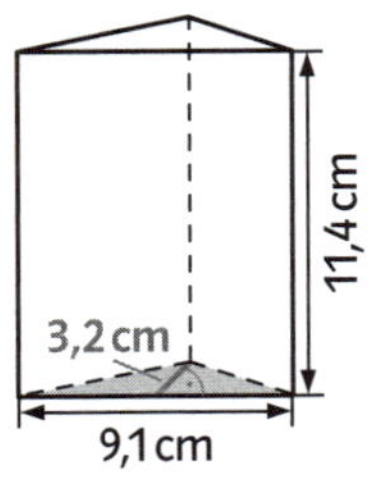

Volumen V eines Dreieckprismas berechnen

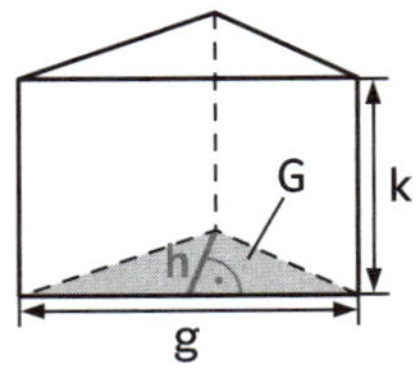

G Grundfläche
g Grundseite
h Höhe der Grundfläche
k Körperhöhe

(1) Gegebene Werte notieren: $g = 4\,cm$; $h = 2\,cm$; $k = 5\,cm$

(2) Formel notieren, evtl. umformen: $\mathbf{V = G \cdot k}$; $V = \frac{g \cdot h}{2} \cdot k$

(3) Werte einsetzen, berechnen: $V = \frac{4\,cm \cdot 2\,cm}{2} \cdot 5\,cm$; $V = 20\,cm^3$

2 Berechne die fehlende Größe des Dreieckprismas. Runde sinnvoll.

a) $g = 12\,cm$; $h = 5\,cm$; $V = 585\,cm^3$

(2) $V = \frac{g \cdot h}{2} \cdot k$

$k =$

(3) ______

b) $g = 3{,}5\,cm$; $k = 7\,cm$; $V = 75{,}95\,cm^3$

$V =$

$h =$

c) $h = 9\,cm$; $k = 11\,cm$; $V = 1188\,cm^3$

3 Berechne das Volumen V des Trapezprismas.

(1) ______

(2) ______

(3) ______

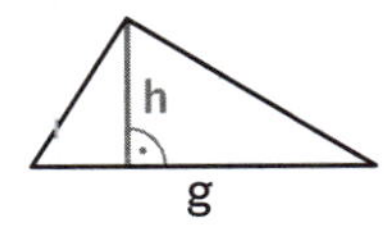

4 Berechne die fehlende Größe des Trapezprismas.

a) $a = 7\,cm$; $c = 4\,cm$; $h = 3\,cm$; $V = 138{,}6\,cm^3$

b) $a = 8{,}5\,cm$; $h = 2{,}5\,cm$; $k = 12\,cm$; $V = 162\,cm^3$

Flächeninhalt A Dreieck

$A = \frac{g \cdot h}{2}$

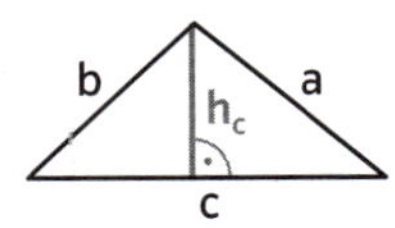

oder

$A = \frac{c \cdot h_c}{2}$

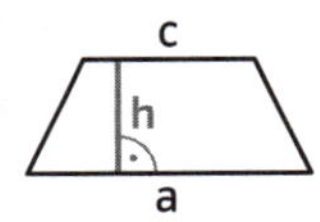

Flächeninhalt A Trapez

$A = \frac{a + c}{2} \cdot h$

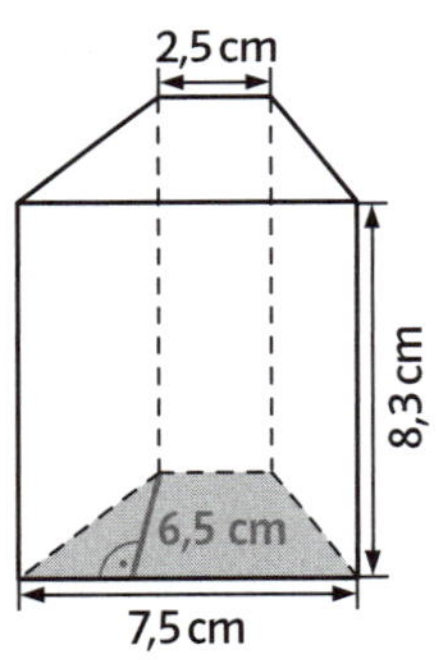

zu 3 und 4
Volumen V vom Trapezprisma

$\mathbf{V = \frac{a + c}{2} \cdot h \cdot k}$

zu 1 bis 4
2,3; 6,2; 8,4; 19,5; 24; 166; 269,75

1.1 Berechne das Volumen V des Dreieckprismas.

a)

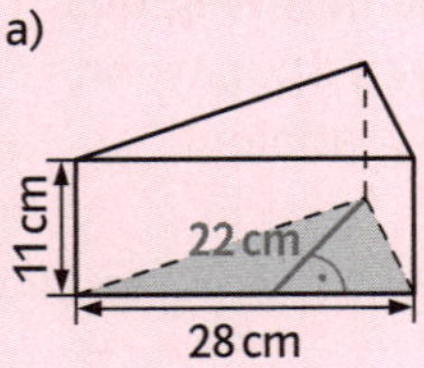

b)

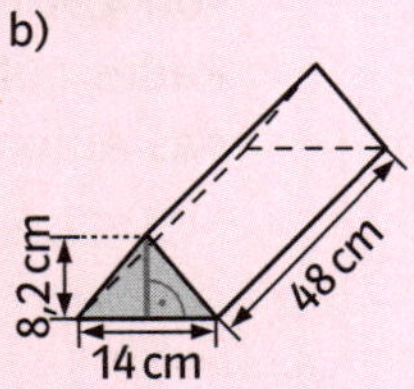

2.1 Berechne die fehlende Größe des Dreieckprismas.

a) $g = 8{,}5\,cm$; $h = 3{,}2\,cm$; $V = 156{,}4\,cm^3$

b) $g = 4{,}6\,cm$; $k = 9{,}0\,cm$; $V = 103{,}5\,cm^3$

c) $h = 12{,}2\,cm$; $k = 9{,}5\,cm$; $V = 579{,}5\,cm^3$

3.1 Berechne das Volumen V des Trapezprismas.

a)

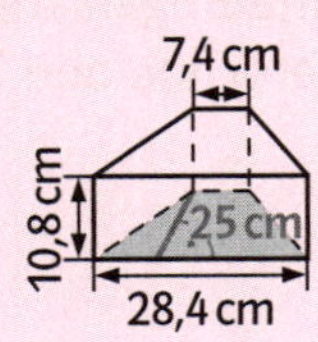

b)

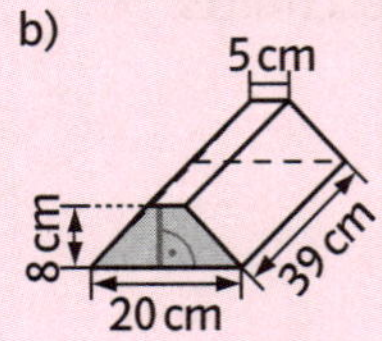

4.1 Berechne die fehlende Größe des Trapezprismas.
$a = 6\,cm$, $c = 2{,}8\,cm$; $h = 4{,}8\,cm$, $V = 105{,}6\,cm^3$

5 Welcher Körper entsteht, wenn bei einem Trapezprisma die Seite $c = 0$ wird? Begründe.

Volumen von Pyramiden berechnen

1 Berechne das Volumen V der Pyramide.

(1) ______

(2) ______

(3) ______

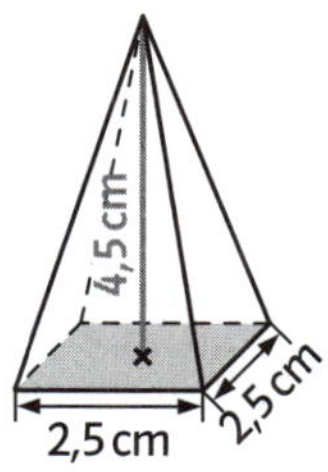

Volumen V einer Pyramide berechnen

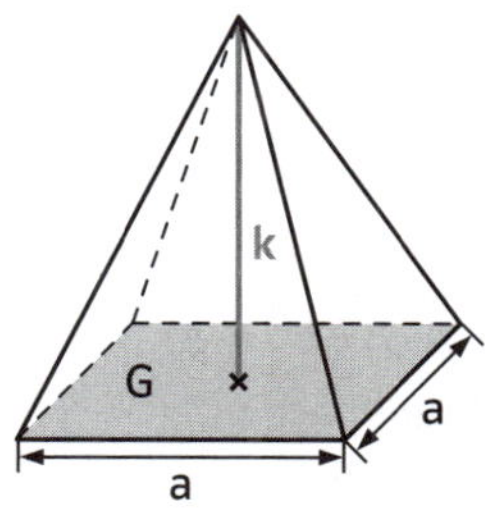

G Grundfläche
k Körperhöhe

(1) Gegebene Werte notieren: a = 4 cm; k = 4,5 cm

(2) Formel notieren, evtl. umformen: $\mathbf{V = \frac{1}{3} \cdot G \cdot k}$; $V = \frac{1}{3} \cdot a^2 \cdot k$

(3) Werte einsetzen, berechnen: $V = \frac{1}{3} \cdot (4\,cm)^2 \cdot 4{,}5\,cm$; $V = 24\,cm^3$

2 Berechne das Volumen V der Pyramide mit einer

a) quadratischen Grundfläche.
a = 4,8 cm; k = 13 cm

b) rechteckigen Grundfläche.
a = 9,45 m; b = 1,80 m
k = 12,50 m

c) dreieckigen Grundfläche.
g = 7,5 cm; h = 6,4 cm
k = 14,8 cm

(2) ______

(3) ______

3 Berechne zuerst die Körperhöhe k und danach das Volumen V der Pyramide mit quadratischer Grundfläche. Runde sinnvoll.

(1) a) a = 26 cm; h_a = 18 cm b) a = 7,2 cm; h_a = 11 cm c) a = 11 m; h_a = 19 m

(2) $k = \sqrt{h_a^2 -}$ ______

(3) k ≈ ______

Volumen V

(2) V = ______

(3) ______

Pyramide mit dreieckiger Grundfläche

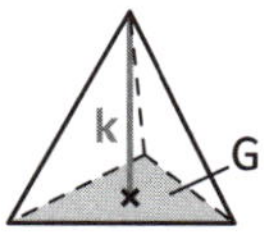

zu 3
Körperhöhe k berechnen
$k = \sqrt{h_a^2 - \left(\frac{a}{2}\right)^2}$

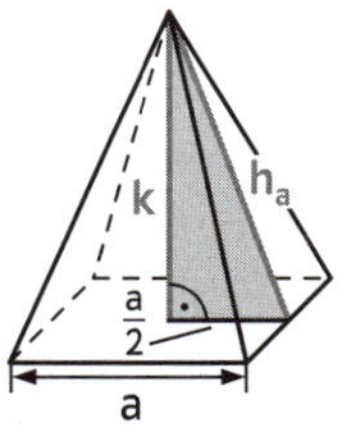

h_a Höhe zur Seite a

zu 1 bis 3
9,4; 10,4; 12,4; 18,2; 70,9; 99,8; 118,4; 179,7; 734,1; 2794,1

1.1 Berechne das Volumen V der Pyramide.
a) b)

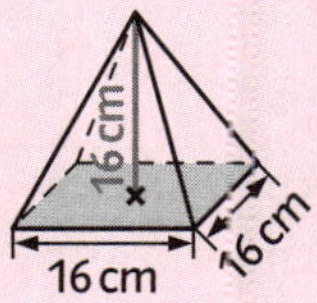

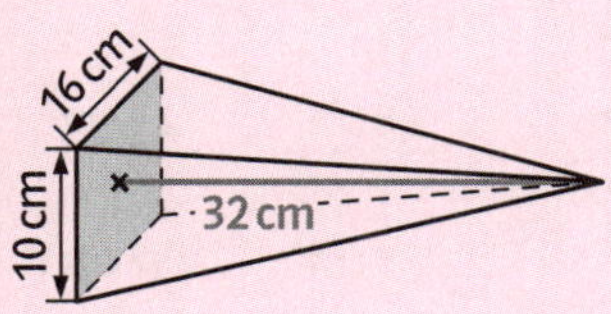

2.1 Berechne das Volumen V der Pyramide mit quadratischer Grundfläche.
a) a = 5 cm; k = 28 cm b) a = 3,65 m; k = 3,50 m

2.2 Berechne das Volumen V der Pyramide mit
a) rechteckiger Grundfläche. a = 6 cm; b = 3 cm; k = 16 cm
b) dreieckiger Grundfläche. g = 6 cm; h = 8 cm; k = 28 cm

3.1 Berechne die Körperhöhe k und danach das Volumen V der Pyramide mit quadratischer Grundfläche.
a) a = 9 cm; h_a = 17 cm b) a = 2,55 m; h_a = 9,24 m

4 Erkläre, warum drei gleiche Pyramiden mit Grundfläche a^2 und Höhe h = a zusammen das gleiche Volumen haben wie der Würfel, der eine Pyramide umschließt.

Volumen von Zylindern berechnen

1 Berechne das Volumen V des Zylinders.

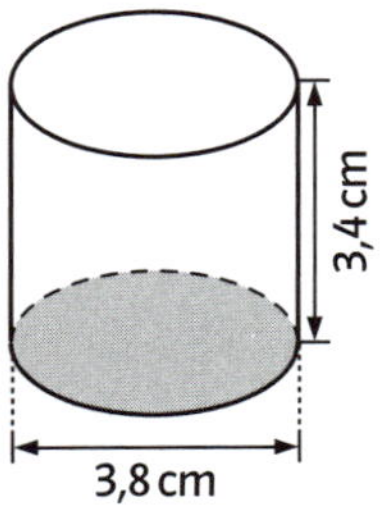

(1) r = ______

______

(2) V = ______

______

(3) ______

______

Volumen V eines Zylinders berechnen

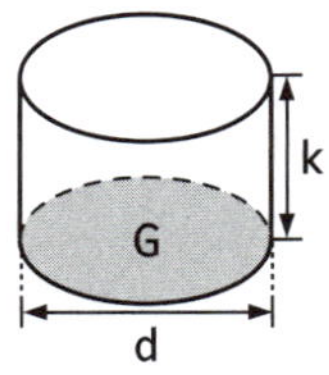

G Grundfläche
k Körperhöhe

(1) Gegebene Werte notieren — r = 4 cm, k = 9 cm

(2) Formel notieren, evtl. umformen — $\mathbf{V = G \cdot k}$, $V = \pi \cdot r^2 \cdot k$

(3) Werte einsetzen, berechnen — $V = \pi \cdot (4\,cm)^2 \cdot 9\,cm$, $V \approx 452{,}4\,cm^3$

2 Berechne das Volumen V des Zylinders. Runde sinnvoll.

a) r = 1,5 cm
k = 3 cm

b) r = 3 cm
k = 3 cm

c) r = 4,5 cm
k = 3 cm

(2) V = ______

(3) ______

3 Berechne die fehlende Größe des Zylinders. Runde sinnvoll.

a) d = 9 cm
$V = 540{,}7\,cm^3$

b) r = 0,9 m
$V = 7{,}125\,m^3$

c) k = 15 cm
$V = 294{,}5\,cm^3$

(2) $V = G \cdot k$

$V = \pi \cdot r^2 \cdot k$

(3) ______

4 ☆ Ein Regenfass kann 360 l (= 360 dm^3) Wasser aufnehmen. Der Durchmesser des Fasses beträgt 7 dm. Wie hoch ist das Regenfass?

Kreis

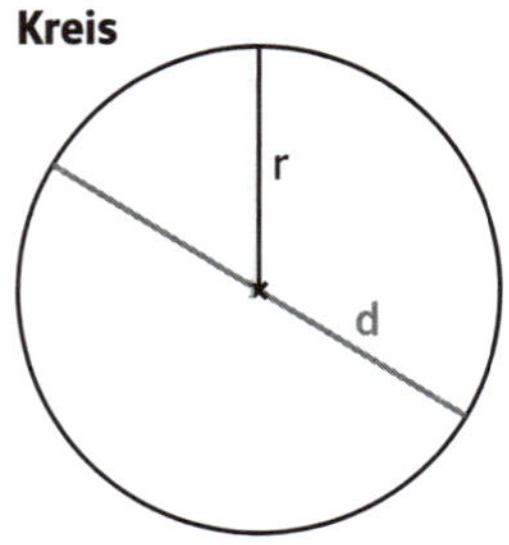

Radius r
Durchmesser d

Flächeninhalt A des Kreises
$\mathbf{A = \pi \cdot r^2}$

☑ zu 1 bis 3
2,5; 2,8; 8,5; 21,2; 38,6; 84,8; 190,9

1.1 Berechne das Volumen V des Zylinders.

a)

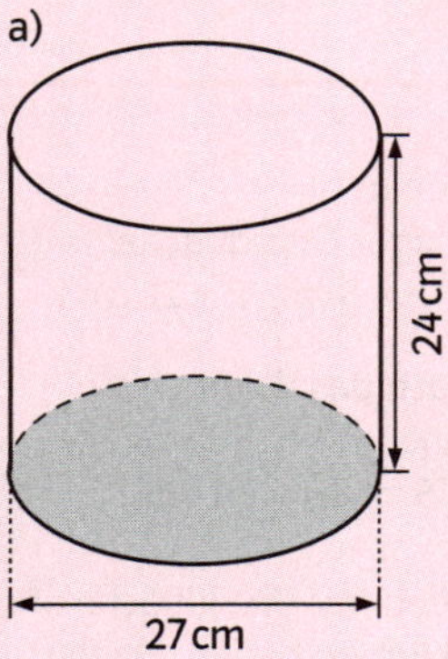

b)

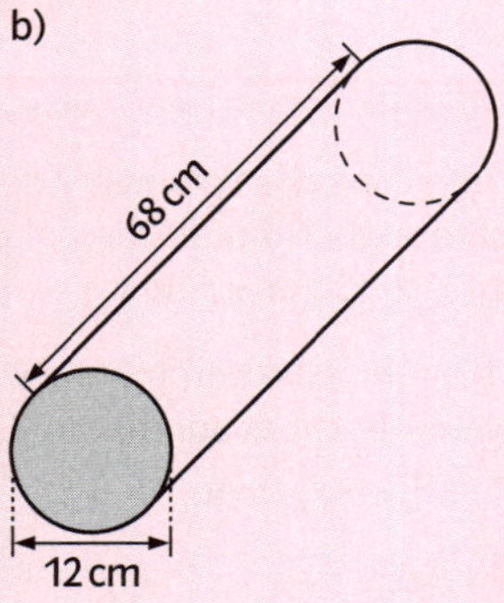

2.1 Berechne das Volumen V des Zylinders.
a) r = 3 cm; k = 4,4 cm   b) r = 6,5 m; k = 7,22 m

2.2 a) d = 7 cm; k = 5,3 cm   b) d = 1,8 m; k = 2,95 m

3.1 Berechne die fehlende Größe des Zylinders.

	a)	b)	c)	d)	e)
r	6 cm	2,8 cm	2,3 cm		
k	2,5 cm			11,8 cm	5 cm
V		238 cm^3	282 cm^3	1204 cm^3	90 cm^3

5 Ein Zylinder und ein Quader haben das gleiche Volumen ($V = 100\,cm^3$) und die gleiche Körperhöhe (k = 10 cm). Welche Abmessungen haben die Grundflächen? Begründe.

Volumen von Kegeln berechnen

1 Berechne das Volumen V des Kegels.

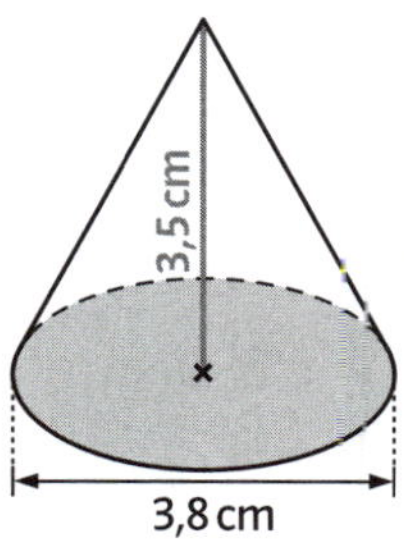

(1) r = ____________

k = ____________

(2) V = ____________

____

(3) ____________

____

Volumen V eines Kegels berechnen

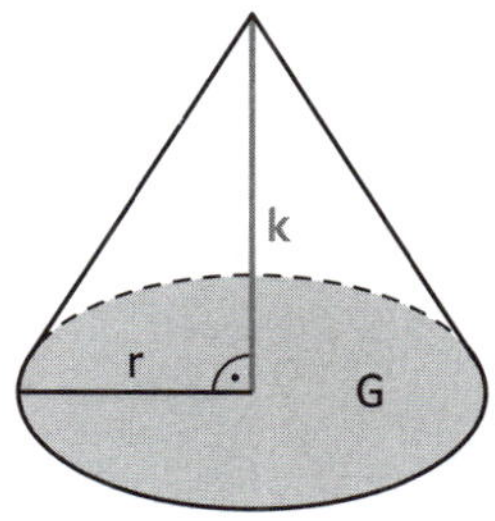

r Radius; k Körperhöhe
G Grundfläche

(1) Gegebene Werte notieren   r = 1,5 cm
k = 4 cm

(2) Formel notieren, evtl. umformen $\mathbf{V = \frac{1}{3} \cdot G \cdot k}$
$V = \frac{1}{3} \cdot \pi \cdot r^2 \cdot k$

(3) Werte einsetzen, berechnen $V = \frac{1}{3} \cdot \pi \cdot (1{,}5\,\text{cm})^2 \cdot 4\,\text{cm}$
$V \approx 9{,}4\,\text{cm}^3$

2 Berechne die fehlende Größe des Kegels. Runde sinnvoll.

a) r = 2,8 cm; V = 123 cm^3 b) k = 9 cm; V = 254 cm^3 c) d = 6,8 cm; V = 72,6 cm^3

(2) $V = \frac{1}{3} \cdot \pi \cdot r^2 \cdot k$

(3)

3 Berechne die Körperhöhe k und danach das Volumen V des Kegels. Runde sinnvoll.

Körperhöhe k

a) r = 21 cm; s = 27 cm b) r = 37 cm; s = 90 cm c) r = 5 cm; s = 8,6 cm

(2) $k = \sqrt{s^2 - \;}$

(3) $k \approx$

Volumen V

(2) V =

(3)

zu 3
Körperhöhe k berechnen

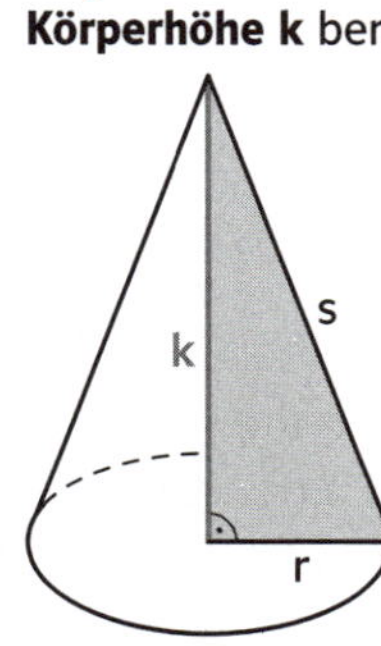

s Seitenlänge des Kegels
$\mathbf{k^2 = s^2 - r^2}$
$\mathbf{k = \sqrt{s^2 - r^2}}$

zu 1 bis 3
5,2; 6,0; 7; 13,2; 15,0; 17; 82; 183,3; 7850,8; 117556,3

1.1 Berechne das Volumen V des Kegels.

a)

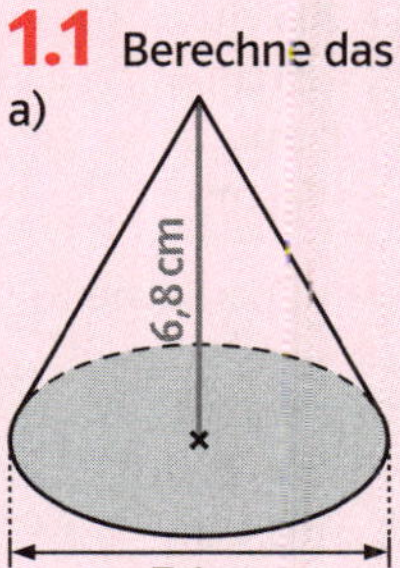

b)

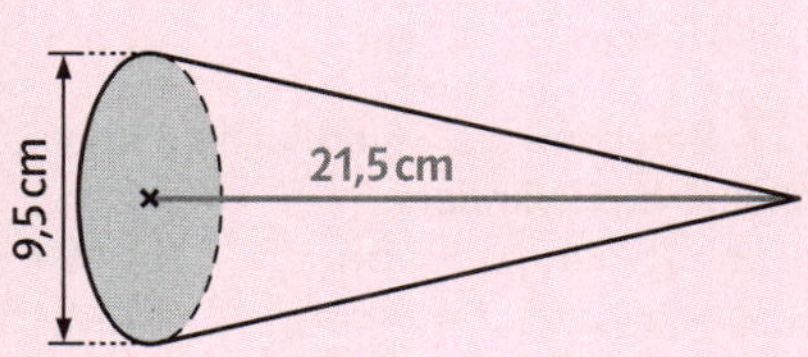

2.1 Berechne die fehlende Größe des Kegels.

a) r = 3 cm; V = 47,0 cm^3 b) k = 12 cm; V = 50,3 cm^3
c) r = 6 cm; V = 56,5 cm^3 d) k = 25 cm; V = 461,8 cm^3

3.1 Berechne die Körperhöhe k und das Volumen V des Kegels.

a) r = 9 cm; s = 22 cm b) r = 6,4 cm; s = 18,2 cm

4 Ein Kegel und eine Pyramide haben das gleiche Volumen (100 cm^3) und die gleiche Körperhöhe (k = 10 cm). Welche Abmessungen haben die beiden Grundflächen? Begründe.

Oberflächeninhalt von Pyramiden und Zylindern berechnen

1 Berechne den Oberflächeninhalt O der Pyramide mit quadratischer Grundfläche.
$a = 3\,cm$; $h_a = 5{,}7\,cm$

(2) ______________________

____

(3) ______________________

____

Oberflächeninhalt O einer Pyramide berechnen

Netz der Pyramide

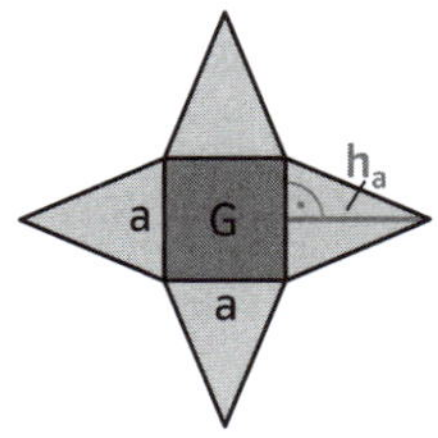

$G = a^2$
$M = 4 \cdot \frac{a \cdot h_a}{2} = 2 \cdot a \cdot h_a$

(1) Gegebene Werte notieren: $a = 3\,cm$; $h_a = 5{,}2\,cm$

(2) Formel notieren, evtl. umformen: $\mathbf{O = G + M}$; $O = a^2 + 2 \cdot a \cdot h_a$

(3) Werte einsetzen, berechnen: $O = (3\,cm)^2 + 2 \cdot 3\,cm \cdot 5{,}2\,cm$
$O = 9\,cm^2 + 31\,cm^2$
$O = 40{,}2\,cm^2$

2 Berechne den Oberflächeninhalt O der Pyramide mit quadratischer Grundfläche.
$a = 45\,m$; $h_a = 67\,m$

(2) ______________________

____

(3) ______________________

____

3 Berechne den Oberflächeninhalt O des Zylinders.
$d = 5{,}2\,cm$; $k = 7{,}3\,cm$

(2) ______________________

____

(3) ______________________

____

Mantelfläche M
Summe aller Seitenflächen

Oberflächeninhalt O
eines Zylinders

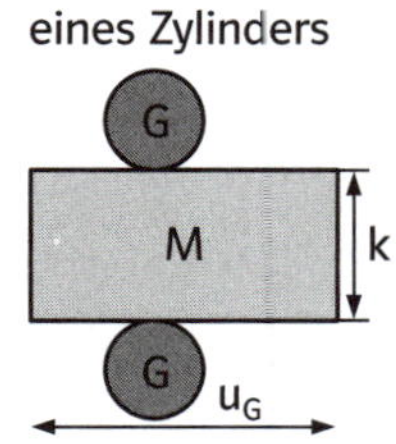

$G = \pi \cdot r^2$
$u_G = 2 \cdot \pi \cdot r$
$M = u_G \cdot k$
$M = 2 \cdot \pi \cdot r \cdot k$
$\mathbf{O = 2 \cdot G + M}$

4 Berechne die Höhe h_a der Seitenfläche und danach den Oberflächeninhalt O der Pyramide mit quadratischer Grundfläche.
$a = 4{,}30\,m$; $k = 5\,m$

$h_a = \sqrt{k^2 +}$ ______________________

$h_a \approx$ ______________________

(2) $O = a^2 +$ ______________________

____

(3) ______________________

____

____

5 Berechne die Grundfläche G und danach den Oberflächeninhalt O des Zylinders.
$M = 552{,}9\,cm^2$; $r = 8\,cm$
$G = \pi \cdot r^2$

____

____

$O =$ ______________________

____

____

____

____

zu 4
Höhe h_a der Seitenfläche berechnen

$h_a = \sqrt{\left(\frac{a}{2}\right)^2 + k^2}$

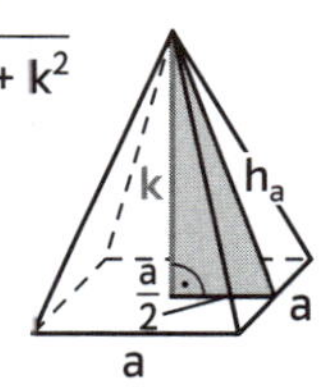

zu 1 bis 5
5,4; 43,2; 64,93; 161,7; 201,1; 955,1; 8055

1.1 Berechne den Oberflächeninhalt O der Pyramide mit quadratischer Grundfläche.
a) $a = 8\,cm$; $h_a = 6\,cm$ b) $a = 5\,cm$; $h_a = 11\,cm$
c) $a = 3{,}6\,cm$; $h_a = 3{,}9\,cm$ d) $a = 30\,cm$; $h_a = 18\,cm$

2.1 Berechne den Oberflächeninhalt O der Pyramide mit quadratischer Grundfläche.
a) $a = 3\,cm$; $h_a = 12\,cm$ b) $a = 20\,cm$; $h_a = 20\,cm$
c) $a = 5{,}5\,cm$; $h_a = 10{,}2\,cm$ d) $a = 40\,cm$; $h_a = 72{,}8\,cm$

3.1 Berechne den Oberflächeninhalt O des Zylinders.
a) $d = 18\,cm$; $k = 13\,cm$ b) $d = 32\,cm$; $k = 31\,cm$
c) $r = 12\,cm$; $k = 60\,cm$ d) $r = 22\,cm$; $k = 49\,cm$

4.1 Berechne die Höhe h_a der Seitenfläche und danach den Oberflächeninhalt O der Pyramide mit quadratischer Grundfläche.
a) $a = 4\,cm$; $k = 13{,}9\,cm$ b) $a = 7\,cm$; $k = 20{,}7\,cm$
c) $a = 6{,}4\,cm$; $k = 17{,}7\,cm$ d) $a = 50\,cm$; $k = 81\,cm$
e) $a = 11\,cm$; $k = 20{,}3\,cm$ f) $a = 6\,cm$; $k = 8\,cm$
g) $a = 8{,}2\,cm$; $k = 12\,cm$ h) $a = 34\,cm$; $k = 48\,cm$

5.1 Berechne die Grundfläche G und danach den Oberflächeninhalt O des Zylinders.
a) $M = 754\,cm^2$; $r = 8\,cm$ b) $M = 396\,cm^2$; $r = 9\,cm$
c) $M = 754\,cm^2$; $r = 24\,cm$ d) $M = 1018\,cm^2$; $r = 36\,cm$
e) $M = 82\,cm^2$; $r = 1{,}5\,cm$ f) $M = 94\,cm^2$; $r = 3{,}4\,cm$
g) $M = 18\,cm^2$; $r = 0{,}6\,cm$ h) $M = 300\,cm^2$; $r = 4{,}4\,cm$

Sachaufgaben zu Körpern berechnen

Sachaufgaben berechnen

(1) Wenn nötig, eine **Skizze** machen, gegebene Werte eintragen und notieren, überlegen, was berechnet werden soll (V oder O)

(2) Formel notieren, evtl. umformen

(3) Werte einsetzen, berechnen, sinnvoll runden

(4) Antwort notieren

1 Wie groß ist das Volumen V des Holzkörpers?

(1) ______________ Skizze

(2) ______________

____

(3) ______________

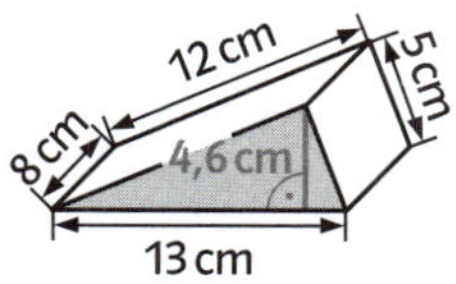

(4) Das Volumen beträgt ______________

2 Die Cheopspyramide hat eine quadratische Grundfläche mit einer Seitenlänge von 227 m. Sie ist 137 m hoch.
Berechne das Volumen V der Pyramide.

(1) ______________ Skizze

(2) ______________

____

(3) ______________

(4) ______________

____

3 Wie groß ist das Gewicht eines Eisenstabes von 6,5 m Länge und einem Durchmesser von 5 cm?

Skizze

____

____

____

____

____

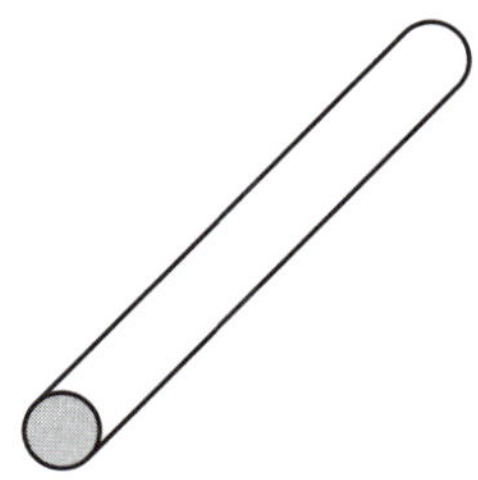

____

4 Der Sand eines Kinderspielplatzes soll ausgetauscht werden. Ein Laster hat Sand gebracht. Wie viel m^3 Sand sind hier aufgeschüttet worden?

Skizze

____

____

____

____

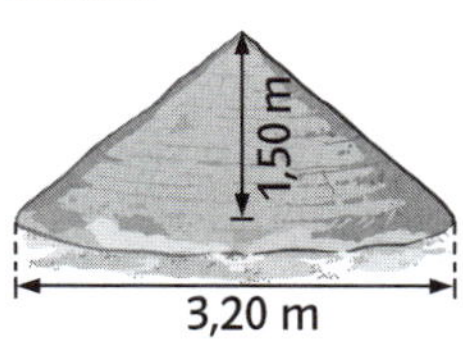

____

____

5 Eine Litfaßsäule hat einen Durchmesser von 1,20 m und eine Höhe von 3,60 m? Wie viel m^2 Werbefläche sind das?

Skizze

____

____

____

____

____

____

zu 3
Dichte von Eisen
$1\,cm^3$ wiegt 7,86 g

Mantelfläche M
des Zylinders
$M = 2 \cdot \pi \cdot r \cdot k$

zu 1 bis 5
4; 13,6; 239,2; 100,315; 2 353 158

1.1 Berechne das Volumen V des Körpers (Figur 1).

2.1 Wie groß ist das Volumen V des Kirchturms (Figur 2), die Breite einer Wand beträgt 5 m, die Höhe des Dachs 7 m.

3.1 Wie groß ist das Gewicht eines 2 m langen Baumstückes mit einem Durchmesser von 46 cm (Dichte des Holzes $0{,}8\,g/cm^3$)?

4.1 Wie viel m^3 Sand sind aufgeschüttet (Figur 3)?

6 Wie groß ist das Volumen eines kegelförmigen Sektglases mit der Höhe von 10,3 cm und dem Durchmesser von 6,1 cm?

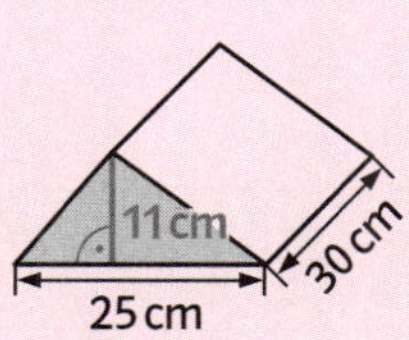

Figur 1

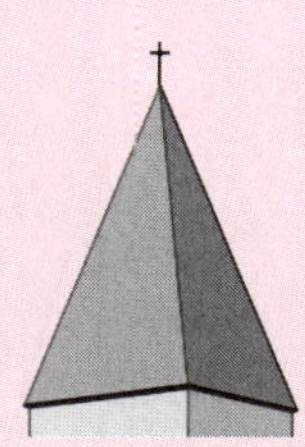

Figur 2

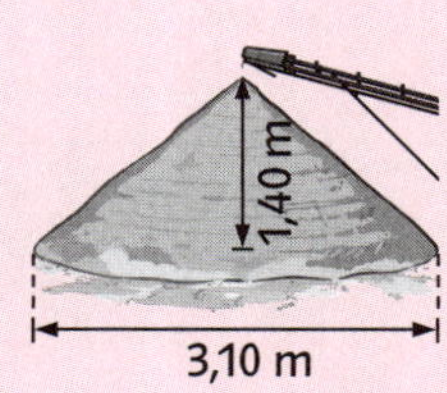

Figur 3

7 Wie viel m^2 Blech braucht man zur Herstellung von 10 000 Konservendosen (Durchmesser 7,5 cm, Höhe 11,5 cm) bei 20 % Verschnitt? Erkläre den Lösungsweg.

1 Volumen eines Prismas berechnen

Berechne das Volumen V des Prismas.
$G = 28\,cm^2$; $k = 9{,}1\,cm$

Berechne das Volumen V des Prismas.

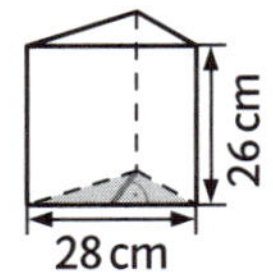

Berechne die Körperhöhe k des Dreieckprismas mit $g = 7\,cm$; $h = 4\,cm$; $V = 364\,cm^3$.

Skizze

2 Volumen einer Pyramide berechnen

Berechne das Volumen V der Pyramide.
$G = 36\,cm^2$; $k = 4{,}3\,cm$

Berechne das Volumen V der Pyramide.

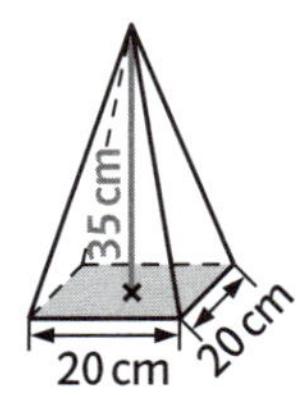

Berechne die Körperhöhe k und danach das Volumen V der Pyramide mit $a = 18\,cm$ und $h_a = 16\,cm$.

Skizze

3 Volumen eines Zylinders berechnen

Berechne das Volumen V des Zylinders.

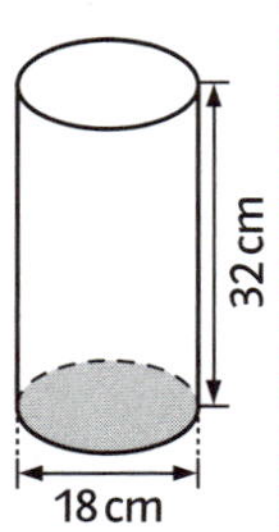

Berechne das Volumen V des 7 cm hohen Bechers mit dem Durchmesser d von 6,5 cm.

Wie groß ist das Volumen V eines 4 m langen Abflussrohres mit einem Durchmesser d von 15 cm?

Skizze

4 Volumen eines Kegels berechnen

Berechne das Volumen V des Kegels.

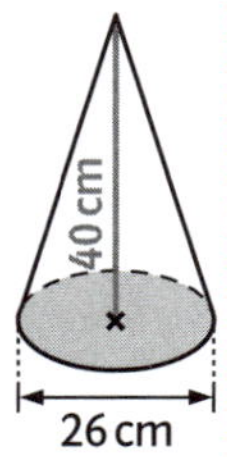

Berechne das Volumen V des Glases ($d = 3{,}5\,cm$; $k = 9\,cm$).

Berechne die Körperhöhe k und danach das Volumen V des Kegels mit $r = 7\,cm$ und $s = 14\,cm$.

Skizze

Daten analysieren und auswerten

1 Lies zur Aufgabe im Kasten die Kennwerte ab und bestimme

a) das Minimum der verschickten SMS; ____________

b) das Maximum der verschickten SMS; ____________

c) den Mittelwert der verschickten SMS; ____________

d) das untere Quartil q_u; ____________

e) den Median z; ____________

f) das obere Quartil q_o; ____________

g) den Quartilabstand q. ____________

Daten auswerten: Quartile einer Rangliste bestimmen

Die Rangliste gibt die Anzahl der verschickten SMS in einer Woche bei den 13 Mädchen der Klasse 9a an.

Rangplatz	1.	2.	3.	4.	5.	6.	7.	8.	9.	10.	11.	12.	13.
Anzahl SMS	3	5	6	8	11	11	15	26	30	58	62	70	85

etwa 25 % | etwa 25 % | etwa 25 % | etwa 25 %

unteres Quartil $q_u = 7$ — Median oder Zentralwert $z = 15$ — oberes Quartil $q_o = 60$

Bestimme das untere Quartil q_u.

(1) $\frac{1}{4}$ mit n multiplizieren — $\frac{1}{4} \cdot 13 = 3{,}25$

(2) zugeordneten Rangplatz bestimmen — zwischen 3. und 4. Platz

(3) Quartil bestimmen — $q_u = \frac{1}{2} \cdot (6 + 8)$, $q_u = 7$
Wenn ganzzahliger Rangplatz, dann Wert nehmen, wenn nicht ganzzahliger Rangplatz, dann Mittelwert aus den Werten der beiden Rangplätze nehmen

(4) Quartil grafisch darstellen — q_u einzeichnen

2 Die Rangliste gibt die Anzahl der verschickten SMS in einer Woche bei den 15 Jungen der Klasse 9a an.

Rangplatz	1.	2.	3.	4.	5.	6.	7.	8.	9.	10.	11.	12.	13.	14.	15.
Anzahl SMS	2	5	9	11	13	13	17	23	23	26	28	30	35	40	47

unteres Quartil q_u = ____

Bestimme die Werte und stelle sie grafisch an der Ranglisten-Tabelle dar.

	a) unteres Quartil q_u	b) Median z	c) oberes Quartil q_o
(1)	$\frac{1}{4} \cdot 15 = 3{,}75$	$\frac{1}{2} \cdot$	$\frac{3}{4} \cdot$
(2)	zwischen		
(3)	$q_u =$		

3 a) Vergleiche die Auswertung der Daten von Aufgabe 1 und 2. Trage dazu die Werte in die Tabelle ein.

	q_u	z	q_o	Quartilabstand q
Mädchen ♀				
Jungen ♂				

b) Überprüfe die Aussagen. Welche Aussagen sind wahr (w), welche falsch (f)?
- Bei den Mädchen streuen die Werte in der zentralen Hälfte um 53 SMS. w/f
- Die Hälfte der Jungen verschicken in der Woche mindestens 20 SMS. w/f
- Mindestens 50 % der Jungen schicken zwischen 20 und 29 SMS pro Woche. w/f
- Die Hälfte der Mädchen verschicken pro Woche höchstens 26 SMS. w/f

Kennwerte einer Statistik:

Rangliste
n Daten werden dem 1. Platz bis n-ten Platz zugeordnet

Mittelwert
Summe aller Werte geteilt durch n

Unteres Quartil q_u (1. Quartil)
Etwa ein Viertel (25 %) der Werte liegen darunter

Median z (= Zentralwert z oder 2. Quartil)
Etwa die Hälfte (50 %) der Werte liegen darunter, 50 % darüber

Oberes Quartil q_o (3. Quartil)
Etwa drei Viertel (75 %) der Werte liegen darunter

Quartilabstand q (= zentrale Hälfte)
Unterschied zwischen q_u und q_o
50 % der Werte liegen in diesem Bereich

2.1 Die Ranglisten geben die Höhe des monatlichen Taschengeldes der Klasse 9b an. Bestimme jeweils bei den Mädchen (♀) und den Jungen (♂) das untere Quartil q_u, den Median z, das obere Quartil q_o und den Quartilabstand q.

Rangplatz ♀	1.	2.	3.	4.	5.	6.	7.	8.	9.	10.	11.
Betrag in €	15	16	18	18	20	22	22	25	25	25	30

Rangplatz ♂	1.	2.	3.	4.	5.	6.	7.	8.	9.	10.	11.
Betrag in €	12	15	15	16	18	20	20	21	23	30	35

Wahrscheinlichkeit zweistufiger Zufallsversuche bestimmen

1 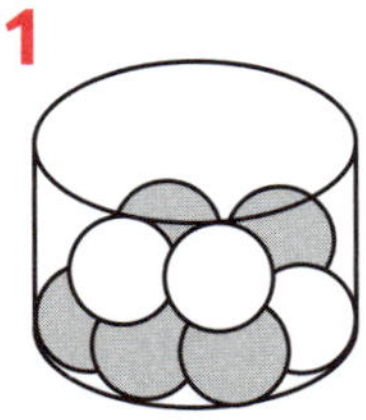

Zufallsgerät: Becher mit 8 Kugeln (3 weiße, 5 graue)
Zufallsversuch: Kugel ziehen, zurücklegen und erneut Kugel ziehen
Bestimme die Wahrscheinlichkeit P(E) für das Ereignis (weiß, grau).

$P(E_1)$ = P(weiß) = ______

$P(E_2)$ = P(grau) = ______

P(weiß, grau) = ______

Wahrscheinlichkeit zweistufiger Zufallsversuche bestimmen
Zufallsgerät: eine 2-€-Münze
Zufallsversuch: zweimal nacheinander werfen
Bestimme die Wahrscheinlichkeit P(E) für das Ereignis (Zahl, Zahl).

(1) Wahrscheinlichkeit $P(E_1)$ der 1. Stufe bestimmen — $P(E_1) = P(\text{Zahl}) = \frac{1}{2} = 0{,}5$

(2) Wahrscheinlichkeit $P(E_2)$ der 2. Stufe bestimmen — $P(E_2) = P(\text{Zahl}) = \frac{1}{2} = 0{,}5$

(3) Wahrscheinlichkeit P(E) des zweistufigen Zufallsversuchs bestimmen $P(E) = P(E_1) \cdot P(E_2)$ — $P(\text{Zahl, Zahl}) = P(E_1) \cdot P(E_2) = 0{,}5 \cdot 0{,}5 = 0{,}25 = 25\,\%$

2 Zufallsgerät: Glücksrad mit 10 gleich großen Feldern (2 gelbe, 3 rote, 5 blaue)
Zufallsversuch: zweimal nacheinander drehen

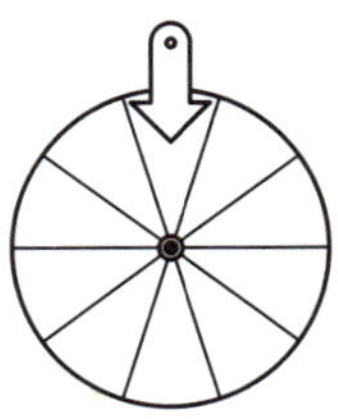

a) Färbe das Glücksrad und die Felder im Baumdiagramm.

b) Schreibe die Wahrscheinlichkeiten an die Äste des Baumdiagramms.

c) Bestimme die Wahrscheinlichkeiten für die verschiedenen Ereignisse.

d) Wie groß ist die Wahrscheinlichkeit P, dass bei zweimaligem Drehen die gleiche Farbe erscheint?

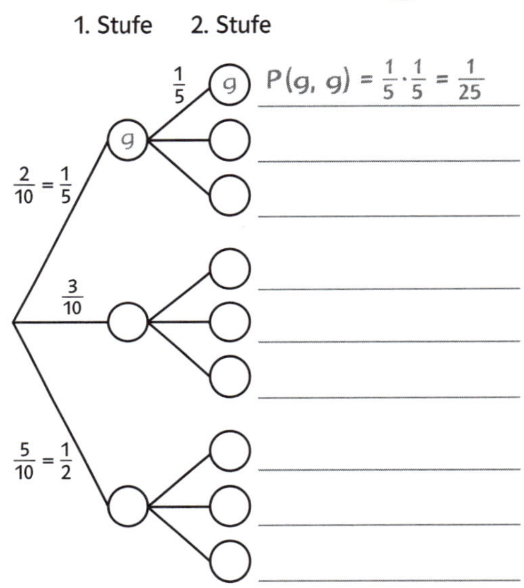

P(gelb, gelb) = $\frac{1}{25}$

P(rot, ____) = ______

P(____ , ____) = ______

P(gleiche Farbe) = $\frac{1}{25}$ + ______

3 Zufallsgerät: Schulwürfel (Dodekaeder); Zufallsversuch: zweimal nacheinander werfen. Bestimme die Wahrscheinlichkeit P(E) und trage in die Tabelle ein.

Ereignis (E_1, E_2)	$P(E_1)$	$P(E_2)$	$P(E) = P(E_1) \cdot P(E_2)$
(ungerade Zahl, ungerade Zahl)			
(Joker, Joker)			
(< 6, > 1)			
(> 5, < 3)			

Wahrscheinlichkeit P eines Ereignisses bestimmen: $P(E) = \frac{\text{Anzahl der günstigen Ergebnisse}}{\text{Anzahl aller möglichen Ergebnisse}}$

Wahrscheinlichkeit P eines zweistufigen Zufallsversuchs nach der **Pfadregel** bestimmen

$P(E) = P(E_1) \cdot P(E_2)$

Baumdiagramm zur Darstellung mehrstufiger Zufallsversuche geeignet
- Wahrscheinlichkeit kann an den Ästen notiert werden
- **Pfad** kann bestimmt werden

zu 3
Dodekaeder (auch Schulwürfel genannt) Körper mit 12 gleichseitigen Fünfecken: bedruckt mit 11 Zahlen (0, 1, …, 10) und einem Joker

1.1 Zufallsgerät: Becher mit 5 Kugeln (2 gelbe, 3 blaue)
Zufallsversuch: Kugel ziehen, zurücklegen, Kugel ziehen
Bestimme die Wahrscheinlichkeit P(E) für das
a) Ereignis (gelb, blau).
b) Ereignis (blau, blau).

4 Zufallsgerät: Becher mit 8 Kugeln wie in Aufgabe 1. Führe jeweils einen zweistufigen Zufallsversuch mit und ohne Zurücklegen durch: eine Kugel ziehen, ablegen, zweite Kugel ziehen. Zeichne ein Baumdiagramm und notiere die Wahrscheinlichkeiten an den Ästen. Vergleiche.

Wahrscheinlichkeit zusammengesetzter Ereignisse bestimmen

1 Berechne die Wahrscheinlichkeit P(E) für den Zufallsversuch im Kasten.

(1) Wahrscheinlichkeit 1. Möglichkeit

$P(\text{Zahl}) = \frac{1}{2}$ ____ $P(\text{Wappen}) =$ ____

$P_1(Z, W) =$ ____________________

Wahrscheinlichkeit 2. Möglichkeit

$P(\text{Wappen}) =$ ____ $P(\text{Zahl}) =$ ____

$P_2(W, Z) =$ ____________________

(2) $P(E) =$ ____________________

Wahrscheinlichkeit zusammengesetzter Ereignisse eines zweistufigen Zufallsversuchs bestimmen

Zufallsgerät: eine Münze
Zufallsversuch: zweimal nacheinander werfen
Bestimme die Wahrscheinlichkeit P(E) für das Ereignis (einmal Zahl, einmal Wappen).

(1) Wahrscheinlichkeiten der möglichen geordneten Lösungspaare notieren und bestimmen	P_1 (Zahl, Wappen) P_2 (Wappen, Zahl)
(2) Wahrscheinlichkeit P(E) bestimmen, dazu die Wahrscheinlichkeiten der möglichen Lösungspaare addieren	P(einmal Zahl, einmal Wappen) $P(E) = P_1 + P_2$

2 Zufallsgerät: zwei gleiche Münzen
Zufallsversuch: einmal gleichzeitig werfen

a) Vervollständige das Baumdiagramm:
- schreibe Z bzw. W in die Felder;
- schreibe die Wahrscheinlichkeiten an die Äste;
- bestimme die Wahrscheinlichkeiten für die möglichen Ereignisse.

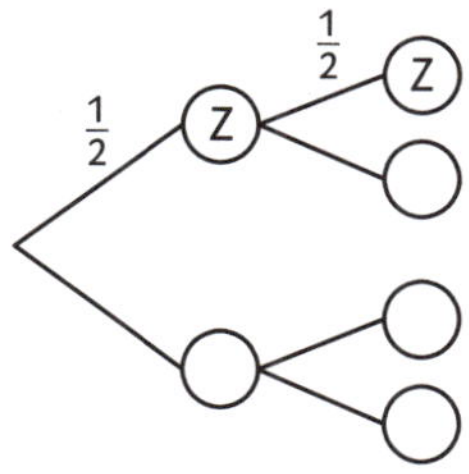

$P(Z, Z) = \frac{1}{2} \cdot \frac{1}{2} = \frac{1}{4}$
____
____
____

b) Bestimme die Wahrscheinlichkeit P für das zusammengesetzte Ereignis (einmal Zahl, einmal Wappen): ____________________

3 Zufallsgerät: Becher mit 8 Kugeln (5 graue und 3 weiße)
Zufallsversuch: zwei Kugeln gleichzeitig herausnehmen
Wie groß ist die Wahrscheinlichkeit, dabei eine graue und eine weiße Kugel zu bekommen?

a) Vervollständige das Baumdiagramm:
- schreibe g (grau), w (weiß) in die Felder;
- schreibe die Wahrscheinlichkeiten an die Äste; denke daran, dass bei der 2. Stufe eine Kugel weniger im Becher ist;
- bestimme die Wahrscheinlichkeiten für die möglichen Ereignisse.

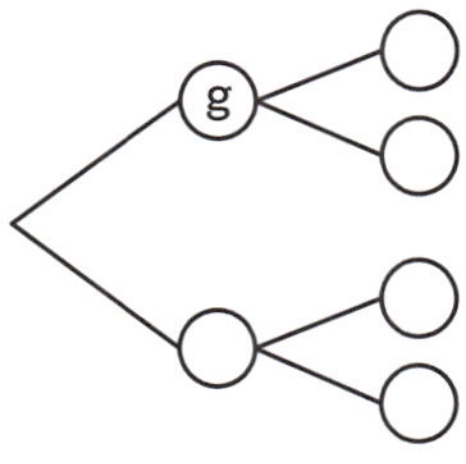

____
____
____
____

b) Bestimme die Wahrscheinlichkeit P für das zusammengesetzte Ereignis (eine graue Kugel, eine weiße Kugel): ____________________

Wahrscheinlichkeit P_1
Wahrscheinlichkeit der 1. Möglichkeit

Wahrscheinlichkeit P_2
Wahrscheinlichkeit der 2. Möglichkeit

Wahrscheinlichkeit P
zusammengesetzter Ereignisse eines zweistufigen Zufallsversuchs
Summenregel:
$\mathbf{P(E) = P_1 + P_2}$

zu 2
Werden zwei Münzen gleichzeitig geworfen, kann man nicht zwischen der 1. und der 2. Münze unterscheiden!

zu 3
Statt die beiden Kugeln gleichzeitig herauszunehmen, können sie auch nacheinander gezogen werden, wobei die erste Kugel nicht zurückgelegt wird.

2.1 Zufallsgerät: zwei Augenwürfel
Zufallsversuch: beide Würfel gleichzeitig werfen
Wie groß ist die Wahrscheinlichkeit P, dass die Augensumme der beiden Würfel 11 ergibt?
Zeichne dazu ein Baumdiagramm, schreibe die Wahrscheinlichkeiten an die Äste und bestimme die Wahrscheinlichkeit der möglichen Ereignisse.

3.1 Zufallsgerät: Becher mit 10 Kugeln (5 gelbe, 3 rote, 2 blaue)
Zufallsversuch: zwei Kugeln gleichzeitig herausnehmen
Wie groß ist die Wahrscheinlichkeit, dabei zwei gleichfarbige Kugeln zu bekommen?
Zeichne dazu ein Baumdiagramm, schreibe die Wahrscheinlichkeiten an die Äste und bestimme die Wahrscheinlichkeit der möglichen Ereignisse.

Erwartungswert bestimmen

Erwartungswert bestimmen
Zufallsgerät: Glücksrad mit 6 Feldern, davon 3 gelb, 2 rot und 1 blau
Zufallsversuch: einmal drehen
Bei einem Einsatz von 0,50 € pro Spiel erhält man bei Gelb 0 €, bei Rot 1,00 € und bei Blau 2,00 €.
Kann man bei vielen Spielen einen Gewinn oder Verlust erwarten? Bestimme dazu den Erwartungswert und bewerte die Gewinnchancen.

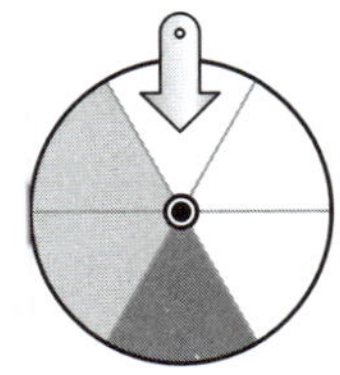

	Gelb	Rot	Blau
(1) Gewinn-Einsatz bestimmen	0,00 € − 0,50 € = −0,50 €	1,00 € − 0,50 € = +0,50 €	2,00 € − 0,50 € = +1,50 €
(2) Wahrscheinlichkeit bestimmen	$\frac{3}{6} = \frac{1}{2}$	$\frac{2}{6} = \frac{1}{3}$	$\frac{1}{6}$
(3) Erwartungswert bestimmen	$\frac{1}{2} \cdot (-0{,}50\,€) + \frac{1}{3} \cdot (0{,}50\,€) + \frac{1}{6} \cdot (1{,}50\,€) = -0{,}25\,€ + 0{,}17\,€ + 0{,}25\,€ = +0{,}17\,€$		
(4) Gewinnchancen bewerten	Erwartungswert ist positiv, man kann einen Gewinn erwarten		

1 Zufallsgerät und Zufallsversuch wie im Kasten. Bei einem Einsatz von 1 € pro Spiel erhält man bei Gelb 0 €, bei Rot 1,50 € und bei Blau 2,50 €.
Kann man einen Gewinn oder Verlust erwarten? Bestimme dazu den Erwartungswert, trage in die Tabelle ein.

	Gelb	Rot	Blau
(1)	−1,00 €		
(2)	$\frac{3}{6} = \frac{1}{2}$		
(3)	$\frac{1}{2} \cdot (-1{,}00\,€)$ +		
(4)			

2 Beim „Tag der offenen Tür" auf einer Obstplantage kann kostenlos ein Glücksrad gedreht werden. Dabei kann man Äpfel gewinnen.
Zufallsgerät: Glücksrad mit 20 Feldern
Gewinne: (5 gelbe, 4 rote, 2 blaue, 1 weißes)
Gelb: 1 Apfel, Rot: 3 Äpfel, Blau: 5 Äpfel, Weiß: 10 Äpfel
Zufallsversuch: einmal drehen
Wie viele Äpfel kann man durchschnittlich als Gewinn bei jedem Versuch erwarten? Bestimme den Erwartungswert. Fülle dazu die Tabelle aus.

	Gelb	Rot	Blau	Weiß
(1)	1 Apfel			
(2)	$\frac{5}{20} = \frac{1}{4}$			
(3)	$\frac{1}{4} \cdot 1\,A$ +			

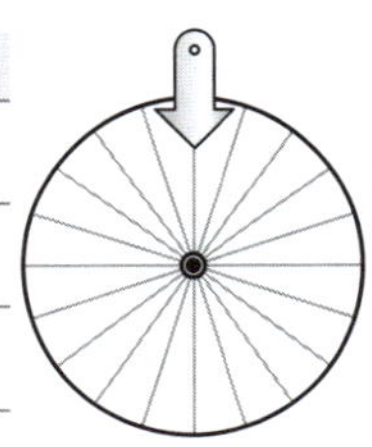

Erwartungswert bestimmen
Wenn den Ergebnissen eines Zufallsversuches Größen (z. B. Geldbeträge) zugeordnet werden, kann man mit der Wahrscheinlichkeitsrechnung den Erwartungswert bestimmen.
Erwartungswert = Summe der Produkte aus Größe mal Wahrscheinlichkeit

Gewinn oder Verlust?
Wenn Erwartungswert > 0, dann **Gewinn** zu erwarten;
wenn Erwartungswert < 0, dann **Verlust** zu erwarten.

3 Zufallsgerät: Würfel; Zufallsversuch: einmal werfen
Bei einem Einsatz von 0,10 € pro Spiel erhält man:
Kann man bei vielen Spielen mit Gewinn oder Verlust rechnen? Bestimme dazu den Erwartungswert.
Fülle die Tabelle aus.

0,50 € 0,30 € 0,10 €

	⚀	⚁	⚂	⚃	⚄	⚅
(1) zugeordnete Größe bestimmen	+0,40 €	−0,10 €				
(2) Wahrscheinlichkeit bestimmen	$\frac{1}{6}$					
(3) Erwartungswert bestimmen						
(4) Gewinnchancen bewerten						

3.1 Zufallsgerät: Würfel
Zufallsversuch: einmal werfen
Bei einem Einsatz von 0,30 € pro Spiel erhält man:

0,30 € 0,60 € 1,50 €

a) Kann man einen Gewinn oder Verlust erwarten? Bestimme dazu den Erwartungswert. Lege dazu eine Tabelle an und bewerte die Gewinnchancen.
b) Wähle eine andere Möglichkeit für die Auszahlung so, dass ein Verlust zu erwarten ist.

Prozent- und Zinsrechnung

Prozentrechnung

G Grundwert
p% Prozentsatz
W Prozentwert

Grundwert G berechnen
W = 120 €; p% = 40 %
G = W : p%
G = 120 € : 40 %
= 300 €

Prozentsatz p% berechnen
G = 300 €; W = 120 €
p% = W : G
p% = 120 € : 300 €
= 40 %

Prozentwert W berechnen
G = 300 €; p% = 40 %
W = G · p%
W = 300 € · 40 %
= 120 €

Schrittfolgen
(1) Gegebene Werte notieren
(2) Formel notieren, umformen
(3) Werte einsetzen, berechnen

Zinsrechnung
K Kapital, Kredit
p% Zinssatz
Z Jahreszinsen
t Zinszeit in Tagen
Z_t Zinsen für t Tage

Kapital K berechnen
Z = 72 €; p% = 2 %
K = Z : p%
K = 72 € : 2 %
= 3600 €

Zinssatz p% berechnen
K = 3600 €; Z = 72 €
p% = Z : K
p% = 72 € : 3600 €
= 2 %

Jahreszinsen Z berechnen
K = 3600 €; p% = 2 %
Z = K · p%
Z = 3600 € · 2 %
= 72 €

Tageszinsen Z_t berechnen
K = 3600 €; p% = 2 %;
t = 60 Tage
$\mathbf{Z_t = K \cdot p\% \cdot \frac{t}{360}}$
$Z_t = 3600\,€ \cdot 2\,\% \cdot \frac{60}{360}$
= 12 €

Rechnen mit Zahlen

Zahlenmengen
ℕ natürliche Zahlen
ℤ ganze Zahlen
ℚ rationale Zahlen
ℝ reelle Zahlen

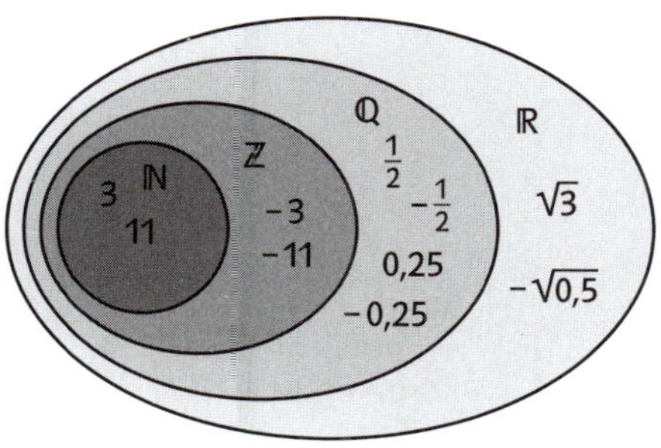

Quadrieren
$\mathbf{x^2 = x \cdot x}$
$3^2 = 3 \cdot 3 = 9$
$3{,}2^2 = 3{,}2 \cdot 3{,}2 = 10{,}24$
$(-3)^2 = (-3) \cdot (-3) = 9$
$-3^2 = (-1) \cdot 3^2 = -9$
$\left(\frac{1}{2}\right)^2 = \left(\frac{1}{2}\right) \cdot \left(\frac{1}{2}\right) = \frac{1}{4}$

Wurzelziehen
$\sqrt{a} = b$ es gilt $b^2 = a$ für $a \geqq 0$ und $b \geqq 0$
$\sqrt{9} = 3$; denn $3^2 = 9$
$\sqrt{10{,}24} = 3{,}2$; denn $3{,}2^2 = 10{,}24$
$\sqrt{\frac{1}{4}} = \frac{1}{2}$; denn $\left(\frac{1}{2}\right)^2 = \frac{1}{4}$
$\sqrt{-9}$ = nicht lösbar, denn es gibt keine Zahl a, für die gilt $a^2 = -9$

Potenzen
$\mathbf{a^n = \underbrace{a \cdot a \cdot \ldots \cdot a}_{n\text{-Faktoren}}}$ a heißt **Basis**, n heißt **Exponent**
$3^4 = 3 \cdot 3 \cdot 3 \cdot 3 = 81$
$0{,}4^3 = 0{,}4 \cdot 0{,}4 \cdot 0{,}4 = 0{,}064$
$\left(\frac{1}{2}\right)^5 = \frac{1}{2} \cdot \frac{1}{2} \cdot \frac{1}{2} \cdot \frac{1}{2} \cdot \frac{1}{2} = \frac{1}{32} = 0{,}03125$
$(-6)^3 = (-6) \cdot (-6) \cdot (-6) = -216$

Potenzen mit gleicher Basis
$\mathbf{a^m \cdot a^n = a^{m+n}}$
$3^3 \cdot 3^2 = 3^{3+2} = 3^5$
$\mathbf{a^m : a^n = a^{m-n}}$ für $m \geqq n$
$3^3 : 3^2 = 3^{3-2} = 3^1$

Potenzen mit gleichem Exponenten
$\mathbf{a^m \cdot b^m = (a \cdot b)^m}$
$12^3 \cdot 4^3 = (12 \cdot 4)^3$
$\mathbf{a^m : b^m = (a : b)^m}$ für $b \neq 0$
$12^3 : 4^3 = (12 : 4)^3$

Funktionen

Lineare Funktion
Eine lineare Funktion hat die Funktionsgleichung $y = m \cdot x + b$.

Funktionsgleichung
$y = 2 \cdot x - 3$ Steigung m = 2
y-Achsenabschnitt b = −3

Wertetabelle

x	0	1	2	3	−1
y	−3	−1	1	3	−5

Graph (Darstellung der Funktion)
m bestimmt die Steigung der Geraden, b bezeichnet den y-Achsenabschnitt der Geraden.

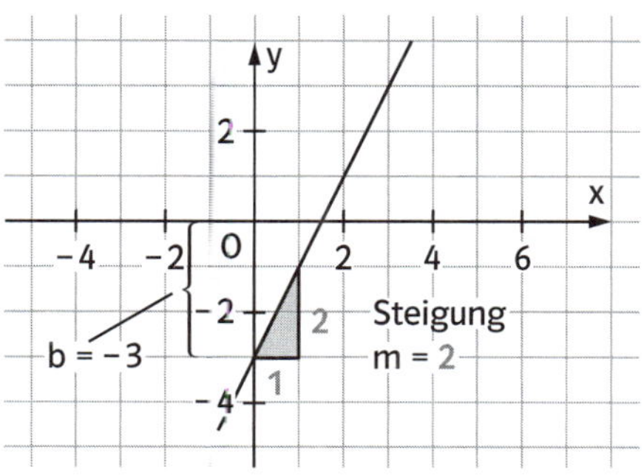

Quadratische Funktion
Die quadratische Funktion hat die Funktionsgleichung $y = x^2$.

Wertetabelle

x	0	1	−1	2	−2	3	−3
y	0	1	1	4	4	9	9

Graph (Darstellung der Funktion)
Der Graph ist die Normal-**Parabel**.
Der Scheitelpunkt S liegt in (0 | 0).
Die Parabel ist achsensymmetrisch zur y-Achse.

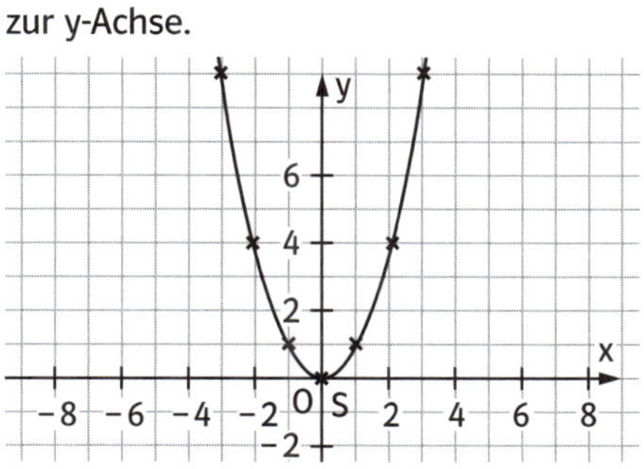

Quadratische Funktionen der Form $\mathbf{y = ax^2 + b}$

Funktionsgleichung
$y = 2x^2 - 3$

Wertetabelle

x	0	1	−1	2	−2	1,5	−1,5
y	−3	−1	−1	5	5	1,5	1,5

Graph (Darstellung der Funktion)
Der Graph ist eine Parabel.
Der Scheitelpunkt S liegt in (0 | −3).
Die Parabel ist achsensymmetrisch zur y-Achse.
Die Parabel ist gestreckt (a > 1).

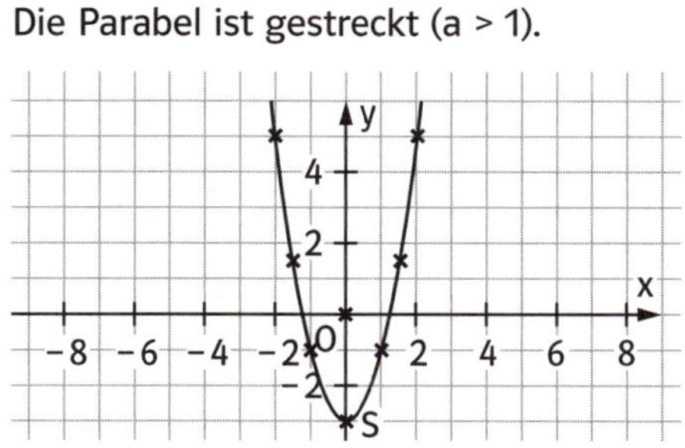

Flächensätze

Satz des Pythagoras

$a^2 + b^2 = c^2$

Summe der Kathetenquadrate – gleich – Hypotenusenquadrat

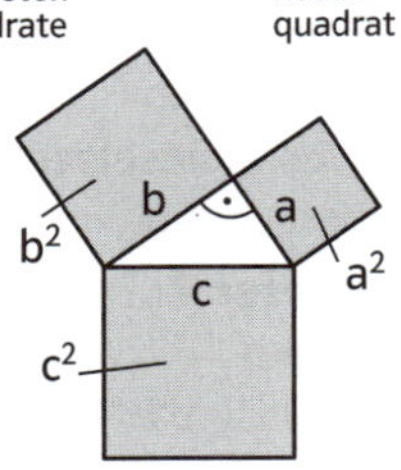

Kathetensatz

$a^2 = c \cdot p$

Kathetenquadrat – gleich – Rechteck aus der Hypotenuse und dem anliegenden Hypotenusenabschnitt

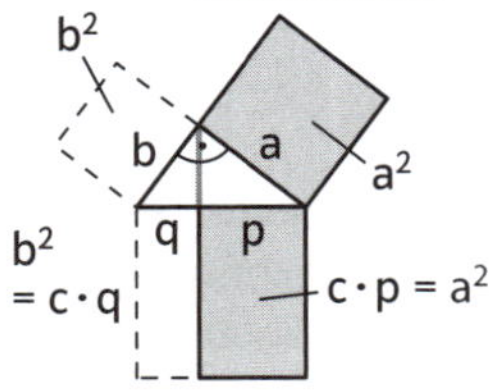

Höhensatz

$h^2 = p \cdot q$

Höhenquadrat – gleich – Rechteck aus den beiden Hypotenusenabschnitten

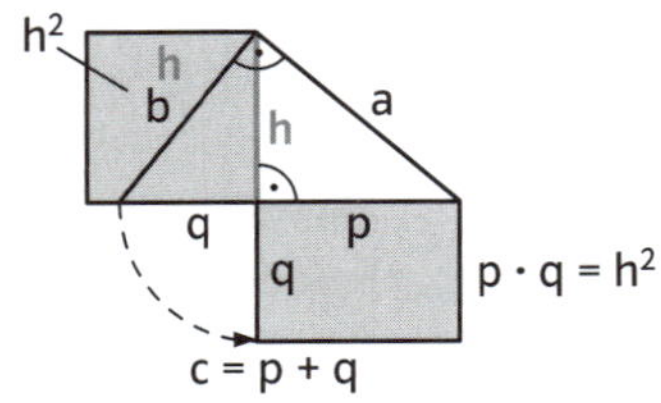

Berechnungen mit den Flächensätzen

(1) Gegebene Seiten notieren
(2) Formel notieren, umformen
(3) Werte einsetzen, berechnen
(4) Ergebnis notieren

Quadratische Gleichungen

Quadratische Gleichung

$ax^2 + bx + c = 0$

(1) In die Normalform $x^2 + px + q = 0$ umformen	$-2x^2 + 8x + 10 = 0 \quad \mid : (-2)$ $x^2 - 4x - 5 = 0$
(2) p und q bestimmen	$p = -4; \; q = -5$
(3) p und q in die Lösungsformel einsetzen	
$x_1 = -\frac{p}{2} + \sqrt{\left(\frac{p}{2}\right)^2 - q}$	$x_1 = -\frac{-4}{2} + \sqrt{\left(\frac{-4}{2}\right)^2 - (-5)}$ $= 2 + \sqrt{9} = 5$
$x_2 = -\frac{p}{2} - \sqrt{\left(\frac{p}{2}\right)^2 - q}$	$x_2 = 2 - \sqrt{9} = -1$
(4) Lösungsmenge notieren	$L = \{5; -1\}$

Flächeninhalt A und Umfang u

Kreis

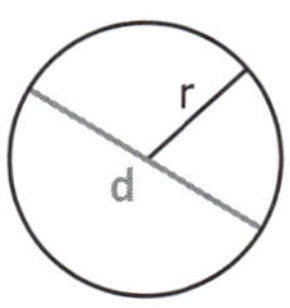

$A = \pi \cdot r^2$

$u = 2 \cdot \pi \cdot r$

Kreisausschnitt

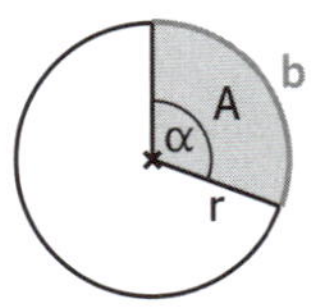

$A = \frac{\alpha}{360°} \cdot \pi \cdot r^2$

$b = \frac{\alpha}{180°} \cdot \pi \cdot r$

Kreisring

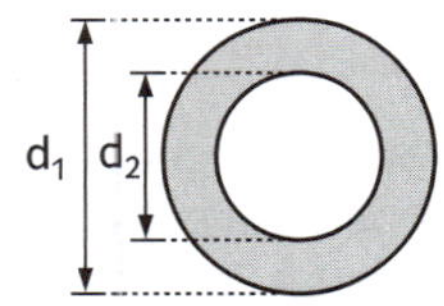

$A = \frac{\pi}{4} \cdot (d_1^2 - d_2^2)$

Volumen (Rauminhalt) V und Oberflächeninhalt O

Dreieckprisma

Grundfläche G
Körperhöhe k
Dreieckshöhe h
Mantelfläche M

$M = u_{Dreieck} \cdot k$

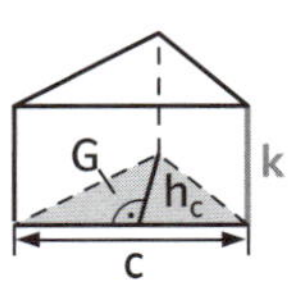

$V = G \cdot k$

$V = \frac{1}{2} c \cdot h_c \cdot k$

$O = 2 \cdot G + M$

$O = 2 \cdot \frac{1}{2} c \cdot h_c + M$

Quadratische Pyramide

Grundfläche G
Körperhöhe k
Seitenlänge a
Mantelfläche M

$M = 4 \cdot A_{Dreieck}$

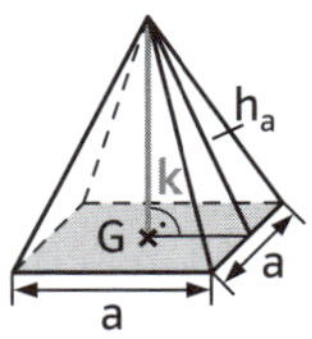

$V = \frac{1}{3} \cdot G \cdot k$

$V = \frac{1}{3} a^2 \cdot k$

$O = 4 \cdot A_{Dreieck} + G$

$O = 4 \cdot \frac{1}{2} a \cdot h_a + a^2$

Zylinder

Grundfläche G
Körperhöhe k
Mantelfläche M

$M = \pi \cdot d \cdot h$

$u = 2 \cdot \pi \cdot r$

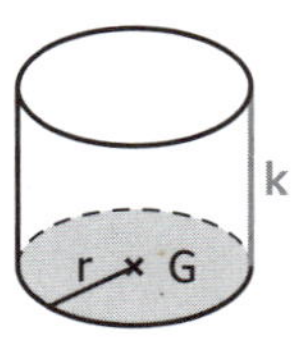

$V = G \cdot k$

$V = \pi \cdot r^2 \cdot k$

$O = 2 \cdot G + M$

$O = 2 \cdot \pi \cdot r^2 + 2 \cdot \pi \cdot r \cdot k$

Kegel

Grundfläche G
Körperhöhe k
Radius r

$V = \frac{1}{3} \cdot G \cdot k$

$V = \frac{1}{3} \cdot \pi \cdot r^2 \cdot k$

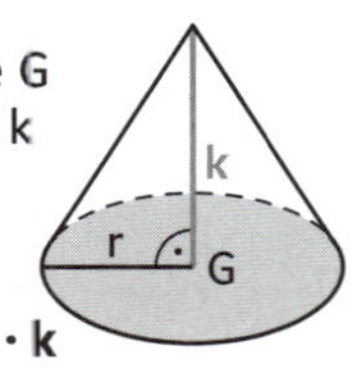

Wahrscheinlichkeit

Wahrscheinlichkeit zweistufiger Zufallsversuche mit der Pfadregel bestimmen

(mit Zurücklegen)

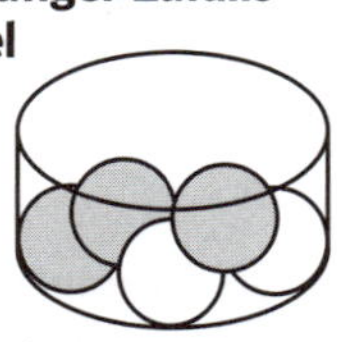

Zufallsgerät: Becher mit 5 Kugeln, 3 schwarze und 2 weiße

Zufallsversuch: eine Kugel ziehen, zurücklegen, erneut eine Kugel ziehen

Bestimme die Wahrscheinlichkeit P für das Ereignis (schwarz, weiß).

(1) $P(E_1)$ der 1. Stufe bestimmen	$P(E_1) = \frac{3}{5} = 0{,}6$
(2) $P(E_2)$ der 2. Stufe bestimmen	$P(E_2) = \frac{2}{5} = 0{,}4$
(3) P(E) des Zufalls-Versuch bestimmen $P(E) = P(E_1) \cdot P(E_2)$	$P(E) = \frac{3}{5} \cdot \frac{2}{5} = \frac{6}{25}$ $= 0{,}24$

Wahrscheinlichkeit zweistufiger Zufallsversuche mit der Pfadregel bestimmen

(ohne Zurücklegen)

Zufallsgerät: Becher mit 5 Kugeln, 3 schwarze und 2 weiße

Zufallsversuch: eine Kugel ziehen, **nicht** zurücklegen, erneut eine Kugel ziehen

Bestimme die Wahrscheinlichkeit P für das Ereignis (schwarz, weiß).

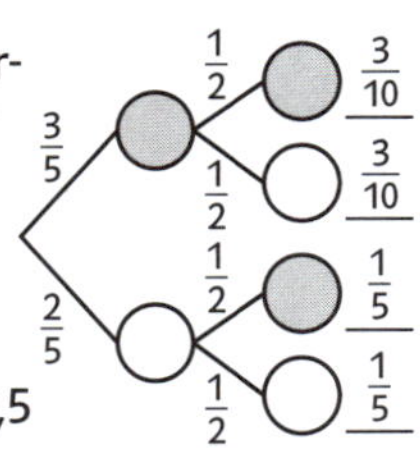

(1) $P(E_1) = \frac{3}{5} = 0{,}6$

(2) $P(E_2) = \frac{2}{4} = \frac{1}{2} = 0{,}5$

(3) $P(E) = P(E_1) \cdot P(E_2)$

$= \frac{3}{5} \cdot \frac{1}{2} = \frac{3}{10} = 0{,}3$

Wahrscheinlichkeit zusammengesetzter Ereignisse mit der Summenregel bestimmen

Zufallsgerät: Becher mit 5 Kugeln, 3 schwarze und 2 weiße

Zufallsversuch: eine Kugel ziehen, zurücklegen, erneut eine Kugel ziehen

Bestimme die Wahrscheinlichkeit P für das Ereignis (eine schwarze und eine weiße Kugel).

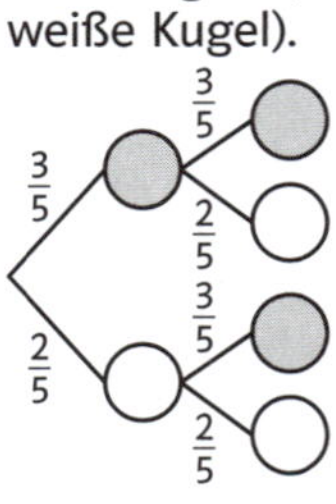

$P_1(s, s) = \frac{3}{5} \cdot \frac{3}{5} = \frac{9}{25} = 0{,}36$

$P_2(s, w) = \frac{3}{5} \cdot \frac{2}{5} = \frac{6}{25} = 0{,}24$

$P_3(w, s) = \frac{2}{5} \cdot \frac{3}{5} = \frac{6}{25} = 0{,}24$

$P_4(w, w) = \frac{2}{5} \cdot \frac{2}{5} = \frac{4}{25} = 0{,}16$

$P(E) = P_2 + P_3 = \frac{6}{25} + \frac{6}{25} = \frac{12}{25} = 0{,}48$

Arbeitsheft 5

Mathematik

Lösungen zum Arbeitsheft

1 Rationale Zahlen und Größen

Rationale Zahlen addieren und subtrahieren, Seite 5

1

Bruch	Dezimalbruch	abbrechend/periodisch
$\frac{7}{4}$	1,75	a
$\frac{5}{6}$	$0,8\overline{3}$	p
$\frac{78}{3}$	26,0	a
$\frac{7}{11}$	$0,\overline{63}$	p

2 a) $\frac{5}{3} = 5 : 3 \approx 1{,}667$ b) $\frac{8}{7} = 8 : 7 \approx 1{,}143$ c) $3\frac{11}{13} = 50 : 13 \approx 3{,}846$
d) $\frac{4}{11} = 4 : 11 \approx 0.3636$ e) $\frac{18}{17} \approx 1{,}0588$ f) $7\frac{7}{9} \approx 7{,}7778$

3 a) $245 - 183 = 62$ b) $-516 + 732 = 216$
c) $345 - 857 = -512$ d) $-403 + 298 = -105$

4 a) $\frac{3}{4} + \frac{4}{5} = \frac{15}{20} + \frac{16}{20} = \frac{31}{20} = 1\frac{11}{20}$ b) $\frac{5}{6} - \frac{2}{3} = \frac{5}{6} - \frac{4}{6} = \frac{1}{6}$
c) $-\frac{13}{8} + \frac{4}{7} = -\frac{91}{56} + \frac{32}{56} = -\frac{59}{56} = -1\frac{3}{56}$ d) $\frac{23}{6} - \frac{26}{9} = \frac{69}{18} - \frac{52}{18} = \frac{17}{18}$

5 a) $24{,}9 - 0{,}5 = 24{,}4$ b) $-37{,}2 + 0{,}8 = -36{,}4$
c) $-7{,}75 - 43{,}9 = -51{,}65$ d) $-72{,}375 + 55{,}8 = -16{,}575$

2.1 a) 0,833 b) 2,222 c) 1,364 d) 0,429
e) 2,857 f) 6,333 g) 9,615 h) 7,467

3.1 a) 331 b) 67 c) −352 d) −631
e) −291 f) −1491 g) −78 h) −1238
i) 1563 j) −141 k) −1474 l) −204

4.1 a) $\frac{5}{4}$ b) $-\frac{1}{6}$ c) $\frac{1}{4}$ d) $-2\frac{1}{30}$ e) $-16\frac{5}{28}$ f) $1\frac{19}{20}$

5.1 a) 4,3 b) 7,95 c) 10,8
d) −8,3 e) −15,85 f) 10,9

6 a) Diese Aussage ist immer wahr. $(+a) + (+b) > 0$
b) Diese Aussage ist falsch, da es auch Beispiele gibt, wo die Differenz negativ wird:
$(-a) - (-b) > 0$, wenn der Betrag von b > Betrag von a;
$(-a) - (-b) < 0$, wenn der Betrag von a > Betrag von b.

Rationale Zahlen multiplizieren und dividieren, Seite 6

1 a) −28,8 b) −0,5 c) 7
d) −4,5 e) 30 f) −0,4921

2 a) $+\frac{3 \cdot 4}{5 \cdot 3} = \frac{4}{5}$ b) $-\frac{7 \cdot 5}{10 \cdot 4} = -\frac{7}{8}$
c) $-\frac{3 \cdot 4}{8 \cdot 9} = -\frac{1}{6}$ d) $\frac{6 \cdot 10}{5 \cdot 3} = 4$
e) $+\frac{2 \cdot 3}{9 \cdot 8} = \frac{1}{12}$ f) $-\frac{4 \cdot 25}{15 \cdot 8} = -\frac{5}{6}$
g) $-\frac{10 \cdot 33}{3 \cdot 4} = -\frac{55}{2} = -27\frac{1}{2}$ h) $+\frac{5 \cdot 12}{9 \cdot 25} = \frac{4}{15}$

3 a) $+\frac{8 \cdot 9}{3 \cdot 4} = 6$ b) $-\frac{36 \cdot 4}{7 \cdot 9} = -\frac{16}{7} = -2\frac{2}{7}$
c) $-\frac{30 \cdot 5}{7 \cdot 6} = -\frac{25}{7} = -3\frac{4}{7}$ d) $\frac{10 \cdot 6}{3 \cdot 5} = 4$

4 a) $-0{,}5 \cdot 0{,}6 = -0{,}3$ b) $0{,}75 : 0{,}4 = 1{,}875$
c) $0{,}9 : 0{,}75 = 1{,}2$ d) $-2{,}4 \cdot 0{,}4 = -0{,}96$

1.1 a) 5,6 b) −5,4 c) −21,6
d) 602 e) −0,0036 f) 0,144

1.2 a) −8 b) 0,14 c) 7
d) 0,07 e) −0,018 f) −0,17

1.3 a) −2,38 b) 1,2 c) −5,85
d) 448 e) −0,16 f) −603

2.1 a) $-1\frac{11}{24}$ b) $-\frac{2}{3}$ c) $\frac{1}{4}$ d) $1\frac{1}{2}$

3.1 a) $-1\frac{1}{2}$ b) $-\frac{4}{5}$ c) −6
d) $-2\frac{1}{2}$ e) 2 f) $-13\frac{1}{3}$

4.1 a) −0,075 b) −1,725 c) −2 d) −8,75

5 a) Diese Aussage ist wahr. $(+a) \cdot (+b) > 0$
b) Diese Aussage ist falsch, das Produkt und auch der Quotient zweier negativer rationaler Zahlen ist immer positiv.
c) Diese Aussage ist wahr, da minus · minus · minus gleich minus.

Mit Klammern rechnen, Seite 7

1 a) $-32 : 4 = -8$ b) $24 \cdot 7 = 168$
c) $-46 + 5 = -41$ d) $-17 - 39 = -56$

2 a) $2{,}6 \cdot 9 = 23{,}4$ b) $0{,}8 \cdot 5 = 4$ c) $(-1{,}2) \cdot (-3) = 3{,}6$
d) $4{,}5 : (-5) = -0{,}9$ e) $-1{,}8 : 6 = -0{,}3$ f) $-3{,}5 : (-7) = 0{,}5$

3 a) $(4 \cdot 6) : 8 = 24 : 8 = 3$ b) $((-5) \cdot 7) : 5 = -35 : 5 = -7$
c) $(8 \cdot 9) : (-6) = 72 : (-6) = -12$ d) $(12 : 4) \cdot 6 = 3 \cdot 6 = 18$
e) $(42 : 6) \cdot (-8) = 7 \cdot (-8) = -56$
f) $(20 : (-5)) \cdot (-9) = (-4) \cdot (-9) = 36$
g) $((-20) : 1) \cdot 3 = (-20) \cdot 3 = 60$
h) $(5 \cdot 2) \cdot (4 \cdot 13) = 10 \cdot 52 = 520$
i) $30 : (100 : (-20)) = 30 : (-5) = -6$

1.1 a) −32 b) 115 c) −3
d) −74 e) −392 f) 1280

1.2 a) 4,5 b) −101 c) 63
d) −103 e) −96 f) −21

1.3 a) 19 b) −93 c) 34
d) −70 e) 30 f) −16
g) 229 h) 9 i) −2

1.4 a) 11 b) −13 c) −39
d) −49 e) −39 f) 0

2.1 a) 266 b) 7 c) 153
d) 6 e) −15 f) $10,\overline{09}$

3.1 a) 4 b) 15 c) 8
d) 24 e) 8 f) −24

4 $20 : 10 - 5 \cdot 3 = 2 - 15 = -13$
a) $20 : (10 - 5) \cdot 3 = 20 : 5 \cdot 3 = 12$
b) $20 : 10 - 5 \cdot 3 = (20 : 10) - 5 \cdot 3$ oder $20 : 10 - (5 \cdot 3) = -13$

Mit Größen rechnen, Seite 8

1 a) 17,420 34 € ≈ 17,42 € b) 0,285 714 2 l ≈ 0,3 l
c) 23,537 25 kg ≈ 23,537 kg d) $3,\overline{3}$ m ≈ 3,33 m

2 a) ≈ 58,21 € b) ≈ 568,31 € c) ≈ 67,24 € d) ≈ 93,55 €
e) ≈ 0,94 dm^3 f) ≈ 6121,36 € g) ≈ 282 kg h) ≈ 0,78 m^3
i) 3,80 kg j) 25 min

3 a) 7500 g − 825 g = 6675 g = 6,675 kg
b) 9600 cm^3 + 748 cm^3 = 10 348 cm^3 = 10,348 dm^3
c) 3700 kg − 400 kg = 3300 kg = 3,3 t
d) 650 cm^2 + 64 cm^2 = 714 cm^2 = 7,14 dm^2

4 1 cm^3 ⟶ 0,007 85 kg
1 dm^3 ⟶ 7,850 kg
0,509 dm^3 ⟶ 0,509 · 7,850 kg = 3,995 kg ≈ 4,0 kg
Die Kugel ist 4,0 kg schwer.

5 60 Min. ⟶ 30 000 m
1 Min. ⟶ 500 m
1 s ⟶ 500 m : 60 = $8,\overline{3}$ ≈ 8,3 m
Der Pkw legt 8,3 m in einer Sekunde zurück.

1.1 a) = 3 € b) ≈ 0,67 € c) ≈ 46,60 €
d) ≈ 71,4 e) ≈ 2,667 km f) ≈ 7,56 €

2.1 a) = 0,5 kg b) ≈ 0,25 l c) ≈ 122,97 €
d) ≈ 2659,98 € e) ≈ 16,7 f) ≈ 6,45 €

3.1 a) 3,4 m b) 8,85 cm^2 c) 72,979 kg
d) 25,121 km e) 25,888 kg f) 9,304 dm^3

4.1 Der Würfel wiegt 6,589 kg.

5.1 Der Pkw legt in 1 Sekunde ≈ 23,61 m zurück.

6 a) Eine kWh (Kilowatt pro Stunde) ist eine Maßeinheit der Arbeit und damit eine Energieeinheit. Eine Kilowattstunde entspricht der Energie, welche eine Maschine mit einer Leistung von einem Kilowatt in einer Stunde aufnimmt oder abgibt. In dieser Maßeinheit werden vor allem Strom-, aber auch Heizwärmekosten abgerechnet.
b) In m^3/h wird die Wasserdurchflussmenge pro Stunde (z. B. bei Pumpen) gemessen.
c) In „Einwohner pro Quadratkilometer" gibt man die Bevölkerungsdichte an.
d) In €/m^2 gibt man den Quadratmeterpreis (z. B. bei Mietwohnungen) an.
e) In €/km gibt man Taxipreise an.
f) In l/min gibt man Fließgeschwindigkeiten von Erdgas oder Wasser an.

Proportionale und antiproportionale Zuordnungen berechnen, Seite 9

1 proportionale Zuordnung
(2) und (3)

	Rinderfilet	Preis in €	
· 1,473 ↓	1 kg	14,98 €	↓ · 1,473
	1,473 kg	22,07 €	

(4) Das Stück Fleisch kostet 22,07 €.

2 a) proportionale Zuordnung
(2) und (3)

	Grundstück in m^2	Preis in €	
: 547 ↓	547	101 195	↓ : 547
· 653 ↓	1	185	↓ · 653
	653	120 805	

(4) Das Grundstück kostet 120 805 €.
b) 547 m^2 kosten 101 195 €.
1 m^2 kostet 185 €.
653 m^2 kosten 120 805 €.

3 a) antiproportionale Zuordnung
(2) und (3)

	Anzahl Tage	Geld pro Tag in €	
· 35 ↓	12	35	↓ : 35
: 30 ↓	420	1	↓ · 30
	14	30	

(4) Das Geld reicht dann für 14 Tage.
b) Bei 35 €/d reicht es 12 Tage.
Bei 1 €/d reicht es 420 Tage.
Bei 30 €/d reicht es 14 Tage.

2.1 Man benötigt 3 kg Farbe.

3.1 Das Geld reicht für 10 Tage.

4 Ein Einsatz von 35 min kostet 1050 €.

5 Das Zahnrad dreht sich 6-mal.

6 Die Aussagen sind nicht proportional,
a) weil die Grundgebühr zum Gesamtpreis addiert werden muss,
b) weil es Preisstaffelungen gibt, z. B. für bis 120 Zeichen 9 Cent, bis 240 Zeichen dann 18 Cent usw.
c) weil meistens nicht im Sekundentakt abgerechnet wird, auch hier gibt es Staffelungen: bis 60 Sekunden 1 Einheit, bis 120 Sekunden 2 Einheiten usw.

Sachaufgaben mit Zuordnungen berechnen, Seite 10

1 proportional
(2) und (3)

	Strom (kWh)	Kosten in €	
· 407	1	0,234	· 407
	407	95,24	
· 388	1	0,234	· 388
	388	90,80	

(4) Kosten Mai: (95,24 + 6,45) €
Kosten Juni: (90,80 + 6,45) €
Gesamtkosten: 198,94 €

2 proportional
(2) und (3)

	Fahrt in km	Preis in €	
· 5,2	1	1,50	· 5,2
	5,2	7,80	
· 18,3	1	1,50	· 18,3
	18,3	27,45	

(4) Die kurze Fahrt kostet (7,80 + 4,00) € = 11,80 €,
die lange (27,45 + 4,00) € = 31,45 €.

3 antiproportional
(2) und (3)

	Anzahl Pumpen	Zeit in min	
: 5	5	36	· 5
	1	180	

(4) 1 Pumpe würde das Becken in 180 min füllen. 5 Pumpen verrichten in 12 min zusammen so viel, wie 1 Pumpe in 5 · 12 = 60 min schaffen würde. 3 Pumpen brauchen für die Restfüllung noch (180 − 60) : 3 = 40 min.

4 antiproportional
(2) und (3)

	Anzahl Pflüge	Zeit in h	
: 3	3	6	· 3
	1	18	

(4) 3 Schneepflüge haben zusammen 3 · 4 = 12 h geräumt.
Ein Schneepflug würde für die Reststrecke noch 6 h benötigen,
2 Schneepflüge brauchen also noch 6 : 2 = 3 h.

5 78 · 1,60 € + 6 · 4,45 € = 151,50 €.
Die Kosten betragen 151,50 €.

6 Der Skilift benötigt 3 min 36 s.

7 Das Wasser steht 50 cm hoch.

8 1. Teil der Füllung: $\frac{1}{3}$ des Beckens wird in den ersten 30 min mithilfe von zwei Pumpen gefüllt.
2. Teil der Füllung: Die restlichen $\frac{2}{3}$ des Beckens könnten eigentlich wieder mithilfe von zwei Pumpen gefüllt werden, die dann schließlich noch 60 min benötigen wrüden. Es sollen jedoch drei Pumpen eingesetzt werden:
2 Pumpen ≙ 60 min
1 Pumpe ≙ 120 min
3 Pumpen ≙ 40 min
Für die gesamte Füllung benötigen die Pumpen schließlich
30 min + 40 min = 70 min.

Kompetenz-Test Rationale Zahlen und Größen, Seite 11

1	a) 169	b) 0	a) $-\frac{1}{4}$	b) $-1\frac{6}{25}$	a) −2,2	b) 10,88
2	a) −12,8	b) 8	a) $\frac{1}{8}$ = 0,125	b) $-2\frac{7}{9}$	a) −0,27	b) 4
3	a) 4,6	b) −210	a) −0,51	b) −0,2	a) 10	b) −8
4	a) 4,5 kg	b) 0,625 m²	a) 6,72 €	b) 1373	a) 800 kg : 25 kg = 32	b) ≈ 56,19 €

5 Für 300 m² benötigt man 1,2 kg,
für 100 m² benötigt man 0,4 kg,
für 1000 m² benötigt man 4,0 kg.
Für eine Fläche von 1000 m² benötigt man 4,0 kg Grassamen.

	Anzahl Teilnehmer	Kosten pro Teilnehmer	
: 8	24	35 €	· 8
· 7	3	280 €	: 7
	21	40 €	

Bei 21 Teilnehmern muss jeder 40 € bezahlen.

	Flaschen	Füllung pro Flasche	
· 3	620	0,75 l	: 3
: 2	1860	0,25 l	· 2
	930	0,5 l	

Aus dem Weinfass könnten 930 0,5-l-Flaschen gefüllt werden.

2 Prozent- und Zinsrechnung

Grundaufgaben der Prozentrechnung berechnen, Seite 12

1 a) W = G · p%
W = 475,00 € · 7,2% = 475,00 € · 0,072 = 34,20 €
b) p% = W : G
p% = 59,450 l : 725,000 l = 0,082 = 8,2%
c) G = W : p%
G = 37,62 € : 9,5% = 37,62 € : 0,095 = 396,00 €

2 a) W = 137,99 € b) p% = 4,9% c) G = 94,4 mm
d) G = 765 Stück e) W = 1,696 cm²

3 a) W = 375 €; p% = 60%
G = 375 € : 0,60 = 625 €. In der SF1 müssen 625 € Prämie bezahlt werden.
b) G = 625 €; p% = 230%
W = 625 € · 2,30 = 1437,50 €. Anfänger zahlen 1437,50 €.

1.1 a) 14,10 € b) 267,75 m c) 6,16 € d) ≈ 7,40 €

1.2 a) 3% b) 9% c) 0,2% d) 0,5%

1.3 a) 150 Personen b) 595 t
c) 3080,00 € d) 36 m

3.1 SF1: 585 €
SF2: 585 € · 0,85 = 497,25 €
SF4: 585 € · 0,60 = 351,00 €
2 · (497,25 € − 351,00 €) = 292,50 €
Der Unterschied beträgt in 2 Jahren 292,50 €.

4 a) Diese Aussage ist wahr.
b) Diese Aussage ist falsch, der Prozentwert kann größer und kleiner als der Grundwert sein.
c) Diese Aussage ist wahr. Zurzeit beträgt der normale Prozentsatz für die Mehrwertsteuer 19 %.

Endwert berechnen, Seite 13

1 (1) Ausgangswert A: 1340 €
Veränderung: + 4,5 %
Wachstumsfaktor: · 1,045
(2) E = A · Wachstumsfaktor
(3) E = 1340 € · 1,045 = 1400,30 €
(4) Die Reise wird dann 1400,30 € kosten.

2

	a)	b)	c)	d)
Wachstumsfaktor	· 1,02	· 0,95	· 0,907	· 1,072
Endwert E	2386,80 €	369,55 €	1895,63 €	5585,12 €

3 a) Berechnen des 1. Endwertes E_1:
Anfangswert A_1: 1437,58 €
Veränderung: + 8,4 %
Wachstumsfaktor: · 1,084
Endwert E_1: 1437,58 € · 1,084 ≈ 1558,34 €
Berechnen des 2. Endwertes E_2:
Anfangswert $A_2 = E_1$: 1558,34 €
Veränderung: + 16 %
Wachstumsfaktor: · 1,16
Endwert E_2: 1558,34 € · 1,16 ≈ 1807,67 €
b) 1437,58 € · 1,084 · 1,16 ≈ 1807,67 €

1.1 Im Schlussverkauf kosten die Jeans 41,93 €.

1.2 Sie bekommt 1560,60 € ausbezahlt.

1.3 Nach der Preiserhöhung sind 52,53 € zu zahlen.

1.4 Einschließlich Mehrwertsteuer sind 551,92 € zu zahlen.

2.1

	a)	b)	c)	d)	e)
Wachstumsfaktor	· 1,069	· 0,927	· 1,094	· 0,769	· 1,056
Endwert E	283,29 €	5200,47 €	35,01 €	5067,71 €	826,85 €

4 a) Der Wachstumsfaktor ist · 0,5. Die Hälfte ist 50 %, somit 0,50.
b) Der Wachstumsfaktor ist · 2,0. Das Doppelte ist das Zweifache, 200 %, somit 2,00.

Grundaufgaben der Zinsrechnung berechnen, Seite 14

1 $Z_t = K \cdot p\,\% \cdot \frac{t}{360}$
$Z_t = \frac{2130\,€ \cdot 7{,}2 \cdot 117}{100 \cdot 360} = 2130\,€ \cdot 0{,}072 \cdot \frac{117}{360} = 49{,}84\,€$

2 $K = \frac{Z_t}{p\,\%} \cdot \frac{360}{t}$
$K = \frac{725{,}70\,€}{0{,}095} \cdot \frac{360}{59} \approx 46\,610{,}53\,€$

3 $p\,\% = \frac{Z_t}{K} \cdot \frac{360}{t}$
$p\,\% = \frac{140{,}40\,€ \cdot 360}{4850\,€ \cdot 135} \approx 0{,}077 = 7{,}7\,\%$

4 a) Z_t = 15,28 € b) K = 14 062,50 € c) Z_t = 26,18 €
d) p % = 2,4 % e) K = 95,74 €

5 $t = \frac{1{,}10\,€ \cdot 360}{180\,€ \cdot 0{,}05} = 44$

1.1

	a)	b)	c)	d)	e)
Z_t	136,33 €	40,06 €	26,08 €	0,08 €	25,14 €

2.1

	a)	b)	c)	d)	e)
K	690 €	208 €	101 €	2431 €	1622 €

3.1

	a)	b)	c)	d)	e)
p %	7,6 %	3,7 %	1,7 %	8,7 %	4,3 %

4.1 a) Z_t = 14,90 € b) K = 971,25 € c) Z_t = 56,93 €
d) p % = 7,0 % e) Z_t = 2,25 €

Zinseszinsen berechnen, Seite 15

1 a)

	Anfangskapital (€)	Zinsfaktor	Endkapital (€)
1. Jahr	10 000,00	· 1,0425	10 425,00
2. Jahr	10 425,00	· 1,0425	10 868,06
3. Jahr	10 868,06	· 1,0425	11 329,95
4. Jahr	11 329,95	· 1,0425	11 811,47
5. Jahr	11 811,47	· 1,0425	12 313,46

b) 10 000 € · 1,0425 · 1,0425 · 1,0425 · 1,0425 · 1,0425 ≈ 12 313,46

2 Anfangskapital: 2000,00 €; Zinssatz: 3 %; Zinsfaktor: · 1,03; Laufzeit: 6 Jahre; Rechnung: 2000,00 € · $(1{,}03)^6$ = 2388,10 €

3

	a)	b)	c)	d)
Endkapital	4244 €	3744 €	640 €	17 065 €
Zinsen und Zinseszinsen	244 €	544 €	140 €	5065 €

1.1 a)

	Anfangskapital	Zinsfaktor	Endkapital
1. Jahr	15 000,00 €	· 1,035	15 525,00 €
2. Jahr	15 525,00 €	· 1,035	16 068,38 €
3. Jahr	16 068,38 €	· 1,035	16 630,77 €
4. Jahr	16 630,77 €	· 1,035	17 212,85 €
5. Jahr	17 212,85 €	· 1,035	17 815,30 €

b) 15 000 € · $1{,}035^5$ ≈ 17 815,30 €

1.2

	Anfangskapital	Zinsfaktor	Endkapital
1. Jahr	2000,00 €	· 1,05	2100,00 €
2. Jahr	2100,00 €	· 1,05	2205,00 €
3. Jahr	2205,00 €	· 1,05	2315,25 €
4. Jahr	2315,25 €	· 1,05	2431,01 €
5. Jahr	2431,01 €	· 1,05	2552,56 €

6. Jahr	2552,56 €	· 1,05	2680,19 €
7. Jahr	2680,19 €	· 1,05	2814,20 €
8. Jahr	2814,20 €	· 1,05	2954,91 €
9. Jahr	2954,91 €	· 1,05	3102,66 €
10. Jahr	3102,66 €	· 1,05	3257,79 €
11. Jahr	3257,79 €	· 1,05	3420,68 €
12. Jahr	3420,68 €	· 1,05	3591,71 €
13. Jahr	3591,71 €	· 1,05	3771,30 €
14. Jahr	3771,30 €	· 1,05	3959,87 €
15. Jahr	3959,87 €	· 1,05	4157,86 €

Das Kapital verdoppelt sich im 15. Jahr.

2.1 Es werden insgesamt 750,75 € an Zinsen und Zinseszinsen ausbezahlt.

3.1

	a)	b)	c)	d)
Zinsfaktor	· 1,0275	· 1,0325	· 1,0375	· 1,04
Endkapital	2111,51 €	2272,95 €	2494,36 €	2530,64 €
Zinsen	111,51 €	272,95 €	494,36 €	530,64 €

Sachaufgaben zur Prozent- und Zinsrechnung, Seite 16

1 (1) Anfangswert A = 3456,00 €
Endwert E = 3576,96 €
(2) A Prozentsatz bestimmen
p% = E : A
(3) p% = 3576,96 : 3456,00 = 1,035 = 3,5%
(2) B Prozentuale Veränderung bestimmen
100% + p%
(3) 100% + 3,5%
(4) Das Gehalt wurde um 3,5% erhöht.

2 Man kann das Endkapital entweder mit einer Tabelle berechnen oder mit einer Gleichung.

	Anfangskapital (€)	Zinsfaktor	Endkapital (€)
1. Jahr	2500,00	· 1,0175	2543,75
2. Jahr	2543,75	· 1,02	2594,63
3. Jahr	2594,63	· 1,02	2646,52
4. Jahr	2646,52	· 1,025	2712,68
5. Jahr	2712,68	· 1,027	2785,92

2500,00 € · 1,0175 · 1,02 · 1,02 · 1,025 · 1,027 ≈ 2785,92 €
Das Endkapital beträgt 2785,92 €.

3 Das Gerät kostet mit Mehrwertsteuer 653,31 €.

4 a)

	1993	2000	2010
RV	306,25	341,25	348,25
KV	234,50	236,25	287,00
AV	113,75	113,75	52,50
PV	0,00	29,75	34,13
Summe	654,50	721,00	721,88

b) G = 654,50 €
W = 721,88 € − 654,50 € = 67,38 €
$p\% = \frac{67{,}38}{654{,}50} \approx 0{,}1029 = 10{,}29\%$
Die Sozialabgaben haben sich um 10,29% erhöht.

5

$\frac{3520 € \cdot 0{,}1375}{360} \cdot 27 = 36{,}30 €$

Er muss für die Überziehung 36,30 € zahlen.

6

	K(€)	p%	t(d)	Z_t (€)
1. Monat	340	1,5%	360	5,10
2. Monat	340	1,5%	330	4,68
3. Monat	340	1,5%	300	4,25
4. Monat	340	1,5%	270	3,83
5. Monat	340	1,5%	240	3,40
6. Monat	340	1,5%	210	2,98
7. Monat	340	1,5%	180	2,55
8. Monat	340	1,5%	150	2,13
9. Monat	340	1,5%	120	1,70
10. Monat	340	1,5%	90	1,28
11. Monat	340	1,5%	60	0,85
12. Monat	340	1,5%	30	0,43

Frau Dreger erhält am Jahresende 33,18 € Zinsen.

7

a) Zinsfaktor		b) Zinsen	c) Kontostand am Jahresende
1. Jahr	· 1,015	101,25 €	6851,25 €
2. Jahr	· 1,020	137,03 €	6988,28 €
3. Jahr	· 1,0225	157,24 €	7145,52 €
4. Jahr	· 1,025	178,64 €	7324,16 €
5. Jahr	· 1,0275	201,41 €	7525,57 €

d) Den durchschnittlichen Zinssatz erhält man (auf dieser mathematischen Niveaustufe) durch fünfmalige Multiplikation mit einem gleichen Zinsfaktor. Man nähert sich durch Ausprobieren.
6750 € · 1,020 · 1,020 · 1,020 · 1,020 · 1,020 = 7452,55 € (< 7525,57 €)
6750 € · 1,021 · 1,021 · 1,021 · 1,021 · 1,021 = 7489,15 € (< 7525,57 €)
6750 € · 1,022 · 1,022 · 1,022 · 1,022 · 1,022 = 7525,90 € (> 7525,57 €)
Der durchschnittliche Zinssatz beträgt ungefähr 2,2%.

Kompetenz-Test Prozent- und Zinsrechnung, Seite 17

1 a) W = 140 kg b) p% = 2% c) G = 25 000 kg	a) W = 18,750 kg b) p% = 3,5% c) G = 5000 kg	a) W = 0,375 kg b) p% = 1,2% c) G = 2200 kg
2 a) · 1,25 b) · 0,9	a) · 0,975 b) · 2,00	a) · 0,996 b) · 2,55
3 Wachstumsfaktor: · 1,012 E = 1200 l · 1,012 = 1224 l	Wachstumsfaktor: · 0,975 E = 200 000 l · 0,975 = 195 000 l	Wachstumsfaktor: · 0,9875 E = 15 000 l · 0,9875 = 14 737,5 l
4 a) Z = 160 € b) p% = 3% c) K = 50 000 €	a) Z = 375 € b) p% = 1,5% c) K = 260 €	a) Z = 1125 € b) p% = 0,75% c) K = 3800 €
5 Anfangskapital: 1000 € Zinsfaktoren: · 1,02 · 1,02 Endkapital: 1040,40 €	Anfangskapital: 5000 € Zinsfaktoren: $\cdot 1{,}025^5$ Endkapital: 5657,04 €	Anfangskapital: 12 000 € Zinsfaktoren: · 1,02 · 1,025 · 1,035 Endkapital: 12 985,11 €

3 Reelle Zahlen

Quadrieren, Seite 18

1 $6^2 = 6 \cdot 6 = 36$ $\quad 7^2 = 7 \cdot 7 = 49$
$8^2 = 8 \cdot 8 = 64$ $\quad 9^2 = 9 \cdot 9 = 81$
$10^2 = 10 \cdot 10 = 100$ $\quad 11^2 = 11 \cdot 11 = 121$
$12^2 = 12 \cdot 12 = 144$ $\quad 13^2 = 13 \cdot 13 = 169$
$14^2 = 14 \cdot 14 = 196$ $\quad 15^2 = 15 \cdot 15 = 225$

2 a) 160 000 b) 0,09 c) 0,0004 d) 400
e) 0,81 f) 0,0144 g) −4900 h) 0,000 009
i) 1,21 j) −0,09 k) 121 l) −0,0025

3 a) $\frac{9}{16}$ b) $\frac{25}{64}$ c) $-\frac{1}{4}$ d) $\frac{1}{100}$
e) $\frac{4}{25}$ f) $\frac{1}{16}$ g) $\frac{16}{25}$ h) $\frac{1}{10\,000}$
i) $\frac{1}{16}$ j) $-\frac{1}{100}$ k) $-\frac{1}{10\,000}$ l) $\frac{9}{16}$

4 a) > b) < c) = d) =
e) = f) = g) < h) >
i) < j) < k) = l) <

5 a) 299,29 b) 79,21 c) 0,390 625 d) 2218,41
e) 0,6084 f) 225 625 g) 0,64 h) 0,5329

1.1 $16^2 = 256$; $17^2 = 289$; $18^2 = 324$; $19^2 = 361$; $20^2 = 400$; $21^2 = 441$; $22^2 = 484$; $23^2 = 529$; $24^2 = 576$; $25^2 = 625$

2.1 a) 90 000 b) 25 000 000 c) 0,49
d) 40 000 e) 0,0361 f) 2,89
g) −625 h) 160 000 i) −1,96
j) 900 k) 0,000 016 l) 0,0169

3.1 a) $\frac{4}{9}$ b) $\frac{9}{100}$ c) $\frac{4}{121}$ d) $\frac{9}{25}$
e) $-\frac{1}{16}$ f) $\frac{49}{64}$ g) $\frac{25}{9}$ h) $-\frac{9}{16}$
i) $\frac{9}{49}$ j) $-\frac{25}{64}$ k) $\frac{64}{9}$ l) $\frac{4}{25}$

4.1 a) > b) = c) <
d) < e) = f) =
g) > h) > i) >

5.1 a) 538,24 b) 32,49 c) 1831,84 d) −0,7569
e) 66 049 f) −1162,81 g) 0,6241 h) 6,5536
i) 0,09 j) 0,035 156 25 k) 0,765 625 l) −0,024 414 062 5

6 a) $2^2 = 4$; $(-2)^2 = 4$; Lösungen sind gleich.
b) $(2^2)^2 = 8$; $((-2)^2)^2 = 8$; Lösungen sind gleich.
c) $((2^2)^2)^2 = 16$; $(((-2)^2)^2)^2 = 16$; Lösungen sind gleich.
d) $(((2^2)^2)^2)^2 = 32$; $((((-2)^2)^2)^2)^2 = 32$; Lösungen sind gleich.

Wurzeln ziehen, Seite 19

1 a) $\sqrt{64} = 8$, denn $8^2 = 64$ b) $\sqrt{81} = 9$, denn $9^2 = 81$
c) $\sqrt{144} = 12$, denn $12^2 = 144$ d) $\sqrt{0{,}25} = 0{,}5$, denn $0{,}5^2 = 0{,}25$
e) $\sqrt{10\,000} = 100$, denn $100^2 = 10\,000$

2 a) 0 b) 30 c) 0,01 d) 60 e) 0,9
f) 11 g) 0,1 h) 1,3 i) 1,1 j) 40
k) nicht lösbar l) 0,11

3 a) $\frac{2}{3}$ b) $\frac{3}{5}$ c) nicht lösbar
d) $\frac{4}{5}$ e) $\frac{9}{10}$ f) $\frac{6}{10}$

4 a) $5 < \sqrt{30} < 6$, denn $5^2 = 25 < 6^2 = 36$
b) $7 < \sqrt{50} < 8$, denn $7^2 = 49 < 8^2 = 64$
c) $8 < \sqrt{80} < 9$, denn $8^2 = 64 < 9^2 = 81$

5 a) 7,5 b) 0,63 c) 50,7
d) 7,7 e) 730 f) 56,1
g) 853 h) 0,823 i) 0,061

1.1 a) 7 b) 8 c) 15 d) 13
e) 0,9 f) 0,5 g) 20 h) 11

2.1 a) 50 b) 0,01 c) 0,07 d) 600
e) 80 f) 0,08 g) 0,12 h) nicht lösbar
i) 130 j) nicht lösbar k) 0,25 l) 1,5

3.1 a) $\frac{5}{4}$ b) $\frac{6}{7}$ c) $-\frac{2}{3}$ d) nicht lösbar
e) $\frac{9}{15}$ f) $\frac{6}{8}$ g) $\frac{10}{11}$ h) $-\frac{5}{3}$

4.1 a) $6 < \sqrt{40} < 7$ b) $9 < \sqrt{90} < 10$
c) $7 < \sqrt{60} < 8$ d) $14 < \sqrt{200} < 15$
e) $10 < \sqrt{120} < 11$ f) $5 < \sqrt{33} < 6$
g) $14 < \sqrt{222} < 15$ h) $22 < \sqrt{500} < 23$

5.1 a) 3,7 b) 6,6 c) 4,3 d) 4,9
e) 0,47 f) 0,58 g) 9,7 h) 0,73

6 $\sqrt{10} = 3{,}16227\ldots$
$\sqrt{10^2} = 10$
$\sqrt{10^3} = 31{,}6227\ldots$
$\sqrt{10^4} = 100$
$\sqrt{10^5} = 316{,}227\ldots$
$\sqrt{10^6} = 1000$
Die Wurzel von Zehnerpotenzen mit geradem Exponenten ergeben eine natürliche Zahl.

Näherungsweises Wurzelziehen, Seite 20

1

Näherung	Kontrolle	Vergleich	Intervall
2,21	$2{,}21^2 = 4{,}8841$	$2{,}21 < \sqrt{5}$	$2{,}21 < \sqrt{5} < 2{,}3$
2,22	$2{,}22^2 = 4{,}9284$	$2{,}22 < \sqrt{5}$	$2{,}22 < \sqrt{5} < 2{,}3$
2,23	$2{,}23^2 = 4{,}9729$	$2{,}23 < \sqrt{5}$	$2{,}23 < \sqrt{5} < 2{,}3$
2,24	$2{,}24^2 = 5{,}0176$	$2{,}24 > \sqrt{5}$	$2{,}23 < \sqrt{5} < 2{,}24$

2 Siehe Tabelle 1 unten.

Tabelle 1

(1) Näherungswert festlegen	(2) Zugehörigen Näherungswert durch Division bestimmen	(3) Intervall notieren	(4) Neuen Näherungswert durch Mittelwertbildung bestimmen
2	5 : 2 = 2,5	$2 < \sqrt{5} < 2{,}5$	$\frac{2 + 2{,}5}{2} = 2{,}25$
2,25	5 : 2,25 = 2,222 222	$2{,}222\,222 < \sqrt{5} < 2{,}25$	$\frac{2{,}222\,222 + 2{,}25}{2} = 2{,}236\,111$
2,236 111	5 : 2,236 111 = 2,236 025	$2{,}236025 < \sqrt{5} < 2{,}236\,111$	$\frac{2{,}236\,025 + 2{,}236\,111}{2} = 2{,}236\,068$

3 Siehe Tabelle 1 unten.

4 Individuelle Lösung

Reelle Zahlen, Seite 21

1 $\sqrt{16} = 4$ rational
$\sqrt{20} \approx 4{,}472136\ldots$ irrational
$-\sqrt{25} = -5$ rational
$\sqrt{\frac{4}{9}} = 0{,}666\ldots = 0{,}\overline{6}$ rational

2 a) wahr b) falsch c) wahr
d) wahr e) falsch f) wahr

3 a)

$1{,}41^2 = 1{,}988$ (1)	$1{,}73^2 = 2{,}992$ (9)	$3{,}16^2 = 9{,}985$ (6)
$1{,}42^2 = 2{,}016$ (4)	$1{,}76^2 = 3{,}097$ (6)	$3{,}17^2 = 10{,}048$ (9)
$1{,}414^2 = 1{,}99939$ (6)	$2{,}828^2 = 7{,}99758$ (4)	$3{,}60^2 = 12{,}9$ (6)
$1{,}415^2 = 2{,}00222$ (5)	$2{,}829^2 = 8{,}00324$ (1)	$3{,}61^2 = 13{,}032$ (1)

b) 2; 3; 7; 8

4 a)

Quadrat	grau	ABCD	AB'C'D'	AB''C''D''
Flächeninhalt	1	2	8	18
Seitenlänge	1	$\sqrt{2}$	$\sqrt{8}$	$\sqrt{18}$

b) $P = \sqrt{2}$ $Q = \sqrt{8}$ c) $\sqrt{18} \approx 4{,}24$

1.1 a) 7 rational b) 3,162277 ... irrational
c) nicht lösbar d) −8 rational
e) 2,1 rational f) 2,097617 ... irrational
g) −2,097617 ... irrational h) 0,9 rational
i) 5 rational j) 15,811388 ... irrational
k) 50 rational l) nicht lösbar
m) 5,477225 ... irrational n) 6 rational
o) −6 rational p) 1,897366 ... irrational

2.1 a) wahr b) wahr c) falsch d) falsch

5 a) Diese Aussage ist falsch. Es gilt aber: jede natürliche Zahl gehört auch zur Menge der reellen Zahlen.
b) Diese Aussage ist wahr.

Terme mit Wurzeln berechnen, Seite 22

1 a) 3,6 b) 9,2 c) 4,1 d) 0,7
e) 7 f) 47 g) 8,1 h) 831
i) 1,5 j) 0,1

2 a) $\sqrt{6} \cdot \sqrt{9} = 3 \cdot \sqrt{6}$
b) $\sqrt{16} \cdot \sqrt{3} = 4 \cdot \sqrt{3}$
c) $\sqrt{4} \cdot \sqrt{49} = 2 \cdot 7 = 14$
d) $\frac{\sqrt{25}}{\sqrt{30}} = \frac{5}{\sqrt{30}}$ e) $\frac{\sqrt{9}}{\sqrt{10}} = \frac{3}{\sqrt{10}}$ f) $\frac{\sqrt{4}}{\sqrt{21}} = \frac{2}{\sqrt{21}}$

3 a) $\sqrt{4} \cdot \sqrt{10} = 2 \cdot \sqrt{10}$ b) $\sqrt{36 \cdot 2} = \sqrt{36} \cdot \sqrt{2} = 6 \cdot \sqrt{2}$
c) $\sqrt{25 \cdot 2} = \sqrt{25} \cdot \sqrt{2} = 5 \cdot \sqrt{2}$ d) $\sqrt{100 \cdot 3} = \sqrt{100} \cdot \sqrt{3} = 10 \cdot \sqrt{3}$
e) $\sqrt{4 \cdot 7} = \sqrt{4} \cdot \sqrt{7} = 2 \cdot \sqrt{7}$ f) $\sqrt{25 \cdot 3} = \sqrt{25} \cdot \sqrt{3} = 5 \cdot \sqrt{3}$

4 a) $\sqrt{\frac{50}{72}} = \sqrt{\frac{25}{36}} = \frac{5}{6}$ b) $\sqrt{\frac{27}{48}} = \sqrt{\frac{9}{16}} = \frac{3}{4}$
c) $\sqrt{\frac{98}{200}} = \sqrt{\frac{49}{100}} = \frac{7}{10}$ d) $\sqrt{\frac{3}{192}} = \sqrt{\frac{1}{64}} = \frac{1}{8}$
e) $\sqrt{\frac{7}{112}} = \sqrt{\frac{1}{16}} = \frac{1}{4}$ f) $\sqrt{\frac{99}{275}} = \sqrt{\frac{9}{25}} = \frac{3}{5}$

5 a) $= 2 + 6 \cdot \sqrt{2} + 9 = 11 + 6 \cdot \sqrt{2}$
b) $= 5^2 - 2 \cdot 5 \cdot \sqrt{6} + \sqrt{6}^2 = 25 - 10 \cdot \sqrt{6} + 6 = 31 - 10 \cdot \sqrt{6}$
c) $= \sqrt{8}^2 - 5^2 = 8 - 25 = -17$

1.1 a) 4,6 b) 3,5 c) 0,3 d) 0,08
e) 0,17 f) 46 g) 36,7 h) 3,7

2.1 a) $4 \cdot \sqrt{15}$ b) $3 \cdot \sqrt{10}$ c) $5 \cdot \sqrt{11}$ d) 10
e) $6 \cdot \sqrt{2}$ f) 12 g) $7 \cdot \sqrt{10}$ h) $10 \cdot \sqrt{13}$

3.1 a) $2 \cdot \sqrt{7}$ b) $3 \cdot \sqrt{10}$ c) $2 \cdot \sqrt{10}$ d) $4 \cdot \sqrt{2}$
e) $5 \cdot \sqrt{3}$ f) 10 g) $5 \cdot \sqrt{6}$ h) $7 \cdot \sqrt{2}$

4.1 a) $\frac{3}{5}$ b) $\frac{2}{3}$ c) $\frac{7}{10}$ d) $\frac{1}{5}$
e) $\frac{1}{3}$ f) $\frac{2}{7}$ g) $\frac{3}{10}$ h) $\frac{7}{5}$

5.1 a) $57 + 14 \cdot \sqrt{8}$ b) $94 - 18 \cdot \sqrt{13}$ c) $31 + 10 \cdot \sqrt{6}$
d) $59 - 14 \cdot \sqrt{10}$ e) 46 f) $60 + 14 \cdot \sqrt{11}$
g) $1{,}05 - \sqrt{0{,}8}$ h) 11 i) 16
j) $110 + 20 \cdot \sqrt{10}$ k) −7

Kompetenz-Test Reelle Zahlen, Seite 23

1 a) 625 c) 0,09	b) 1,96 d) $\frac{1}{4} = 0{,}25$	a) 1000000 c) 0,0025	b) 121 d) 2,25	a) 144 c) $\frac{49}{16} = 3{,}0625$	b) −0,01 d) 0,000009
2 a) 5 c) 12	b) 10 d) 1	a) 100 c) 1,1	b) 0,1 d) 0	a) $\frac{2}{3} = 0{,}\overline{6}$ c) $\frac{1}{10} = 0{,}1$	b) 0,9 d) nicht lösbar
3 a) r c) i	b) r d) nicht lösbar	a) w c) w	b) w d) w	a) f c) w	b) f d) f

Tabelle 1

(1) Näherungswert festlegen	(2) Zugehörigen Näherungswert durch Division bestimmen	(3) Intervall notieren	(4) Neuen Näherungswert durch Mittelwertbildung bestimmen
3	12 : 3 = 4	$3 < \sqrt{12} < 4$	$\frac{3+4}{2} = 3{,}5$
3,5	12 : 3,5 = 3,428571	$3{,}428571 < \sqrt{12} < 3{,}5$	$\frac{3{,}428571 + 3{,}5}{2} = 3{,}464286$
3,464286	12 : 3,464286 = 3,463917	$3{,}463917 < \sqrt{12} < 3{,}464286$	$\frac{3{,}463917 + 3{,}464286}{2} = 3{,}464102$

4 a) 1,2 b) 5 c) 9 d) 4	a) 6 b) $\frac{2}{7}$ c) 0,5 d) 6	a) $\sqrt{4 \cdot 10} = 2 \cdot \sqrt{10}$ b) $\frac{\sqrt{9}}{\sqrt{11}} = \frac{3}{\sqrt{11}}$ c) 0,09 d) 1
5 a) $(\sqrt{2})^2 + 2\sqrt{2} \cdot 3 + 3^2$ $= 2 + 6 \cdot \sqrt{2} + 9 = 11 + 6 \cdot \sqrt{2}$ b) $2^2 - 2 \cdot 2\sqrt{3} + \sqrt{3}^2 = 4 - 4\sqrt{3} + 3$ $= 7 - 4\sqrt{3}$	a) $8 + 2 \cdot 0{,}2 \cdot \sqrt{8} + 0{,}04 = 8{,}04 + 0{,}4 \cdot \sqrt{8}$ b) $\frac{1}{4} - 2 \cdot \frac{1}{2} \cdot \sqrt{3} + 3 = 3\frac{1}{4} - \sqrt{3}$	a) $0{,}4 - 9 = -8{,}6$ b) $2 - 2 \cdot \sqrt{2}\sqrt{8} + 8 = 10 - 2 \cdot \sqrt{16} = 2$

4 Potenzen

Potenzen berechnen, Seite 24

1 a) $4^3 = 64$ b) $(-5)^3 = -125$
c) $0{,}2^4 = 0{,}0016$ d) $\left(\frac{3}{4}\right)^2 = \frac{9}{16}$
e) $(-0{,}3)^2 = 0{,}09$ f) $(-0{,}3)^3 = -0{,}027$

2 a) 8   b) −8   c) 9
d) 9   e) 64   f) −64
g) −64   h) 16   i) −16
j) 0,25   k) 0,25   l) $\frac{8}{27}$
m) $-\frac{8}{27}$ n) 4   o) 1

3 a) $2 \cdot \sqrt{2}$
b) $\sqrt{2} \cdot \sqrt{2} \cdot \sqrt{2} \cdot \sqrt{2} = 4$
c) $(-\sqrt{2}) \cdot (-\sqrt{2}) \cdot (-\sqrt{2}) = -2 \cdot \sqrt{2}$
d) $(-\sqrt{2}) \cdot (-\sqrt{2}) \cdot (-\sqrt{2}) \cdot (-\sqrt{2}) = 4$

4 a) $32 = 2^5$; $128 = 2^7$ b) $81 = 3^4$; $3 = 3^1$
c) $1000 = 10^3$; $1 = 10^0$ d) $64 = 4^3$; $1024 = 4^5$
e) $100 = 10^2$; $10\,000 = 10^4$ f) $32 = 2^5$; $256 = 2^8$

5 a) <   b) <   c) >   d) =

6 a) $4{,}8^2 = 23{,}04$; $(-4{,}8)^2 = 23{,}04$; $-4{,}8^2 = -23{,}04$
b) $4{,}8^3 = 110{,}592$; $(-4{,}8)^3 = -110{,}592$; $-4{,}8^3 = -110{,}592$

7 a) $x^2 \cdot (-y)^3$ b) $-1{,}5 \cdot a^2 \cdot b^3$ c) $-2x^3$

1.1 a) $2^3 = 8$ b) $(-2)^3 = -8$ c) $3^2 = 9$ d) $(-3)^2 = 9$
e) $0{,}2^2 = 0{,}04$ f) $(-0{,}2)^3 = -0{,}008$ g) $(-1)^3 = -1$

2.1 a) 81   b) 81   c) −81   d) 64   e) −64
f) 512   g) −512   h) 1024   i) 100   j) 100 000
k) −100 000   l) −4   m) 1   n) 1   o) 325
p) 0   q) 1

2.2 a) 0,09   b) 0,027   c) 0,064   d) −0,064   e) −0,064
f) $\frac{27}{8}$ g) $-\frac{27}{8}$ h) $\frac{81}{16}$ i) $\frac{81}{16}$ j) 1

3.1 a) $3 \cdot \sqrt{3}$ b) $-3 \cdot \sqrt{3}$ c) 9   d) 9

4.1 a) 2^6; 2^8; 2^1; 2^0 b) 3^2; 3^3; 3^5; 3^6; 3^0
c) 10^3; 10^2; 10^1

5.1 a) =   b) >   c) =   d) =   e) >   f) >

6.1 a) 10,24; 10,24; −10,24
b) 1055,6001; 1055,6001; −1055,6001
c) 0,729; −0,729; −0,729
d) 0,000 027; −0,000 027; −0,000 027

7.1 a) $-24a^3b^2$ b) $-3x^3 \cdot (-z)^2$ c) $4a^3$
d) $-2y^4$ e) $-2a^2b$

Potenzen mit gleicher Basis multiplizieren und dividieren, Seite 25

1 a) $3^{4+2} = 3^6$ b) $2^{5-3} = 2^2$ c) $(-2)^{3+2} = (-2)^5$
d) $(-4)^{3-2} = (-4)^1$ e) $a^{4+2} = a^6$ f) $b^{6-4} = b^2$

2 a) $2^7 = 128$ b) $2^6 = 64$ c) $3^4 = 81$ d) $3^2 = 9$
e) $(-2)^4 = 16$ f) $(-2)^5 = -32$ g) $(-3)^3 = -27$ h) $(-3)^4 = 81$

3 a) $(a - b)^5$ b) $(2x + y)^2$ c) $3x + 2y$ d) $(x - 2y)^7$

4 a) $2x^3 \cdot y^2$ b) $a^4 \cdot b^3$ c) $-6v^5$ d) $3w^2$

5 a) $2x^3 + 5x^3 = 7x^3$ b) $3a^2b^3 - 5a^2b^3 = -2a^2b^3$
c) $2x^2 + 0{,}5x^2 = 2{,}5x^2$

1.1 a) 5^7 b) 4^3 c) $1{,}2^5$ d) $0{,}8^1$
e) $\left(\frac{3}{4}\right)^2$ f) $(-3)^4$ g) $(-1)^4$

1.2 a) x^7 b) y^3 c) a^{10} d) b^0
e) z^1 f) c^1 g) d^0

2.1 a) $2^9 = 512$ b) $3^4 = 81$ c) $4^3 = 64$ d) $5^3 = 125$
e) $(-2)^5 = -32$ f) $(-3)^3 = -27$ g) $(-5)^4 = 625$

2.2 a) $0{,}3^4 = 0{,}0081$ b) $0{,}4^3 = 0{,}064$ c) $(-0{,}2)^5 = -0{,}000\,32$

2.3 a) $\left(\frac{1}{2}\right)^4 = \frac{1}{16}$ b) $\left(\frac{3}{4}\right)^2 = \frac{9}{16}$ c) $\left(-\frac{2}{3}\right)^2 = \frac{4}{9}$

3.1 a) $(x + y)^6$ b) $(a - b)^2$ c) $(p - 3)^3$
d) $(4 + z)^2$ e) $(n + 2)^4$ f) $(y - 2z)^3$

4.1 a) x^5y^3 b) r^5s^4 c) $3a^3b^3$
d) $-10x^4y$ e) $5x^3y$ f) $-3k^3t^2$

5.1 a) $2a^3$ b) $-x^2$ c) $7ab^2$
d) $5x^2y$ e) $-2a^2b^2$ f) $-1{,}5yz^3$

5.2 a) $2rs^2$ b) $5x^4y^3$ c) $9v^2w^5$ d) $3x^5y^2$

Potenzen mit gleichen Exponenten multiplizieren und dividieren, Seite 26

1 a) $(3 \cdot 4)^2 = 12^2$ b) $(48 : 4)^2 = 12^2$
c) $((-5) \cdot (-4))^3 = 20^3$ d) $((-20) : 4)^3 = (-5)^3$
e) $(a \cdot (-b))^3 = (-ab)^3$ f) $((-a) : (-b))^2 = (a : b)^2$

2 a) $8^2 = 64$ b) $(-12)^2 = 144$
c) $4^2 = 16$ d) $(-5)^3 = -125$
e) $100^3 = 1\,000\,000$ f) $(-1000)^2 = 1\,000\,000$
g) $4^4 = 256$ h) $(-2)^4 = 16$

3 a) 225; 75; 225   b) 25; 1,25; 25

4 a) $3^2 \cdot 5^2$ b) $20^2 : 4^2$ c) $x^3 \cdot y^3$
d) $a^4 : b^4$ e) $(-2)^4 \cdot a^4$ f) $(6b)^2 : 2^2$

5 a) $6^2 \cdot x^2 = (6x)^2$ b) 2^3

6 a) $3^2 \cdot b^2 = 9b^2$ b) $x^3 : 2^3 = x^3 : 8$

1.1 a) 8^3 b) 5^2 c) $(-12)^2$
d) $(-5)^4$ e) $1{,}2^3$ f) $(-1)^3$

1.2 a) $(xy)^2$ b) $(a : b)^2$ c) $(4y)^3$
d) $(x : 2)^3$ e) $(-2a)^4$ f) $(x : y)^0$

2.1 a) $6^2 = 36$ b) $3^2 = 9$
c) $(-4)^3 = -64$ d) $(-3)^4 = 81$
e) $(-72)^1 = -72$ f) $(100)^3 = 1\,000\,000$

2.2 a) $1{,}6^2 = 2{,}56$ b) $0{,}4^3 = 0{,}064$
c) $(-3)^4 = 81$ d) $10^4 = 10\,000$
e) $\left(\frac{3}{8}\right)^2 = \frac{9}{64}$ f) $40^3 = 64\,000$
g) $4^6 = 4096$ h) $(10 : 5)^2 = 2^2 = 4$
i) $(10 : 10)^3 = 1$

3.1 a) 8000; 320; 8000 b) 216; 0,24; 216
c) 4; 8; 4 d) 196; 196; 7

4.1 a) $5^3 \cdot 4^3$ b) $30^3 : 5^3$ c) $8^2 \cdot 3^2$
d) $12^2 : 4^2$ e) $a^2 \cdot b^2$ f) $x^2 : y^2$
g) $(-2)^3 z^3$ h) $(3a)^2 : (-4)^2 = 3^2 a^2 : (-4)^2$
i) $(-3)^3 \cdot b^3$

5.1 a) $(2a)^3$ b) $(3x)^4$ c) $(a : 2)^3$
d) $(x : 5)^2$ e) $\left(-\frac{3}{2}a\right)^3$ f) $\frac{7}{4a}$

6.1 a) $8z^3$ b) $a^2 : b^2$ c) $81y^4$
d) $-\frac{1}{8}a^3$ e) y f) $\frac{9}{8}a$
g) $1 : 2^3 = \frac{1}{8} = 0{,}125$ h) 0,25

Potenzen potenzieren, Seite 27

1 a) $2^{3 \cdot 4} = 2^{12}$ b) $3^{1 \cdot 5} = 3^5$ c) $(-3)^{4 \cdot 2} = (-3)^8$
d) $(-y)^{3 \cdot 4} = (-y)^{12}$ e) $a^{0 \cdot 6} = a^0$

2 a) $2^6 = 64$ b) $2^6 = 64$ c) $3^6 = 729$
d) $2^9 = 512$ e) $4^3 = 64$ f) $3^0 = 1$
g) $(-2)^6 = 64$ h) $(-2)^9 = -512$ i) $(-5)^3 = -125$

3 a) $(2^3)^2 = 2^6$ b) $(2^2)^3 = 2^6$ c) $(2^4)^2 = 2^8$ d) $(2^6)^3 = 2^{18}$

4 a) 4096 b) 4096 c) 5,0625
d) 2,985 984 e) −0,125 f) −32 768

5 a) $(3^2)^2 = 3^4 = 81$ b) $(2^3)^3 = 2^9 = 512$ c) $((2^3)^2)^3 = 2^{18} = 262\,144$

6 a) a^6 b) y^0 c) x^{6n} d) $5^4 \cdot a^{12}$

7 a) $2^6 = 64$ b) $2^9 = 512$ c) $2^6 = 64$ d) $2^8 = 256$

1.1 a) 3^8 b) $(-2)^{15}$ c) $(2{,}5)^6$ d) $(-4)^0$

1.2 a) x^8 b) $(-y)^{12}$ c) a^5 d) $(-b)^0$

2.1 a) $2^8 = 256$ b) $(-2)^9 = -512$
c) $(-4)^3 = -64$ d) $1^{18} = 1$
e) $2^4 = 16$ f) $(-2)^4 = 16$
g) $5^0 = 1$ h) $(-3)^5 = -243$

2.2 a) $0{,}2^6 = 0{,}000\,064$ b) $0{,}3^4 = 0{,}0081$
c) $1{,}5^2 = 2{,}25$ d) $(-0{,}1)^4 = 0{,}0001$

2.3 a) $\left(\frac{1}{2}\right)^6 = \frac{1}{64}$ b) $\left(-\frac{1}{2}\right)^6 = \frac{1}{64}$
c) $\left(-\frac{2}{3}\right)^3 = -\frac{8}{27}$ d) $\left(\frac{2}{5}\right)^0 = 1$

3.1 a) 2^4; 2^9; 2^4 b) 3^6; 3^6; 3^8; 3^0
c) 10^6; 10^6 d) 5^4; 5^9; 5^0

5.1 a) $2^8 = 256$ b) $3^8 = 6561$

6.1 a) y^{12} b) $(-b)^{15}$ c) a^{6n} d) b^{2n+2}

7.1 a) $3^6 = 729$; $3^8 = 6561$ b) $3^6 = 729$; $3^9 = 19\,683$
c) $4^6 = 4096$; $4^8 = 65\,536$ d) $4^0 = 1$; $4^1 = 4$

Potenzen mit ganzzahligen Exponenten berechnen, Seite 28

1 a) $\frac{1}{2^4} = \frac{1}{16}$ b) $\frac{1}{10^3} = 0{,}001$ c) $\frac{1}{3^2} = \frac{1}{9}$
d) $\frac{1}{4^3} = \frac{1}{64}$ e) $\frac{1}{0{,}5^2} = 4$ f) $\frac{1}{(-4)^3} = -\frac{1}{64}$

2 a) $\frac{1}{2^2} = \frac{1}{4} = 0{,}25$ b) $\frac{1}{2^3} = \frac{1}{8} = 0{,}125$ c) $\frac{1}{(-2)^3} = -0{,}125$
d) $\frac{1}{10^3} = 0{,}001$ e) $\frac{1}{0{,}2^2} = 25$ f) $\frac{1}{(-10)^2} = 0{,}01$

3 a) 2^3 b) $\frac{1}{2^3} = 2^{-3}$ c) $\frac{1}{2} = 2^{-1}$ d) $\frac{1}{4} = 2^{-2}$

4 a) 10^2 b) $\frac{1}{10^2} = 10^{-2}$ c) $\frac{1}{100} = 10^{-2}$ d) $\frac{1}{1000} = 10^{-3}$

5 a) > b) < c) > d) =

6 a) 81 b) 64 c) 0,125 d) 0,015 625
e) −32 f) −32 g) −0,125 h) −0,125

7 a) $2^{-2} = 0{,}25$ b) $4^{-5-(-3)} = 4^{-2} = 0{,}0625$
c) $(10 \cdot 2)^{-2} = 20^{-2} = 0{,}0025$ d) $(10 : 5)^{-2} = 2^{-2} = 0{,}25$
e) $2^6 = 64$ f) $4^{3-5} = 4^{-2} = 0{,}0625$

1.1 a) $\frac{1}{2^3} = \frac{1}{8} = 0{,}125$ b) $\frac{1}{10^2} = \frac{1}{100} = 0{,}01$
c) $\frac{1}{3^4} = \frac{1}{81}$ d) $\frac{1}{4^2} = \frac{1}{16}$
e) $\frac{1}{5^3} = \frac{1}{125} = 0{,}008$ f) $\frac{1}{(-2)^2} = \frac{1}{4} = 0{,}25$
g) $\frac{1}{(-10)^3} = -0{,}001$ h) −1

1.2 a) $\frac{1}{0{,}4^2} = \frac{1}{0{,}16} = 6{,}25$ b) $\frac{1}{0{,}5^3} = \frac{1}{0{,}125} = 8$
c) $\frac{1}{0{,}1^4} = \frac{1}{0{,}0001} = 10\,000$

1.3 a) $\frac{1}{x^3}$ b) $\frac{1}{a^2}$ c) $\frac{1}{y^4}$
d) $\frac{1}{(ab)^2}$ e) $\frac{1}{-xy}$ f) $\frac{1}{a^r}$

2.1 a) 0,04 b) 0,008 c) 0,04 d) −0,008
e) 0,01 f) 0,000 01 g) −0,000 01 h) −1,0

3.1 a) 2^2 b) 2^{-2} c) 2^4 d) 2^{-4} e) 2^{-1}

4.1 a) 10^1; 10^{-1}; 10^4; 10^{-4} b) 10^{-2}; 10^{-1}; 10^{-6}; 10^0

5.1 a) > b) = c) > d) > e) < f) <

6.1 a) 1024; −1024; 4096; 4096; −4096
b) 0,015 625; −0,015 625; 0,0625; 0,0625
c) 125; 0,008; −125; −0,008

7.1 a) $4^3 = 64$ b) $4^{-3} = 0{,}015625$ c) $2^7 = 128$
d) $2^{-7} = \frac{1}{128}$ e) $3^{-2} = \frac{1}{9}$ f) $3^{-3} = \frac{1}{27}$
g) $1000^{-2} = 0{,}000001$ h) $2^{12} = 4096$ i) $2^{-2} = \frac{1}{4}$
j) $2^{-2} = \frac{1}{4}$ k) $2^8 = 256$ l) $2^8 = 256$

Zahlen mit Zehnerpotenzen schreiben, Seite 29

1 a) $7 \cdot 100000 = 7 \cdot 10^5$ b) $462 \cdot 10000 = 462 \cdot 10^4$
c) $8 \cdot 0{,}0001 = 8 \cdot 10^{-4}$ d) $9678 \cdot 10^{-6}$
e) $1 \cdot 1 = 1 \cdot 10^0$ f) $0 \cdot 1 = 0 \cdot 10^0$

2 a) $9{,}8 \cdot 10000 = 9{,}8 \cdot 10^4$ b) $2{,}68 \cdot 1000 = 2{,}68 \cdot 10^3$
c) $5{,}7 \cdot 0{,}001 = 5{,}7 \cdot 10^{-3}$ d) $7{,}329 \cdot 0{,}0001 = 7{,}329 \cdot 10^{-4}$

3 a) $7{,}46 \cdot 10^2 \approx 7{,}5 \cdot 10^2$ b) $2{,}639 \cdot 10^4 \approx 2{,}6 \cdot 10^4$
c) $8{,}427 \cdot 10^{-1} \approx 8{,}4 \cdot 10^{-1}$ d) $6{,}087 \cdot 10^{-2} \approx 6{,}1 \cdot 10^{-2}$
e) $3{,}488 \cdot 10^5 \approx 3{,}5 \cdot 10^5$ f) $4{,}96 \cdot 10^{-4} \approx 5{,}0 \cdot 10^{-4}$

4 a) $1{,}5 \cdot 10^8$ km b) $1{,}6 \cdot 10^{-24}$ g

5 a) 511 000 000 km² b) 0,000 000 48 m c) 0,0001 s

1.1 a) $8 \cdot 10^2$; $6 \cdot 10^4$; $9 \cdot 10^8$ b) $8 \cdot 10^{-1}$; $9 \cdot 10^{-3}$; $5 \cdot 10^{-4}$
c) $34 \cdot 10^6$; $6257 \cdot 10^6$; $386 \cdot 10^3$ d) $58 \cdot 10^{-6}$; $4176 \cdot 10^{-6}$; $26 \cdot 10^1$

2.1 a) $3{,}6 \cdot 10^2$; $8{,}93 \cdot 10^7$; $7{,}46 \cdot 10^4$
b) $5{,}9 \cdot 10^{-1}$; $7{,}49 \cdot 10^{-6}$; $6{,}3 \cdot 10^{-4}$
c) $8{,}4 \cdot 10^3$; $1{,}08 \cdot 10^6$; $7{,}08 \cdot 10^7$
d) $6{,}8 \cdot 10^{-1}$; $4{,}8291 \cdot 10^{-5}$; $9{,}9999 \cdot 10^{-2}$

3.1 a) $3{,}9 \cdot 10^3$; $3{,}5 \cdot 10^6$; $9{,}9 \cdot 10^8$
b) $4{,}3 \cdot 10^{-1}$; $3{,}8 \cdot 10^{-3}$; $4{,}4 \cdot 10^{-4}$
c) $3{,}5 \cdot 10^4$; $2{,}5 \cdot 10^5$; $1{,}8 \cdot 10^7$
d) $2{,}9 \cdot 10^2$; $4{,}5 \cdot 10^1$; $6{,}2 \cdot 10^0$

4.1 a) $7 \cdot 10^9$ b) $6 \cdot 10^{24}$ kg c) $7 \cdot 10^{-4}$ cm
d) $1 \cdot 10^{-9}$ mm e) $1 \cdot 10^{57}$

5.1 a) 0,000 000 000 1 m b) 0,0015 cm
c) 148 000 000 km² d) 0,000 01 g

6 31 558 150 s ≈ $3{,}2 \cdot 10^7$ s

Kompetenz-Test Potenzen, Seite 30

1 a) 1000	b) 32	a) −64	b) −0,125	a) 0,064	b) 16
2 a) 2^6	b) 10^4	a) 2^{-4}	b) 10^{-2}	a) 2^{-3}	b) 3^{-2}
3 a) <	b) =	a) >	b) <	a) <	b) =
4 $2^8 = 256$		$2^{-2} = 0{,}25$		$(-5)^2 = 25$	
5 $12^2 = 144$		$10^{-2} = 0{,}01$		$5^{-4} = 0{,}0016$	
6 $6^3 = 216$		$5^{-2} = 0{,}04$		$4^2 = 16$	
7 $2^3 = 8$		$(-4)^3 = -64$		$-1^3 = -1$	
8 $10x^8$		$-12x^3y^4$		$-2{,}5x^4$	
9 $2^{15} = 32768$		$(-4)^6 = 4096$		$3^0 = 1$	
10 a) $8 \cdot 10^5$	b) $4 \cdot 10^{-4}$	a) $4{,}4 \cdot 10^4$	b) $6{,}5 \cdot 10^{-3}$	a) $4{,}0 \cdot 10^5$	b) $6{,}1 \cdot 10^{-3}$

5 Funktionen

Figuren im Koordinatensystem darstellen, Seite 31

1

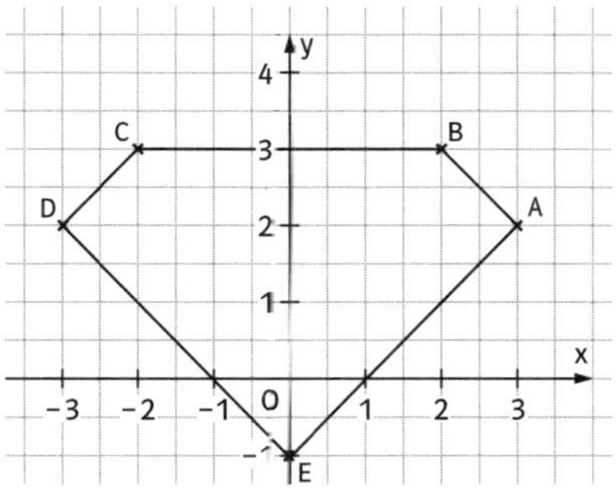

2 a)

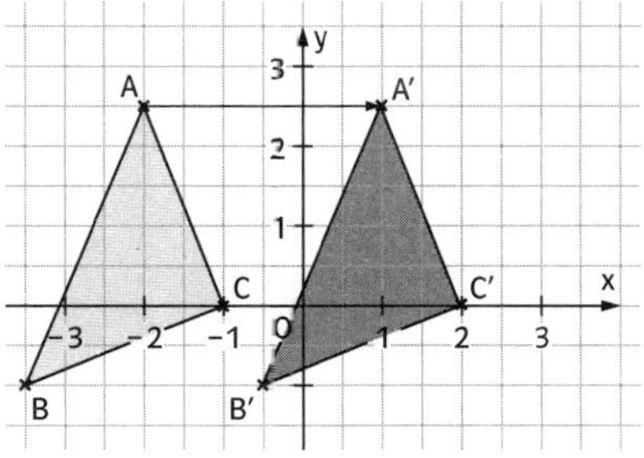

b) A(−2 | 2,5); A′(1 | 2,5); B(−3,5 | −1); B′(−0,5 | −1); C(−1 | 0); C′(2 | 0)

3 a)

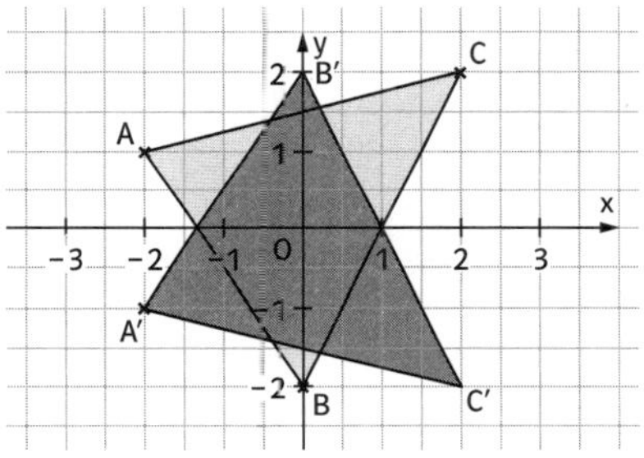

b) A(−2 | 1); A′(−2 | −1); B(0 | −2); B′(0 | 2); C(2 | 2); C′(2 | −2)

1.1 Zum Beispiel:

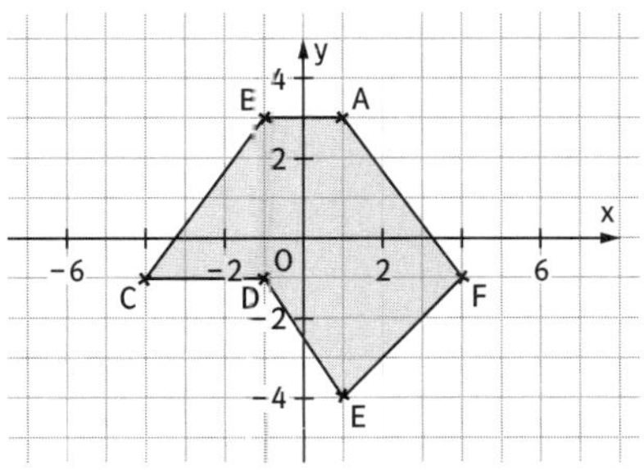

2.1 a) und b)

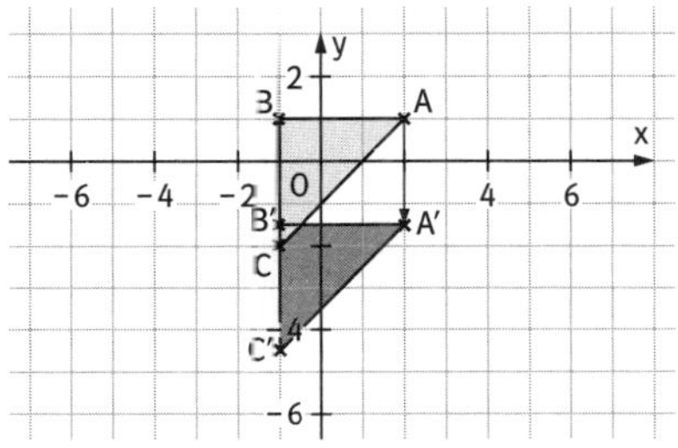

c) A(2 | 1); A′(2 | −1,5); B(−1 | 1); B′(−1 | −1,5); C(−1 | −2); C′(−1 | −4,5)

3.1 a) und b)

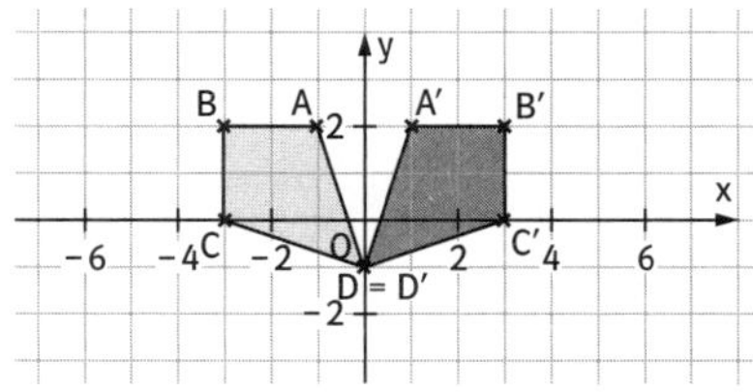

b) A(−1 | 2); A′(1 | 2); B(−3 | 2); B′(3 | 2); C(−3 | 0); C′(3 | 0); D(0 | −1); D′(0 | −1)

4 a)

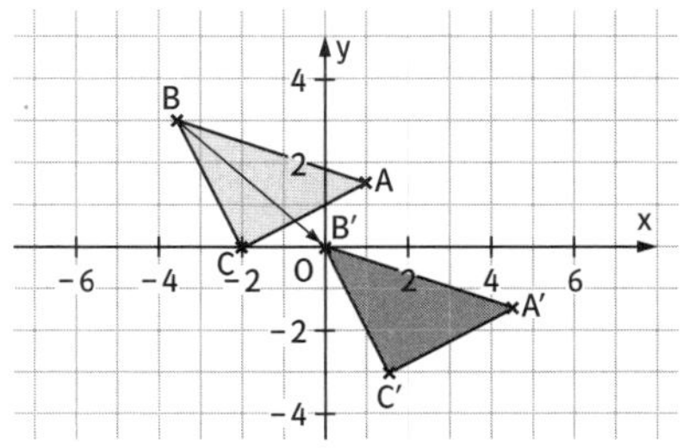

A(1 | 1,5); A′(4,5 | −1,5); B(−3,5 | 3); B′(0 | 0); C(−2 | 0); C′(1,5 | −3)

b)

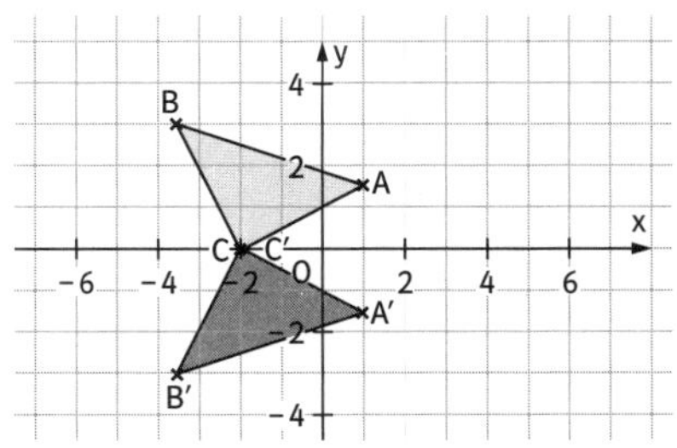

A(1 | 1,5); A′(1 | −1,5); B(−3,5 | 3); B′(−3,5 | −3); C(−2 | 0); C′(−2 | 0)

c)

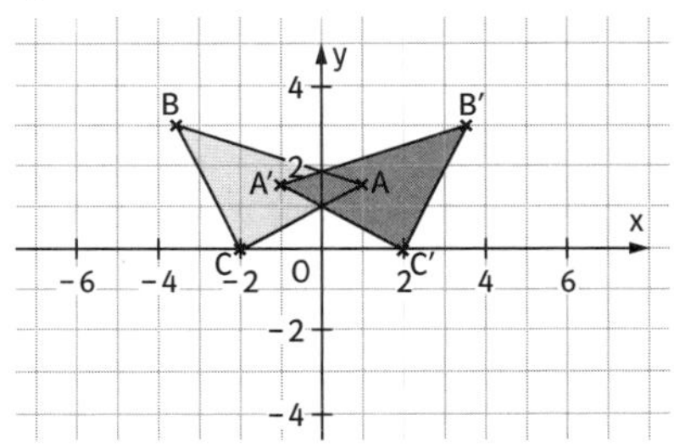

A(1 | 1,5); A′(−1 | 1,5); B(−3,5 | 3); B′(3,5 | 3); C(−2 | 0); C′(2 | 0)

Funktionen im Koordinatensystem darstellen, Seite 32

1 a)

x	−4	−2	0	2	4
$\frac{1}{2}x + 1$	−1	0	1	2	3

b)

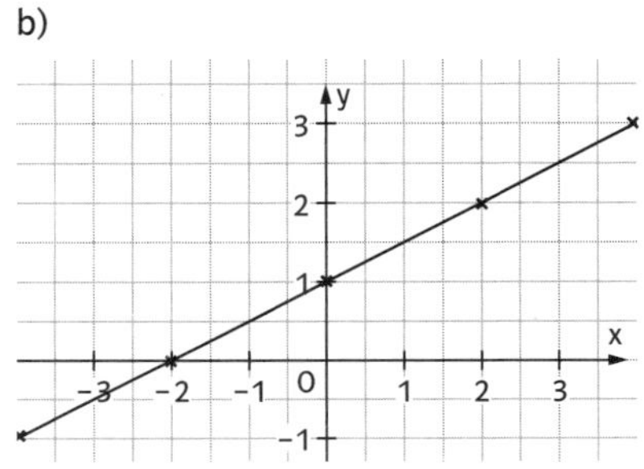

2

x	−1,5	0	1,5	2,5
y	3	1,5	0	−1

3 a)

Zeit in min	0	4	7	9
Temperatur in °C	16	62	100	100

b) 16 °C; ca. 3 min; 7 min; 3 min

1.1

a)

x	−2	−1	0	1	2
2x + 3	−1	1	3	5	7

b)

x	−2	−1	0	1	2
2x − 3	−7	−5	−3	−1	1

c)

x	−2	−1	0	1	2
−2x + 3	7	5	3	1	−1

d)

x	−2	−1	0	1	2
−2x − 3	1	−1	−3	−5	−7

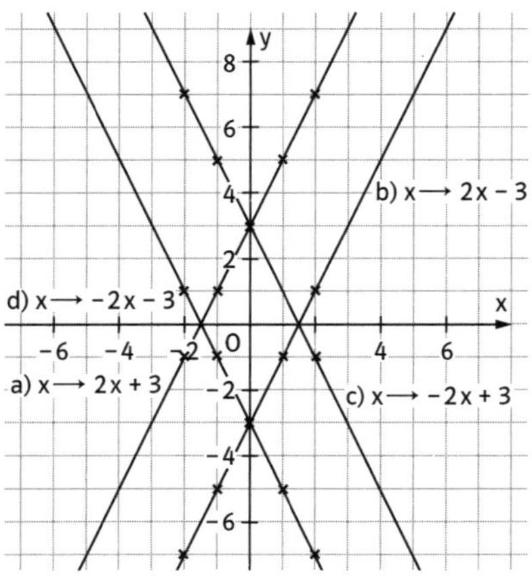

1.2 a) bis d)

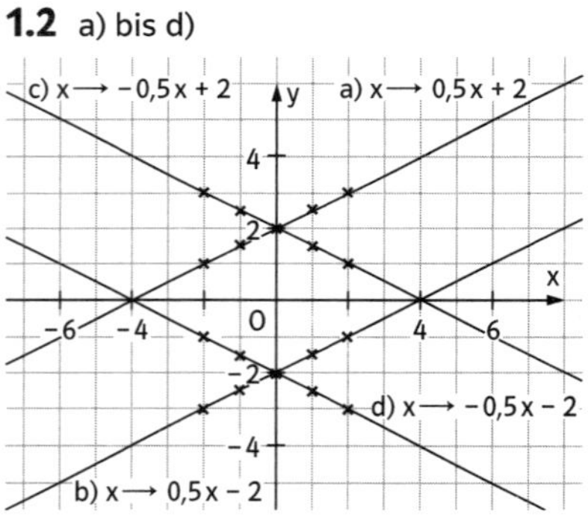

e) bis h)

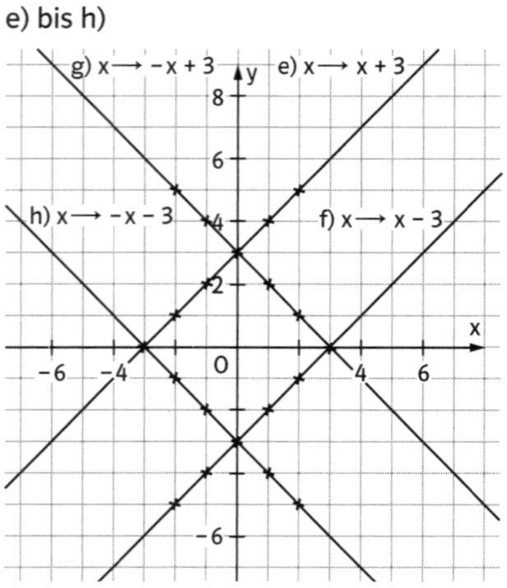

i) bis l)

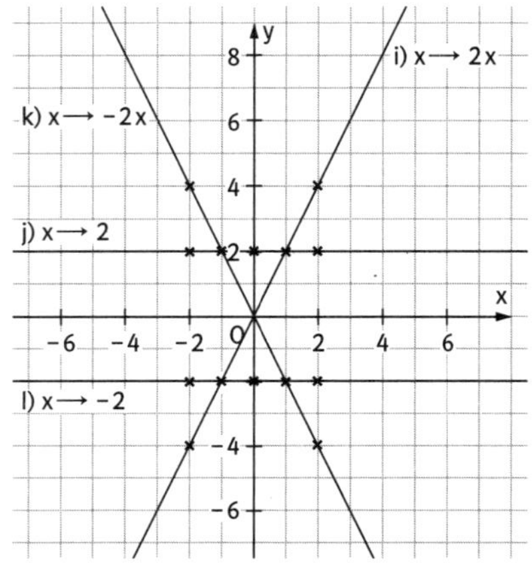

2.1

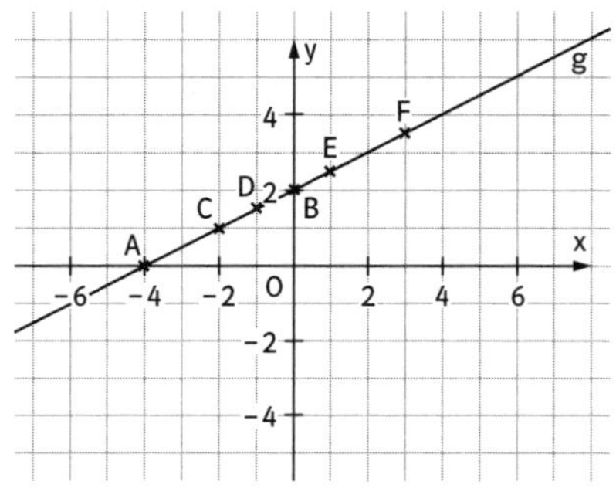

Punkt	C	D	E	F
x	−2	−1	1	3
y	1	1,5	2,5	3,5

C(−2 | 1); D(−1 | 1,5); E(1 | 2,5); F(3 | 3,5)

3.1 a)

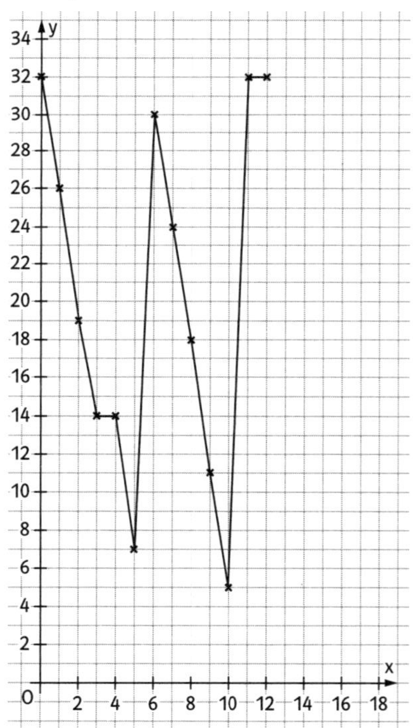

b) – 21 l Benzin sind nach 7,5 h im Tank.
– Nach 3 h und nach 11 h wird eine Pause eingelegt.
– Nach ca. 5 h und nach ca. 10 h wurde getankt.

Lineare Funktionen darstellen, Seite 33

1 a) (1) $m = \frac{3-(-1)}{2-0} = \frac{4}{2} = 2$

(2) $b = -1$

(3) $y = 2x - 1$

b) (1) $m = \frac{-1-3}{2-0} = \frac{-4}{2} = -2$

(2) $b = 3$

(3) $y = -2x + 3$

c)

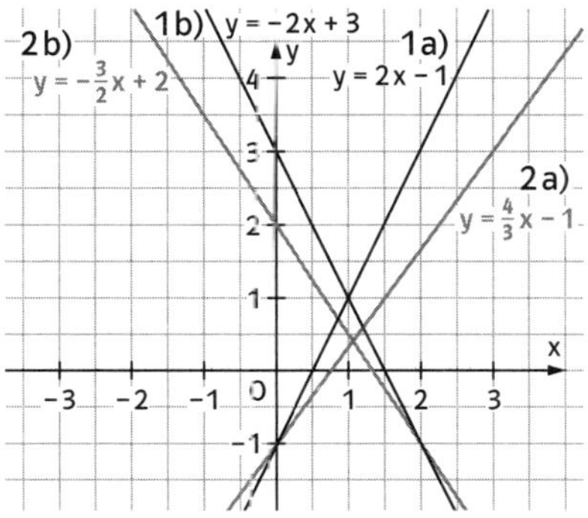

2 a) $y = \frac{4}{3}x - 1$ b) $y = -\frac{3}{2}x + 2$
(siehe Grafik Aufgabe 1c), oben)

3 a)

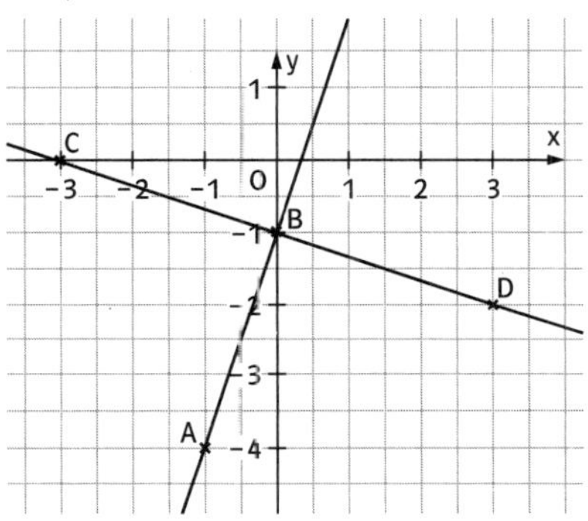

b) $m = 3$; $b = -1$; $y = 3x - 1$ $m = -\frac{1}{3}$; $b = -1$; $y = -\frac{1}{3}x - 1$

1.1

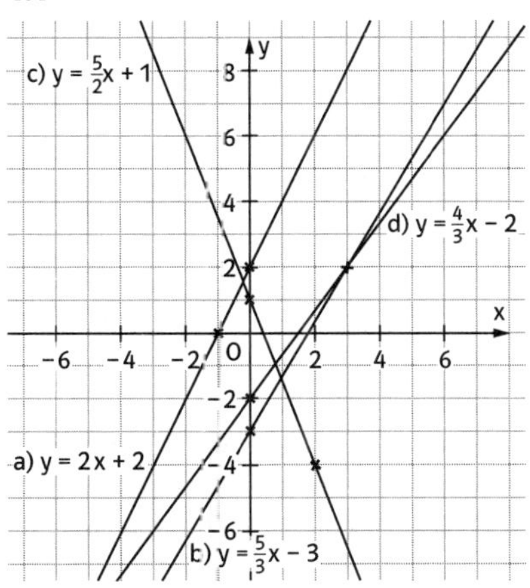

1.2

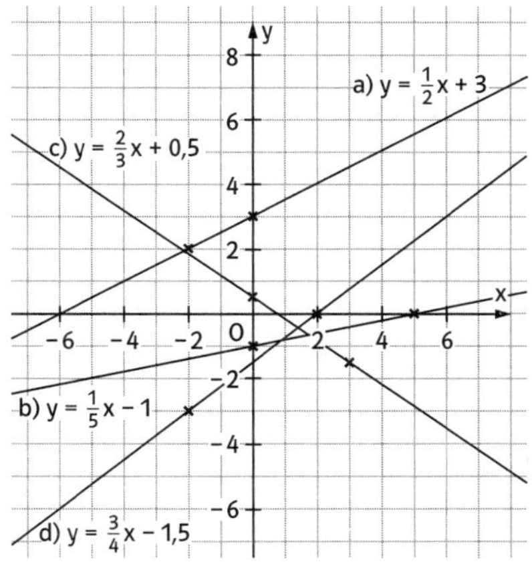

1.3

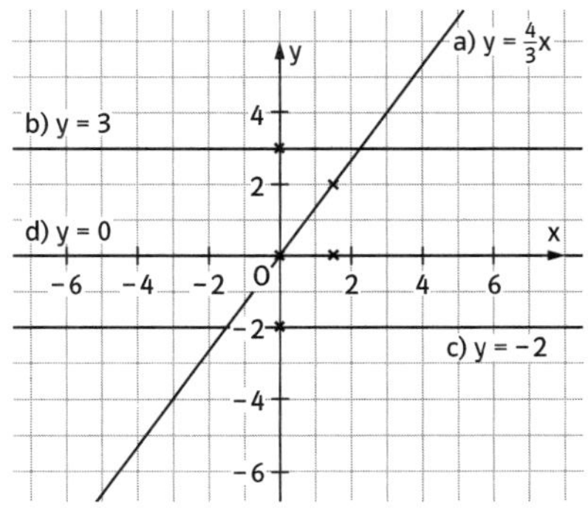

2.1

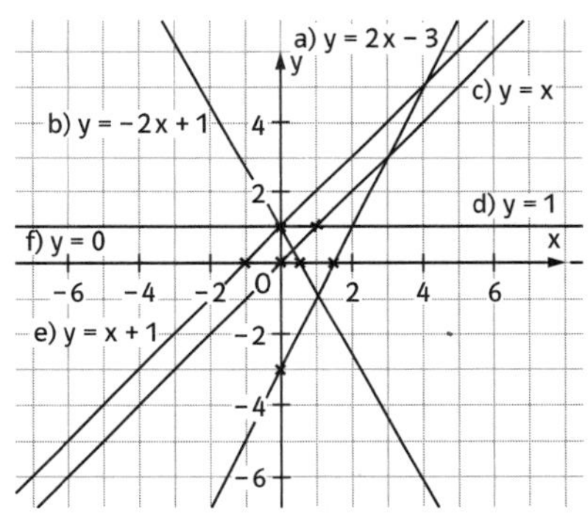

2.2

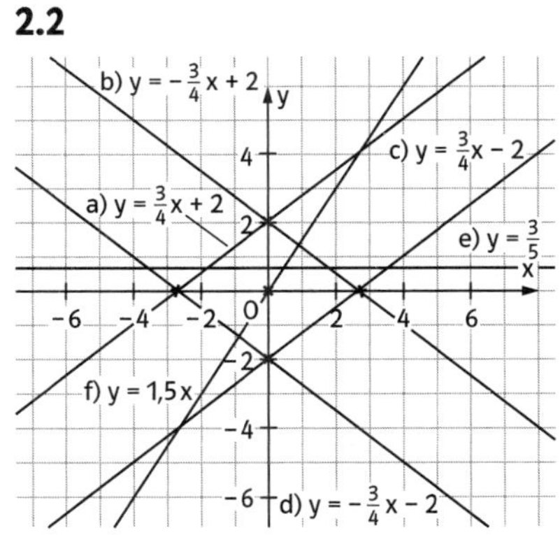

3.1

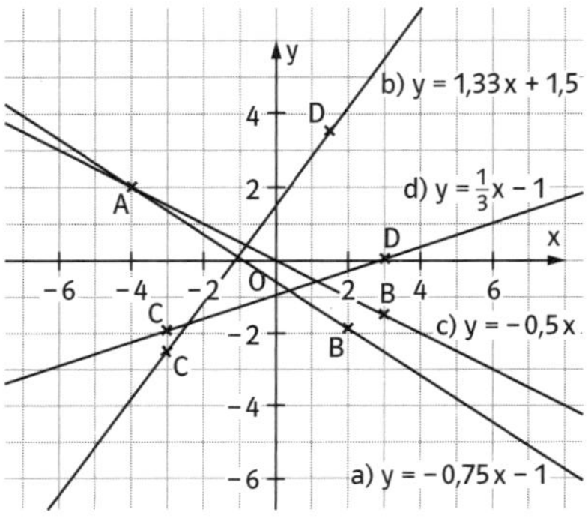

4 a) Die Aussage ist falsch. Die Gerade ist parallel zur x-Achse.
b) Die Aussage ist wahr. Das Steigungsdreieck hat das Verhältnis: 1 nach rechts und 1 nach oben, das ergibt eine Diagonale durch das Koordinatensystem.

Sachaufgaben mit linearen Funktionen berechnen, Seite 34

1 a) (1) Flächengröße x in m^2; Abgabe y in €
(2) y = 0,5 · x + 1500
(3) x = 1200 x = 980
y = 0,5 · 1200 + 1500 y = 0,5 · 980 + 1500
y = 2100 y = 1990
(4) Für 1200 m^2 sind 2100 €, für 980 m^2 und 1990 € zu zahlen.
b) x = 1200 x = 980
y ≈ 2100 y ≈ 2000

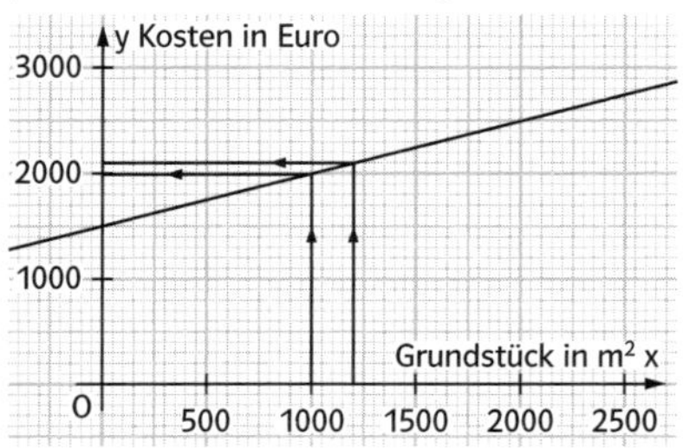

2 a) y = 0,5 · x + 1500 | −1500
0,5 · x = y − 1500 | · 2
x = 2 · (y − 1500)
Die Grundstücke sind 1400 m^2 und 750 m^2 groß.
b) x = 2 · (y − 1500)
x = 2 · (2200 − 1500)
x = 1400
c) x = 2 · (y − 1500)
x = 2 · (1875 − 1500)
x = 750

3 a) (1) zurückgelegte Strecke x in km ⟶ Miete y in €
(2) y = 0,5 · x + 60
(3) x = 360; y = 240
x = 680; y = 400
x = 1254; y = 687
(4) Mietkosten:
240 € für 360 km Fahrt;
400 € für 680 km Fahrt;
687 € für 1254 km Fahrt.

b)

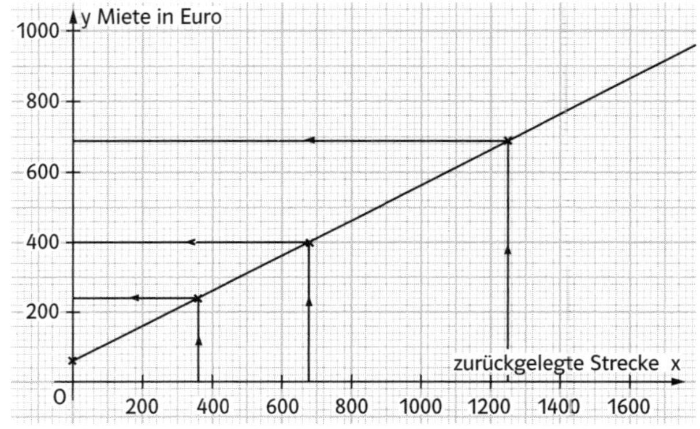

x	360	680	1254
y	240	400	≈ 690

4 a) (1) „verbrauchte“ Kilowattstunden x in kWh ⟶ Kosten y in €
(2) y = 0,21 · x + 59,50
(3) x = 3400; y = 773,5
x = 5380; y = 1189,3
(4) Stromkosten:
773,50 € für 3400 kWh
1189,30 € für 5380 kWh
b)

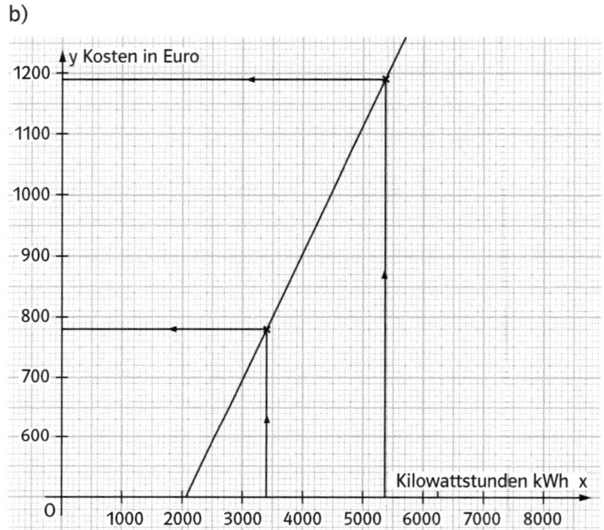

x	3400	5380
y	≈ 770	≈ 1190

5 a) (1) Kreditsumme x in € ⟶ Auszahlungsbetrag y in €
(2) y = 0,9 · x − 250
(3) x = 10 000; y = 8750
x = 20 000; y = 17 750
x = 15 000; y = 13 250
(4) Antworten:
Bei einer Kreditsumme von 10 000 € werden 8750 € ausgezahlt;
bei einer Kreditsumme von 20 000 € werden 17 750 € ausgezahlt;
bei einer Kreditsumme von 15 000 € werden 13 250 € ausgezahlt.

b)

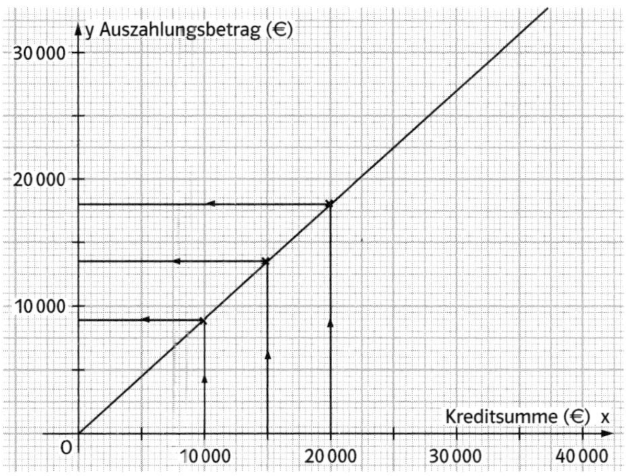

x	10 000	20 000	15 000
y	≈ 9000	≈ 18 000	≈ 13 500

6 a) (1) Kreditsumme x in € ⟶ Auszahlungsbetrag y in €

(2) $y = 0{,}9x - 250$

$x = \frac{y + 250}{0{,}9}$

$y = 10\,000;\ x = 11\,388{,}89$

$y = 20\,000;\ x = 22\,500$

$y = 15\,000;\ x = 16\,944{,}44$

(3) Antworten:

Bei einer Auszahlung von 10 000 € beträgt die Kreditsumme 11 388,89 €;

bei einer Auszahlung von 20 000 € beträgt die Kreditsumme 22 500 €;

bei einer Auszahlung von 15 000 € beträgt die Kreditsumme 16 944,44 €.

x	11 388,89	22 500	16 944,44
y	10 000	20 000	15 000

b)

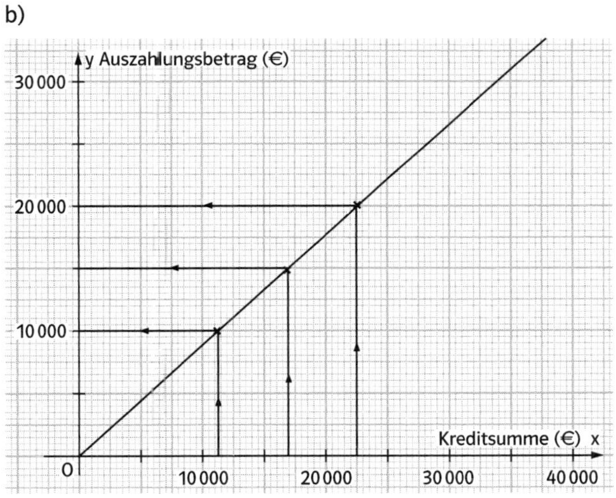

x	11 300	22 500	17 000
y	10 000	20 000	15 000

Quadratische Funktion $y = x^2$ darstellen, Seite 35

1 a)

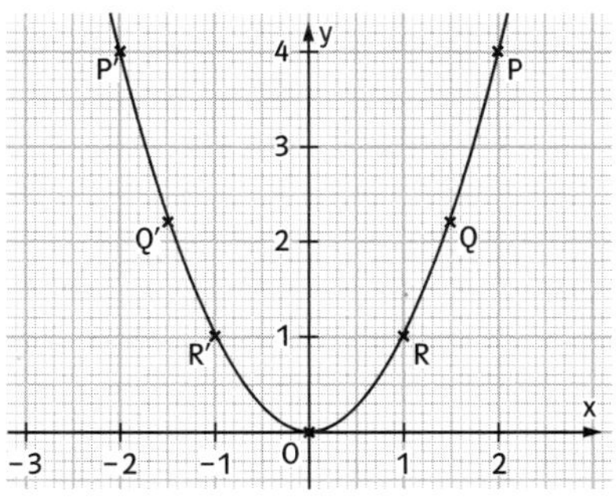

b) P(2 | 4); Q(1,5 | 2,25); R(1 | 1)
P'(−2 | 4); Q'(−1,5 | 2,25); R'(−1 | 1)

2 a)

x	0,2	−0,2	0,4	−0,4	0,6	−0,6	0,8	−0,8	1,2	−1,2	1,4
x^2	0,04	0,04	0,16	0,16	0,36	0,36	0,64	0,64	1,44	1,44	1,96

b) bis d) (siehe Grafik Aufgabe 1 a), oben)

3 Auf der Normalparabel liegen A; B; D; E und G.

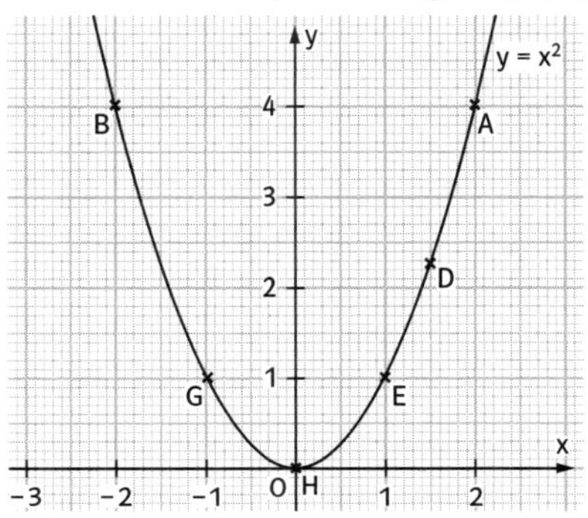

4 A(1,5 | 2,25); A'(−1,5 | 2,25); B(−3 | 9); B'(3 | 9);
C(0,9 | 0,81); C'(−0,9 | 0,81)

2.1 a)

x	0	0,5	−0,5	1	−1	1,5	−1,5	2	−2
x^2	0	0,25	0,25	1	1	2,25	2,25	4	4

b) individuelle Lösung
c) individuelle Lösung
d) individuelle Lösung

2.2 Individuelle Lösung.
Bemerkung: Zusätzliche Werte bei 0,25 und −0,25 erleichtern das Zeichnen der Rundung in der Nähe des Scheitelpunktes.

3.1 a) A(0 | 0); B(1 | 1); D(−1 | 1)
b) B(2 | 4); C(−2 | 4)

4.1 a) A(2 | 4); A'(−2 | 4)
b) B(4 | 16); B'(−4 | 16)
c) C(0,5 | 0,25); C'(−0,5 | 0,25)
d) D(0,8 | 0,64); D'(−0,8 | 0,64)
e) E(6 | 36); E'(−6 | 36)
f) F(0,1 | 0,01); F'(−0,1 | 0,01)

5 a) Die Aussage ist falsch. Die Parabel ist achsensymmetrisch zur y-Achse.
b) Die Aussage ist falsch. Auch das Quadrat einer negativen Zahl ist positiv, also ist der y-Wert positiv.

Quadratische Funktionen $y = ax^2$ darstellen, Seite 36

1 a)

x	0	1	−1	2	−2
① $y = x^2$	0	1	1	4	4
② $y = -x^2$	0	−1	−1	−4	−4

b), c), d)

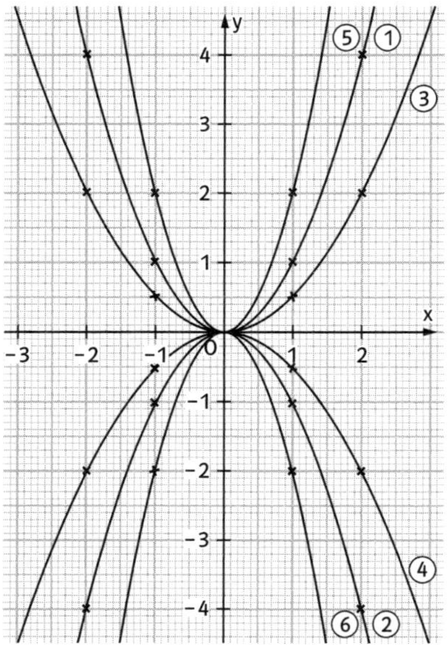

e) Die NP wurde gespiegelt.

2 a)

x	0	1	−1	2	−2
① $y = x^2$	0	1	1	4	4
③ $y = \frac{1}{2}x^2$	0	$\frac{1}{2}$	$\frac{1}{2}$	2	2
④ $y = -\frac{1}{2}x^2$	0	$-\frac{1}{2}$	$-\frac{1}{2}$	−2	−2

b) und d) siehe Grafik Aufgabe 1 oben
e) Die NP wurde gestaucht.
f) Die NP wurde gestaucht und gespiegelt.

3 a) und b) siehe Grafik Aufgabe 1 oben
c) ⑤ $y = 2x^2$ ⑥ $y = -2x^2$

1.1 individuelle Lösung

2.1 a) NP wurde gespiegelt.
b) NP wurde gestreckt.
c) NP wurde gestreckt und dann gespiegelt oder NP wurde gespiegelt und dann gestreckt.
d) NP wurde gestaucht und dann gespiegelt oder NP wurde gespiegelt und dann gestaucht.

3.1 a) individuelle Lösung
b) individuelle Lösung

4 a) $y = 3x^2$; NP wurde gestreckt.
b) $y = -3x^2$; NP wurde gestreckt und dann gespiegelt oder NP wurde gespiegelt und dann gestreckt.
c) $y = 0{,}25x^2$; NP wurde gestaucht.
d) $y = -0{,}25x^2$; NP wurde gestaucht und dann gespiegelt oder NP wurde gespiegelt und dann gestaucht.

Quadratische Funktionen $y = ax^2 + c$ darstellen, Seite 37

1 a)

x	0	1	−1	2	−2
$y = x^2$	0	1	1	4	4
$y = \frac{1}{2}x^2$	0	$\frac{1}{2}$	$\frac{1}{2}$	2	2
$y = -\frac{1}{2}x^2$	0	$-\frac{1}{2}$	$-\frac{1}{2}$	−2	−2
$y = -\frac{1}{2}x^2 + 3$	3	2,5	2,5	1	1

b) und c)

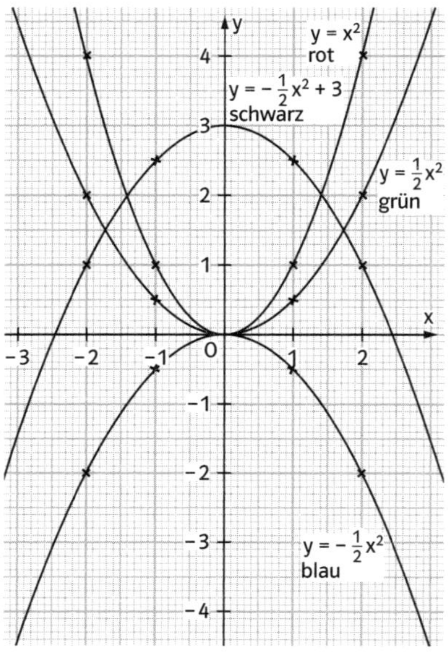

2 a) bis d)

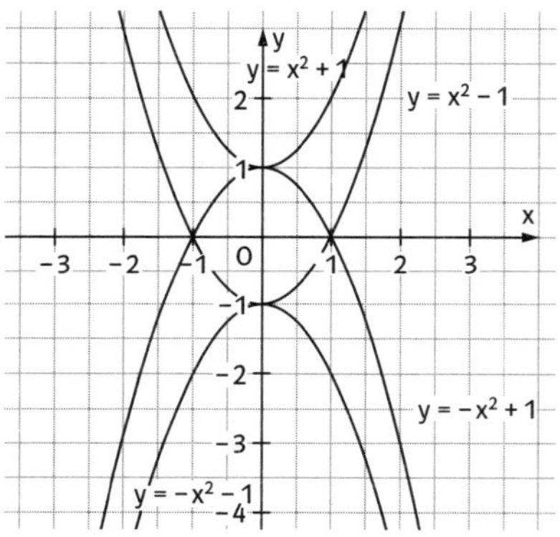

3

a) $y = -2 \cdot (-2)^2 + 4$
$y = -4$

b) $y = -2 \cdot 2^2 + 4$
$y = -4$

1.1

x	0	0,5	−0,5	1	−1
x^2	0	0,25	0,25	1	1
$-x^2$	0	−0,25	−0,25	−1	−1
$-x^2 + 2$	2	1,75	1,75	1	1
$-x^2 - 2$	−2	−2,25	−2,25	−3	−3

x	1,5	−1,5	2	−2
x^2	2,25	2,25	4	4
$-x^2$	−2,25	−2,25	−4	−4
$-x^2 + 2$	−0,25	−0,25	−2	−2
$-x^2 - 2$	−4,25	−4,25	−6	−6

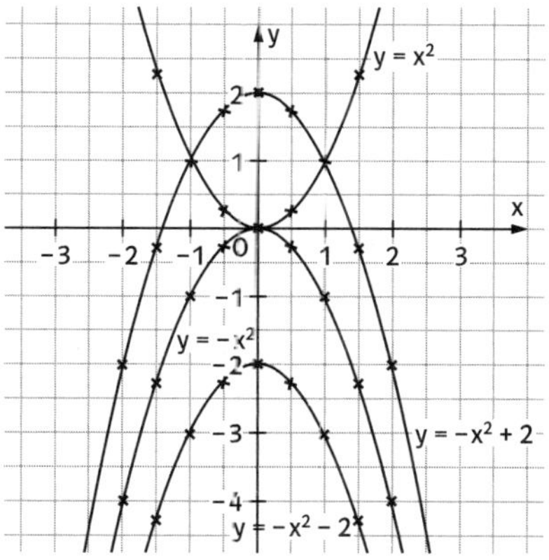

1.2

x	0	0,5	−0,5	1	−1
$2x^2$	0	0,5	0,5	2	2
$2x^2+3$	3	3,5	3,5	5	5
$2x^2-3$	−3	−2,5	−2,5	−1	−1

x	1,5	−1,5	2	−2
$2x^2$	4,5	4,5	8	8
$2x^2+3$	7,5	7,5	11	11
$2x^2-3$	1,5	1,5	5	5

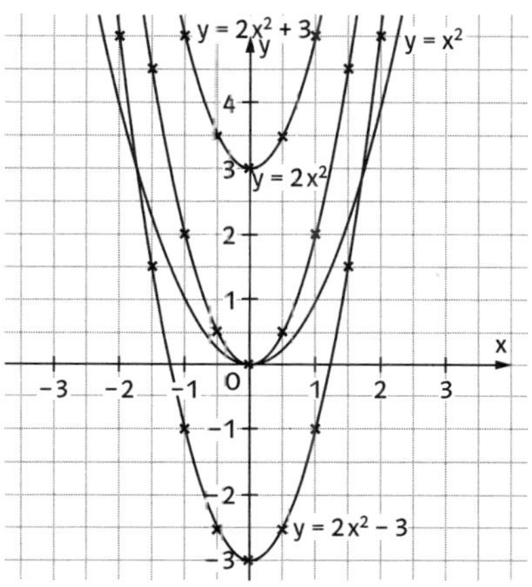

1.3

x	0	0,5	−0,5	1	−1
$-2x^2$	0	−0,5	−0,5	−2	−2
$-2x^2+1$	1	0,5	0,5	−1	−1
$-2x^2-1$	−1	−1,5	−1,5	−3	−3

x	1,5	−1,5	2	−2
$-2x^2$	−4,5	−4,5	−8	−8
$-2x^2+1$	−3,5	−3,5	−7	−7
$-2x^2-1$	−5,5	−5,5	−9	−9

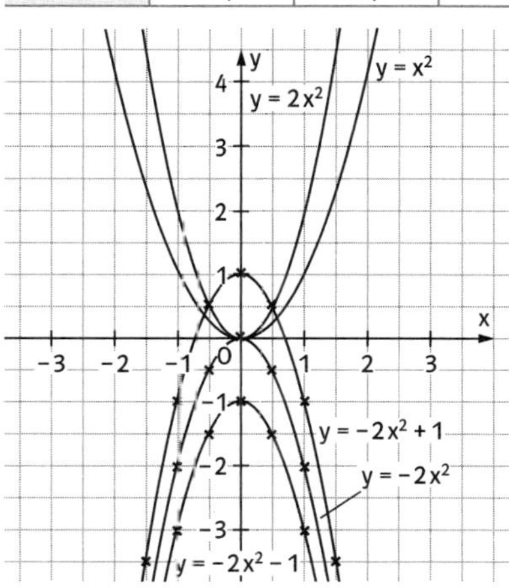

1.4

x	0	0,5	−0,5	1	−1
$\frac{1}{2}x^2$	0	−0,125	0,125	0,5	0,5
$\frac{1}{2}x^2+4$	4	4,125	4,125	4,5	4,5
$\frac{1}{2}x^2-4$	−4	−3,875	−3,875	−3,5	−3,5

x	1,5	−1,5	2	−2
$\frac{1}{2}x^2$	1,125	1,125	2	2
$\frac{1}{2}x^2+4$	5,125	5,125	6	6
$\frac{1}{2}x^2-4$	−2,875	−2,875	−2	−2

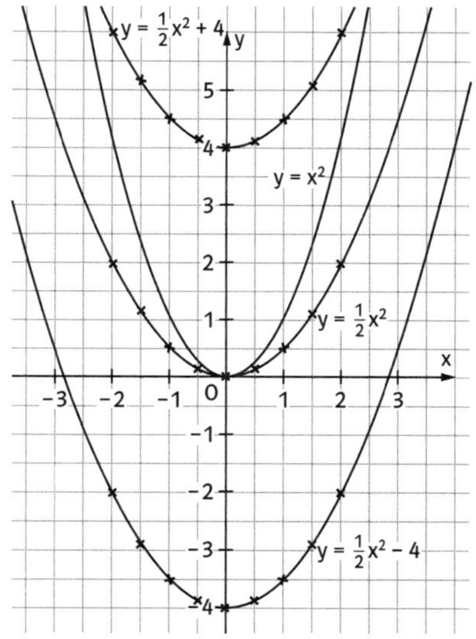

1.5

x	0	0,5	−0,5	1	−1
$-\frac{1}{2}x^2$	0	−0,125	−0,125	−0,5	−0,5
$-\frac{1}{2}x^2+1$	1	0,875	0,875	0,5	0,5
$-\frac{1}{2}x^2-1$	−1	−1,125	−1,125	−1,5	−1,5

x	1,5	−1,5	2	−2
$-\frac{1}{2}x^2$	−1,125	−1,125	−2	−2
$-\frac{1}{2}x^2+1$	−0,125	−0,125	−1	−1
$-\frac{1}{2}x^2-1$	−2,125	−2,125	−3	−3

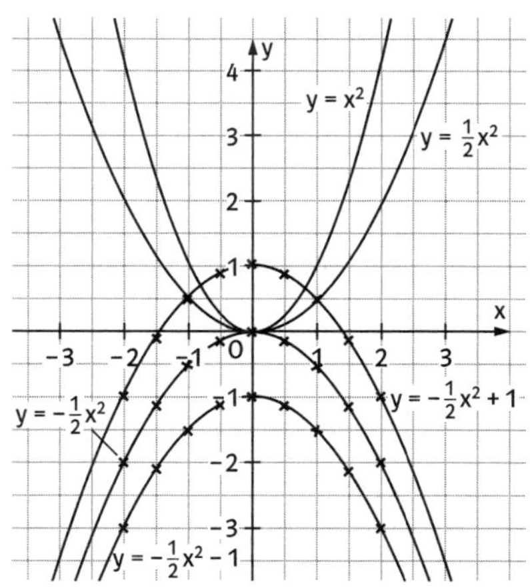

2.1

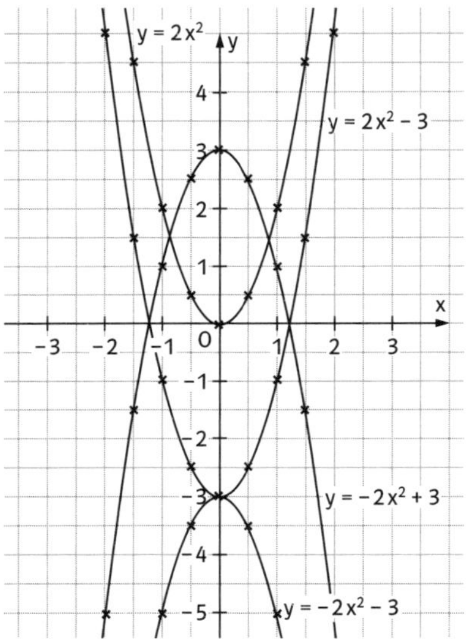

2.2

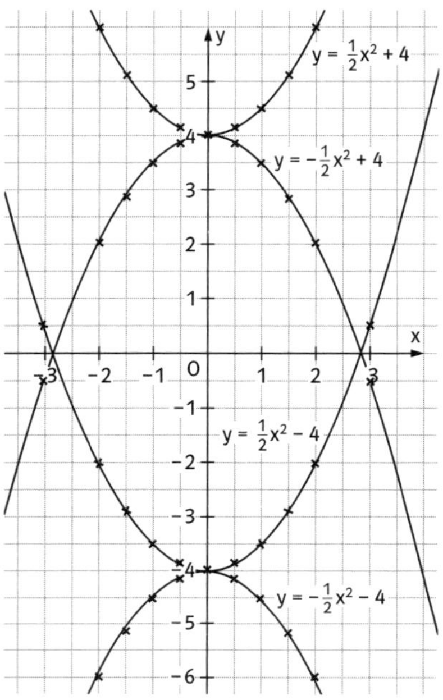

2.3

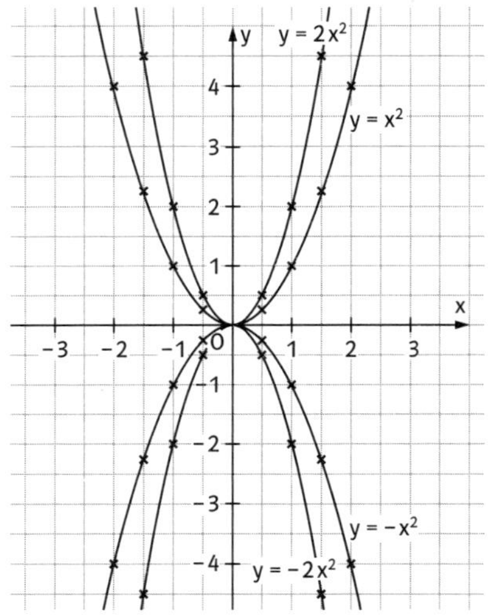

3.1 a) P(0 | 3); Q(2 | −1)　　b) P(0 | −4); Q(−2 | 4)
c) P(2 | −10); Q(−2 | −10)　　d) P(0 | 0); Q(5 | 12,5)

4 a) Die Aussage ist wahr. Die Parabel ist achsensymmetrisch zur y-Achse.
b) Die Aussage ist falsch. Für $c < 0$ liegt der Scheitelpunkt S(0 | c) unter der x-Achse. Die Parabel hat zwei Schnittpunkte mit der x-Achse.

Kompetenz-Test Funktionen, Seite 38

1 m = 2; b = −1; y = 2x − 1

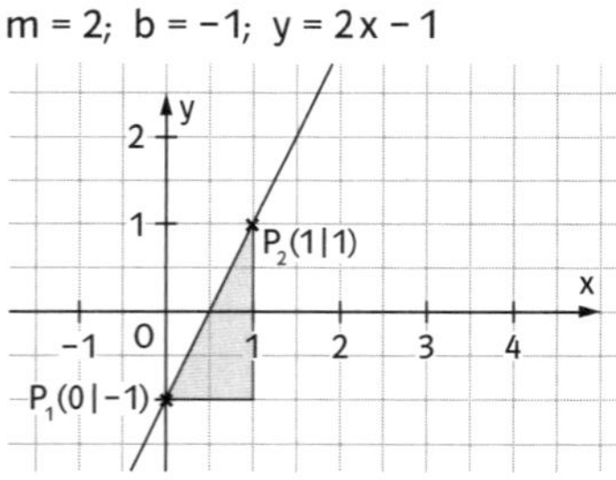

$m = \frac{1}{2}$　　b = +3

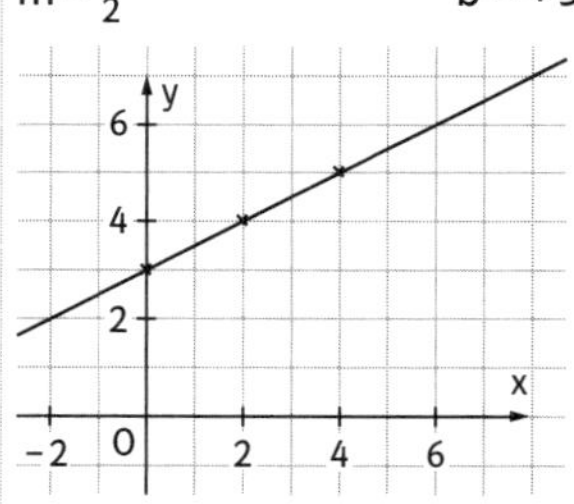

y = 1,5x + 1,5

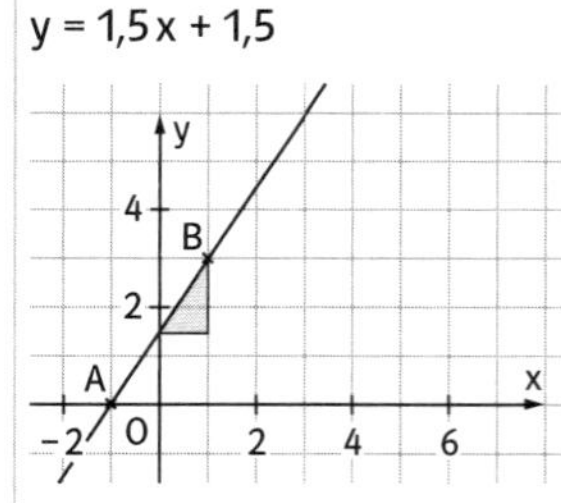

2

x	0	1	−1	2	−2	3	−3
y	0	1	1	4	4	9	9

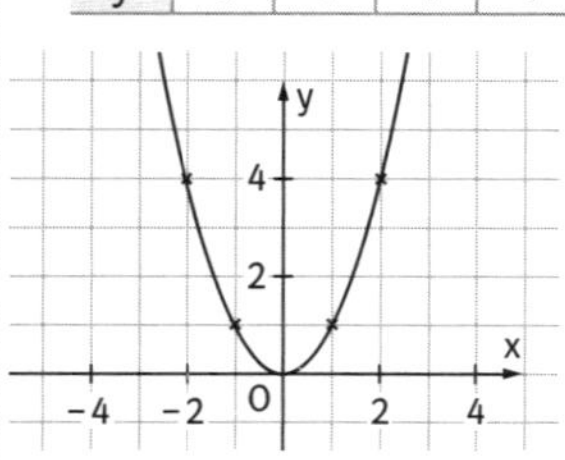

x	0	1	−1	2	−2	3	−3
y	0	$\frac{1}{2}$	$\frac{1}{2}$	2	2	4,5	4,5

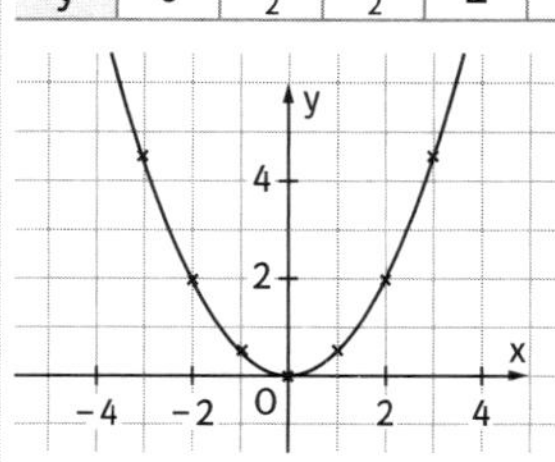

a) NP gestreckt
b) NP gestaucht, gespiegelt an x-Achse

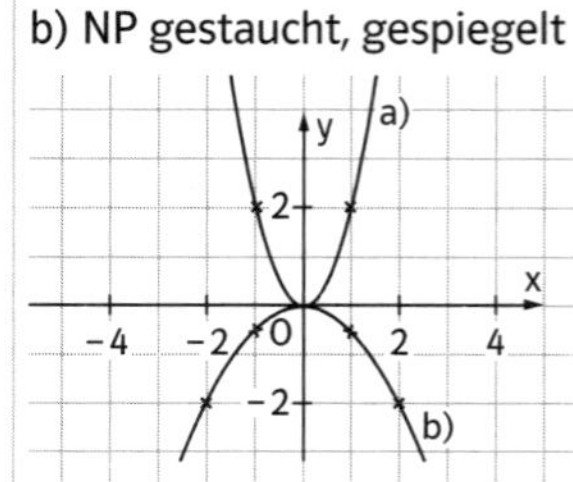

3

x	0	1	−1	2	−2	3	−3
y	2	3	3	6	6	11	11

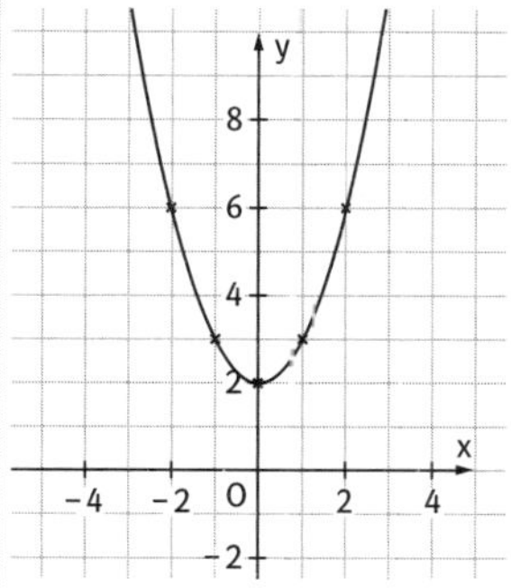

x	0	1	−1	2	−2	3	−3
y	−2	0	0	6	6	16	16

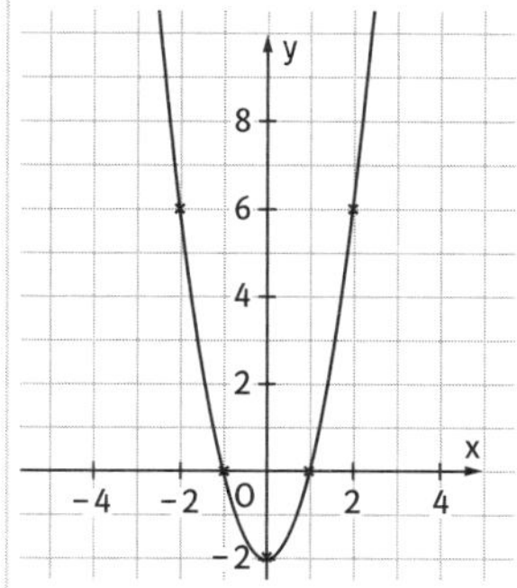

x	0	1	−1	2	−2	3	−3
y	3	2,5	2,5	1	1	−1,5	−1,5

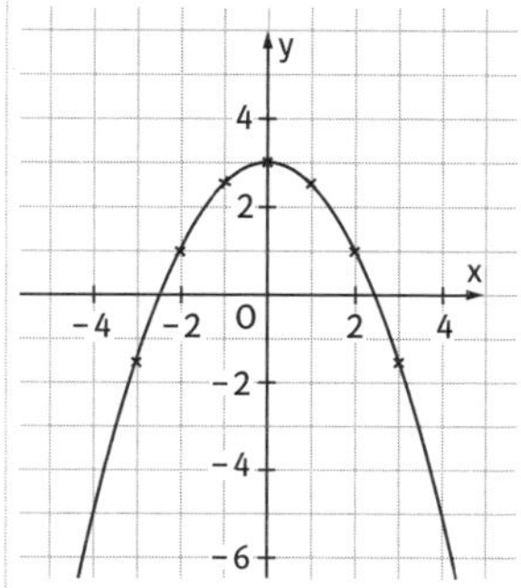

6 Flächensätze

Rechtwinklige Dreiecke konstruieren, Seite 39

1

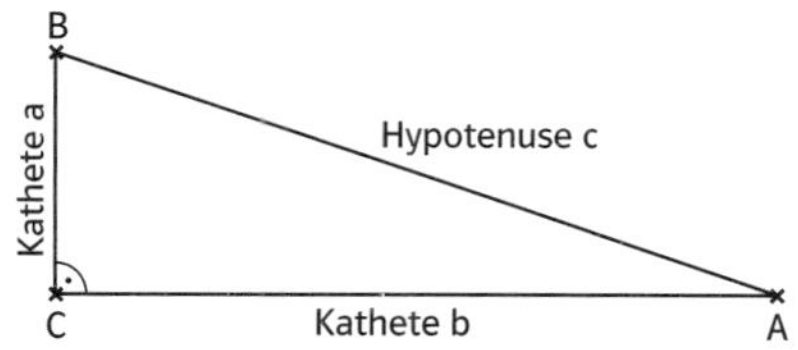

2

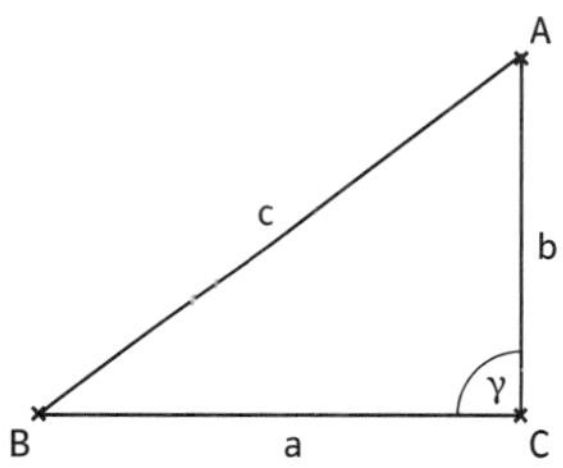

3

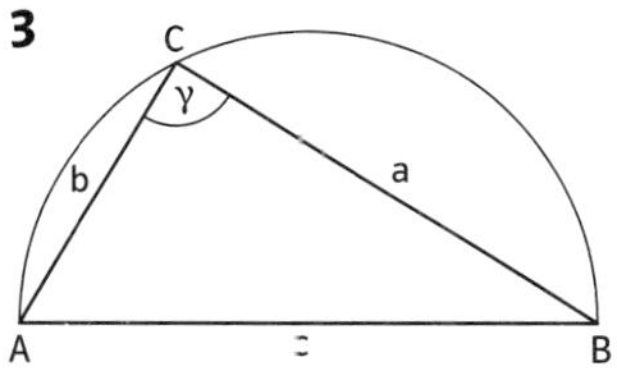

4

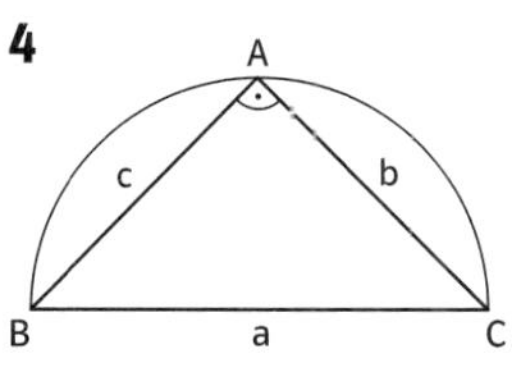

5

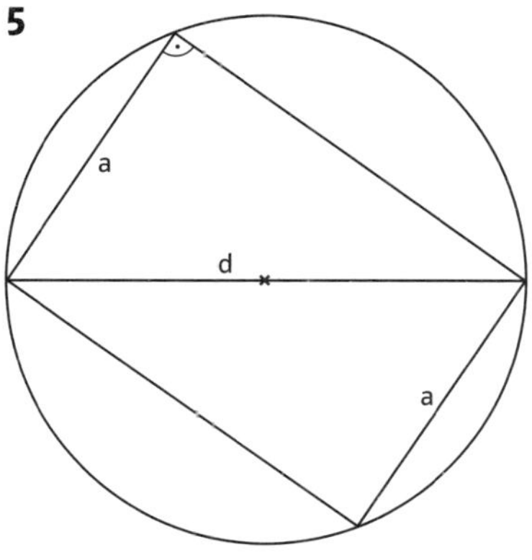

2.1 a)

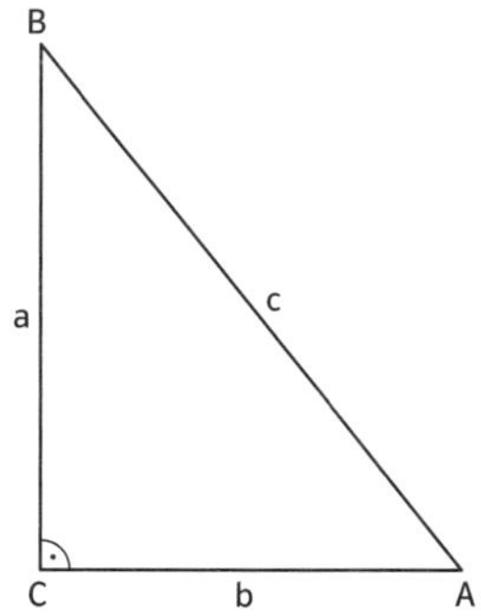

b)

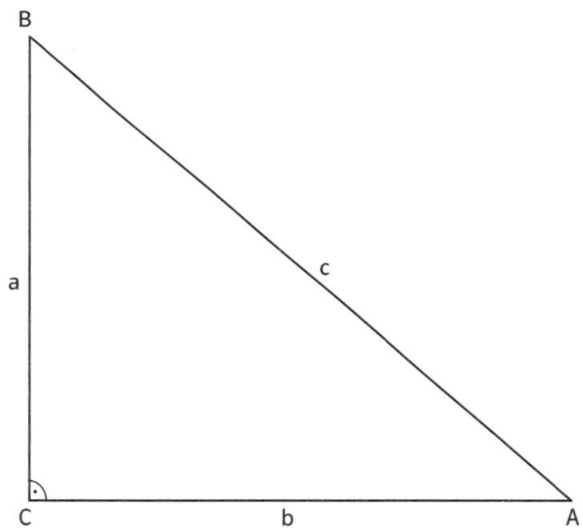

3.1 a)

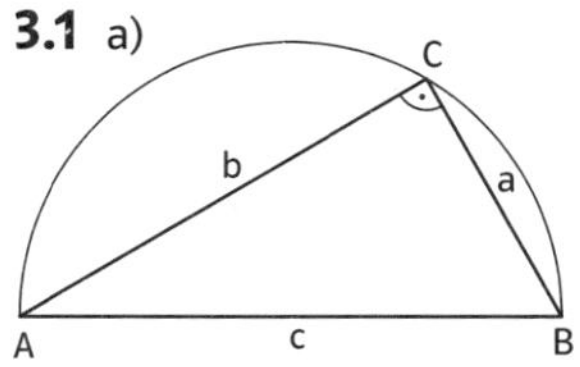

b)

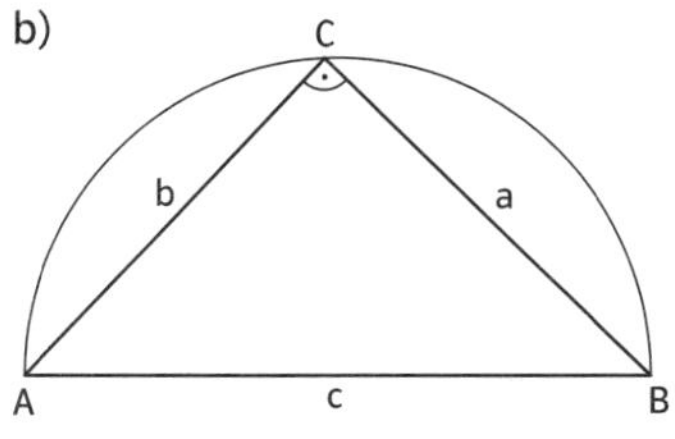

c)

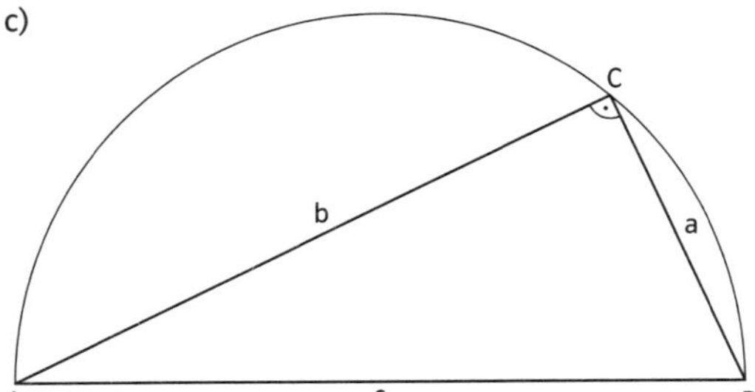

d)

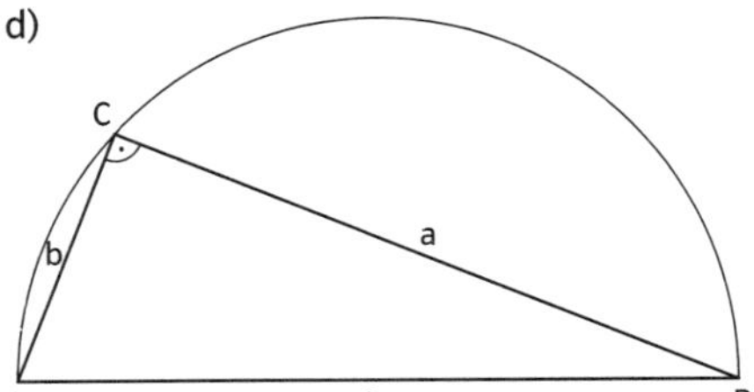

4.1 a)

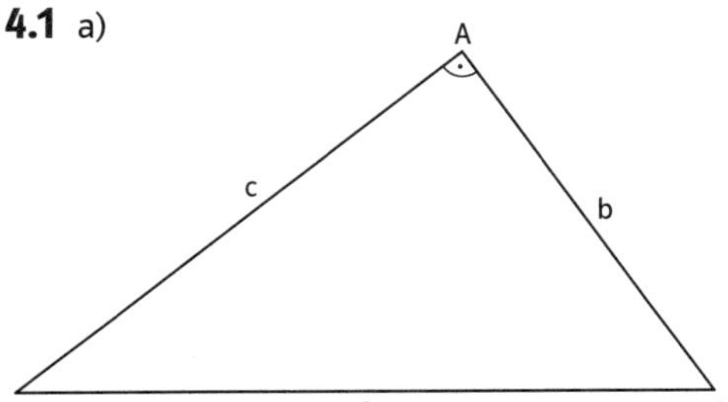

b)

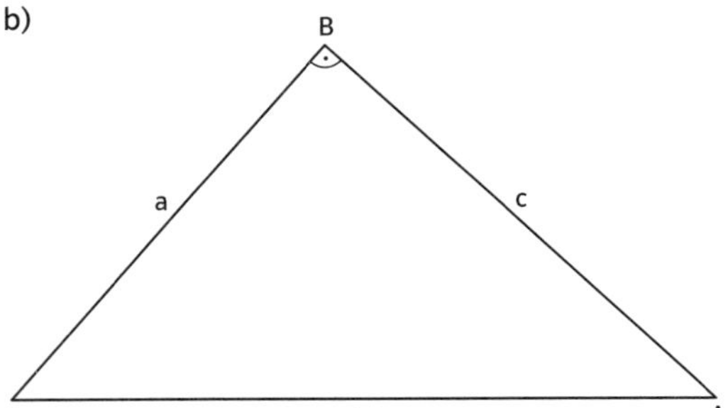

5.1

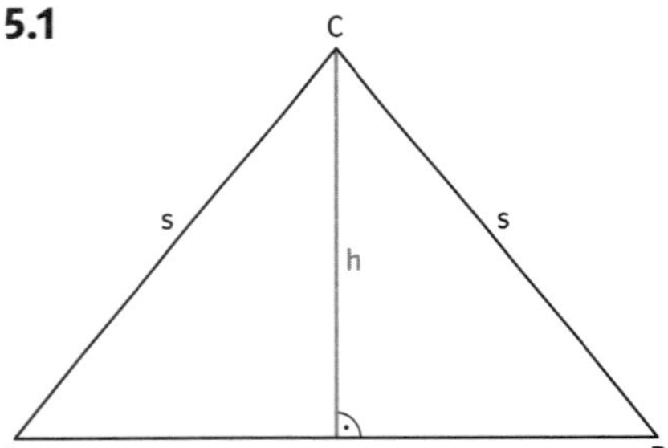

6 Ein Dreieck kann keine zwei rechten Winkel haben. Die Winkelsumme im Dreieck ist 180°. Zwei rechte Winkel würden die Winkelsumme 180° haben, es könnte somit kein dritter Winkel existieren.

Satz des Pythagoras, Seite 40

1 (2) $a^2 + b^2 = c^2$ $\quad c = \sqrt{a^2 + b^2}$

(3) $c = \sqrt{12^2 + 15^2} = \sqrt{144 + 225} = \sqrt{369} \approx 19{,}2$

(4) c = 19,2 cm

2 a) (2) $b = \sqrt{c^2 - a^2}$

(3) $b = \sqrt{14{,}5^2 - 8{,}2^2} = \sqrt{210{,}25 - 67{,}24} = \sqrt{143{,}01} \approx 12{,}0$

(4) b = 12,0 cm

b) (2) $a = \sqrt{c^2 - b^2}$

(3) $a = \sqrt{15{,}8^2 - 12{,}5^2} = \sqrt{249{,}64 - 156{,}25} = \sqrt{93{,}39} \approx 9{,}7$

(4) a = 9,7 cm

3 a) (1) Kathete a = 10 cm; Kathete b = 15 cm

gesucht: Hypotenuse c

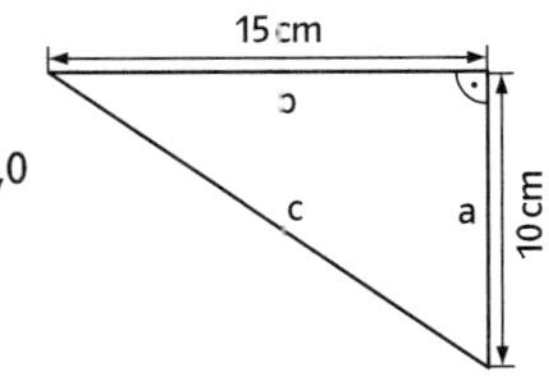

(2) $c = \sqrt{a^2 + b^2}$

(3) $c = \sqrt{10^2 + 15^2} = \sqrt{100 + 225} \approx 18{,}0$

(4) c = 18,0 cm

b) (1) Kathete b = 9 cm; Hypotenuse c = 12 cm

gesucht: Kathete a

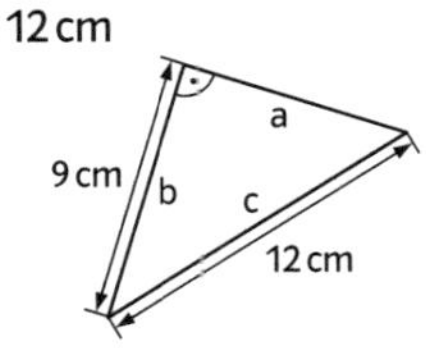

(2) $a = \sqrt{c^2 - b^2}$

(3) $a = \sqrt{12^2 - 9^2} = \sqrt{144 - 81} \approx 7{,}9$

(4) a = 7,9 cm

1.1 a) Hypotenuse c = 12,2 cm b) Hypotenuse c = 10,6 cm

c) Hypotenuse c = 0,91 m

1.2 a) Hypotenuse c = 2,40 m b) Hypotenuse c = 0,61 m

2.1 Kathete b = 9,6 cm

2.2 Kathete b = 2,01 m

4 Wenn die beiden Katheten-Quadrate gleich groß sind ($a^2 = b^2$) gilt auch, dass die Längen der Katheten gleich sind, a = b. Da gilt, dass $a^2 = \frac{1}{2}c^2$ und $a^2 = b^2$, gilt auch $a^2 + b^2 = \frac{1}{2}c^2 + \frac{1}{2}c^2 = c^2$ und somit sind die Katheten gleichlange Schenkel eines rechtwinkligen Dreiecks.

Satz des Pythagoras in ebenen Figuren anwenden, Seite 41

1 (1)

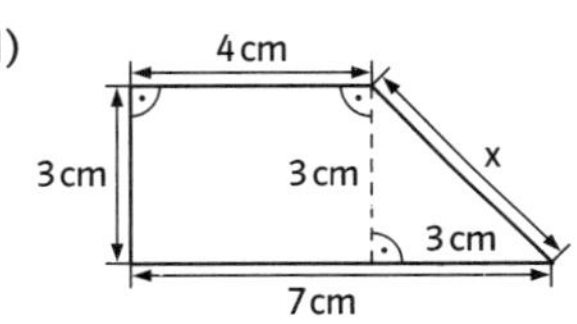

(2) u = 7 + 3 + 4 + x

(3) $x = \sqrt{18}$ $\quad u = 14 + \sqrt{18}$

(4) $\quad u \approx 18{,}2$ cm

2 (1)

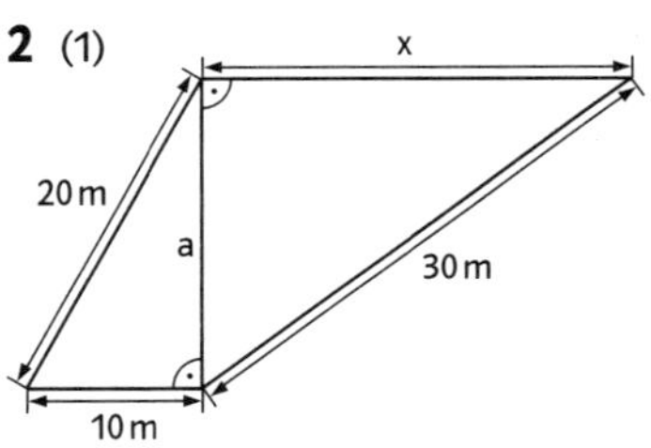

(2) $x^2 = \sqrt{30^2 - a^2}$

(3) $a^2 = (20^2 - 10^2)$; $x^2 = \sqrt{30^2 - (20^2 - 10^2)}$

(4) $x = \sqrt{900 - 300}$ cm $\approx 24{,}5$ cm

3 (1)

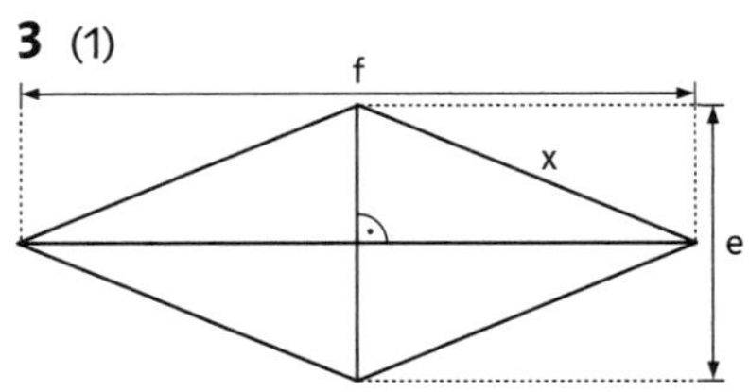

(2) $u = 4 \cdot x \qquad x = \sqrt{\left(\frac{e}{2}\right)^2 + \left(\frac{f}{2}\right)^2}$

(3) $u = 4 \cdot \sqrt{\left(\frac{b}{2}\right)^2 + \left(\frac{30}{2}\right)^2} = 4 \cdot \sqrt{6^2 + 15^2}$

(4) $u = 4 \cdot \sqrt{36 + 225}\,\text{cm} = 4 \cdot \sqrt{261}\,\text{cm} \approx 4 \cdot 16{,}16 = 64{,}64\,\text{cm}$

4 (1)

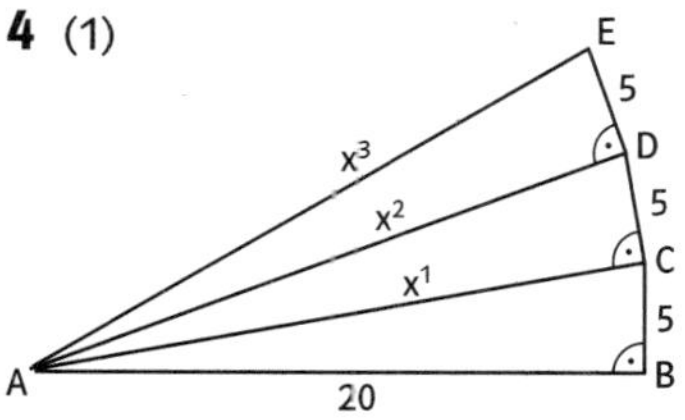

(2) $x_3^{\,2} = (x_1^{\,2} + 5^2) + 5^2 + 5^2$

(3) $x_3^{\,2} = \sqrt{20^2 + 5^2 + 5^2 + 5^2}$

(4) $x_3 = \sqrt{475}\,\text{cm} \approx 21{,}8\,\text{cm}$

5

a) $\underbrace{5^2 + 12^2}_{169} \stackrel{?}{=} \underbrace{13^2}_{= 169}$ wahr; das Dreieck ist rechtwinklig

b) $\underbrace{8^2 + 15^2}_{289} \stackrel{?}{=} \underbrace{16^2}_{\neq 256}$ falsch

c) $\underbrace{10^2 + 12^2}_{244} \stackrel{?}{=} \underbrace{15^2}_{\neq 225}$ falsch

2.1 Figur 1 $x \approx 11{,}2\,\text{cm}$
Figur 2 $x \approx 9{,}6\,\text{cm}$
Figur 3 $x \approx 6{,}3\,\text{cm}$

3.1 $u \approx 72{,}0\,\text{cm}$

3.2 $A = 90\,\text{cm}^2$
$u \approx 42{,}6\,\text{cm}$

4.1 $u_1 = 4 \cdot 20\,\text{cm} = 80\,\text{cm}$
$u_2 = 4 \cdot \sqrt{200}\,\text{cm} = 4 \cdot 10 \cdot \sqrt{2} \approx 56{,}6\,\text{cm}$
$u_3 = 4 \cdot \sqrt{\sqrt{200}}\,\text{cm} \approx 15{,}0\,\text{cm}$
$u_4 = 4 \cdot \sqrt{\sqrt{\sqrt{200}}}\,\text{cm} \approx 7{,}8\,\text{cm}$

Satz des Pythagoras in Sachaufgaben anwenden, Seite 42

1 (1)

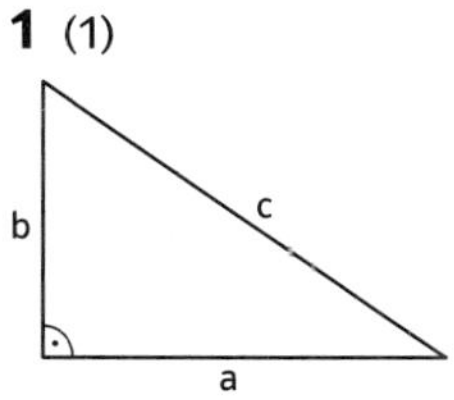

(2) $c = \sqrt{a^2 + b^2}$

(3) $c = \sqrt{67^2 + 45^2} \approx 80{,}71$

(4) $c = 80{,}71\,\text{cm}$

2 (1) Planfigur

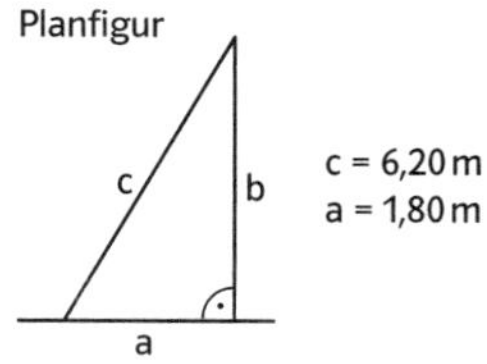

(2) $b = \sqrt{c^2 - a^2}$

(3) $b = \sqrt{6{,}20^2 - 1{,}80^2} \approx 5{,}93$

(4) Die Leiter reicht 5,93 m hoch.

3 (1) Planfigur

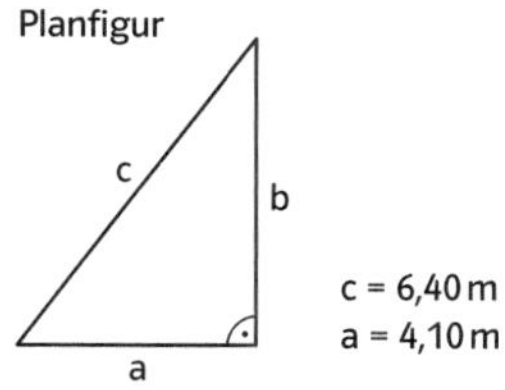

(2) $b = \sqrt{c^2 - a^2}$

(3) $b = \sqrt{6{,}40^2 - 4{,}10^2} \approx 4{,}91$

(4) Die längste Latte ist 4,91 m.

4 (1)

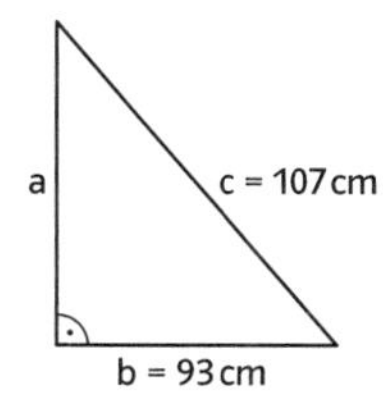

(2) $a = \sqrt{c^2 - a^2}$

(3) $a = \sqrt{107^2 - 93^2}\,\text{cm} \approx 52{,}92\,\text{cm}$

(4) Das Bild ist ungefähr 53 cm hoch.

5 (1) Planfigur
a = 1,68 m

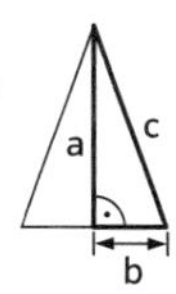

(2) $c = \sqrt{a^2 + b^2}$

(3) $c = \sqrt{168^2 + 60^2}\,\text{cm} \approx 178\,\text{cm}$

(4) Die Leiter ist 1,78 m lang.

1.1 68,77 m; 58,26 m; 50,09 m

2.1 Die Leiter reicht 4,36 m hoch.

2.2 Die Leiter muss 6,67 m lang sein.

3.1 Die längste Latte muss 3,90 m lang sein.

4.1 Das Fernsehbild ist 88,9 cm breit.

4.2 Die Diagonale des Bildschirms ist 33,0 cm lang.

5.1 Die Leiter ist zusammengeklappt 2,68 m lang.

Kathetensatz, Seite 43

1 (2) $p = \frac{a^2}{c}$

(3) $p = \frac{6^2}{9} = \frac{36}{9} = 4$

(4) $p = 4\,\text{cm}$

2 Siehe Tabelle 1.

3

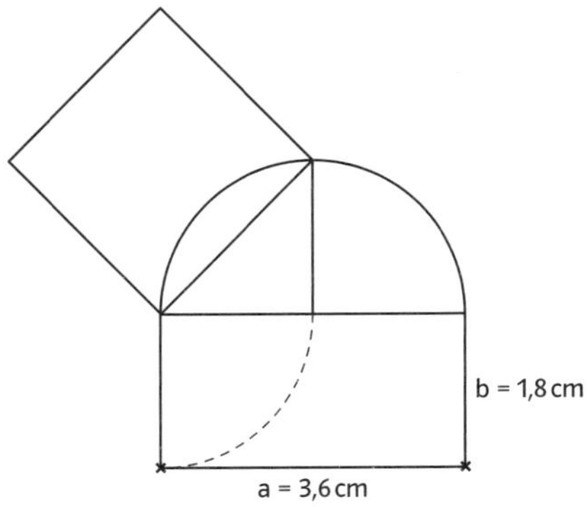

4

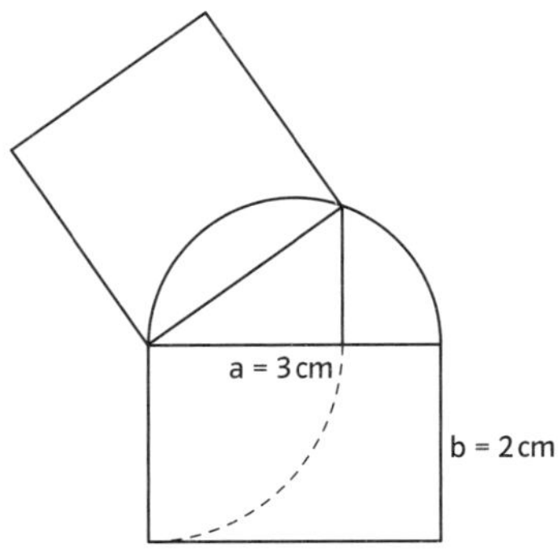

1.1 a) p = 4,1 cm b) p = 3,3 cm
c) q = 5,4 cm d) q = 5,1 cm

2.1 Alle Angaben sind in cm.

	a)	b)	c)	d)
Kathete a	4,0	4,8	5,3	7,3
Kathete b	3,5	5,2	6,0	9,5
Hypotenuse c	5,3	7,1	8,0	12,0
Hypotenusenabschnitt p	3,0	3,3	3,5	4,4
Hypotenusenabschnitt q	2,3	3,8	4,5	7,6

3.1

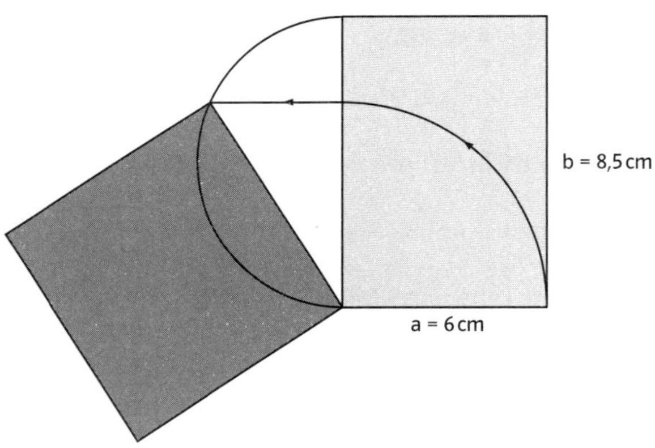

3.2

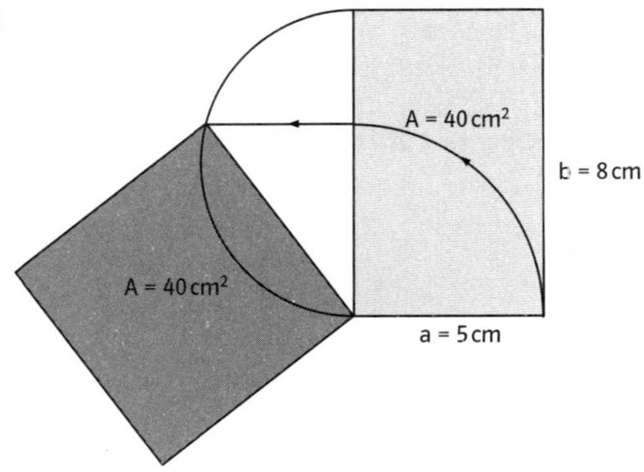

4.1 a)

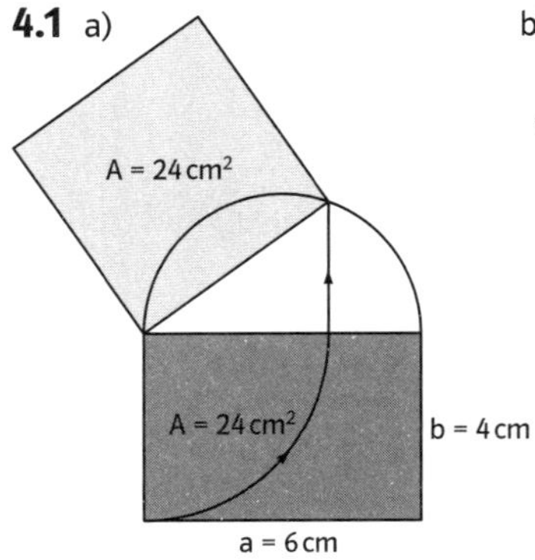

b)

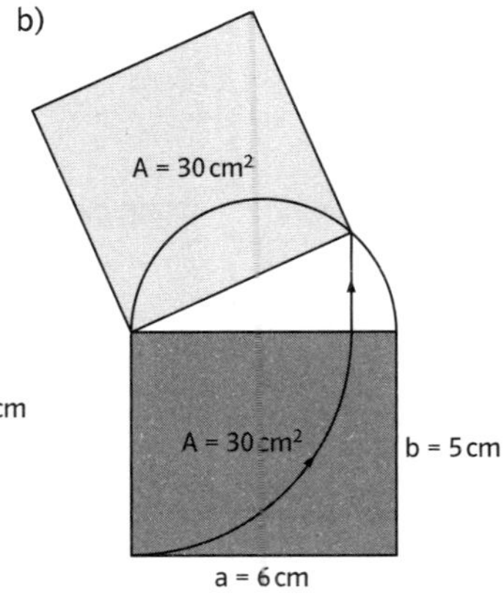

c)

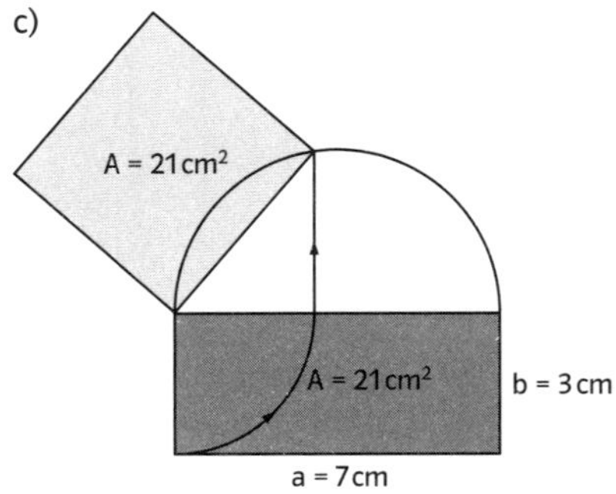

d)

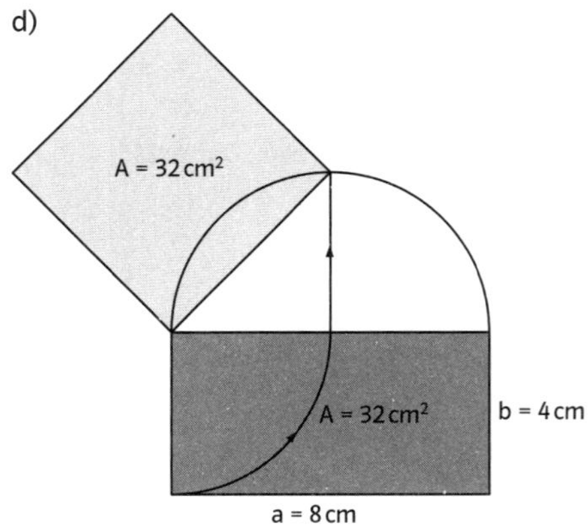

Tabelle 1

	a)	b)	c)	d)	e)
Kathete a	8,0 cm	9,6 cm	3,2 cm	6,8 cm	5,7 cm
Kathete b	6,0 cm	8,5 cm	2,6 cm	7,3 cm	10,0 cm
Hypotenuse c	10,0 cm	12,8 cm	4,1 cm	10,0 cm	11,5 cm
Hypotenusenabschnitt p	6,4 cm	7,2 cm	2,5 cm	4,6 cm	2,8 cm
Hypotenusenabschnitt q	3,6 cm	5,6 cm	1,6 cm	5,4 cm	8,7 cm

Höhensatz, Seite 44

1 (2) $h = \sqrt{p \cdot q}$ (3) $h = \sqrt{4 \cdot 7} = \sqrt{28} \approx 5{,}3$ (4) $h = 5{,}3\,cm$

2 Siehe Tabelle 1.

3

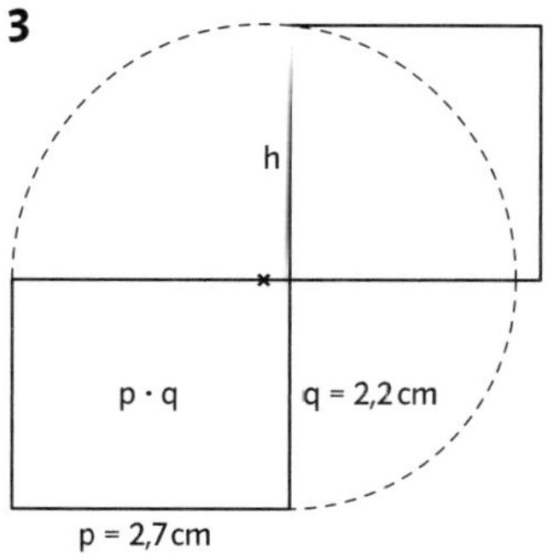

4

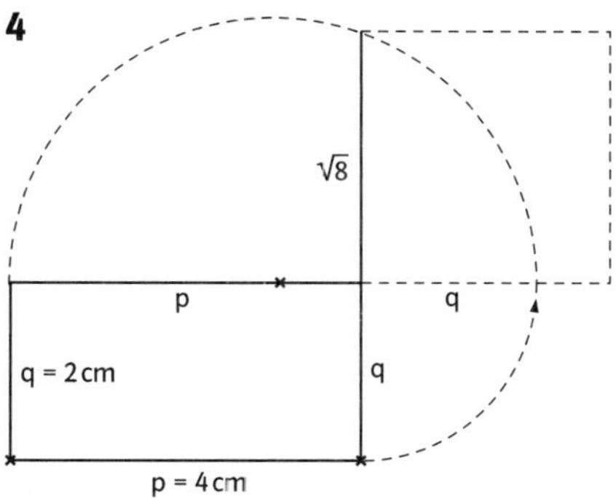

1.1 a) $h \approx 4{,}2\,cm$ b) $h \approx 3{,}4\,cm$
c) $h \approx 9{,}5\,cm$ d) $h \approx 82{,}2\,cm$

2.1 Alle Angaben sind in cm.

	a)	b)	c)	d)
Kathete a	5,0	8,8	6,4	6,2
Kathete b	6,6	9,5	5,3	10,3
Hypotenuse c	8,3	13,0	8,3	12,0
Hypotenusenabschnitt p	3,0	6,0	4,9	3,2
Hypotenusenabschnitt q	5,3	7,0	3,4	8,8
Höhe h	4,0	6,5	4,1	5,3

3.1

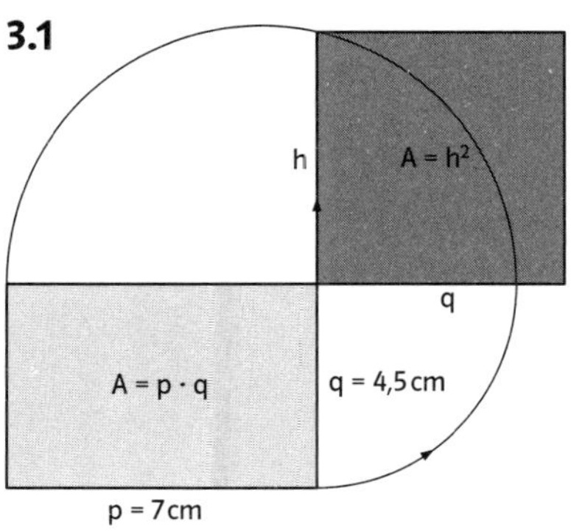

3.2

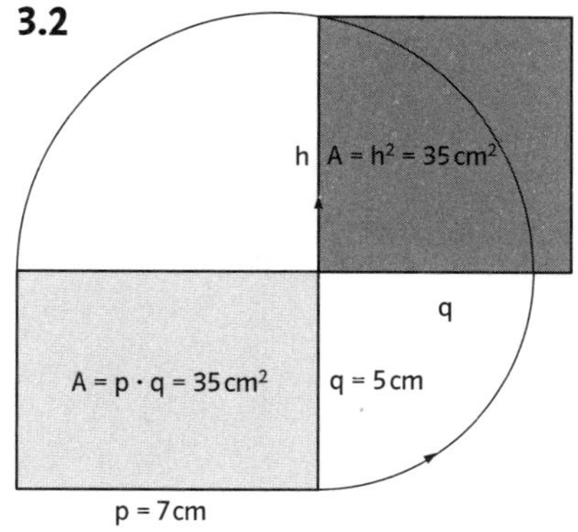

4.1 a)

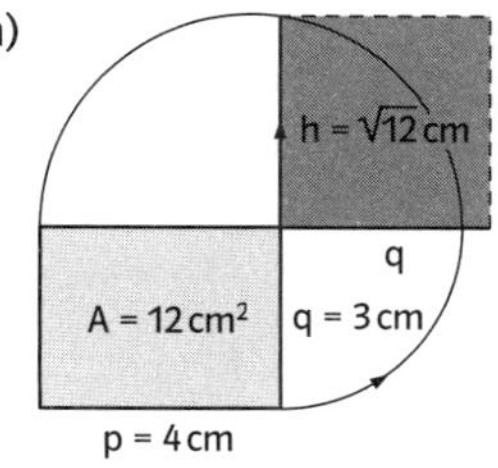

b)

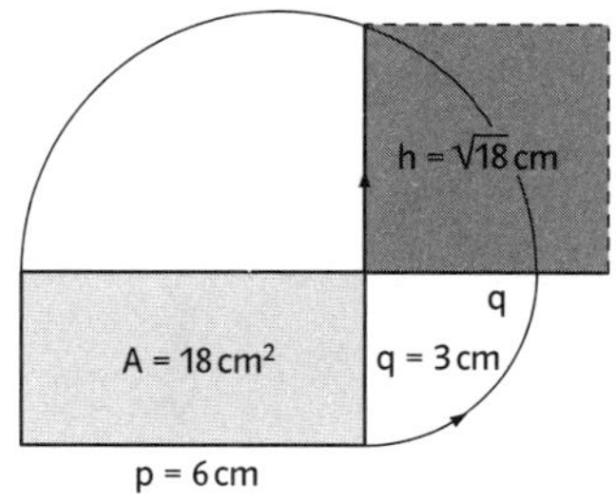

c)

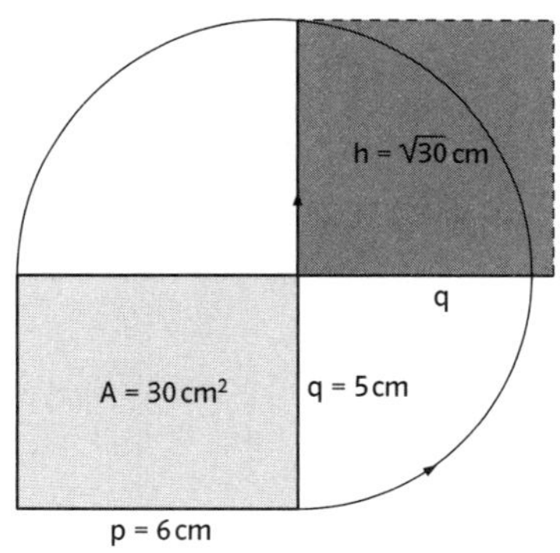

d)

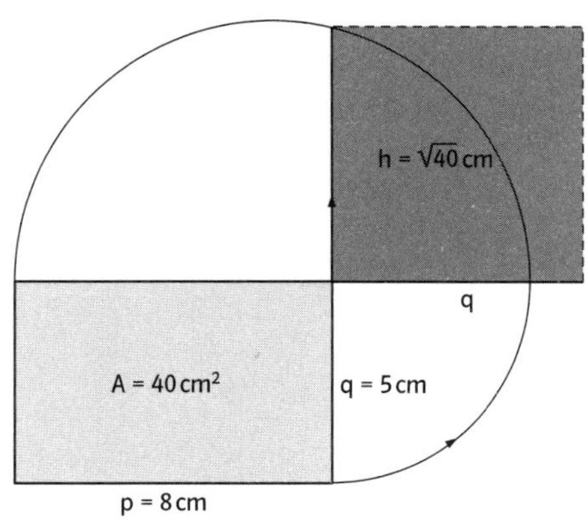

	a)	b)	c)	d)	e)
Kathete a	4,9 cm	6,5 cm	14,1 cm	5,5 cm	3,2 cm
Kathete b	6,3 cm	15,6 cm	9,7 cm	4,3 cm	6,8 cm
Hypotenuse c	8,0 cm	16,9 cm	17,1 cm	7,0 cm	7,5 cm
Hypotenusenabschnitt p	3,0 cm	2,5 cm	11,6 cm	4,4 cm	1,4 cm
Hypotenusenabschnitt q	5,0 cm	14,4 cm	5,5 cm	2,6 cm	6,1 cm
Höhe h	3,9 cm	6,0 cm	8,0 cm	3,4 cm	2,9 cm

Tabelle 1

e)

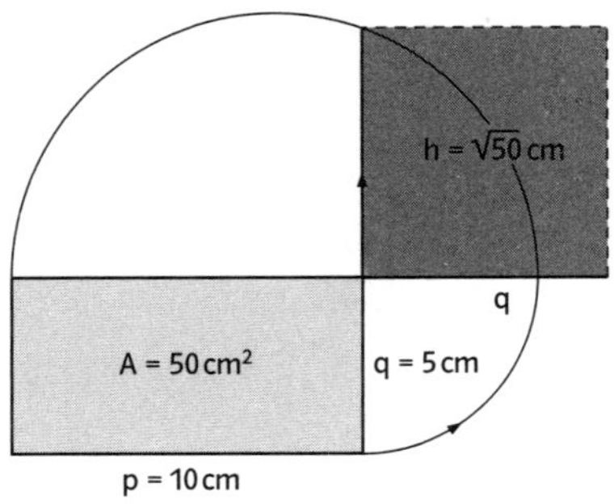

g)

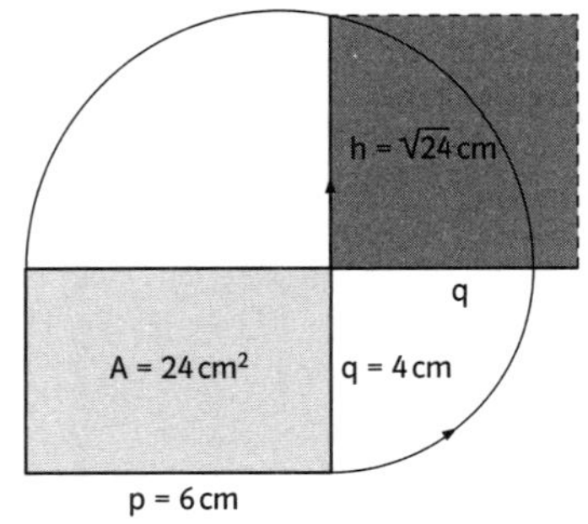

f)

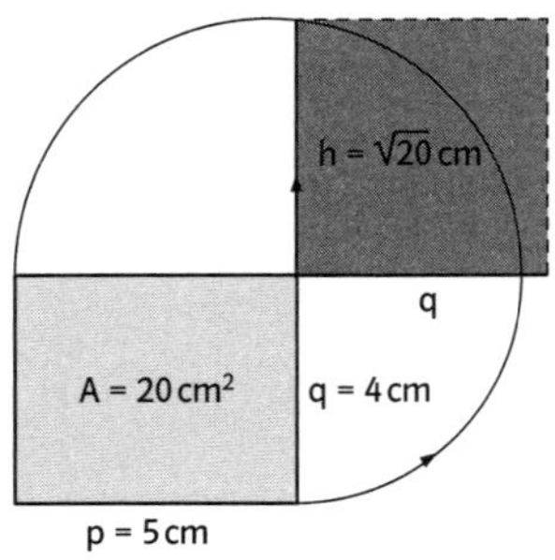

h)

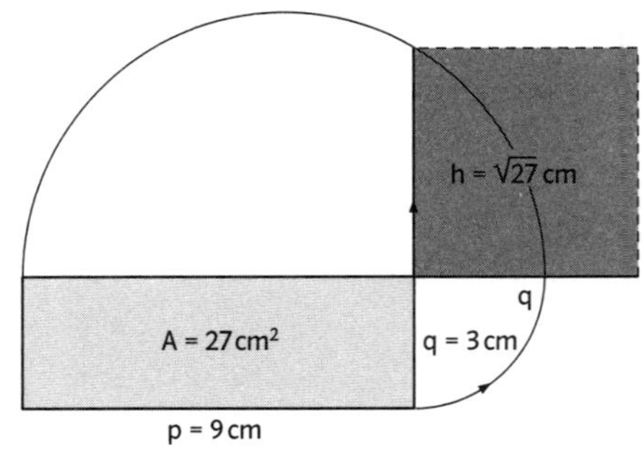

Kompetenz-Test Flächensätze, Seite 45

1 $c = \sqrt{a^2 + b^2}$; $c = 8{,}1\,cm$	$a = \sqrt{c^2 - b^2}$; $a = 10{,}7\,cm$	$a = \sqrt{c^2 - b^2}$; $a = 4{,}1\,cm$
2 $b = \sqrt{c^2 - a^2}$; $b = 9{,}2\,cm$	$h = \sqrt{p \cdot q}$; $h = 4{,}2\,cm$	$h = \sqrt{s^2 - \left(\frac{s}{2}\right)^2}$; $h = 4{,}7\,cm$
3 $a = \sqrt{c^2 - b^2}$; $a = 4{,}85\,m$	$a = \sqrt{c^2 - b^2}$; $a \approx 82\,cm$	Höhe $b = 71\,cm \cdot \frac{9}{16} \approx 40\,cm$ Diagonale $c = \sqrt{a^2 + b^2}$; $c \approx 81{,}5\,cm$
4 $p = \frac{a^2}{c}$; $p = 3{,}1\,cm$	$c = \frac{a^2}{p} = 4{,}6\,cm$ $b = \sqrt{c^2 - a^2}$ $b = \sqrt{4{,}6^2 - 4^2}$ $b = \sqrt{5{,}16} \approx 2{,}3\,cm$	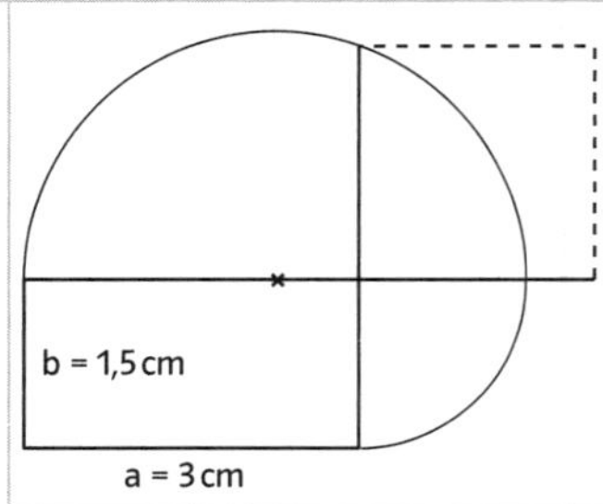
5 $h = \sqrt{p \cdot q}$; $h = 6{,}3\,cm$	$q = c - p$; $q = 3{,}5\,cm$ $h = \sqrt{p \cdot q}$; $h = 4{,}0\,cm$	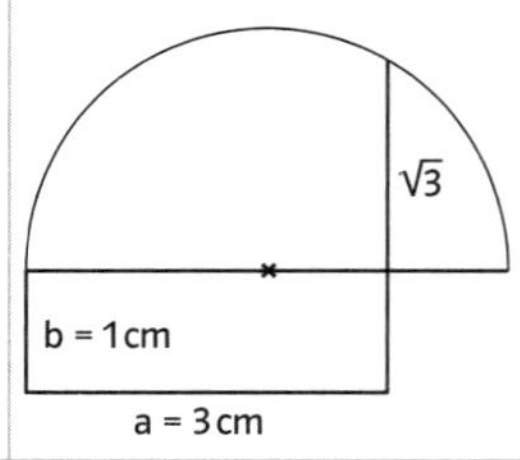

7 Geometrische Abbildungen

Kongruenzabbildungen durchführen, Seite 46

1

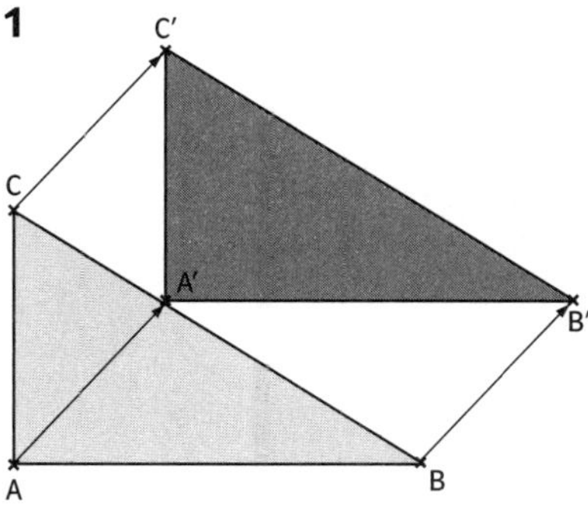

2

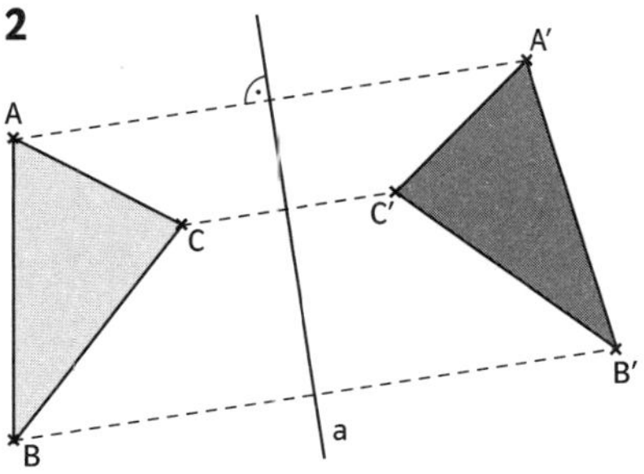

3

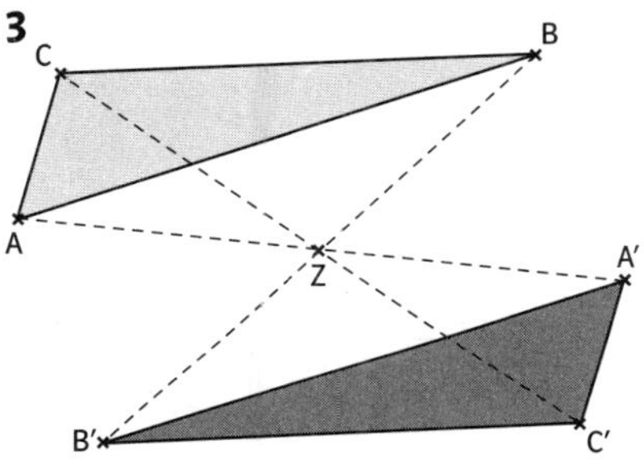

4

	a)	b)	c)
Bildstrecke	20 mm	2 cm	150 m
Strecke	500 mm	50 cm	3750 m

5 a) $\frac{x}{15} = \frac{3}{5} \quad | \cdot 15$

$x = \frac{3 \cdot 15}{5} = 9$

b) $\frac{x}{7} = \frac{15}{42} \quad | \cdot 7$

$x = \frac{15 \cdot 7}{42} = 2{,}5$

1.1

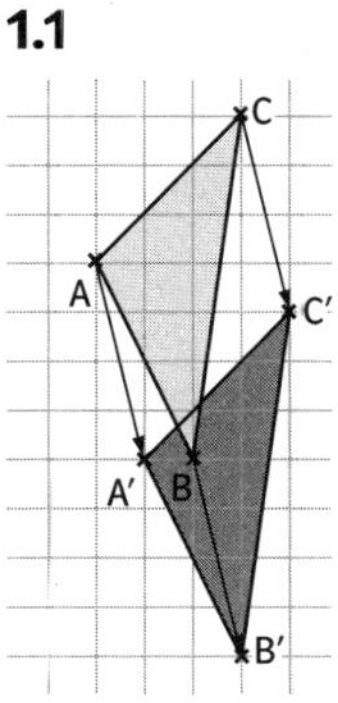

2.1

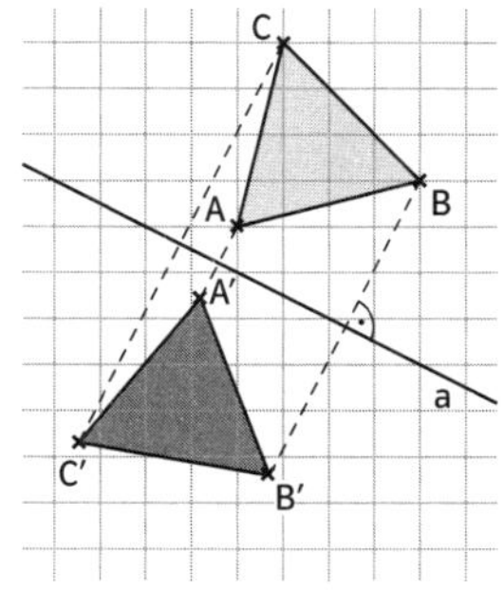

3.1

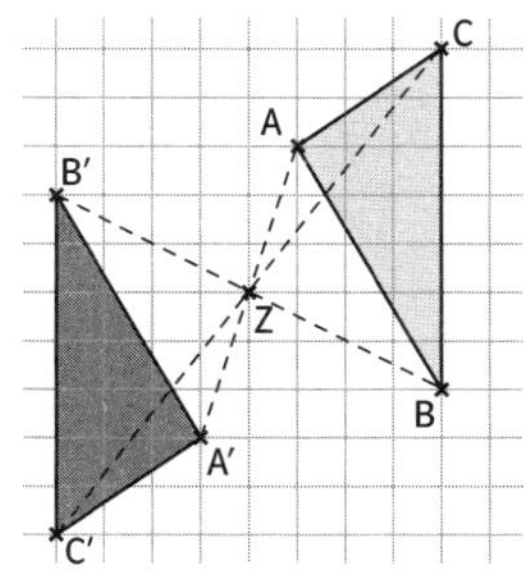

4.1

	a)	b)	c)	d)
Bildstrecke	25 m	300 m	4,5 cm	81 mm
Strecke	2500 m	30 000 m	450 cm	8100 mm

5.1 a) $x = 1\frac{3}{4} = 1{,}75$

b) $x = 12\frac{1}{2} = 12{,}5$

c) $x = \frac{2}{3} = 0{,}\overline{6}$

Figuren verkleinern und vergrößern, Seite 47

1 a)

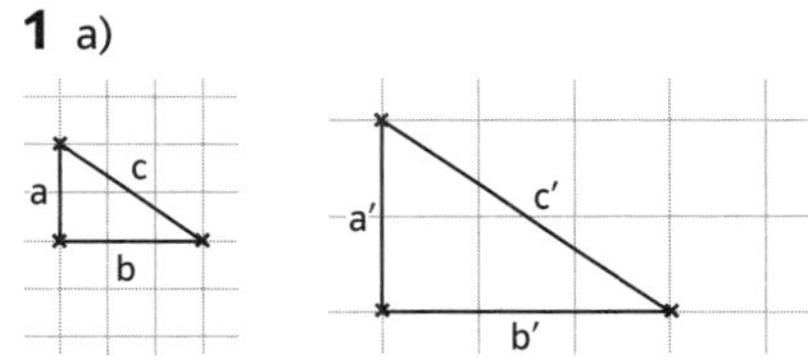

b)

a′	a
2,0 cm	1,0 cm
2 : 1	

b′	b
3,0 cm	1,5 cm
3 : 1,5 = 2 : 1	

c′	c
3,6 cm	1,8 cm
3,6 : 1,8 = 2 : 1	

2 a)

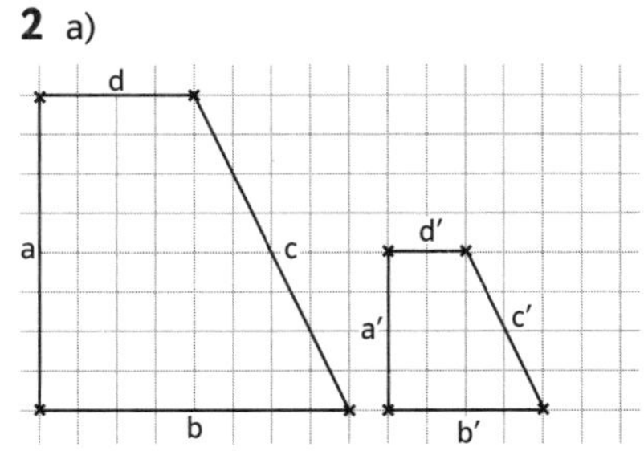

b) a = 3,2 cm; a′ = 1,6 cm
c = 3,6 cm; c′ = 1,8 cm

b = 3,2 cm; b′ = 1,6 cm
d = 1,6 cm; d′ = 0,8 cm

3 a)

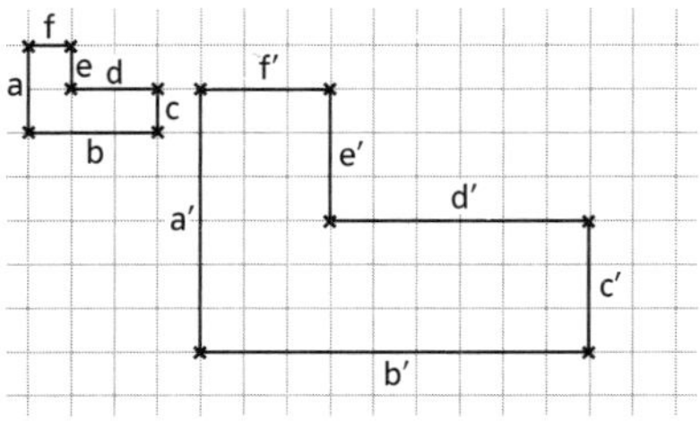

b) a = 0,8 cm; a′ = 2,4 cm   b = 1,2 cm; b′ = 3,6 cm
c = 0,4 cm; c′ = 1,2 cm   d = 0,8 cm; d′ = 2,4 cm
e = 0,4 cm; e′ = 1,2 cm   f = 0,4 cm; f′ = 1,2 cm

4 a) $\overline{A'B'}$ = 6,0 cm, $\overline{AB}$ = 2 cm
b) 6,0 : 2 = 3 = 3 : 1
c)

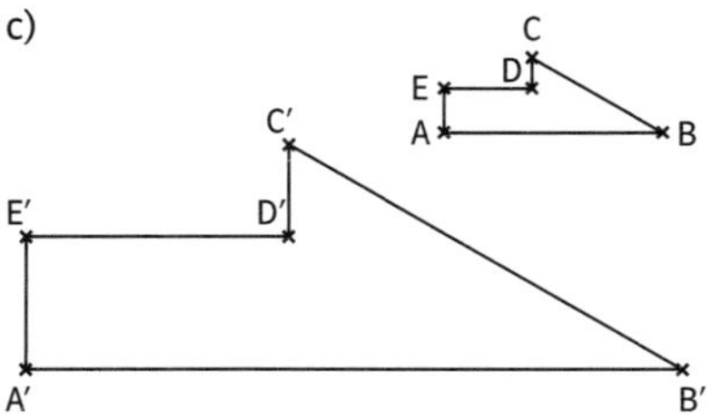

2.1

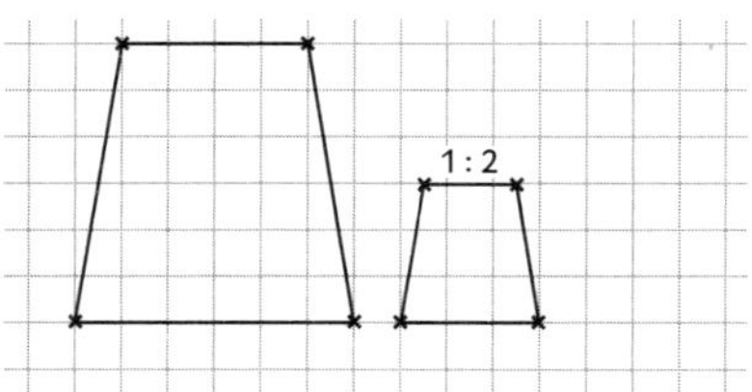

3.1

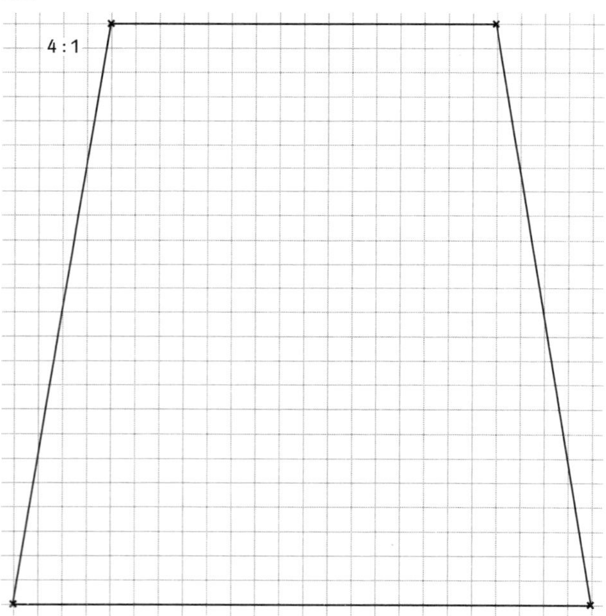

4.1 a)

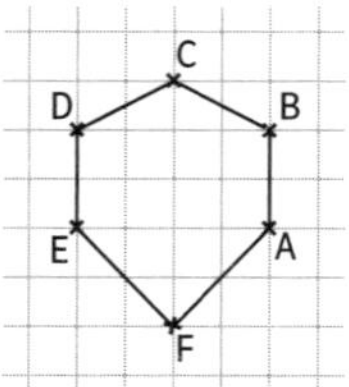

b) $\overline{D'E'}$ = 3 cm, $\overline{DE}$ = 1 cm
c) Maßstab 3 : 1 (Vergrößerung)

d)

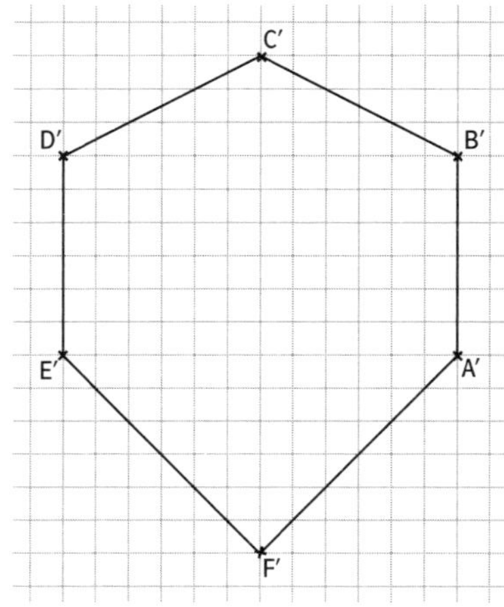

Zentrische Streckungen durchführen, Seite 48

1

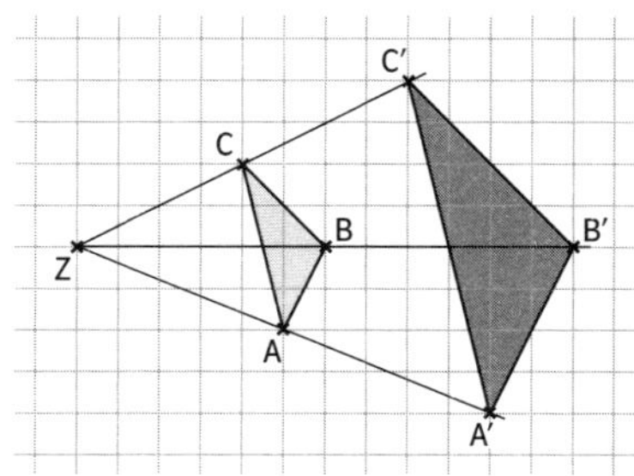

2

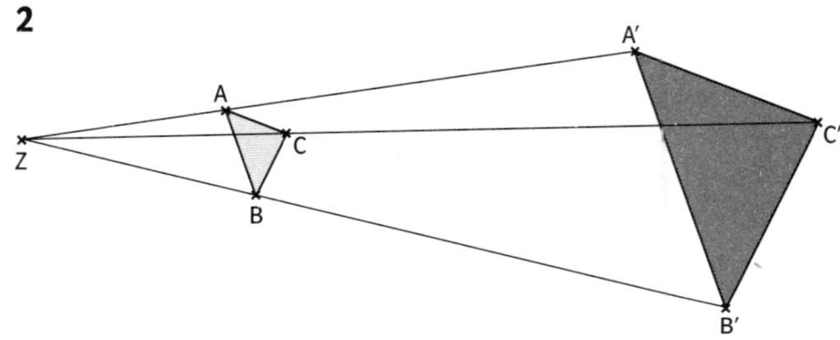

3 a) und b)

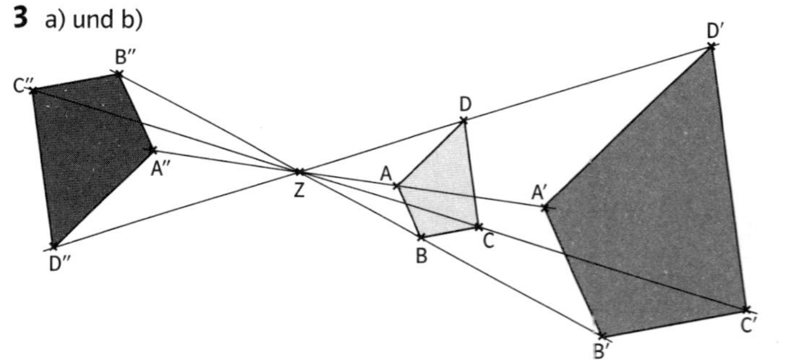

1.1 a) k = 2

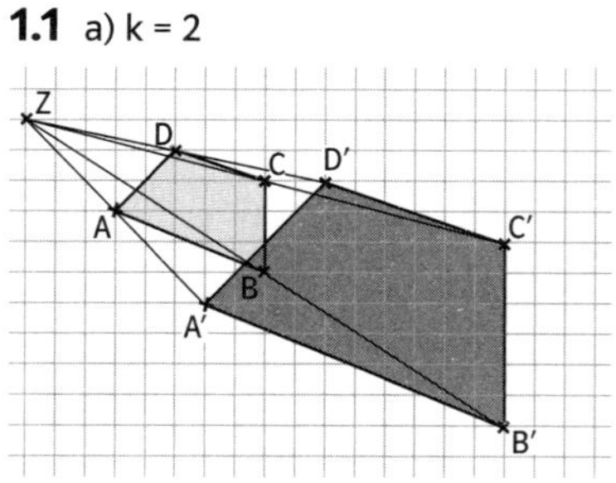

b) k = 2,5

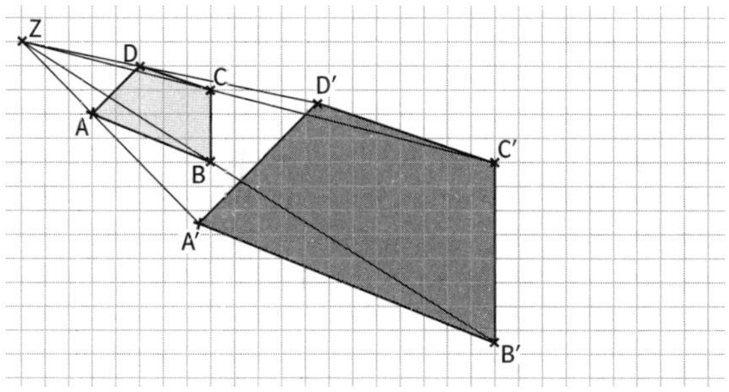

c) k = 3

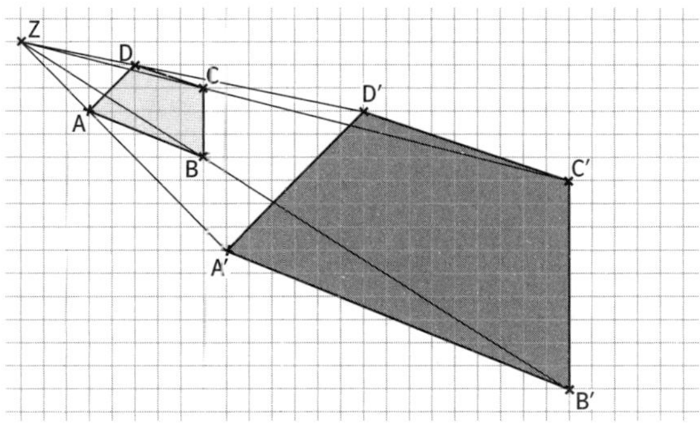

d) k = 3,5

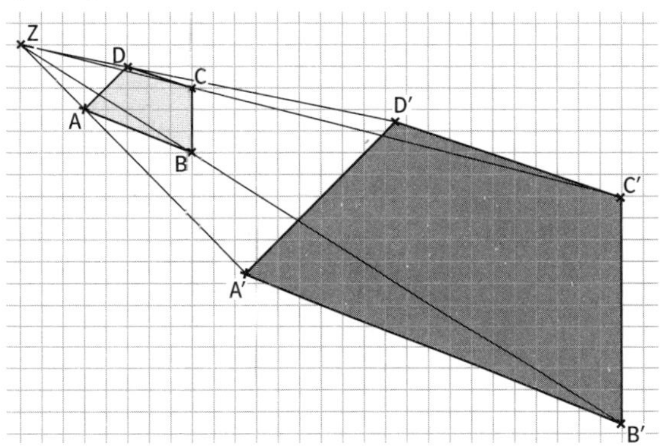

3.1 a) k = 0,5

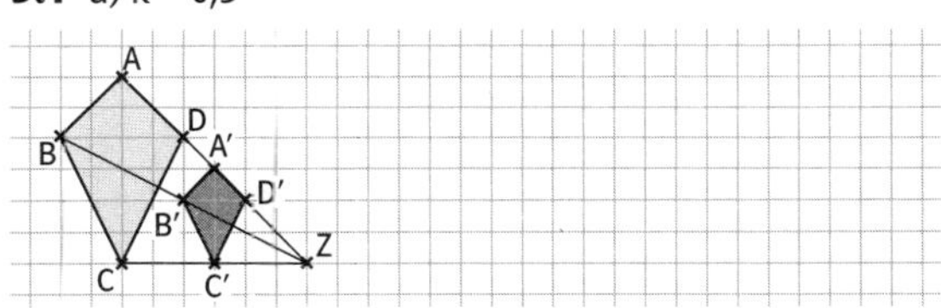

b) k = 1,5

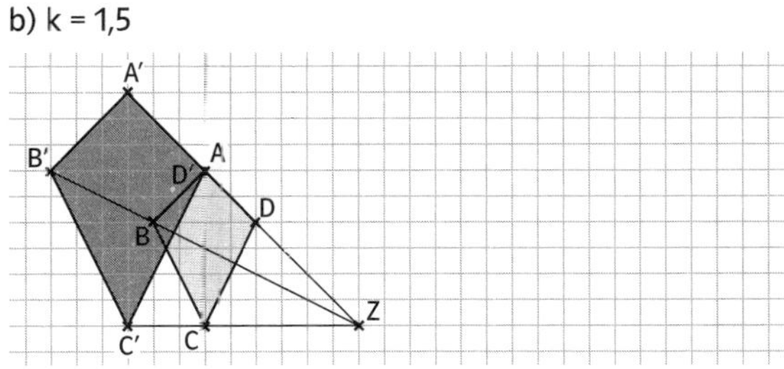

c) k = −1,5

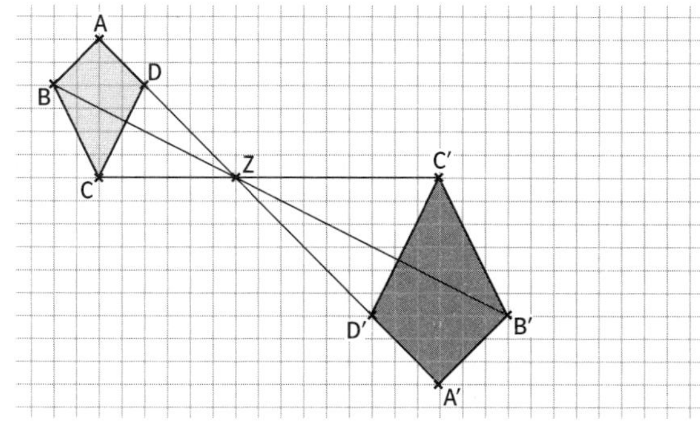

d) $k = -\frac{1}{2}$

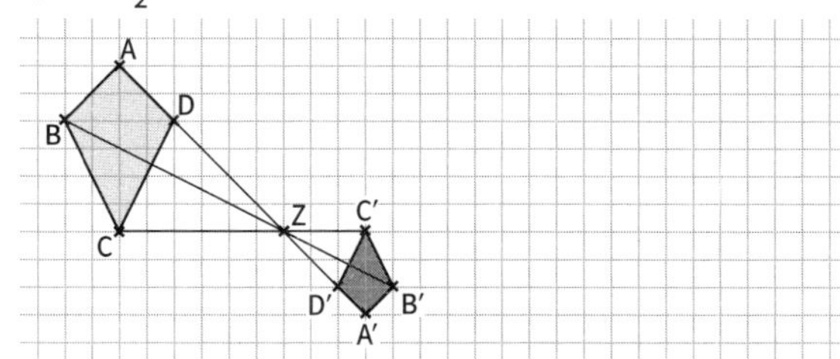

4 a) bis d)

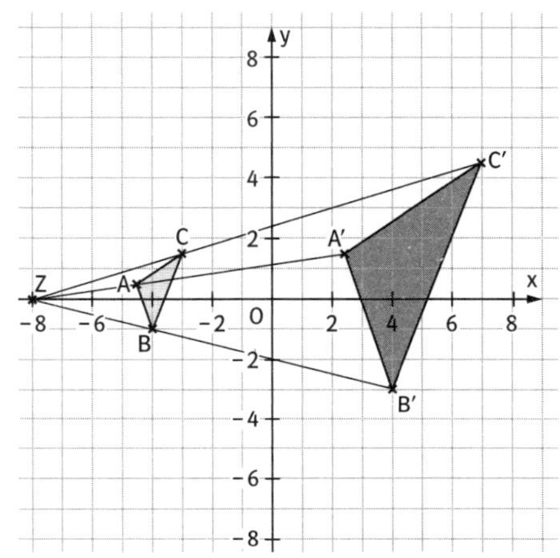

e) A′(2,5 | 1,5); B′(4 | −3); C′(7 | 4,5)

Eigenschaften von zentrischen Streckungen, Seite 49

1

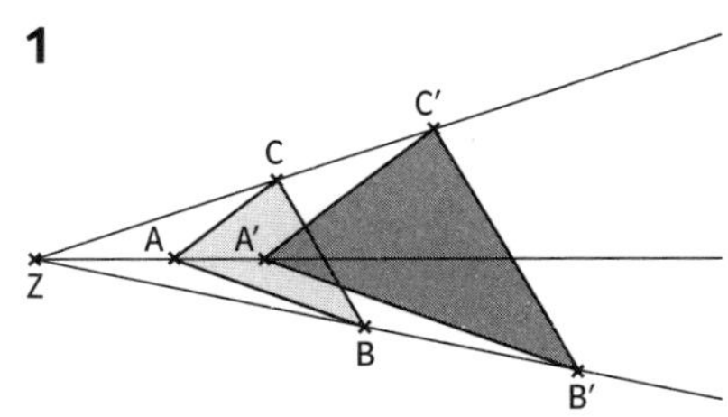

2 Siehe Figur 1 unten.

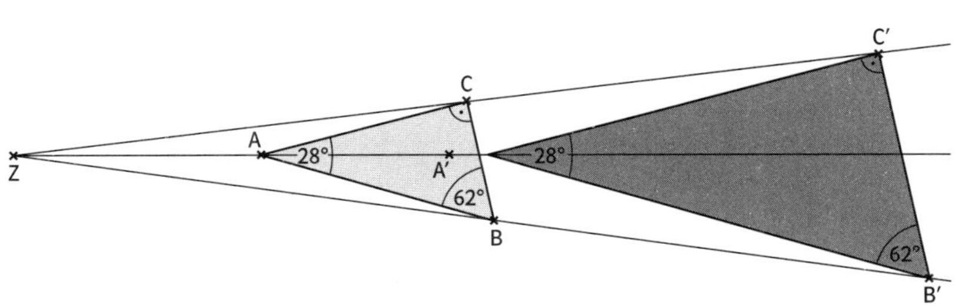

Figur 1

3 Siehe Figur 1 unten.

1.1

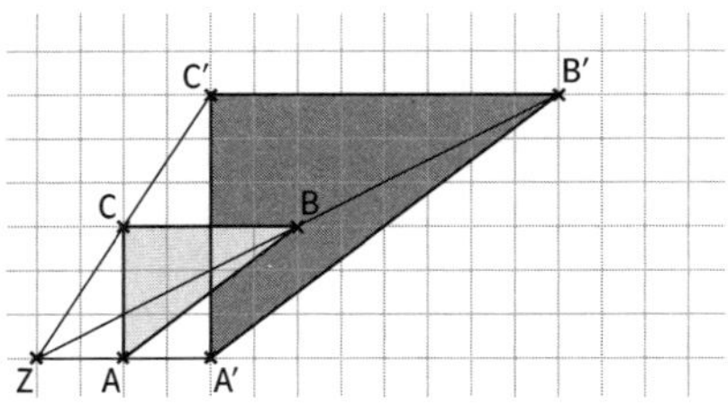

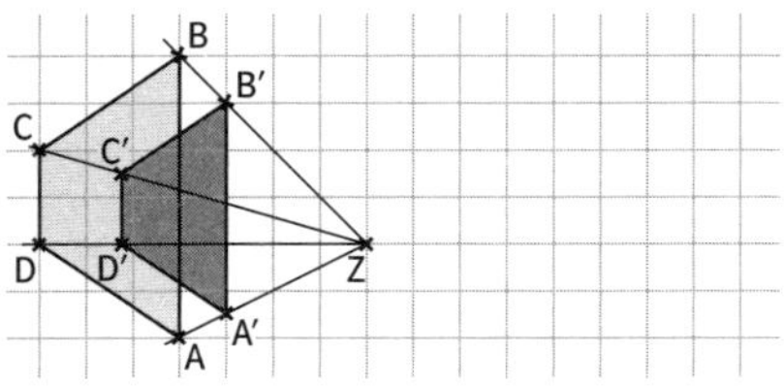

2.1

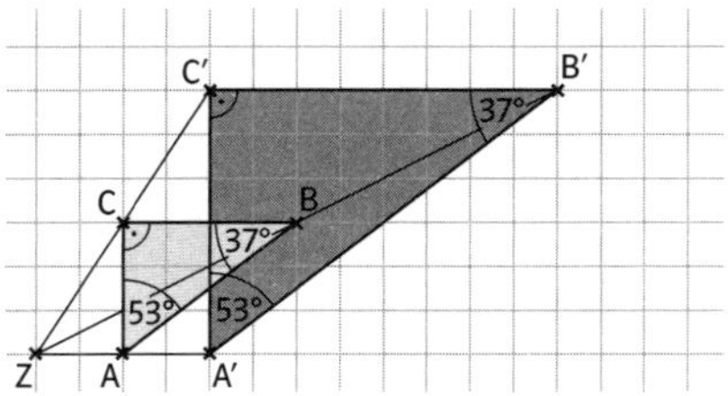

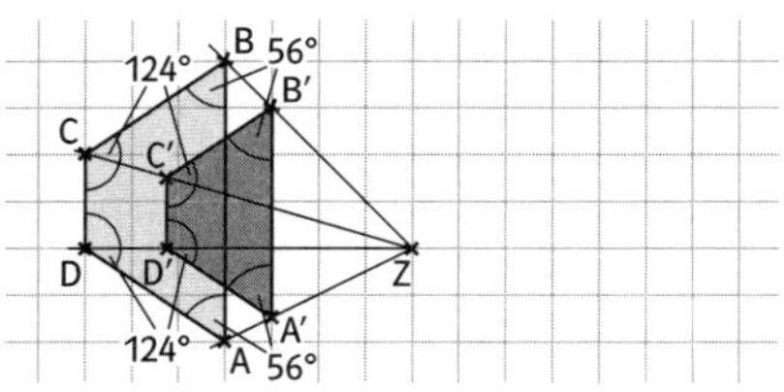

3.1 k = 2,5

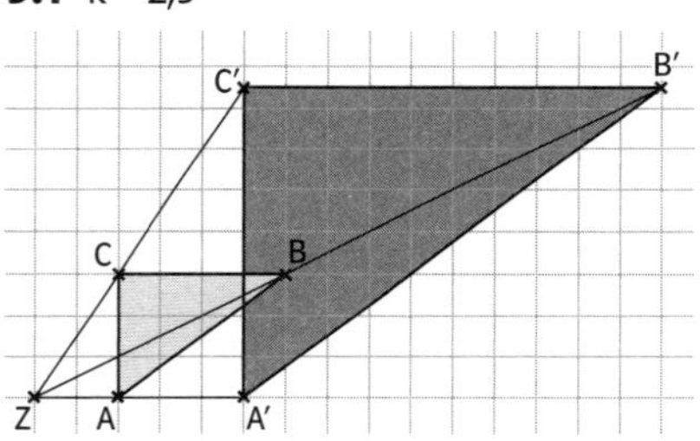

k = 2,5

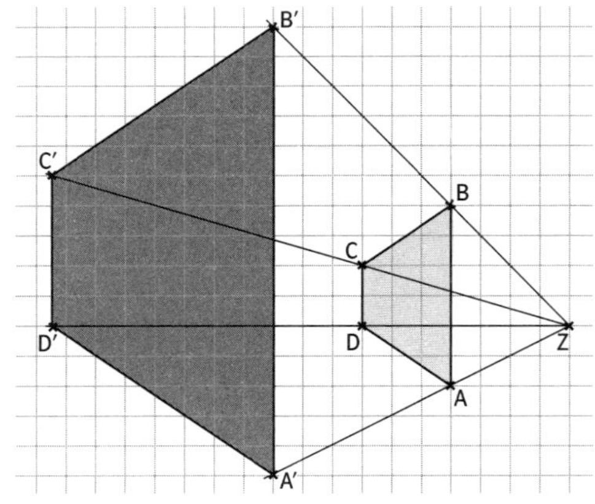

1. Strahlensatz, Seite 50

1 a) $\frac{\overline{ZV}}{\overline{ZW}} = \frac{\overline{ZU}}{\overline{ZT}}$ b) $\frac{\overline{ZU}}{\overline{ZT}} = \frac{\overline{ZV}}{\overline{ZW}}$

c) $\frac{\overline{ZW}}{\overline{ZV}} = \frac{\overline{ZT}}{\overline{ZU}}$ d) $\frac{\overline{ZT}}{\overline{ZU}} = \frac{\overline{ZW}}{\overline{ZV}}$

2 a) (1) $\frac{x}{8{,}4} = \frac{10}{6}$
(2) $x = \frac{10 \cdot 8{,}4}{6}$
(3) x = 14 cm

b) (1) $\frac{x}{5{,}8} = \frac{12{,}6}{4{,}2}$
(2) $x = \frac{12{,}6 \cdot 5{,}8}{4{,}2}$
(3) x = 17,4 cm

3 a) (1) $\frac{x}{4{,}7} = \frac{2{,}2}{6}$
(2) $x = \frac{2{,}2 \cdot 4{,}7}{6}$
(3) x ≈ 1,7 cm

b) (1) $\frac{x}{5{,}2} = \frac{4{,}8}{7{,}2}$
(2) $x = \frac{4{,}8 \cdot 5{,}2}{7{,}2}$
(3) x ≈ 3,5 cm

4 (1) $\frac{x}{3} = \frac{6}{1{,}25}$ (2) $x = \frac{6 \cdot 3}{1{,}25}$ (3) x = 14,4 m

2.1 $\frac{x}{2{,}6} = \frac{7{,}2}{3{,}1}$; x = 6,0 cm

3.1 $\frac{x}{8{,}7} = \frac{3{,}5}{9{,}5}$; x = 3,2cm

4.1

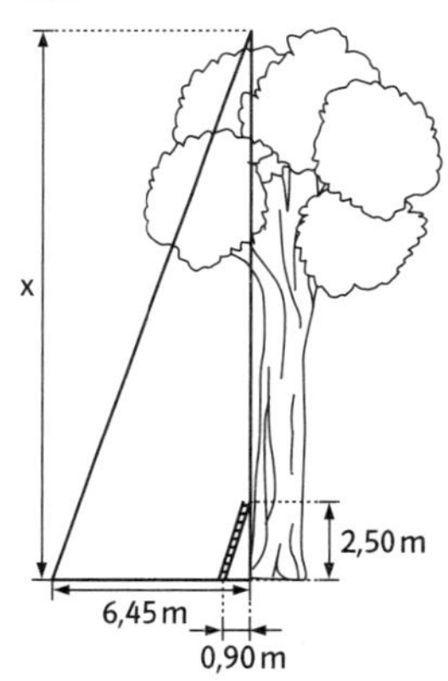

$\frac{x}{2{,}50} = \frac{6{,}45}{0{,}90}$

$x = \frac{6{,}45 \cdot 2{,}50}{0{,}90}$

Höhe des Baumes: x = 17,92 m

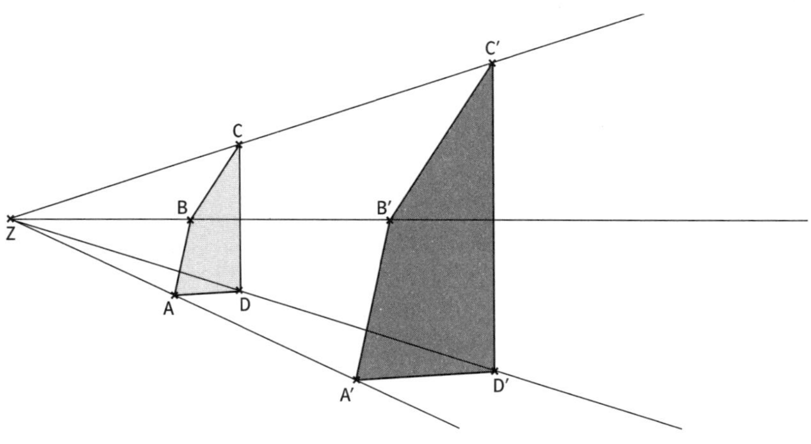

Figur 1

2. Strahlensatz, Seite 51

1 a) $\frac{\overline{ZU}}{\overline{ZT}} = \frac{\overline{UV}}{\overline{TW}}$ b) $\frac{\overline{ZV}}{\overline{ZW}} = \frac{\overline{UV}}{\overline{TW}}$

c) $\frac{\overline{TW}}{\overline{UV}} = \frac{\overline{ZT}}{\overline{ZU}}$ d) $\frac{\overline{ZW}}{\overline{ZV}} = \frac{\overline{TW}}{\overline{UV}}$

2 a) (1) $\frac{x}{1,3} = \frac{4,8}{2}$

(2) $x = \frac{4,8 \cdot 1,3}{2}$

(3) $x \approx 3,1\,\text{cm}$

b) (1) $\frac{x}{4,9} = \frac{2,2}{4,7}$

(2) $x = \frac{2,2 \cdot 4,9}{4,7}$

(3) $x \approx 2,3\,\text{cm}$

3 a) (1) $\frac{x}{8,4} = \frac{2,8}{4,9}$

(2) $x = \frac{2,8 \cdot 8,4}{4,9}$

(3) $x = 4,8\,\text{cm}$

b) (1) $\frac{x}{6} = \frac{6,9}{3,5}$

(2) $x = \frac{6,9 \cdot 6}{3,5}$

(3) $x \approx 11,8\,\text{cm}$

4 (1) $\frac{h}{6} = \frac{40}{50}$ (2) $h = \frac{40 \cdot 6}{50}$ (3) $h = 4,80\,\text{m}$

2.1 $\frac{x}{19} = \frac{41}{24}$; $x = 32\,\text{mm}$

3.1 $\frac{x}{40} = \frac{14}{38}$; $x = 15\,\text{mm}$

4.1

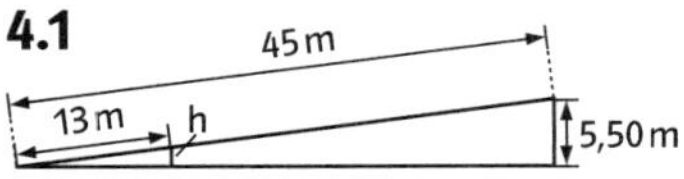

$\frac{h}{5,50} = \frac{13}{45}$

Höhe h = 1,59 m

Ähnlichkeitsabbildungen durchführen, Seite 52

1

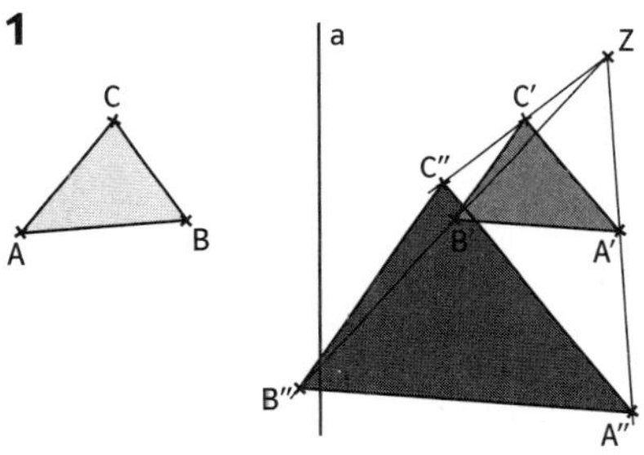

2

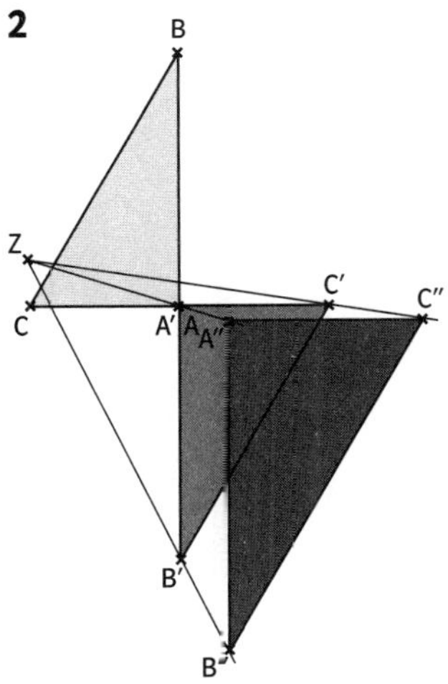

3

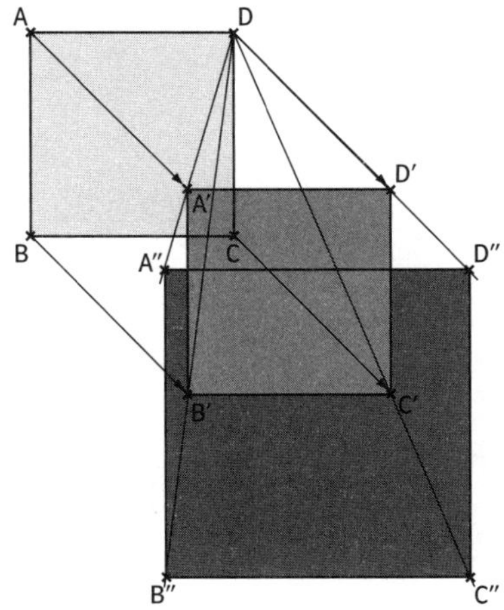

1.1 a) bis c)

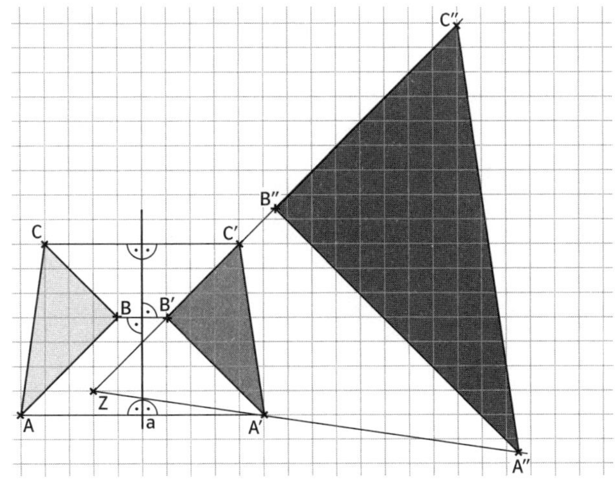

2.1

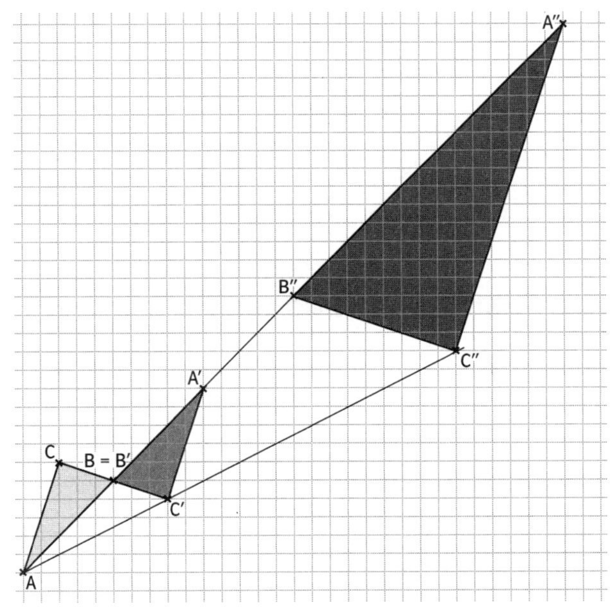

3.1 a) bis c)

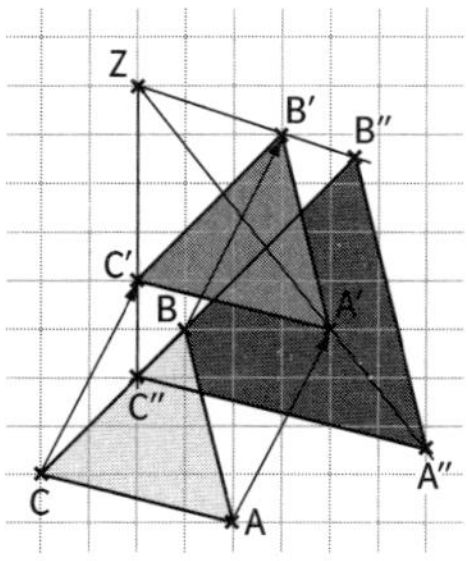

Kompetenz-Test Geometrische Abbildungen, Seite 53

1 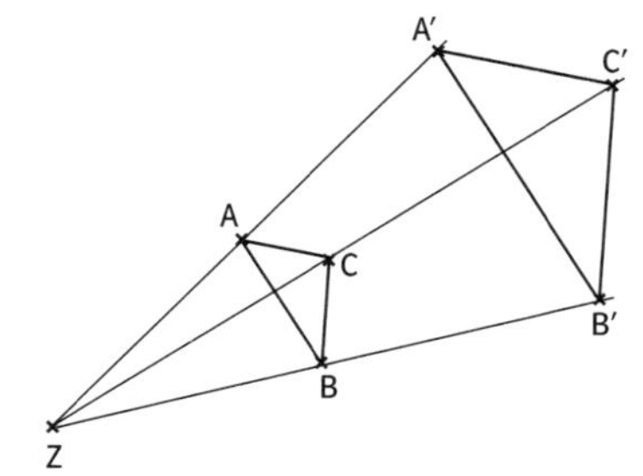	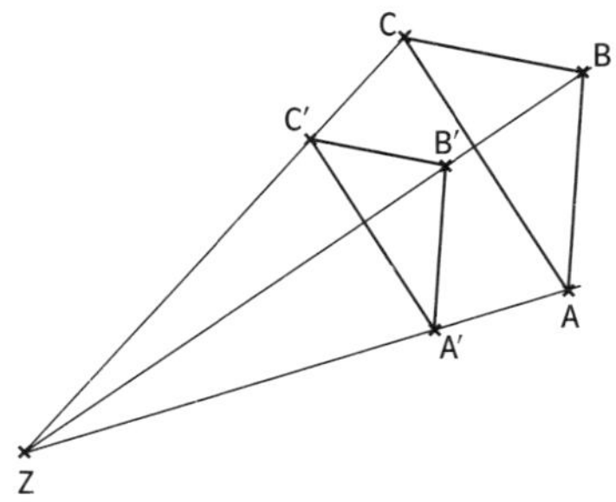	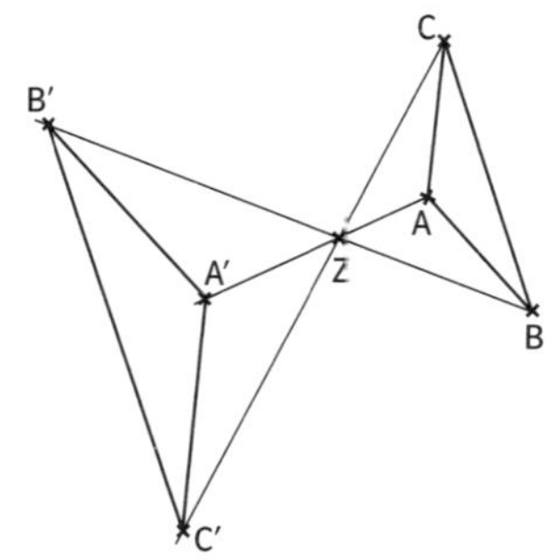
2 $\frac{\overline{ZA'}}{\overline{ZA}} = \frac{\overline{ZB'}}{\overline{ZB}}$	$\frac{x}{7} = \frac{4,5}{10,5}$ $x = \frac{4,5 \cdot 7}{10,5}$ $x = 3\,\text{cm}$	$\frac{l}{2,60} = \frac{6}{2}$ $l = \frac{6 \cdot 2,60}{2}$ $l = 7,80\,\text{m}$
3 $\frac{\overline{PR}}{\overline{QS}} = \frac{\overline{ZR}}{\overline{ZS}}$	$\frac{x}{1,5} = \frac{4}{2,3}$ $x = \frac{4 \cdot 1,5}{2,3}$ $x \approx 2,6$	$\frac{h}{2} = \frac{48}{15}$ $h = \frac{48 \cdot 2}{15}$ $h = 6,40\,\text{m}$
4 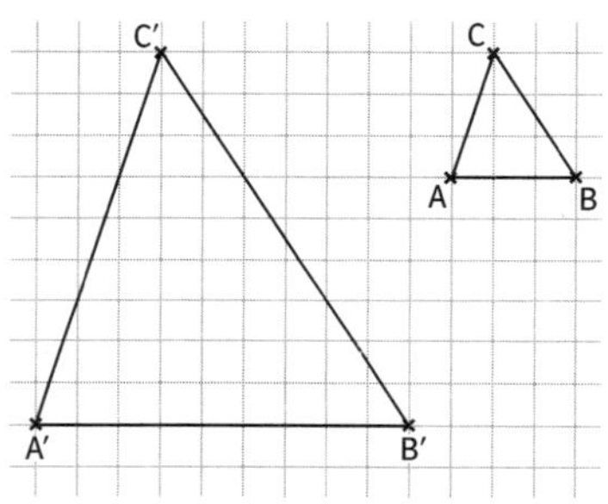	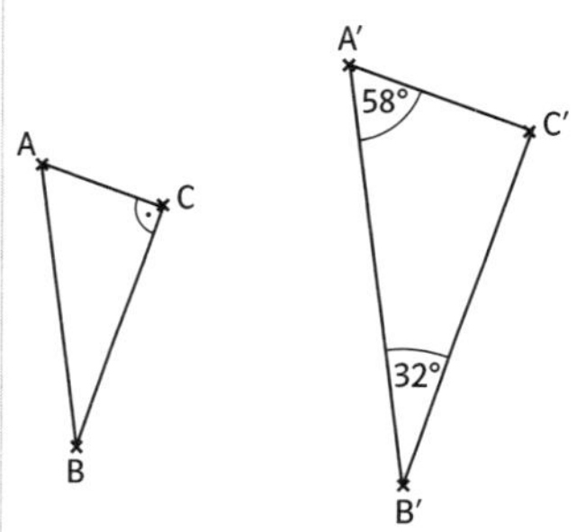	$\frac{a}{b} = 2;\ \frac{a'}{b'} = 2$ $\frac{a}{c} \approx 0,9;\ \frac{a'}{c'} \approx 0,9$ $\frac{b}{c} \approx 0,4;\ \frac{b'}{c'} \approx 0,4$ Die Dreiecke sind ähnlich zueinander.

8 Quadratische Gleichungen

Äquivalenzumformungen durchführen, Seite 54

1 a) $3x = 75 \quad | :3$
$x = 25;\ L = \{25\}$

b) $\frac{1}{3}x = 4 \quad | \cdot 3$
$x = 12;\ L = \{12\}$

c) $2x + 5 = 12 \quad | -5$
$2x = 7 \quad | :2$
$x = \frac{7}{2} = 3\frac{1}{2};\ L = \left\{3\frac{1}{2}\right\}$

d) $4x - 5 = 3 \quad | +5$
$4x = 8 \quad | :4$
$x = 2;\ L = \{2\}$

2 a) $\frac{2}{5}x + 4 = 2 \quad | -4$
$\frac{2}{5}x = -2 \quad | \cdot 5$
$2x = -10 \quad | :2$
$x = -5;\ L = \{-5\}$

b) $-4x - 15 = 15 - 6x \quad | +15$
$-4x = 30 - 6x \quad | +6x$
$2x = 30 \quad | :2$
$x = 15;\ L = \{15\}$

3 a) $9(x + 5) + 2x = 7x - 3$
$9x + 45 + 2x = 7x - 3$
$11x + 45 = 7x - 3 \quad | -45$
$11x = 7x - 48 \quad | -7x$
$4x = -48 \quad | :4$
$x = -12;\ L = \{-12\}$

b) $-(x - 5) = 9 - (x - 4)$
$-x + 5 = 9 - x + 4$
$-x + 5 = -x + 13 \quad | +x$
$5 = 13;\ L = \{\ \}$

c) $-2(3x + 1) = -2$
$-6x - 2 = -2 \quad | +2$
$-6x = 0 \quad | :(-6)$
$x = 0;\ L = \{0\}$

d) $6(x + 2) = 2x - (10 - 6)$
$6x + 12 = 2x - 4 \quad | -12$
$6x = 2x - 16 \quad | -2x$
$4x = -16 \quad | :4$
$x = -4;\ L = \{-4\}$

1.1 a) $L = \{10\}$ b) $L = \{7\}$ c) $L = \{24\}$
d) $L = \{3\}$ e) $L = \{108\}$ f) $L = \{8\}$
g) $L = \{-25\}$ h) $L = \left\{5\frac{1}{7}\right\}$ i) $L = \{30\}$
j) $L = \{-3\}$ k) $L = \left\{1\frac{1}{5}\right\}$ l) $L = \left\{-1\frac{2}{3}\right\}$

1.2 a) $L = \{1\}$ b) $L = \{14\}$ c) $L = \{2\}$
d) $L = \{8\}$ e) $L = \{11\}$ f) $L = \{-9\}$
g) $L = \{4\}$ h) $L = \{-\frac{13}{15}\}$ i) $L = \{-3\}$
j) $L = \{1\frac{5}{8}\}$ k) $L = \{\frac{1}{4}\}$ l) $L = \{-\frac{8}{45}\}$

2.1 a) $L = \{\frac{2}{3}\}$ b) $L = \{\frac{1}{4}\}$ c) $L = \{56\}$
d) $L = \{\frac{4}{11}\}$ e) $L = \{37\frac{1}{3}\}$ f) $L = \{-1\}$

3.1 a) $L = \{10\}$ b) $L = \{-2\}$
c) $L = \{3\frac{1}{11}\}$ d) $L = \{1\frac{19}{60}\}$

4 a) Die Klammer des linken Terms wurde falsch berechnet, statt multipliziert, wurde $-3 + 2$ berechnet.
Richtige Umformung: $4 - 6x - 6 + 5x = 2x$
b) Die Klammer des linken Terms wurde falsch berechnet.
Richtige Umformung: $2x - 10 + 4x = 26$

Quadratische Gleichungen $ax^2 + c = 0$ lösen, Seite 55

1 a) $x_1 = 6;\ x_2 = -6;\ L = \{6; -6\}$
b) $x_1 = 4;\ x_2 = -4;\ L = \{4; -4\}$
c) $x_1 = \sqrt{7};\ x_2 = -\sqrt{7};\ L = \{\sqrt{7}; -\sqrt{7}\}$
d) $x_1 = \sqrt{12};\ x_2 = -\sqrt{12};\ L = \{\sqrt{12}; -\sqrt{12}\}$

2 a) $x^2 - 81 = 0 \quad | +81$
$x^2 = 81$
$x_1 = 9;\ x_2 = -9;\ L = \{9; -9\}$

b) $x^2 - \frac{4}{9} = 0 \quad | +\frac{4}{9}$
$x^2 = \frac{4}{9}$
$x_1 = \frac{2}{3};\ x_2 = -\frac{2}{3};\ L = \{\frac{2}{3}; -\frac{2}{3}\}$

c) $8x^2 - 75 = 3x^2 + 5 \quad | -3x^2$
$5x^2 - 75 = 5 \quad | +75$
$5x^2 = 80 \quad | :5$
$x^2 = 16$
$x_1 = 4;\ x_2 = -4;\ L = \{4; -4\}$

d) $4x^2 + 20 + 6x^2 = 56 + 6x^2 \quad | -6x^2$
$4x^2 + 20 = 56 \quad | -20$
$4x^2 = 36 \quad | :4$
$x^2 = 9$
$x_1 = 3;\ x_2 = -3;\ L = \{3; -3\}$

3 a) 2 Lösungen
$x^2 = 3;\ L = \{\sqrt{3}; -\sqrt{3}\}$
b) 0 Lösungen
$x^2 = -3;\ L = \{\ \}$
c) 1 Lösung
$x^2 = 0;\ L = \{0\}$
d) 0 Lösungen
$x^2 = -10;\ L = \{\ \}$
e) 2 Lösungen
$x^2 = 100;\ x_1 = 10;\ x_2 = -10;\ L = \{10; -10\}$
f) 2 Lösungen
$5x^2 = 50$
$x^2 = 10;\ x_1 = \sqrt{10};\ x_2 = -\sqrt{10};\ L = \{\sqrt{10}; -\sqrt{10}\}$

1.1 a) $L = \{10; -10\}$ b) $L = \{8; -8\}$
c) $L = \{3; -3\}$ d) $L = \{7; -7\}$
e) $L = \{1; -1\}$ f) $L = \{5; -5\}$
g) $L = \{0\}$ h) $L = \{9; -9\}$

1.2 a) $L = \{\sqrt{15}; -\sqrt{15}\}$ b) $L = \{\sqrt{22}; -\sqrt{22}\}$
c) $L = \{\sqrt{10}; -\sqrt{10}\}$ d) $L = \{\sqrt{43}; -\sqrt{43}\}$
e) $L = \{\sqrt{3}; -\sqrt{3}\}$ f) $L = \{\sqrt{200}; -\sqrt{200}\}$
g) $L = \{\sqrt{15}; -\sqrt{15}\}$ h) $L = \{\sqrt{8}; -\sqrt{8}\}$

1.3 a) $L = \{1{,}4; -1{,}4\}$ b) $L = \{2{,}4; -2{,}4\}$
c) $L = \{2{,}8; -2{,}8\}$ d) $L = \{2{,}2; -2{,}2\}$
e) $L \approx \{1{,}7; -1{,}7\}$ f) $L \approx \{3{,}2; -3{,}2\}$
g) $L \approx \{3{,}9; -3{,}9\}$ h) $L \approx \{3{,}3; -3{,}3\}$

2.1 a) $L = \{11; -11\}$ b) $L = \{2; -2\}$
c) $L = \{\ \}$ d) $L = \{2; -2\}$
e) $L = \{7; -7\}$ f) $L = \{4; -4\}$

3.1 a) 2 Lösungen
$x^2 = 2;\ x_1 = \sqrt{2};\ x_2 = -\sqrt{2};\ L = \{\sqrt{2}; -\sqrt{2}\}$
b) 2 Lösungen
$x^2 = 2;\ x_1 = \sqrt{2};\ x_2 = -\sqrt{2};\ L = \{\sqrt{2}; -\sqrt{2}\}$
c) 0 Lösungen
$2x^2 = -5;\ x^2 = -\frac{5}{2};\ L = \{\ \}$

4 a) Diese Aussage ist falsch. Eine Gleichung der Form $ax^2 + c = 0$ hat nur dann zwei Lösungen, wenn $c < 0$, da dann $ax^2 = -c > 0$.
b) Diese Aussage ist falsch, da $ax^2 = -c < 0$ keine Lösung hat.

Quadratische Gleichungen $ax^2 + bx = 0$ lösen, Seite 56

1 a)
(1) $x \cdot (x - 9) = 0$
(2) $x_1 = 0;\ x_2 - 9 = 0$
(3) $x_1 = 0;\ x_2 = 9;\ L = \{0; 9\}$

b)
(1) $x \cdot (x + 16) = 0$
(2) $x_1 = 0;\ x_2 + 16 = 0$
(3) $x_1 = 0;\ x_2 = -16;\ L = \{0; -16\}$

2 a)
(1) $5x \cdot (2x - 5) = 0$
(2) $5x = 0;\ 2x - 5 = 0$
(3) $x_1 = 0;\ 2x_2 = 5$
$x_1 = 0;\ x_2 = 2\frac{1}{2};\ L = \{0; 2\frac{1}{2}\}$

b)
(1) $9x \cdot (2x + 3) = 0$
(2) $9x = 0;\ 2x + 3 = 0$
(3) $x_1 = 0;\ 2x_2 = -3$
$x_1 = 0;\ x_2 = -1\frac{1}{2};\ L = \{0; -1\frac{1}{2}\}$

c)
(1) $-5x \cdot (x + 6) = 0$
(2) $-5x = 0;\ x + 6 = 0$
(3) $x_1 = 0;\ x_2 = -6$
$x_1 = 0;\ x_2 = -6;\ L = \{0; -6\}$

d)
(1) $-6x^2 - 12x = 0$
(2) $-6x \cdot (x + 2) = 0$
(3) $-6x_1 = 0;\ x_2 + 2 = 0$
$x_1 = 0;\ x_2 = -2;\ L = \{0; -2\}$

e)
(1) $-\frac{1}{2}x^2 + 5x = 0$
(2) $-\frac{1}{2}x(x + 10) = 0$
(3) $-\frac{1}{2}x_1 = 0;\ x_2 - 10 = 0$
$x_1 = 0;\ x_2 = -10;\ L = \{0; -10\}$

f)
(1) $\frac{1}{3}x^2 + 3x = 0$
(2) $\frac{1}{3}x(x + 9) = 0$
(3) $\frac{1}{3}x_1 = 0;\ x_2 + 9 = 0$
$x_1 = 0;\ x_2 = -9;\ L = \{0; -9\}$

3 a) $12x^2 - 24x = 0$
(1) $12x(x - 2) = 0$
(2) $12x_1 = 0;\ x_2 - 2 = 0$
(3) $x_1 = 0;\ x_2 = 2;\ L = \{0; 2\}$

b) $7x^2 - 21x = 0$
(1) $7x(x - 3) = 0$
(2) $7x_1 = 0;\ x_2 - 3 = 0$
(3) $x_1 = 0;\ x_2 = 3;\ L = \{0; 3\}$

c) $21x^2 + 63x = 0$
(1) $21x(x + 3) = 0$
(2) $21x_1 = 0;\ x_2 + 3 = 0$
(3) $x_1 = 0;\ x_2 = -3;\ L = \{0; -3\}$

1.1 a) $L = \{4; 0\}$ b) $L = \{-1; 0\}$ c) $L = \{16; 0\}$
d) $L = \{-9; 0\}$ e) $L = \{25; 0\}$ f) $L = \{-7; 0\}$

2.1 a) $L = \{0{,}5; 0\}$ b) $L = \{-\frac{1}{4}; 0\}$ c) $L = \{\frac{1}{3}; 0\}$
d) $L = \{3; 0\}$ e) $L = \{-4; 0\}$ f) $L = \{\frac{1}{2}; 0\}$

2.2 a) $L = \{1\frac{1}{3}; 0\}$ b) $L = \{-\frac{2}{3}; 0\}$ c) $L = \{\frac{3}{4}; 0\}$
d) $L = \{1\frac{1}{2}; 0\}$ e) $L = \{-1\frac{2}{3}; 0\}$ f) $L = \{\frac{3}{4}; 0\}$

3.1 a) $L = \{4; 0\}$ b) $L = \{-3; 0\}$ c) $L = \{3; 0\}$
d) $L = \{5\frac{1}{3}; 0\}$ e) $L = \{-4; 0\}$ f) $L = \{-7; 0\}$

3.2 a) $L = \{1\frac{1}{3}; 0\}$ b) $L = \{1\frac{1}{4}; 0\}$ c) $L = \{-\frac{3}{7}; 0\}$
d) $L = \{-1\frac{1}{3}; 0\}$ e) $L = \{\frac{11}{12}; 0\}$ f) $L = \{-\frac{15}{16}; 0\}$

3.3 a) $L = \{1\frac{10}{23}; 0\}$ b) $L = \{4; 0\}$ c) $L = \{\frac{11}{19}; 0\}$
d) $L = \{\frac{1}{2}; 0\}$ e) $L = \{3; 0\}$ f) $L = \{6; 0\}$

4 a) Diese Aussage ist falsch, die Lösungsmenge ist $L = \{0; -b\}$, da $(-b)^2 + b \cdot (-b) = b^2 - b^2 = 0$ wahr ist.
b) Diese Aussage ist falsch. Der Wert b kann auch negativ sein, z. B. $x^2 - 3x = 0;\ L = \{0; 3\}$.

Quadratische Gleichungen $x^2 + bx + c = 0$ lösen, Seite 57

1 a) $(x+3)^2 = x^2 + 6x + 9$ b) $(x-7)^2 = x^2 - 14x + 49$
c) $(x+14)^2 = x^2 + 28x + 196$ d) $\left(x - \frac{7}{2}\right)^2 = x^2 - 7x + \frac{49}{4}$
e) $\left(x + \frac{9}{2}\right)^2 = x^2 + 9x + \frac{81}{4}$ f) $\left(x - \frac{3}{2}\right)^2 = x^2 - 3x + \frac{9}{4}$
g) $\left(x - \frac{1}{4}\right)^2 = x^2 - \frac{1}{2}x + \frac{1}{16}$ h) $(x + 0{,}25)^2 = x^2 + 0{,}5x + 0{,}0625$

2 a) $x^2 - 4x + \left(\frac{4}{2}\right)^2 = (x-2)^2$ b) $x^2 + 2x + \left(\frac{2}{2}\right)^2 = (x+1)^2$
c) $x^2 + 6x + \left(\frac{6}{2}\right)^2 = (x+3)^2$ d) $x^2 - 3x + \left(\frac{3}{2}\right)^2 = \left(x - \frac{3}{2}\right)^2$
e) $x^2 + 5x + \left(\frac{5}{2}\right)^2 = \left(x + \frac{5}{2}\right)^2$ f) $x^2 + \frac{1}{2}x + \left(\frac{1}{4}\right)^2 = x^2 + \frac{1}{2}x + \frac{1}{16}$

3 $x^2 + 4x = 12 \quad | + \left(\frac{4}{2}\right)^2$
(2) $x^2 + 4x + \left(\frac{4}{2}\right)^2 = 12 + 4$
(3) $(x+2)^2 = 16$
(4) $x_1 + 2 = 4;\ x_2 + 2 = -4$
(5) $x_1 = 2;\ x_2 = -6;\ L = \{2; -6\}$

4 a)
(1) $x^2 - 8x = -12$
(2) $x^2 - 8x + \left(\frac{8}{2}\right)^2 = -12 + \left(\frac{8}{2}\right)^2$
(3) $(x-4)^2 = 4$
(4) $x_1 - 4 = 2;\ x_2 - 4 = -2$
(5) $x_1 = 6;\ x_2 = 2;\ L = \{2; 6\}$

b)
(1) $x^2 + 10x = -9$
(2) $x^2 + 10x + 5^2 = -9 + 25$
(3) $(x+5)^2 = 16$
(4) $x_1 + 5 = 4;\ x_2 + 5 = -4$
(5) $x_1 = -1;\ x_2 = -9;\ L = \{-1; -9\}$

2.1 a) $x^2 + 18x + 81 = (x+9)^2$ b) $x^2 - 14x + 49 = (x-7)^2$
c) $x^2 - 28x + 196 = (x-14)^2$ d) $x^2 + x + \frac{1}{4} = \left(x + \frac{1}{2}\right)^2$
e) $x^2 + 15x + 56\frac{1}{4} = \left(x + 7\frac{1}{2}\right)^2$ f) $x^2 - 35x + 306\frac{1}{4} = \left(x - 17\frac{1}{2}\right)^2$
g) $x^2 + 43x + 462\frac{1}{4} = \left(x + 21\frac{1}{2}\right)^2$ h) $x^2 - 200x + 10\,000 = (x-100)^2$
i) $x^2 - 13x + 42\frac{1}{4} = \left(x - 6\frac{1}{2}\right)^2$

2.2 a) $x^2 + 0{,}6x + 0{,}09 = (x + 0{,}3)^2$
b) $x^2 + 0{,}8x + 0{,}16 = (x + 0{,}4)^2$
c) $x^2 - 1{,}8x + 0{,}81 = (x - 0{,}9)^2$
d) $x^2 + 0{,}3x + 0{,}0225 = (x + 0{,}15)^2$
e) $x^2 - 1{,}1x + 0{,}3025 = (x - 0{,}55)^2$
f) $x^2 - 3{,}7x + 3{,}4225 = (x - 1{,}85)^2$
g) $x^2 - 1{,}2x + 0{,}36 = (x - 0{,}6)^2$
h) $x^2 + 3{,}9x + 3{,}8025 = (x + 1{,}95)^2$
i) $x^2 + \frac{1}{3}x + \frac{1}{36} = \left(x + \frac{1}{6}\right)^2$

3.1 a) $L = \{-1; -9\}$ b) $L = \{-3\}$ c) $L = \{2; -6\}$
d) $L = \{4; -7\}$ e) $L = \{-3; -5\}$ f) $L = \{5; -6\}$

4.1 a) $L = \{2; 1\}$ b) $L = \{3; -1\}$ c) $L = \{4; 1\}$
d) $L = \{4; -8\}$ e) $L = \{3; -9\}$ f) $L = \{5; -2\}$

Diskriminante einer quadratischen Gleichung, Seite 58

1 a) $p = 3;\ q = 2$ b) $p = 4;\ q = -5$ c) $p = -2;\ q = 7$
d) $p = -2;\ q = -5$ e) $p = -5;\ q = 6$ f) $p = -\frac{2}{3};\ q = \frac{5}{9}$
g) $p = -0{,}5;\ q = 2$

2 a) $p = 4;\ q = 7$
$D = \left(\frac{4}{2}\right)^2 - 7 = 4 - 7 = -3$
b) $p = 10;\ q = 2$
$D = 5^2 - 2 = 23$
c) $p = -12;\ q = 3$
$D = 36 - 3 = 33$
d) $p = 8;\ q = -5$
$D = 16 + 5 = 21$
e) $p = -5;\ q = -2$
$D = \frac{25}{4} + \frac{8}{4} = \frac{33}{4}$
f) $p = 18;\ q = 81$
$D = 81 - 81 = 0$

3 a) 2 Lösungen b) 2 Lösungen c) 1 Lösung d) keine Lösung

4 a) $p = 6;\ q = 9$
$D = 9 - 9 = 0$
1 Lösung
b) $p = -10;\ q = -31$
$D = 25 + 31 = 56 \quad D > 0$
2 Lösungen

1.1 a) $p = 5;\ q = -3$ b) $p = -7;\ q = -3$
c) $p = 1{,}5;\ q = 3$ d) $p = -34;\ q = -3$
e) $p = -0{,}18;\ q = -3{,}4$ f) $p = 5{,}7;\ q = -30{,}6$

1.2 a) $p = \frac{2}{7};\ q = \frac{5}{6}$ b) $p = -\frac{3}{5};\ q = \frac{7}{10}$
c) $p = \frac{3}{4};\ q = -\frac{19}{23}$ d) $p = -1\frac{3}{8};\ q = 12\frac{3}{5}$
e) $p = 12\frac{3}{11};\ q = \frac{35}{48}$ f) $p = 0;\ q = 13\frac{11}{32}$
g) $p = -8\frac{23}{44};\ q = 0$ h) $p = -1\frac{1}{2};\ q = 3\frac{1}{2}$

4.1

a) $p = 12;$	$q = -7;$	$D = 43;$	2 Lösungen
b) $p = -8;$	$q = 34;$	$D = -18;$	0 Lösungen
c) $p = -13;$	$q = -9;$	$D = 51{,}25;$	2 Lösungen
d) $p = -4;$	$q = 9;$	$D = -5;$	0 Lösungen
e) $p = 14;$	$q = 49;$	$D = 0;$	1 Lösung
f) $p = 2;$	$q = 16;$	$D = -15;$	0 Lösungen
g) $p = -5{,}1;$	$q = -5;$	$D = 11{,}5025;$	2 Lösungen
h) $p = -0{,}1;$	$q = 0;$	$D = 0{,}0025;$	2 Lösungen
i) $p = 0;$	$q = -9;$	$D = 9;$	2 Lösungen

4.2

a) $p = 8;$	$q = \frac{1}{5};$	$D = 15\frac{4}{5};$	2 Lösungen
b) $p = -\frac{4}{5};$	$q = -1;$	$D = 1\frac{4}{25};$	2 Lösungen
c) $p = \frac{2}{3};$	$q = -\frac{5}{9};$	$D = \frac{2}{3};$	2 Lösungen
d) $p = -\frac{1}{5};$	$q = -\frac{7}{10};$	$D = \frac{71}{100};$	2 Lösungen
e) $p = \frac{3}{4};$	$q = \frac{5}{8};$	$D = -\frac{31}{64};$	0 Lösungen
f) $p = -\frac{3}{5};$	$q = 5;$	$D = -\frac{491}{100};$	0 Lösungen
g) $p = 3;$	$q = -\frac{7}{9};$	$D = 3\frac{1}{36};$	2 Lösungen
h) $p = -\frac{6}{11};$	$q = \frac{4}{7};$	$D = -\frac{421}{847};$	0 Lösungen
i) $p = \frac{8}{3};$	$q = -\frac{5}{6};$	$D = 2\frac{11}{18};$	2 Lösungen
j) $p = -\frac{3}{16};$	$q = \frac{8}{3};$	$D = -2\frac{2021}{3072};$	0 Lösungen
k) $p = -2\frac{1}{3};$	$q = -\frac{3}{4};$	$D = 2\frac{1}{9};$	2 Lösungen

Quadratische Gleichungen mit der Lösungsformel lösen, Seite 59

1 (3) $x_1 = -\frac{20}{2} + \sqrt{\left(\frac{20}{2}\right)^2 - 19}$
$= -10 + \sqrt{81} = -10 + 9 = -1$
$x_2 = -10 - 9 = -19$
(4) $L = \{-1; -19\}$

2 (2) $p = -2;\ q = -8$
(3) $x_1 = 1 + \sqrt{1 + 8}$
$= 1 + \sqrt{9} = 1 + 3 = 4$
$x_2 = 1 - 3 = -2$
(4) $L = \{4; -2\}$

3 (2) $p = \frac{4}{5};\ q = -\frac{12}{25}$
(3) $x_1 = \frac{2}{5} + \sqrt{\frac{4}{25} + \frac{12}{25}}$
$= -\frac{2}{5} + \sqrt{\frac{16}{25}} = -\frac{2}{5} + \frac{4}{5} = \frac{2}{5}$
$x_2 = -\frac{2}{5} - \frac{4}{5} = -\frac{6}{5} = -1\frac{1}{5}$
(4) $L = \left\{\frac{2}{5}; -1\frac{1}{5}\right\}$

4 a) $2x^2 + 40x + 72 = 0$ | : 2
(1) $x^2 + 20x + 36$
(2) $p = 20;\ q = 36$
(3) $x_1 = -10 + \sqrt{100 - 36}$
(4) $\quad = -10 + \sqrt{64} = -10 + 8 = -2$
$x_2 = -10 - 8 = -18$
(4) L = {−2; −18}

b) $5x^2 - 2x - 1 = 0$ | : 5
(1) $x^2 - \frac{2}{5}x - \frac{1}{5} = 0$
(2) $p = -\frac{2}{5};\ q = -\frac{1}{5}$
(3) $x_1 = \frac{1}{5} + \sqrt{\frac{1}{25} + \frac{5}{25}}$
$= \frac{1}{5} + \sqrt{\frac{6}{25}} = \frac{1}{5} + \frac{1}{5}\sqrt{6} \approx 0,69$
$x_2 = \frac{1}{5} - \frac{1}{5}\sqrt{6} \approx -0,29$
(4) L = {0,69; −0,29}

1.1 a) L = {4; −6} b) L = {9; 3} c) L = {6; −2}
d) L = {5; −11} e) L = {11; −3} f) L = {9; 1}

2.1 a) $L = \{-1 + \sqrt{7}; -1 - \sqrt{7}\}$ b) L = { } c) L = {2; −5}
d) L = {8; 3} e) L = {10; 9} f) L = {6; −1} g) L = {8; 1}
h) L = {7; 6} i) L = {1; −2}

3.1 a) $L = \left\{\frac{1}{5}; \frac{3}{5}\right\}$ b) $L = \left\{\frac{1}{2}; -\frac{2}{3}\right\}$ c) $L = \left\{\frac{1}{2}; -\frac{1}{3}\right\}$
d) $L = \left\{\frac{3}{20}; -1\right\}$ e) $L = \left\{\frac{1}{2}; -\frac{1}{6}\right\}$ f) $L = \left\{\frac{1}{5} + \frac{1}{5}\sqrt{6}; \frac{1}{5} - \frac{1}{5}\sqrt{6}\right\}$

3.2 a) L = {1,23; −2,43} b) L = {0; −1,56}
c) L = {1; 0,5} d) L = {0,4; 0,2} e) L = {0,25; 0,2}
f) L = {2; 1,2} g) L = {5; 2,5} h) L = {1,2; 0,6}
i) $L = \{0,2 + \sqrt{0,24}; 0,2 - \sqrt{0,24}\}$ j) L = {3; −2,5}

4.1 a) L = {4; −6} b) L = {4; −2} c) L = {5; −1}
d) L = {2; 4} e) L = {3; −1} f) L = {2; −6}

4.2 a) $L = \left\{\frac{1}{4}; -\frac{1}{12}\right\}$ b) L = {10; 5}
c) $L = \left\{-\frac{3}{8} + \sqrt{3\frac{9}{64}}; -\frac{3}{8} - \sqrt{3\frac{9}{64}}\right\}$ d) $L = \left\{-\frac{1}{4} + \sqrt{\frac{69}{80}}; -\frac{1}{4} - \sqrt{\frac{69}{80}}\right\}$
e) L = { } f) L = { }

Satz von Vieta, Seite 60

1 a) (1) p = −3; q = −18
(2) p = −(6 − 3) = −3; q = 6 · (−3) = −18
(3) Die Werte sind gleich. Die Lösungen stimmen.
b) (1) p = 21; q = −72
(2) p = −(3 + (−24)) = 21; q = 3 · (−24) = −72
(3) Die Werte sind gleich. Die Lösungen stimmen.
c) (1) p = −5; q = 6
(2) p = −(2 − 3) = 1; q = 2 · (−3) = −6
(3) Die Werte sind ungleich. Die Lösungsmenge ist falsch.
L = {2; 3}

2 a) und b) siehe Tabelle 1
b) Individuelle Versuche
L = {3; −8}

3 p = −(3 + (−1)) = −2; q = 3 · (−1) = −3
Normalform $x^2 - 2x - 3 = 0$

1.1 a) w b) w c) f d) f e) w f) w g) w h) w

2.1 a) L = {3; −8} b) L = {8; 6}
c) L = {11; 3} d) L = {3; −4}

3.1 a) $x^2 + 2x - 15 = 0$ b) $x^2 - 6x - 40 = 0$

Sachaufgaben mit quadratischen Gleichungen lösen, Seite 61

1 Skizze

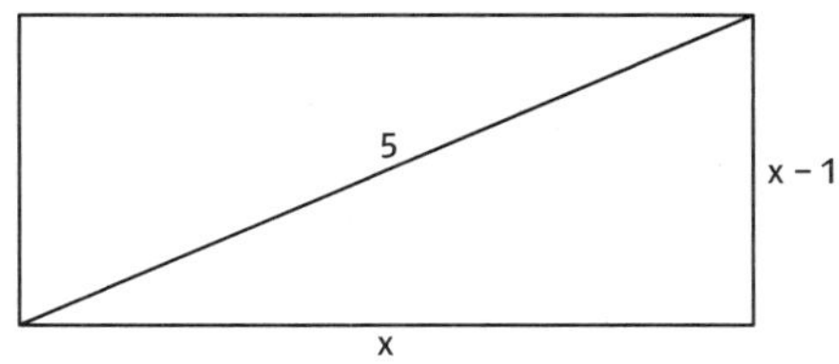

(1) Längere Seite: x
(2) $x^2 + (x - 1)^2 = 25$
$x^2 + x^2 - 2x + 1 = 25$
$2x^2 - 2x - 24 = 0$ | : 2
$x^2 - x - 12 = 0$
(3) $x_1 = \frac{1}{2} + \sqrt{\frac{1}{4} + \frac{48}{4}}$
$= \frac{1}{2} + \sqrt{\frac{49}{4}} = \frac{1}{2} + \frac{7}{2} = \frac{8}{2} = 4$
$x_2 = \frac{1}{2} - \frac{7}{2} = -\frac{6}{2} = -3$; keine mögliche Lösung
(4) Längere Seite: 4 cm
Kürzere Seite: 3 cm
(5) Die Seitenlängen des Rechtecks betragen 4 cm und 3 cm.

2 (1) Quadratseite: x

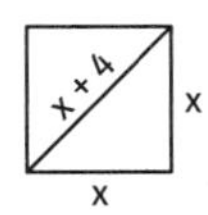

(2) $(x + 4)^2 = x^2 + x^2$
$x^2 + 8x + 16 = 2x^2$
$-x^2 + 8x + 16 = 0$
$x^2 - 8x - 16 = 0$
(3) $x_1 = 4 + \sqrt{16 + 16}$
$x_1 = 4 + \sqrt{32} \approx 9,7$
$x_2 = 4 - \sqrt{32} \approx -1,7$; keine mögliche Lösung
(4) Quadratseite: 9,7 cm
Diagonale: 13,7 cm
(5) Die Seitenlänge ist 9,7 cm, die Diagonale ist 13,7 cm lang.

1.1 $x^2 + (x + 4)^2 = 25^2 = 625$
Die Seitenlängen betragen 15,6 cm und 19,6 cm.

1.2 $x^2 + (x + 10)^2 = 50^2 = 2500$
Die Seitenlängen betragen 30 cm und 40 cm.

2.1 $x^2 + x^2 = (x + 10)^2$
$2x^2 = x^2 + 20x + 100$ $| -x^2 - 20x - 100$
$x^2 - 20x - 100 = 0$
Die Seitenlänge des Quadrats beträgt 24,15 cm,
die Diagonale 34,15 cm.

Tabelle 1

Gleichung	a) $x^2 - 9x + 20 = 0$			b) $x^2 + 5x - 24 = 0$		
Versuch	1.	2.	3.	1.	2.	3.
(1) p bestimmen $x^2 + px + q = 0$	p = −9			p = 5		
q bestimmen $x^2 + px + q = 0$	q = 20			q = −24		
(2) Lösungen für x_1 und x_2 annehmen	2; 10	−4; −5	4; 5	−2; 12	−3; 8	3; −8
(3) p berechnen $p = -(x_1 + x_2)$	p = −12	p = 9	p = −9	p = −10	p = −5	p = 5
q berechnen $q = x_1 \cdot x_2$	q = 20	q = 20	q = 20	q = −24	q = −24	q = −24
(4) Werte in (1) und (3) vergleichen beide wahr/falsch?	f	f	w	f	f	w
(5) Lösungsmenge angeben	—	—	L = {4; 5}	—	—	L = {3; −8}

2.2 $x^2 + x^2 = (x + 6)^2$
Die Seitenlänge des Quadrats beträgt 14,5 cm, die Diagonale 20,5 cm.

3 $21\,m = 2a + 2b \Rightarrow a = 10{,}5\,m - b$
$25\,m^2 = a \cdot b \Rightarrow 25 = (10{,}5 - b) \cdot b$
$b^2 - 10{,}5\,b + 25 = 0$
Die Seitenlängen betragen 6,9 m und 3,6 m.

4 $\frac{1}{2}x(x - 4) = 70$
Grundseite: 14 cm; Höhe: 10 cm

5 Man muss in die Volumenformel eines Quaders die Werte für Länge, Breite und Höhe einsetzen, diese Gleichung umformen und als quadratische Gleichung lösen.
Länge · Breite · Höhe gleich Volumen
$x \cdot (x - 2) \cdot 15 = 720$
$x^2 - 2x - 48 = 0$
$L = \{8; -6\}$
Da die Lösung für eine Länge nicht negativ sein kann, muss die Länge 8 cm sein, dann ist die Breite $(x - 2) = 6$ cm.

Kompetenz-Test Quadratische Gleichungen, Seite 62

1 $L = \{9; -9\}$	$L = \{13; -13\}$	$L = \{\,\}$
2 $x(x - 49) = 0$ $x_1 = 0;\ x_2 - 49 = 0$ $x_1 = 0;\ x_2 = 49;\ L = \{0; 49\}$	$8x(3x - 1) = 0$ $8x_1 = 0;\ 3x_2 - 1 = 0$ $3x_2 = 1$ $x_1 = 0;\ x_2 = \frac{1}{3};\ L = \left\{0; \frac{1}{3}\right\}$	$40x^2 - 13x = 37x^2 + 5x \quad \vert -37x^2 \quad \vert -5x$ $3x^2 - 18x = 0$ $3x(x - 6) = 0$ $3x_1 = 0;\ x_2 - 6 = 0;\ L = \{0; 6\}$
3 $x^2 + 20x + 10^2 = (x + 10)^2$	$x^2 + \frac{1}{3}x + \left(\frac{1}{6}\right)^2 = \left(x + \frac{1}{6}\right)^2$	$x^2 - 0{,}3x + 0{,}15^2 = (x + 0{,}15)^2$
4 $x_1 = -3 + \sqrt{9 + 55} = -3 + \sqrt{64} = 5$ $x_2 = -3 - 8 = -11$	$x_1 = \frac{3}{4} + \sqrt{\frac{9}{16} - \frac{8}{16}} = \frac{3}{4} + \frac{1}{4} = 1$ $x_2 = \frac{3}{4} - \frac{1}{4} = \frac{2}{4} = \frac{1}{2}$	$x^2 - 5x + 6 = 0$ $x_1 = 3;\ x_2 = 2$
5 $p = -(2 + 3) = -5;\ q = 2 \cdot 3 = 6$ Die Lösungsmenge ist richtig.	$p = -(2 - 3) = 1;\ q = 2 \cdot (-3) = -6$ Die Lösungsmenge ist richtig.	$p = -(0{,}5 - 1{,}2) = 0{,}7;\ q = 0{,}5 \cdot (-1{,}2) = -0{,}6$ Die Lösungsmenge ist falsch. $L = \{\,\}$
6 $x^2 + (x + 5)^2 = 25^2$ $x^2 + x^2 + 10x + 25 - 625 = 0$ $2x^2 + 10x - 600 = 0 \quad \vert :2$ $x^2 + 5x - 300 = 0$ $x_{1,2} = -2{,}5 \pm 17{,}5$ Die Seitenlängen sind 15 cm und 20 cm.	$x \cdot (x + 2) = 80$ $x^2 + 2x - 80 = 0$ $x_{1,2} = -1 \pm 9$ Die Seitenlänge des Quadrats beträgt 8 cm.	$x \cdot (x + 10) = 375$ $x^2 + 10x - 375 = 0$ $x_{1,2} = -5 \pm 20$ Die Rechtecksseiten sind 15 cm und 25 cm lang.

9 Lineare Gleichungssysteme

Lineare Gleichungen und Äquivalenzumformungen, Seite 63

1 a) bis d)

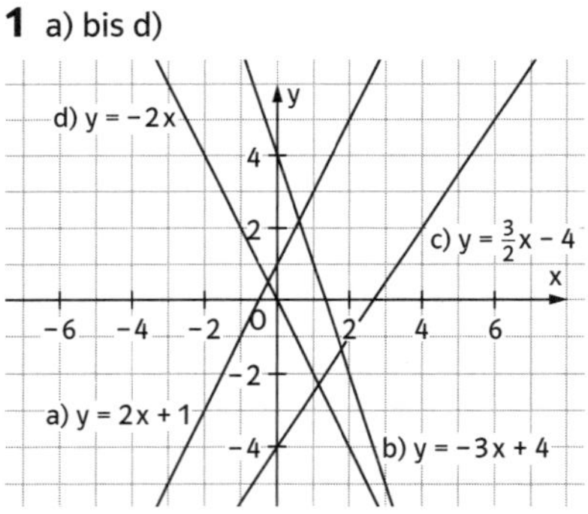

2 Prüfe, ob der Punkt auf der Geraden liegt. Siehe Tabelle 1.

3 a) $y = \frac{1}{2}x - 2$ b) $y = -2x$
c) $y = 1{,}5x + 2{,}5$ d) $y = -x + 5$

4 a) $2x - 5 = -x + 1 \quad \vert +x$
$2x + x - 5 = -x + x + 1 \quad \vert +5$
$3x - 5 + 5 = 1 + 5$
$3x = 6 \quad \vert :3$
$x = 2$
b) $2 \cdot (1 + 3y) - 4 = 0$
$2 + 6y - 4 = 0$
$6y - 2 = 0 \quad \vert +2$
$6y = 2 \quad \vert :6$
$y = \frac{1}{3}$
c) $\frac{3}{2}x + 4 = 5x - 3 \quad \vert -5x$
$-\frac{7}{2}x + 4 = -3 \quad \vert -4$
$-\frac{7}{2}x = -7 \quad \vert \cdot \left(-\frac{2}{7}\right)$
$x = 2$

Punkt P(x|y)	(1|3)	(6|0)	(1|−2)	(3|0,5)
Gerade	$y = 2x + 1$	$y = -0{,}5x + 3$	$y = -3x - 5$	$y = 1{,}5x - 4$
Einsetzen	$3 = 2 \cdot 1 + 1$	$0 = -0{,}5 \cdot 6 + 3$	$-2 = -3 \cdot 1 - 5$	$0{,}5 = 1{,}5 \cdot 3 - 4$
wahr oder falsch	wahr	wahr	falsch	wahr

Tabelle 1

1.1 a) bis f)

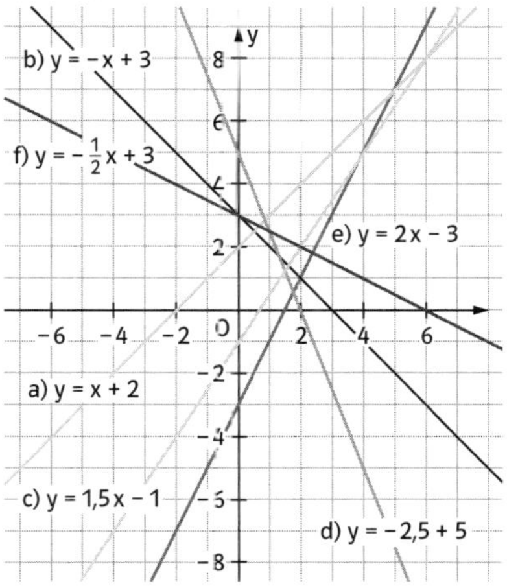

g) bis l)

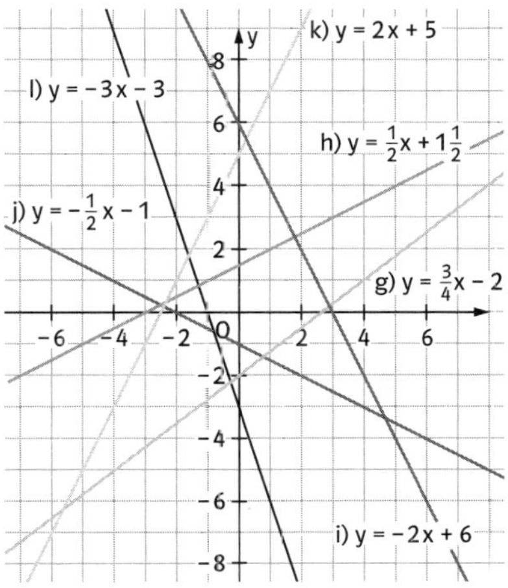

2.1 a) ja b) nein c) nein d) nein
e) ja f) ja g) ja h) nein

3.1 a) $y = -3x + 3$ b) $y = 4x - 4$ c) $y = 2{,}5x + \frac{1}{2}$
d) $y = -\frac{2}{3}x - \frac{3}{2}$ e) $y = -\frac{1}{4}x + 3{,}5$ f) $y = 3\frac{1}{4}x - 4\frac{1}{5}$
g) $y = 1\frac{3}{4}x$ h) $y = 2\frac{1}{2}x + 1\frac{1}{2}$ i) $y = -4x + 8$

4.1 a) x = 6 b) x = 18 c) x = 3 d) x = 4

5 a) Es muss beidseitig −8 gerechnet werden, dann gilt: $7x = 21$
b) Bei der Multiplikation der Klammer wurde das zweite Glied nicht berücksichtigt, d.h.: $3x - 21 = 6$

Lineare Gleichungen mit zwei Variablen lösen, Seite 64

1 (2)

x	$y = 2x - 3$
−2	$y = 2 \cdot (-2) - 3 = -4 - 3 = -7$
−1	$y = 2 \cdot (-1) - 3 = -2 - 3 = -5$
0	$y = 2 \cdot 0 - 3 = 0 - 3 = -3$
1	$y = 2 \cdot 1 - 3 = 2 - 3 = -1$
2	$y = 2 \cdot 2 - 3 = 4 - 3 = 1$

(3)

x	−2	−1	0	1	2
y	−7	−5	−3	−1	1

2 a)

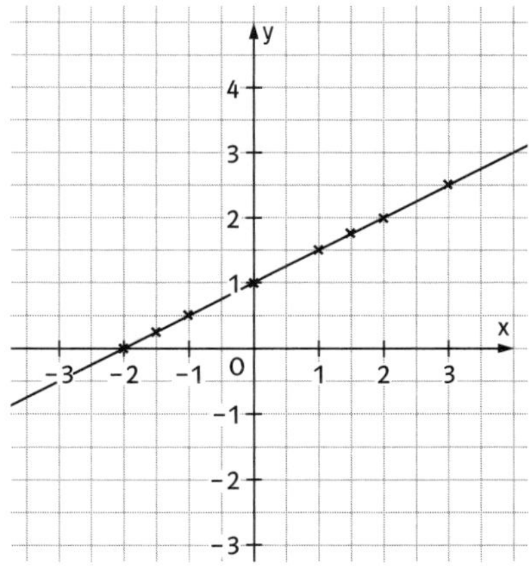

b) b = 1; $m = \frac{1}{2}$

c) $y = \frac{1}{2}x + 1$

d)

x	$y = \frac{1}{2}x + 1$
$-1\frac{1}{2}$	$y = \frac{1}{2} \cdot \left(-1\frac{1}{2}\right) + 1 = -\frac{3}{4} + 1 = \frac{1}{4}$
$1\frac{1}{2}$	$y = \frac{1}{2} \cdot 1\frac{1}{2} + 1 = \frac{3}{4} + 1 = 1\frac{3}{4}$
3	$y = \frac{1}{2} \cdot 3 + 1 = 1\frac{1}{2} + 1 = 2\frac{1}{2}$

e) Sie liegen auf der Geraden $y = \frac{1}{2}x + 1$.

1.1

a)

x	−3	−2	−1	0	1	2	3
$y = 2x + 4$	−2	0	2	4	6	8	10

b)

x	−3	−2	−1	0	1	2	3
$y = -5x - 7$	8	3	−2	−7	−12	−17	−22

c)

x	−3	−2	−1	0	1	2	3
$y = 3x + 5$	−4	−1	2	5	8	11	14

d)

x	−3	−2	−1	0	1	2	3
$y = x + 1$	−2	−1	0	1	2	3	4

e)

x	−3	−2	−1	0	1	2	3
$y = \frac{1}{2}x + 2$	0,5	1	1,5	2	2,5	3	3,5

f)

x	−3	−2	−1	0	1	2	3
$y = 4x + 1$	−11	−7	−3	1	5	9	13

1.2

a)

x	−3	−2	−1	0	1	2	3
$y = -4x + 2$	14	10	6	2	−2	−6	−10

b)

x	−3	−2	−1	0	1	2	3
$y = -3x + 24$	33	30	27	24	21	18	15

c)

x	−3	−2	−1	0	1	2	3
$y = -\frac{1}{2}x + 2$	3,5	3	2,5	2	1,5	1	0,5

d)

x	−8	−4	0	4	8
$y = -\frac{15}{4}x - 10$	20	5	−10	−25	−40

e)

x	−3	−2	−1	0	1	2	3
$y = -3x + 6$	15	12	9	6	3	0	−3

f)

x	−3	−2	−1	0	1	2	3
$y = -x + 8$	11	10	9	8	7	6	5

g)

x	−3	−2	−1	0	1	2	3
y = 4x + 12	0	4	8	12	16	20	24

h)

x	−3	−2	−1	0	1	2	3
y = −0,1x + 5	5,3	5,2	5,1	5	4,9	4,8	4,7

i)

x	−3	−2	−1	0	1	2	3
y = 0,25x + 5	4,25	4,5	4,75	5	5,25	5,5	5,75

2.1 a) bis c)

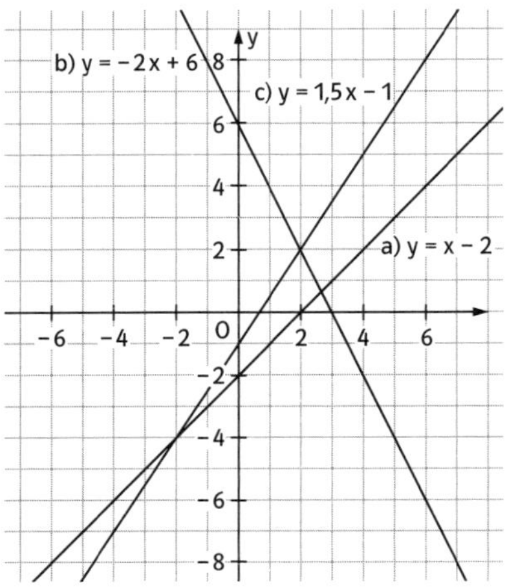

Lineare Gleichungssysteme zeichnerisch lösen, Seite 65

1 (1)

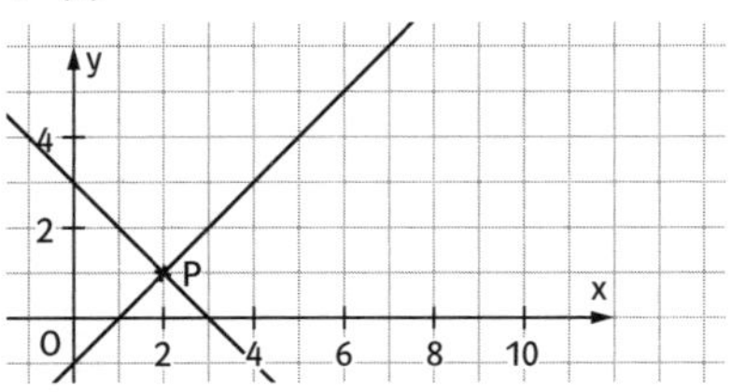

(2) P(2 | 1)

(3)

Gleichung	(2 | 1) einsetzen	w/f
y = x − 1	1 = 2 − 1	wahr
y = −x + 3	1 = −2 + 3	wahr

2 a) $3y - x = -6$

$3y = x - 6 \quad |:3$

$y = \frac{1}{3}x - 2$

$2y + \frac{4}{3}x = 8$

$2y = -\frac{4}{3}x + 8 \quad |:2$

$y = -\frac{2}{3}x + 4$

(1)

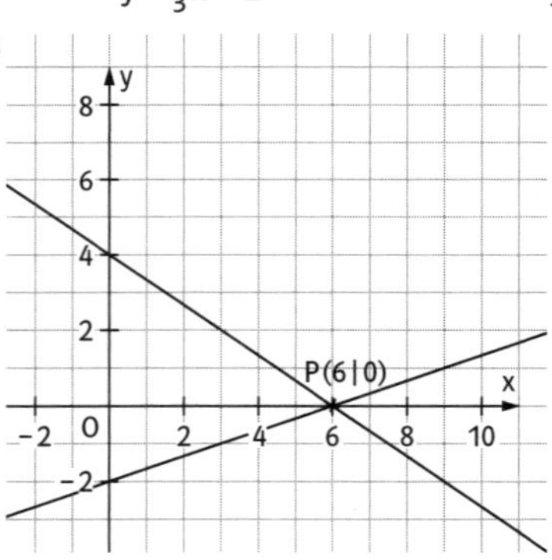

(2) P(6 | 0)

(3)

Gleichung	(6 | 0) einsetzen	w/f
$y = \frac{1}{3}x - 2$	0 = 2 − 2	wahr
$y = -\frac{2}{3}x + 4$	0 = −4 + 4	wahr

b) $3y + 5x = 9$

$3y = -5x + 9 \quad |:3$

$y = -\frac{5}{3}x + 3$

$\frac{1}{2}y + 3 = \frac{2}{3}x$

$\frac{1}{2}y = \frac{2}{3}x - 3 \quad |\cdot 2$

$y = \frac{4}{3}x - 6$

(1)

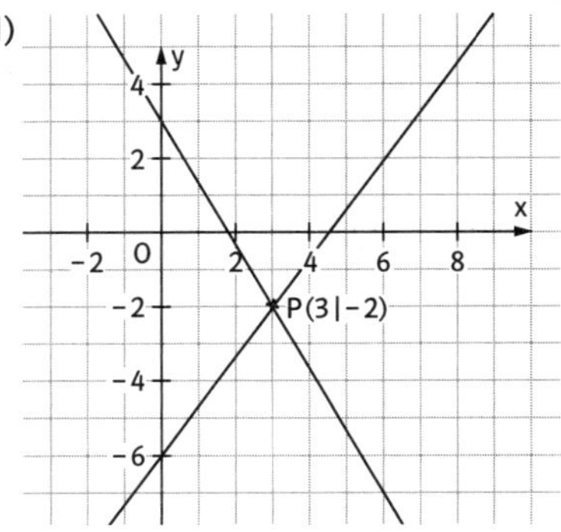

(2) P(3 | −2)

(3)

Gleichung	(3 | −2) einsetzen	w/f
$y = -\frac{5}{3}x + 3$	−2 = −5 + 3	wahr
$y = \frac{4}{3}x - 6$	−2 = 4 − 6	wahr

1.1 a) (1)

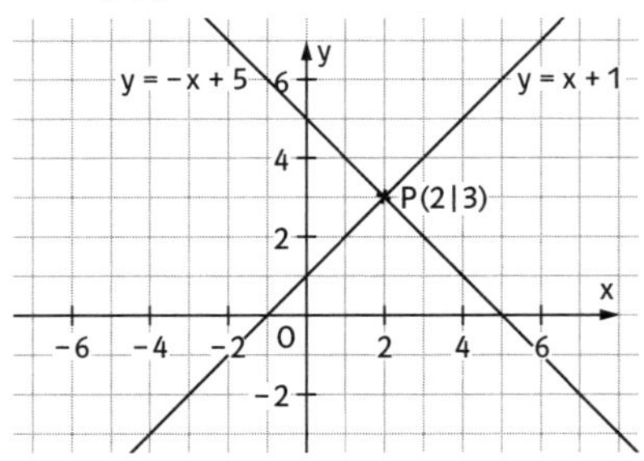

(2) P(2 | 3)

(3)

Gleichung	(2 | 3) einsetzen	w/f
y = x + 1	3 = 2 + 1	wahr
y = −x + 5	3 = −2 + 5	wahr

b) (1)

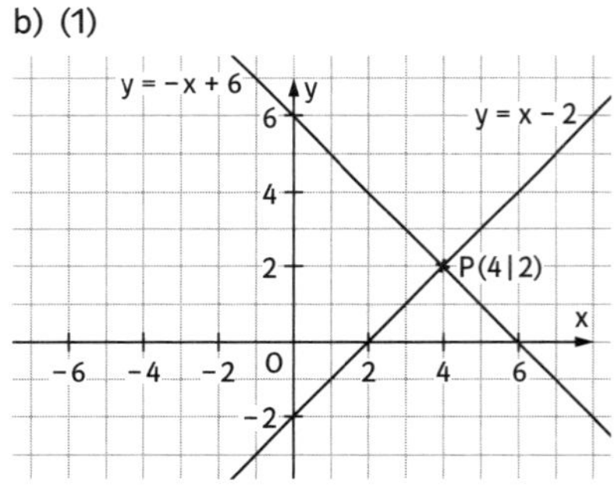

(2) P(4 | 2)

(3)

Gleichung	(4 | 2) einsetzen	w/f
y = x − 2	2 = 4 − 2	wahr
y = −x + 6	2 = −4 − 6	wahr

c) (1)

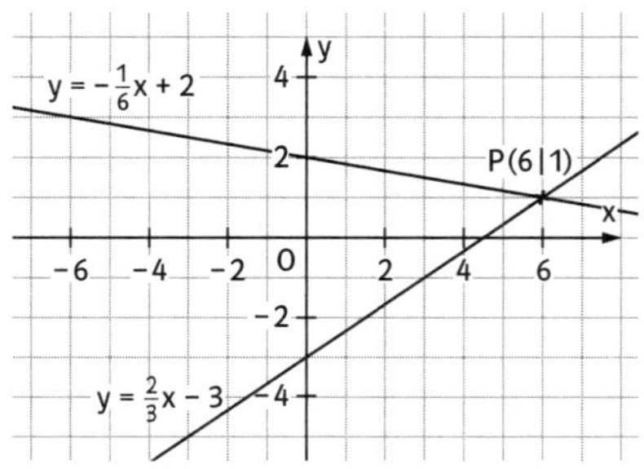

(2) P(6 | 1)

(3)

Gleichung	(6 | 1) einsetzen	w/f
$y = \frac{2}{3}x - 3$	$1 = 4 - 3$	wahr
$y = -\frac{1}{6}x + 2$	$1 = -1 + 2$	wahr

2.1 a) (1)

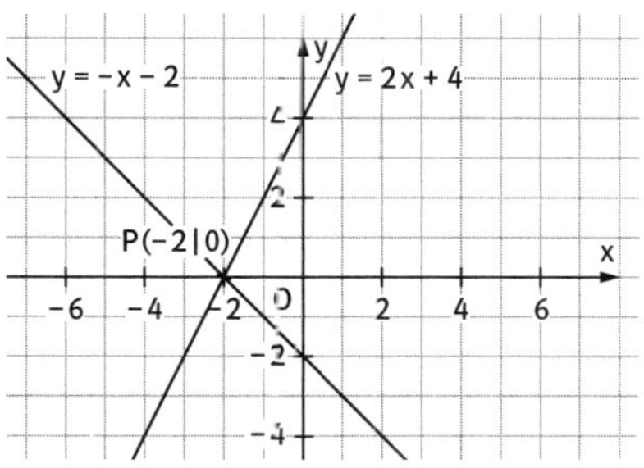

(2) P(−2 | 0)

(3)

Gleichung	(−2 | 0) einsetzen	w/f
$y = -x - 2$	$0 = 2 - 2$	wahr
$y = 2x + 4$	$0 = -4 + 4$	wahr

b) (1)

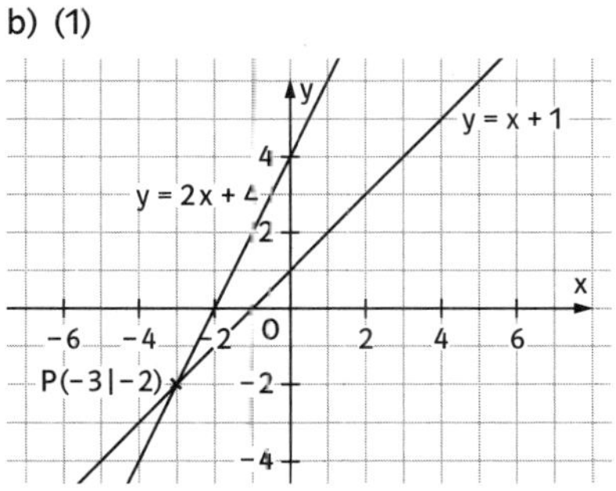

(2) P(−3 | −2)

(3)

Gleichung	(−3 | −2) einsetzen	w/f
$y = 2x + 4$	$-2 = -6 + 4$	wahr
$y = x + 1$	$-2 = -3 + 1$	wahr

c) (1)

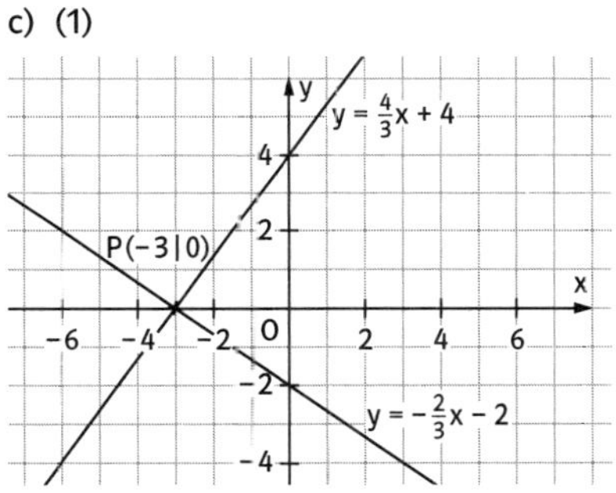

(2) P(−3 | 0)

(3)

Gleichung	(−3 | 0) einsetzen	w/f
$y = \frac{4}{3}x + 4$	$0 = -4 + 4$	wahr
$y = -\frac{2}{3}x - 2$	$0 = 2 - 2$	wahr

Lineare Gleichungssysteme durch Gleichsetzen lösen, Seite 66

1 (1) $3x + 4 = 2x + 6 \quad | -2x$
(2) $x + 4 = 6 \quad | -4$
$x = 2$
(3) $y = 3 \cdot 2 + 4$
$y = 10$
(4) (2 | 10)
(5)

Gleichung	(2 | 10) einsetzen	w/f
$y = 3x + 4$	$10 = 3 \cdot 2 + 4$	wahr
$y = 2x + 6$	$10 = 2 \cdot 2 + 6$	wahr

2 a) $y = 2x - 2 \qquad y = -x + 4$
(1) $2x - 2 = -x + 4 \quad | +x$
(2) $3x - 2 = 4 \quad | +2 \quad | :3$
$x = 2$
(3) $y = 2 \cdot 2 - 2$
$y = 2$
(4) (2 | 2)
(5)

Gleichung	(2 | 2) einsetzen	w/f
$y = 2x - 2$	$2 = 2 \cdot 2 - 2$	wahr
$y = -x + 4$	$2 = -2 + 4$	wahr

b) $y = 4x + 6 \qquad y = 2x + 14$
(1) $4x + 6 = 2x + 14 \quad | -2x$
(2) $2x + 6 = 14 \quad | -6$
$2x = 8 \quad | :2$
$x = 4$
(3) $y = 4 \cdot 4 + 6$
$y = 22$
(4) (4 | 22)
(5)

Gleichung	(4 | 22) einsetzen	w/f
$y = 4x + 6$	$22 = 4 \cdot 4 + 6$	wahr
$y = 2x + 14$	$22 = 2 \cdot 4 + 14$	wahr

1.1 a) P(5 | 11) b) P(3 | 10) c) P(20 | 27)
d) P(2 | 0) e) $P\left(4 \middle| \frac{2}{3}\right)$ f) $P\left(5 \middle| -\frac{9}{4}\right)$

2.1 a) P(4 | 2) b) P(−7 | 22) c) P(5 | −4)
d) P(1 | 1) e) P(−5 | 6) f) P(3 | 2)

Lineare Gleichungssysteme durch Einsetzen lösen, Seite 67

1 (2) $4(y - 4) + 2y = 8$
$4y - 16 + 2y = 8 \quad | +16$
$6y = 24 \quad | :6$
$y = 4$
(3) $x = 4 - 4 = 0$
(4) (0 | 4)
(5)

Gleichung	(0 | 4) einsetzen	w/f
$4x + 2y = 8$	$4 \cdot 0 + 2 \cdot 4 = 8$	wahr
$x = y - 4$	$0 = 4 - 4$	wahr

2 a) (1) $y = 2x + 3$
(2) $\frac{x}{2} + 2x + 3 = 3 \quad | -3$
$\frac{5}{2}x = 0 \quad | :\frac{5}{2}$
$x = 0$
(3) $2y = 6$
$y = 3$
(4) (0 | 3)
(5)

Gleichung	(0 | 3) einsetzen	w/f
$2y = 4x + 6$	$2 \cdot 3 = 4 \cdot 0 + 6$	wahr
$\frac{x}{2} + y = 3$	$3 = \frac{0}{2} + 3$	wahr

b) (1) $y = -2x + 7$
$x + 5 = 2(-2x + 7) - 4$
(2) $x + 5 = -4x + 14 - 4 \quad | +4x \quad | -5$
$5x = 5 \quad | :5$
$x = 1$
(3) $y = -2 \cdot 1 + 7$
$y = 5$
(4) (1 | 5)
(5)

Gleichung	(1 | 5) einsetzen	w/f
$y = -2x + 7$	$5 = -2 \cdot 1 + 7$	wahr
$x + 5 = 2y - 4$	$1 + 5 = 2 \cdot 5 - 4$	wahr

1.1 a) P(3 | 6) b) P(2 | 0) c) P(1 | 2)
d) P(3 | −4) e) $P\left(\frac{6}{7}\middle|\frac{40}{7}\right)$ f) P(−2 | 0)
g) $P\left(-\frac{11}{2}\middle|-\frac{19}{2}\right)$ h) P(3 | 8) i) P(−2 | −4)

2.1 a) P(−3 | 10) b) P(6 | 3) c) P(3 | 2)

2.2 a) P(3 | 11) b) P(−6 | −1) c) P(1 | 8)

Sachaufgaben mit linearen Gleichungssystemen berechnen, Seite 68

1 (1) Alkoholgehalt 1. Sorte x
Alkoholgehalt 2. Sorte y
(2) $5x + 5y = 10 \cdot 54$
$6x + 4y = 10 \cdot 48$
(3) einsetzen
(4) $6x + 4(-x + 108) = 10 \cdot 48$
$6x - 4x + 432 = 480$
$x = 24$
$y = 84$
(5) Der Alkoholgehalt beträgt 24 % bzw. 84 %.

2 (1) l Wasser x   l Essigsäure y
(2) $x + y = 6$ und $30y + 0 \cdot x = 5 \cdot 6$
(4) $30y = 30$, d.h. $y = 1$
$x = 6 - 1 = 5$
(5) Es werden 5 l Wasser und 1 l Essigsäure benötigt.

3 (1) kg Messing 45 x   kg Messing 70 y
(2) $x + y = 50$ und $y = 50 - x$
(4) $45x + 70y = 50 \cdot 65$
$45x + 70(50 - x) = 50 \cdot 65$
$x = 10 y = 40$
(5) Man braucht 10 kg Messing 45 und 40 kg Messing 70.

1.1 $6x + 4y = 10 \cdot 48$
$3x + 7y = 10 \cdot 54 \Rightarrow x = 180 - \frac{7}{3}y$
$6 \cdot \left(180 - \frac{7}{3}y\right) + 4y = 480$
$y = 60$
$x = 40$
Die 1. Sorte enthält 40 %, die 2. Sorte 60 % Alkohol.

2.1 $x + y = 5 \Rightarrow x = 5 - y$
$40y + 0x = 25 \cdot 5 \Rightarrow y = 3\frac{1}{8}$
$x = 5 - 3\frac{1}{8} = 1\frac{7}{8}$
$y = 3\frac{1}{8}$
Es werden $1\frac{7}{8}$ l Wasser und $3\frac{1}{8}$ l Essigsäure benötigt.

3.1 $x + y = 20 \Rightarrow y = 20 - x$
$333x + 900y = 585 \cdot 20$
$333x + 900 \cdot (20 - x) = 11700$
$x = 11,11$
$y = 8,89$
Man braucht 11,11 g 333er Gold und 8,89 g 900er Gold.

3.2 $x + y = 5 \Rightarrow y = 5 - x$
$585x + 900y = 750 \cdot 5$
$685x + 900 \cdot (5 - x) = 3750$
$x = 2,38$
$y = 2,62$
Es müssen 2,38 g 585er Gold und 2,62 g 900er Gold zusammengeschmolzen werden.

Kompetenz-Test Lineare Gleichungssysteme, Seite 69

1 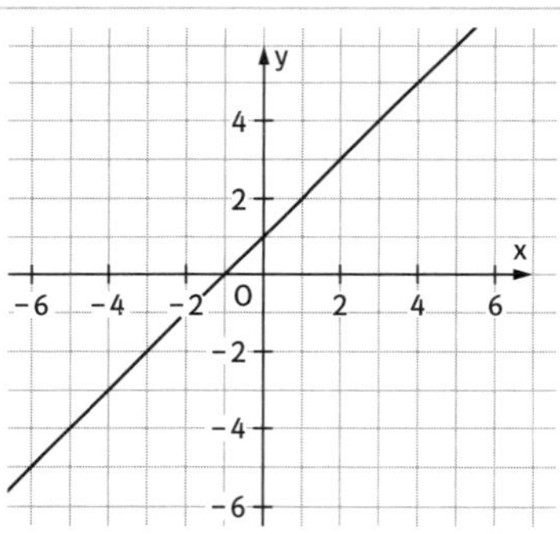	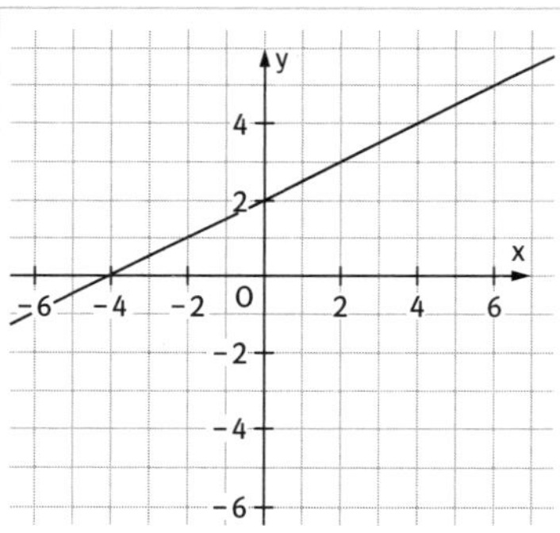	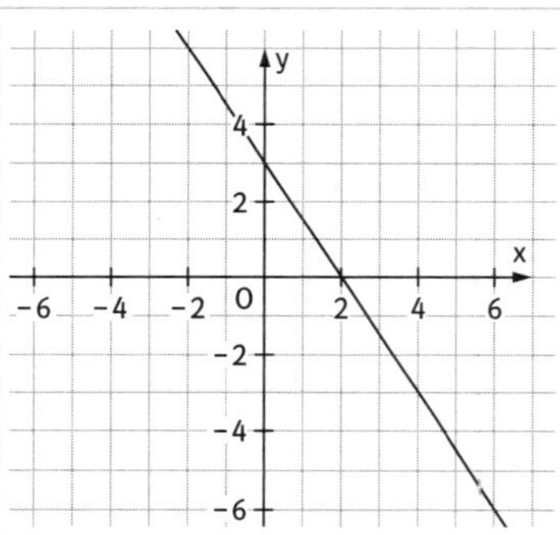
2 $y = -2x + 7$	$y = \frac{3}{4}x - \frac{3}{2}$	$y = -\frac{3}{4}x + 3$
3 $12 = 2 \cdot 4 + 4$ wahr	$-21 = -3 \cdot 5 + 6$ falsch	$-0,1 = 0,6 \cdot 4 - 2,5$ wahr
4 $m = 2;\ b = 4$	$m = -1,5;\ b = \frac{3}{2}$	$m = 1;\ b = -3$
5 (3 | 7)	(2 | 4)	(3 | 3)

10 Flächenberechnungen

Umfang und Flächeninhalt von Vielecken berechnen, Seite 70

1 a)

Trapez	Dreieck
(1) $a = 9{,}9\,cm$; $g = 6{,}4\,cm$; $h_2 = 3{,}0\,cm$	$g = 6{,}4\,cm$; $h_1 = 3{,}9\,cm$
(2) $A = \frac{a+g}{2} \cdot h_2$	$A = \frac{g \cdot h_1}{2}$
(3) $A \approx 24{,}5\,cm^2$	$A \approx 12{,}5\,cm^2$

(4) $A = 24{,}5\,cm^2 + 12{,}5\,cm^2 = 37{,}0\,cm^2$

b) (2) $u = a + b + c + d + e$ (3) $u = 27{,}4\,cm$

2

Teilfigur ①
Parallelogramm
(1) $a = 7\,cm$; $h = 3\,cm$
(2) $A_1 = a \cdot h$
(3) $A_1 = 7\,cm \cdot 3\,cm = 21\,cm^2$

Teilfigur ②
Trapez
(1) $a = 7\,cm$; $c = 6\,cm$; $h = 3\,cm$
(2) $A_2 = \frac{a+c}{2} \cdot h$
(3) $A_2 = \frac{7\,cm + 6\,cm}{2} \cdot 3\,cm = 19{,}5\,cm^2$

Teilfigur ③
Dreieck
(1) $g = 6\,cm$; $h = 3\,cm$
(2) $A_3 = \frac{g \cdot h}{2}$
(3) $A_3 = \frac{6\,cm \cdot 3\,cm}{2} = 9\,cm^2$

Gesamtfigur
$A = A_1 + A_2 + A_3 = 49{,}5\,cm^2$

3 Länge a
$a = 1\,cm + 3\,cm + 1{,}5\,cm = 5{,}5\,cm$

Länge b
$b = \sqrt{(2\,cm)^2 + (1{,}5\,cm)^2} = 2{,}5\,cm$

Länge c
$c = \sqrt{(2\,cm)^2 + (3\,cm)^2} \approx 3{,}6\,cm$

Länge d
$d = \sqrt{(4\,cm)^2 + (1\,cm)^2} \approx 4{,}1\,cm$

$u \approx 5{,}5\,cm + 2{,}5\,cm + 3{,}6\,cm + 4{,}1\,cm = 15{,}7\,cm$

1.1 $u = a + b + c + d + e + f = 42{,}2\,cm$

2.1 $A = A_T + A_P + A_D = 92\,cm^2$

3.1 $u = 3\,cm + 6\,cm + \sqrt{3^2 + 6^2}\,cm + 3\,cm + \sqrt{6^2 + 2^2}\,cm + \sqrt{4^2 + 3^2}\,cm = 30\,cm$

Kreiszahl π bestimmen, Seite 71

1 $h_1 = \sqrt{1^2 - \left(\frac{1}{5}\right)^2}\,dm \approx 0{,}9798\,dm$

$h_2 = \sqrt{1^2 - \left(\frac{2}{5}\right)^2}\,dm \approx 0{,}9165\,dm$

$h_3 = \sqrt{1^2 - \left(\frac{3}{5}\right)^2}\,dm \approx 0{,}8000\,dm$

$h_4 = \sqrt{1^2 - \left(\frac{4}{5}\right)^2}\,dm \approx 0{,}6000\,dm$

2 $U_1 = \frac{1}{n} \cdot h_1 = \frac{1}{5} \cdot 0{,}9798$
$U_1 = 0{,}1960\,dm^2$

$U_2 = \frac{1}{n} \cdot h_2 = \frac{1}{5} \cdot 0{,}9165$
$U_2 = 0{,}1833\,dm^2$

$U_3 = \frac{1}{n} \cdot h_3 = \frac{1}{5} \cdot 0{,}8000$
$U_3 = 0{,}1600\,dm^2$

$U_4 = \frac{1}{n} \cdot h_4 = \frac{1}{5} \cdot 0{,}6000$
$U_4 = 0{,}1200\,dm^2$

3 $O_1 = \frac{1}{n} \cdot 1 = \frac{1}{5} \cdot 1\,dm^2$
$O_1 = 0{,}2000\,dm^2$

$O_2 = \frac{1}{n} \cdot h_1 = \frac{1}{5} \cdot 0{,}9798\,dm^2$
$O_2 = 0{,}1960\,dm^2$

$O_3 = \frac{1}{n} \cdot h_2 = \frac{1}{5} \cdot 0{,}9165\,dm^2$
$O_3 = 0{,}1833\,dm^2$

$O_4 = \frac{1}{n} \cdot h_3 = \frac{1}{5} \cdot 0{,}8000\,dm^2$
$O_4 = 0{,}1600\,dm^2$

$O_5 = \frac{1}{n} \cdot h_4 = \frac{1}{5} \cdot 0{,}6000\,dm^2$
$O_5 = 0{,}1200\,dm^2$

4 a) Untersumme = $2{,}6372\,dm^2$ b) Obersumme = $3{,}4372\,dm^2$

5

Untersumme	Näherung für π	Obersumme
2,6372	3,0372	3,4372

6 a) $n = 6$:

$h_1 = 0{,}9860$	$U_1 = 0{,}1643$	$O_1 = 0{,}1667$
$h_2 = 0{,}9428$	$U_2 = 0{,}1571$	$O_2 = 0{,}1643$
$h_3 = 0{,}8660$	$U_3 = 0{,}1443$	$O_3 = 0{,}1571$
$h_4 = 0{,}7453$	$U_4 = 0{,}1242$	$O_4 = 0{,}1443$
$h_5 = 0{,}5528$	$U_5 = 0{,}0921$	$O_5 = 0{,}1242$
		$O_6 = 0{,}0921$

Untersumme: $U = 2{,}7280$
Obersumme: $O = 3{,}3948$
Kreiszahl: $\pi \approx 3{,}0614$

b) $n = 8$:

$h_1 = 0{,}9922$	$U_1 = 0{,}1240$	$O_1 = 0{,}1250$
$h_2 = 0{,}9682$	$U_2 = 0{,}1210$	$O_2 = 0{,}1240$
$h_3 = 0{,}9270$	$U_3 = 0{,}1159$	$O_3 = 0{,}1210$
$h_4 = 0{,}8660$	$U_4 = 0{,}1083$	$O_4 = 0{,}1159$
$h_5 = 0{,}7806$	$U_5 = 0{,}0976$	$O_5 = 0{,}1083$
$h_6 = 0{,}6614$	$U_6 = 0{,}0827$	$O_6 = 0{,}0976$
$h_7 = 0{,}4841$	$U_7 = 0{,}0605$	$O_7 = 0{,}0827$
		$O_8 = 0{,}0605$

Untersumme: $U = 2{,}8398$
Obersumme: $O = 3{,}3400$
Kreiszahl: $\pi \approx 3{,}0900$

c) $n = 10$:

$h_1 = 0{,}9950$	$U_1 = 0{,}0995$	$O_1 = 0{,}1000$
$h_2 = 0{,}9798$	$U_2 = 0{,}0980$	$O_2 = 0{,}0995$
$h_3 = 0{,}9539$	$U_3 = 0{,}0954$	$O_3 = 0{,}0980$
$h_4 = 0{,}9165$	$U_4 = 0{,}0917$	$O_4 = 0{,}0954$
$h_5 = 0{,}8660$	$U_5 = 0{,}0866$	$O_5 = 0{,}0917$
$h_6 = 0{,}8000$	$U_6 = 0{,}0800$	$O_6 = 0{,}0866$
$h_7 = 0{,}7141$	$U_7 = 0{,}0714$	$O_7 = 0{,}0800$
$h_8 = 0{,}6000$	$U_8 = 0{,}0600$	$O_8 = 0{,}0714$
$h_9 = 0{,}4359$	$U_9 = 0{,}0436$	$O_9 = 0{,}0600$
		$O_{10} = 0{,}0436$

Untersumme: $U = 2{,}9048$
Obersumme: $O = 3{,}3048$
Kreiszahl: $\pi \approx 3{,}1048$

d) $n = 12$:

$h_1 = 0{,}9965$	$U_1 = 0{,}0830$	$O_1 = 0{,}0833$
$h_2 = 0{,}9860$	$U_2 = 0{,}0822$	$O_2 = 0{,}0830$
$h_3 = 0{,}9682$	$U_3 = 0{,}0807$	$O_3 = 0{,}0822$
$h_4 = 0{,}9428$	$U_4 = 0{,}0786$	$O_4 = 0{,}0807$
$h_5 = 0{,}9091$	$U_5 = 0{,}0758$	$O_5 = 0{,}0786$
$h_6 = 0{,}8660$	$U_6 = 0{,}0722$	$O_6 = 0{,}0758$
$h_7 = 0{,}8122$	$U_7 = 0{,}0677$	$O_7 = 0{,}0722$
$h_8 = 0{,}7454$	$U_8 = 0{,}0621$	$O_8 = 0{,}0677$
$h_9 = 0{,}6614$	$U_9 = 0{,}0551$	$O_9 = 0{,}0621$
$h_{10} = 0{,}5528$	$O_{10} = 0{,}0461$	$O_{10} = 0{,}0551$
$h_{11} = 0{,}3997$	$O_{11} = 0{,}0333$	$O_{11} = 0{,}0461$
		$O_{12} = 0{,}0333$

Untersumme: $U = 2{,}9476$
Obersumme: $O = 3{,}2808$
Kreiszahl: $\pi \approx 3{,}1142$

7 Es gibt viele verschiedene Internetseiten, die die im Arbeitsheft vorgestellten Verfahren erläutern.

Umfang und Flächeninhalt von Kreisen berechnen, Seite 72

1 a)
(1) $d = 4{,}2\,cm$
(2) $u = \pi \cdot d$
(3) $u = \pi \cdot 4{,}2\,cm$
$u \approx 13{,}2\,cm$

b)
(1) $r = 2{,}1\,cm$
(2) $A = \pi \cdot r^2$
(3) $A = \pi \cdot (2{,}1\,cm)^2$
$A \approx 13{,}9\,cm^2$

2 a)
(2) $u = \pi \cdot d$
$d = \frac{u}{\pi}$
(3) $d = \frac{19{,}5\,cm}{\pi}$
$d \approx 6{,}2\,cm$

b)
(2) $A = \pi \cdot r^2$
$r = \sqrt{\frac{A}{\pi}}$
(3) $r = \sqrt{\frac{78{,}5\,cm^2}{\pi}}$
$r \approx 5{,}0\,cm$

c)
(2) $u = 2 \cdot \pi \cdot r$
$r = \frac{u}{2 \cdot \pi}$
(3) $r = \frac{2{,}51\,m}{2 \cdot \pi}$
$r \approx 0{,}40\,m$

d)
(2) $A = \pi \cdot \frac{d^2}{4}$
$d = \sqrt{\frac{4 \cdot A}{\pi}}$
(3) $d = \sqrt{\frac{4 \cdot 33{,}2}{\pi}}$
$d \approx 6{,}50\,m$

3 a)
(1) $d = 6{,}4\,cm$
(2) $u = \frac{1}{2} \cdot \pi \cdot d$
(3) $u = \frac{1}{2} \cdot \pi \cdot 6{,}4\,cm$
$\approx 10{,}1\,cm$

b)
(1) $r = 3{,}2\,cm$
(2) $A = \frac{1}{2} \cdot \pi \cdot r^2$
(3) $A = \frac{1}{2} \cdot \pi \cdot (3{,}2\,cm)^2$
$\approx 16{,}1\,cm^2$

4 a)
$u = u_{Halbkreis} + u_{Kleiner\ Kreis}$
$u_{Halbkreis} = \frac{1}{2} \cdot \pi \cdot 6\,cm \approx 9{,}4\,cm$
$u_{Kleiner\ Kreis} = \pi \cdot 3\,cm \approx 9{,}4\,cm$
$u = 9{,}4\,cm + 9{,}4\,cm$
$= 18{,}8\,cm$

b)
$A = A_{Halbkreis} + A_{Kleiner\ Kreis}$
$A_{Halbkreis} = \frac{1}{2} \cdot \pi \cdot (3\,cm)^2 \approx 14{,}1\,cm^2$
$A_{Kleiner\ Kreis} = \pi \cdot (1{,}5\,cm)^2 \approx 7{,}1\,cm^2$
$A = 14{,}1\,cm^2 + 7{,}1\,cm^2$
$= 21{,}2\,cm^2$

1.1 a) $u = 50{,}3\,cm$ $A = 201{,}1\,cm^2$
b) $u = 3{,}77\,m$ $A = 1{,}13\,m^2$
c) $u = 78{,}5\,cm$ $A = 490{,}9\,cm^2$

2.1 a) $r = 6{,}5\,cm$ $A = 132{,}7\,cm^2$
b) $d = 12{,}0\,cm$ $u = 37{,}7\,cm$
c) $u = 3{,}93\,m$ $A = 1{,}23\,m^2$

3.1 $u = \frac{1}{2}\pi r + 2r = 25{,}0\,cm$
$A = \pi r^2 = 38{,}5\,cm^2$

4.1 $u = \pi d$
$A = 2r^2 = \frac{1}{2} \cdot d^2$

Kreisausschnitt, Kreisbogen und Kreisring berechnen, Seite 73

1 a)
(2) $A = \frac{\alpha}{360°} \cdot \pi \cdot r^2$
(3) $A = \frac{110°}{360°} \cdot \pi \cdot (8{,}2\,cm)^2$
$A \approx 64{,}5\,cm^2$

b)
(2) $b = \frac{\alpha}{180°} \cdot \pi \cdot r$
(3) $b = \frac{110°}{180°} \cdot \pi \cdot 8{,}2\,cm$
$b \approx 15{,}7\,cm$

2 a)
(2) $b = \frac{\alpha}{180°} \cdot \pi \cdot r$
$\alpha = \frac{b \cdot 180°}{\pi \cdot r}$
(3) $\alpha = \frac{10{,}0\,cm \cdot 180°}{\pi \cdot 8{,}2\,cm}$
$\alpha \approx 69{,}9°$

b)
(2) $A = \frac{\alpha}{360°} \cdot \pi \cdot r^2$
$r = \sqrt{\frac{A \cdot 360°}{\alpha \cdot \pi}}$
(3) $r = \sqrt{\frac{30{,}7\,cm^2 \cdot 360°}{130° \cdot \pi}}$
$r \approx 5{,}2\,cm$

c)
(2) $b = \frac{\alpha}{180°} \cdot \pi \cdot r$
$r = \frac{b \cdot 180°}{\alpha \cdot \pi}$
(3) $r = \frac{29{,}7\,cm \cdot 180°}{200° \cdot \pi}$
$r \approx 8{,}5\,cm$

3 a)
(2) $A = \frac{\pi}{4} \cdot (d_1^2 - d_2^2)$
(3) $A = \frac{\pi}{4} \cdot ((8{,}2\,cm)^2 - (5{,}6\,cm)^2)$
$A \approx 28{,}2\,cm^2$

b)
(2) $A = \pi \cdot (r_1^2 - r_2^2)$
(3) $A = \pi \cdot ((6{,}30\,m)^2 - (4{,}25\,m)^2)$
$A \approx 67{,}9\,m^2$

4 a)
$u = 4 \cdot r + b$
$b = \frac{\alpha}{180°} \cdot \pi \cdot r$
$b = \frac{120°}{180°} \cdot \pi \cdot 6{,}0\,cm$
$b \approx 12{,}6\,cm$
$u \approx 24{,}0\,cm + 12{,}6\,cm = 36{,}6\,cm$

b)
$A = r^2 + \frac{\alpha}{360°} \cdot \pi \cdot r^2$
$A = (6{,}0\,cm)^2 + \frac{120°}{360°} \cdot \pi \cdot (6{,}0\,cm)^2$
$A = 36\,cm^2 + 37{,}7\,cm^2$
$A \approx 73{,}7\,cm^2$

1.1 a) $A = 22{,}0\,cm^2$ $b = 7{,}6\,cm$
b) $A = 1{,}36\,m^2$ $b = 2{,}18\,m$
c) $A = 6981{,}3\,cm^2$ $b = 174{,}5\,cm$
d) $A = 785\,mm^2$ $b = 78{,}5\,mm$

2.1 a) $\alpha = 75°$ $b = 15{,}7\,cm$
b) $\alpha = 129{,}9°$ $A = 0{,}64\,m^2$
c) $r = 8{,}5\,cm$ $b = 7{,}4\,cm$
d) $r = 12{,}0\,cm$ $A = 314{,}2\,cm^2$

3.1 a) $A = 30{,}6\,cm^2$
b) $A = 298{,}5\,cm^2$

4.1 $u = 44{,}6\,cm$ $A = 114{,}3\,cm^2$

Sachaufgaben zu Kreisteilen berechnen, Seite 74

1 (1) $\alpha = 0{,}53°$; $r = 150\,000\,000\,km$
(2) $b = \frac{\alpha}{180°} \cdot \pi \cdot r$
(3) $b = \frac{0{,}53°}{180°} \cdot \pi \cdot 150\,000\,000\,km$
$\approx 1\,400\,000\,km$
(4) Der Durchmesser beträgt ≈ 1 400 000 km.

2 (1) Kreisring: $d_1 = 20\,mm$; $d_2 = 6\,mm$
(2) $A = \frac{\pi}{4} \cdot (d_1^2 - d_2^2)$
(3) $A = \frac{\pi}{4} \cdot ((20\,mm)^2 - (6\,mm)^2) \approx 286\,mm^2$
(4) Der Flächeninhalt beträgt etwa $286\,mm^2$.

3 Skizze

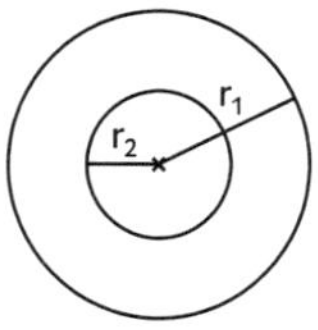

$r_1 - r_2 = 0{,}25\,m$
$u_1 = 7{,}54\,m$

$u_1 = 2 \cdot \pi \cdot r_1$; $r_1 = \frac{u_1}{2 \cdot \pi} = \frac{7{,}54\,m}{2 \cdot \pi} \approx 1{,}20\,m$
$r_2 = r_1 - 0{,}25\,m \approx 1{,}20\,m - 0{,}25\,m = 0{,}95\,m$
$d_2 = 2 \cdot r_2 = 2 \cdot 0{,}95\,m \approx 1{,}90\,m$.
Der innere Durchmesser beträgt 1,90 m.

4 Skizze

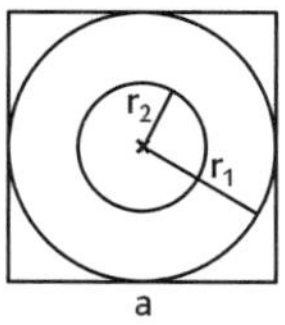

$a = 12\,cm$
$r_1 - r_2 = 2{,}5\,cm$
$r_1 = \frac{1}{2} \cdot a = 6\,cm$

$r_2 = r_1 - 2{,}5\,cm = 6\,cm - 2{,}5\,cm = 3{,}5\,cm$
$A_{Kreisring} = \pi \cdot (r_1^2 - r_2^2) = \pi \cdot ((6\,cm)^2 - (3{,}5\,cm)^2)$
$\approx 74{,}6\,cm^2$
$A_{Quadrat} = a^2 = (12\,cm)^2 = 144\,cm^2$
$Verschnitt = A_{Quadrat} - A_{Kreisring} \approx 69{,}4\,cm^2$

5 Der äußere Umfang beträgt 364 mm.

6 a) $d_2 = 5\,mm$ $d_1 = 18{,}5\,mm$ b) $d_2 = 6\,mm$ $d_1 = 18{,}8\,mm$
c) $d_2 = 7\,mm$ $d_1 = 19{,}2\,mm$ d) $d_2 = 4\,mm$ $d_1 = 18{,}3\,mm$

7 Eine Umdrehung ist rund 2,25 m lang.
Die Anzahl der Umdrehungen beträgt 15 822.

8 Die Entfernung der Punkte beträgt 557 km.

9 $u_Q = 4 \cdot a \Rightarrow a = 40\,cm$
$A_Q = 1600\,cm^2$
$u_K = 2\pi \cdot r \Rightarrow r = 25{,}47\,cm$
$A_K = 2038\,cm^2$
Bei gleichem Umfang ist der Flächeninhalt des Kreises wesentlich größer als beim Quadrat.

10

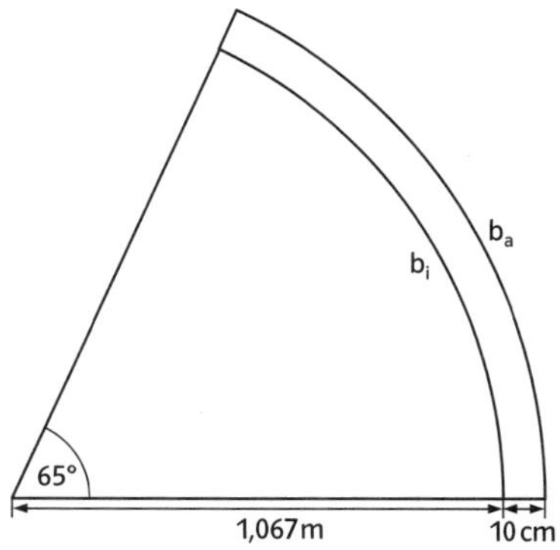

innere Länge: $b_i = 1{,}21\,m$
äußere Länge: $b_a = 1{,}32\,m$

Kompetenz-Test Flächenberechnungen, Seite 75

1 $A = \pi \cdot r^2$ $A = \pi \cdot (1{,}20\,m)^2$ $A \approx 4{,}52\,m^2$	$A = \frac{\pi}{4} \cdot d^2$ $d = \sqrt{\frac{4 \cdot A}{\pi}} = \sqrt{\frac{4 \cdot 1{,}77\,m^2}{\pi}}$ $d \approx 1{,}50\,m$	$A = \pi \cdot r^2$ $r = \frac{1}{2} \cdot a = \frac{1}{2} \cdot 25\,cm = 12{,}5\,cm$ $= \pi \cdot (12{,}5\,cm)^2 \approx 490{,}9\,cm^2$
2 $A = \pi \cdot (r_1^2 - r_2^2)$ $A = \pi \cdot ((8{,}5\,cm)^2 - (5{,}0\,cm)^2)$ $A \approx 148{,}4\,cm^2$	$A = \frac{\pi}{4} \cdot (d_1^2 - d_2^2)$ $A = \frac{\pi}{4} \cdot ((70{,}0\,mm)^2 - (60\,mm)^2)$ $A \approx 1021\,mm^2$	$A = \pi \cdot (r_1^2 - r_2^2)$ $A = 200\,mm^2$; $r_2 = 6\,mm$ $r_1 = \sqrt{\frac{A}{\pi} + r_2^2} \approx 10\,mm$
3 $A = \frac{\alpha}{360°} \cdot \pi \cdot r^2$ $A = \frac{40°}{360°} \cdot \pi \cdot (12\,cm)^2$ $A \approx 50{,}3\,cm^2$	$A = \frac{\alpha}{360°} \cdot \pi \cdot r^2$ $\alpha = \frac{A \cdot 360°}{\pi \cdot r^2} = \frac{43{,}6\,cm^2 \cdot 360°}{\pi \cdot (10\,cm)^2}$ $\alpha \approx 50{,}0°$	$A = \frac{3}{4} \cdot \pi \cdot r^2$; $r = 26\,cm$ $A = \frac{3}{4} \cdot \pi \cdot (26\,cm)^2$ $A \approx 1593\,cm^2$
4 $b = \frac{\alpha}{180°} \cdot \pi \cdot r$ $b = \frac{55°}{180°} \cdot \pi \cdot 3{,}50\,m$ $b \approx 3{,}36\,m$	$b = \frac{\alpha}{180°} \cdot \pi \cdot r$ $r = \frac{b \cdot 180°}{\alpha \cdot \pi} = \frac{91{,}6\,cm \cdot 180°}{70° \cdot \pi}$ $r \approx 75{,}0\,cm$	$b = \frac{\alpha}{180°} \cdot \pi \cdot r$; $\alpha = 90°$ $b = \frac{90°}{180°} \cdot \pi \cdot 4{,}9\,m$ $b \approx 7{,}70\,m$

11 Körperberechnungen

Volumen von Prismen berechnen, Seite 76

1 (1) $g = 9{,}1\,cm$; $h = 3{,}2\,cm$; $k = 11{,}4\,cm$
(2) $V = G \cdot k$
$V = \frac{g \cdot h}{2} \cdot k$
(3) $V = \frac{9{,}1\,cm \cdot 3{,}2\,cm}{2} \cdot 11{,}4\,cm$
$V \approx 166\,cm^3$

2 a)
(2) $V = \frac{g \cdot h}{2} \cdot k$
$k = \frac{2 \cdot V}{g \cdot h}$
(3) $k = \frac{2 \cdot 585\,cm^3}{12\,cm \cdot 5\,cm}$
$k = 19{,}5\,cm$

b)
(2) $V = \frac{g \cdot h}{2} \cdot k$
$k = \frac{2 \cdot V}{g \cdot k}$
(3) $h = \frac{2 \cdot 75{,}95\,cm^3}{3{,}5\,cm \cdot 7\,cm}$
$h = 6{,}2\,cm$

c)
(2) $V = \frac{g \cdot h}{2} \cdot k$
$g = \frac{2 \cdot V}{h \cdot k}$
(3) $g = \frac{2 \cdot 1188\,cm^3}{9\,cm \cdot 11\,cm}$
$g = 24\,cm$

3 (1) $a = 7{,}5\,cm$; $c = 2{,}5\,cm$; $h = 6{,}5\,cm$; $k = 8{,}3\,cm$
(2) $V = G \cdot k$
$V = \frac{a + c}{2} \cdot h \cdot k$
(3) $V = \frac{7{,}5\,cm + 2{,}5\,cm}{2} \cdot 6{,}5\,cm \cdot 8{,}3\,cm$
$V = 269{,}75\,cm^3$

4 a)

(2) $V = \frac{a+c}{2} \cdot h \cdot k$

$k = \frac{2 \cdot V}{(a+c) \cdot h}$

(3) $k = \frac{2 \cdot 138{,}6\,cm^3}{(7\,cm + 4\,cm) \cdot 3\,cm}$

$k = 8{,}4\,cm$

b)

(2) $V = \frac{a+c}{2} \cdot h \cdot k$

$c = \frac{2 \cdot V}{h \cdot k} - a$

(3) $c = \frac{2 \cdot 162\,cm^3}{2{,}5\,cm \cdot 12\,cm} - 8{,}5\,cm$

$c = 2{,}3\,cm$

1.1 a) $V = 3388\,cm^3$ b) $V = 2755{,}2\,cm^3$

2.1 a) $k = 11{,}5\,cm$ b) $h = 5\,cm$ c) $g = 10\,cm$

3.1 a) $V = 4833\,cm^3$ b) $V = 3900\,cm^3$

4.1 $k = 5\,cm$

5 Aus der trapezförmigen Grundfläche wird ein Dreieck, es entsteht somit ein Dreiecksprisma.

Volumen von Pyramiden berechnen, Seite 77

1 (1) $k = 4{,}5\,cm$; $a = 2{,}5\,cm$

(2) $V = \frac{1}{3} \cdot G \cdot k$

$V = \frac{1}{3} \cdot a^2 \cdot k$

(3) $V = \frac{1}{3} \cdot (2{,}5\,cm)^2 \cdot 4{,}5\,cm$

$V \approx 9{,}4\,cm^3$

2 a)

(2) $V = \frac{1}{3} \cdot G \cdot k$

$V = \frac{1}{3} \cdot a^2 \cdot k$

(3) $V = \frac{1}{3} \cdot (4{,}8\,cm)^2 \cdot 13\,cm$

$V \approx 99{,}8\,cm^3$

b)

(2) $V = \frac{1}{3} \cdot G \cdot k$

$V = \frac{1}{3} \cdot a \cdot b \cdot k$

(3) $V = \frac{1}{3} \cdot 9{,}45\,m \cdot 1{,}80\,m \cdot 12{,}50\,m$

$V \approx 70{,}9\,cm^3$

c)

(2) $V = \frac{1}{3} \cdot G \cdot k$

$V = \frac{1}{3} \cdot \frac{g \cdot h}{2} \cdot k$

(3) $V = \frac{1}{3} \cdot \frac{7{,}5\,cm \cdot 6{,}4\,cm}{2} \cdot 14{,}8\,cm$

$V = 118{,}4\,cm^3$

3 a)

(2) $k = \sqrt{h_a^2 - \left(\frac{a}{2}\right)^2}$

(3) $k \approx 12{,}4\,cm$

Volumen V

(2) $V = \frac{1}{3} \cdot a^2 \cdot k$

(3) $V = \frac{1}{3} \cdot (26\,cm)^2 \cdot 12{,}4\,cm$

$V \approx 2794{,}1\,cm^3$

b)

(2) $k = \sqrt{h_a^2 - \left(\frac{a}{2}\right)^2}$

(3) $k \approx 10{,}4\,cm$

(2) $V = \frac{1}{3} \cdot a^2 \cdot k$

(3) $V = \frac{1}{3} \cdot (7{,}2\,cm)^2 \cdot 10{,}4\,cm$

$V \approx 179{,}7\,cm^3$

c)

(2) $k = \sqrt{h_a^2 - \left(\frac{a}{2}\right)^2}$

(3) $k \approx 18{,}2\,cm$

(2) $V = \frac{1}{3} \cdot a^2 \cdot k$

(3) $V = \frac{1}{3} \cdot (11\,m)^2 \cdot 18{,}2\,m$

$V \approx 734{,}1\,m^3$

1.1 a) $V = 1365{,}3\,cm^3$ b) $V = 1706{,}7\,cm^3$

2.1 a) $V = 233{,}3\,cm^3$ b) $V = 15{,}5\,m^3$

2.2 a) $V = 96\,cm^3$ b) $V = 224\,cm^3$

3.1 a) $k = 16{,}4\,cm$; $V = 442{,}8\,cm^3$ b) $k = 9{,}2\,m$; $V = 19{,}9\,m^3$

4 Das Volumen einer Pyramide ist $V = \frac{1}{3} \cdot G \cdot k$, wenn man diese Formel mit 3 multipliziert, erhält man $V = G \cdot k$, das Volumen eines Quaders.
Für die quadratische Pyramide gilt $V = \frac{1}{3} \cdot a^2 \cdot a = \frac{1}{3}a^3$; für den Würfel gilt $V = a^3$.

Volumen von Zylindern berechnen, Seite 78

1 (1) $r = 1{,}9\,cm$; $k = 3{,}4\,cm$

(2) $V = G \cdot k$

$V = \pi \cdot r^2 \cdot k$

(3) $V = \pi \cdot (1{,}9\,cm)^2 \cdot 3{,}4\,cm$

$V \approx 38{,}6\,cm^3$

2 a)

(2) $V = G \cdot k$

$V = \pi \cdot r^2 \cdot k$

(3) $V = \pi \cdot (1{,}5\,cm)^2 \cdot 3\,cm$

$V \approx 21{,}2\,cm^3$

b)

(2) $V = G \cdot k$

$V = \pi \cdot r^2 \cdot k$

(3) $V = \pi \cdot (3\,cm)^2 \cdot 3\,cm$

$V \approx 84{,}8\,cm^3$

c)

(2) $V = G \cdot k$

$V = \pi \cdot r^2 \cdot k$

(3) $V = \pi \cdot (4{,}5\,cm)^2 \cdot 3\,cm$

$V \approx 190{,}9\,cm^3$

3 a)

(2) $V = \pi \cdot r^2 \cdot k$

$k = \frac{V}{\pi \cdot r^2}$

(3) $k = \frac{540{,}7\,cm^3}{\pi \cdot (4{,}5\,cm)^2}$

$k \approx 8{,}5\,cm$

b)

(2) $V = \pi \cdot r^2 \cdot k$

$k = \frac{V}{\pi \cdot r^2}$

(3) $k = \frac{7{,}125\,m^3}{\pi \cdot (0{,}9\,m)^2}$

$k \approx 2{,}8\,m$

c)

(2) $V = \pi \cdot r^2 \cdot k$

$r^2 = \frac{V}{\pi \cdot k}$

$r = \sqrt{\frac{V}{\pi \cdot k}}$

(3) $r = \sqrt{\frac{294{,}5\,cm^3}{\pi \cdot 15\,cm}}$

$r \approx 2{,}5\,cm$

4 (1) $V = 360\,dm^3$; $d = 7\,dm$

(2) $V = \pi \cdot \left(\frac{d}{2}\right)^2 \cdot k$

$k = \frac{V}{\pi \cdot \left(\frac{d}{2}\right)^2}$

(3) $k = \frac{360\,dm^3}{\pi \cdot (3{,}5\,dm)^2}$

$k \approx 9{,}35\,dm$

Das Regenfass ist 93,5 cm hoch.

1.1 a) $V = 13\,741{,}3\,cm^3$ b) $V = 7690{,}6\,cm^3$

2.1 a) $V = 124{,}4\,cm^3$ b) $V = 958{,}3\,m^3$

2.2 a) $V = 204\,cm^3$ b) $V = 7{,}5\,m^3$

3.1

	a)	b)	c)	d)	e)
r in cm	6	2,8	2,3	5,7	2,4
k in cm	2,5	9,7	17	11,8	5
V in cm^3	282,7	238	282	1204	90

5 Die Grundfläche beider Körper ist gleich, $G = 10\,cm^2$.
$G_{Zylinder} = \pi \cdot r^2 = 10\,cm^2$
$G_{Quader} = a \cdot b = 10\,cm^2$

Volumen von Kegeln berechnen, Seite 79

1 (1) $r = 1{,}9\,cm;\ k = 3{,}5\,cm$
(2) $V = \frac{1}{3} \cdot G \cdot k$
$V = \frac{1}{3} \cdot \pi \cdot r^2 \cdot k$
(3) $V = \frac{1}{3} \cdot \pi \cdot (1{,}9\,cm)^2 \cdot 3{,}5\,cm$
$V \approx 13{,}2\,cm^3$

2 a)
(2) $V = \frac{1}{3} \cdot \pi \cdot r^2 \cdot k$
$k = \frac{3 \cdot V}{\pi \cdot r^2}$
(3) $k = \frac{3 \cdot 123\,cm^3}{\pi \cdot (2{,}8\,cm)^2}$
$k \approx 15{,}0\,cm$

b)
(2) $V = \frac{1}{3} \cdot \pi \cdot r^2 \cdot k$
$r^2 = \frac{3 \cdot V}{\pi \cdot k}$
$r = \sqrt{\frac{3 \cdot V}{\pi \cdot k}}$
(3) $r = \sqrt{\frac{3 \cdot 254\,cm^3}{\pi \cdot 9\,cm}}$
$r \approx 5{,}2\,cm$

c)
(2) $V = \frac{1}{3} \cdot \pi \cdot r^2 \cdot k$
$k = \frac{3 \cdot V}{\pi \cdot r^2}$
(3) $k = \frac{3 \cdot 72{,}6\,cm^3}{\pi \cdot (3{,}4\,cm)^2}$
$k \approx 6{,}0\,cm$

3 a)
(2) $k^2 = s^2 - r^2$
(3) $k \approx 17\,cm$

(2) $V = \frac{1}{3} \cdot \pi \cdot r^2 \cdot k$
(3) $V = \frac{1}{3} \cdot \pi \cdot (21\,cm)^2 \cdot 17\,cm$
$V \approx 7850{,}8\,cm^3$

b)
(2) $k^2 = s^2 - r^2$
(3) $k \approx 82\,cm$

(2) $V = \frac{1}{3} \cdot \pi \cdot r^2 \cdot k$
(3) $V = \frac{1}{3} \cdot \pi \cdot (37\,cm)^2 \cdot 82\,cm$
$V \approx 117\,556{,}3\,cm^3$

c)
(2) $k^2 = s^2 - r^2$
(3) $k \approx 7\,cm$

(2) $V = \frac{1}{3} \cdot \pi \cdot r^2 \cdot k$
(3) $V = \frac{1}{3} \cdot \pi \cdot (5\,cm)^2 \cdot 7\,cm$
$V \approx 183{,}3\,cm^3$

1.1 a) $V = 102{,}8\,cm^3$ b) $V = 508\,cm^3$

2.1 a) $k = 5\,cm$ b) $r = 2\,cm$
c) $k = 1{,}5\,cm$ d) $r = 4{,}2\,cm$

3.1 a) $k = 20{,}1\,cm$ $V = 1704{,}9\,cm^3$
b) $k = 17{,}0\,cm$ $V = 729{,}2\,cm^3$

4 Die Grundfläche beider Körper ist gleich, $G = 10\,cm^2$,
da $G = \frac{V}{k}$ für beide Körper gilt.
$G_{Kegel} = \pi \cdot r^2 = 10\,cm^2$
$G_{Pyramide} = a \cdot b = 10\,cm^2$

Oberflächeninhalt von Pyramiden und Zylindern berechnen, Seite 80

1 (2) $O = G + M$
$O = a^2 + 2 \cdot a \cdot h_a$
(3) $O = (3\,cm)^2 + 2 \cdot 3\,cm \cdot 5{,}7\,cm$
$O = 43{,}2\,cm^2$

2 (2) $O = G + M$
$O = a^2 + 2 \cdot a \cdot h_a$
(3) $O = (45\,m)^2 + 2 \cdot 45\,m \cdot 67\,m$
$O = 8055\,m^2$

3 (2) $O = 2 \cdot G + M$
$O = 2 \cdot \pi \cdot r^2 + 2 \cdot \pi \cdot r \cdot k$
(3) $O = 2 \cdot \pi \cdot (2{,}6\,cm)^2 + 2 \cdot \pi \cdot 2{,}6\,cm \cdot 7{,}3\,cm$
$O \approx 161{,}7\,cm^2$

4 (1) $a = 4{,}30\,m;\ k = 5\,m$
$h_a = \sqrt{k^2 + \left(\frac{a}{2}\right)^2}$
$h_a \approx 5{,}4\,m$
(2) $O = a^2 + 2 \cdot a \cdot h_a$
(3) $O = (4{,}3\,m)^2 + 2 \cdot 4{,}3\,m \cdot 5{,}4\,m$
$O \approx 64{,}93\,m^2$

5 (3) $G = \pi \cdot (8\,cm)^2$
$G \approx 201{,}1\,cm^2$
(2) $O = 2 \cdot G + M$
(3) $O = 2 \cdot 201{,}1\,cm^2 + 552{,}9\,cm^2$
$O \approx 955{,}1\,cm^2$

1.1 a) $O = 160\,cm^2$ b) $O = 135\,cm^2$
c) $O = 41\,cm^2$ d) $O = 1980\,cm^2$

2.1 a) $O = 81\,cm^2$ b) $O = 1200\,cm^2$
c) $O = 142{,}5\,cm^2$ d) $O = 7424\,cm^2$

3.1 a) $O = 1244\,cm^2$ b) $O = 4725\,cm^2$
c) $O = 5428{,}7\,cm^2$ d) $O = 9814{,}3\,cm^2$

4.1 a) $h_a = 14\,cm$, $O = 128\,cm^2$ b) $h_a = 21\,cm$, $O = 343\,cm^2$
c) $h_a = 18\,cm$, $O = 271{,}4\,cm^2$ d) $h_a = 84{,}8\,cm$, $O = 10\,980\,cm^2$
e) $h_a = 21\,cm$, $O = 583\,cm^2$ f) $h_a = 8{,}5\,cm$, $O = 138\,cm^2$
g) $h_a = 12{,}7\,cm$, $O = 275{,}5\,cm^2$ h) $h_a = 50{,}9\,cm$, $O = 4617{,}2\,cm^2$

5.1 a) $G = 201{,}1\,cm^2$, $O = 1156{,}2\,cm^2$ b) $G = 254{,}5\,cm^2$, $O = 905\,cm^2$
c) $G = 1809{,}6\,cm^2$, $O = 4373{,}2\,cm^2$ d) $G = 4071{,}5\,cm^2$, $O = 9161\,cm^2$
e) $G = 7{,}1\,cm^2$, $O = 96{,}2\,cm^2$ f) $G = 36{,}3\,cm^2$, $O = 166{,}6\,cm^2$
g) $G = 1{,}1\,cm^2$, $O = 20{,}2\,cm^2$ h) $G = 60{,}8\,cm^2$, $O = 421{,}6\,cm^2$

Sachaufgaben zu Körpern berechnen, Seite 81

1 (1) $g = 13\,cm;\ h_g = 4{,}6\,cm;\ k = 8\,cm$
(2) $V = G \cdot k$
$V = \frac{g \cdot h_g}{2} \cdot k$
(3) $V = \frac{13\,cm \cdot 4{,}6\,cm}{2} \cdot 8\,cm$
(4) Das Volumen beträgt $239{,}2\,cm^3$.

2 Skizze

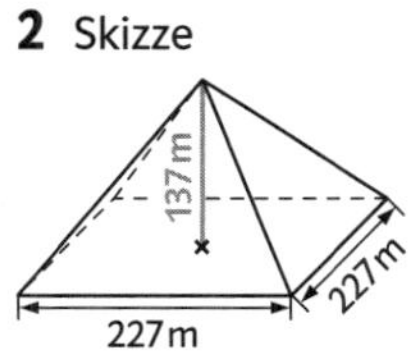

(1) $a = 227\,m;\ k = 137\,m$
(2) $V = \frac{1}{3} \cdot G \cdot k$
$V = \frac{1}{3} \cdot a^2 \cdot k$
(3) $V = \frac{1}{3} \cdot (227\,m)^2 \cdot 137\,m$
(4) Das Volumen beträgt $\approx 2\,353\,158\,m^3$.

3 (1) $r = 2{,}5\,cm$; $k = 650\,cm$
(2) $V = G \cdot k$
$V = \pi \cdot r^2 \cdot k$
(3) $V = \pi \cdot (2{,}5\,cm)^2 \cdot 650\,cm$
$V \approx 12\,762{,}7\,cm^3$
(4) Das Gewicht beträgt ≈ 100,315 kg.

4 (1) $r = 1{,}60\,m$; $k = 1{,}50\,m$
(2) $V = \frac{1}{3} \cdot G \cdot k$
$V = \frac{1}{3} \cdot \pi \cdot r^2 \cdot k$
(3) $V = \frac{1}{3} \cdot \pi \cdot (1{,}60\,m)^2 \cdot 1{,}50\,m$
(4) Es sind ≈ $4\,m^3$ Sand.

5 Skizze

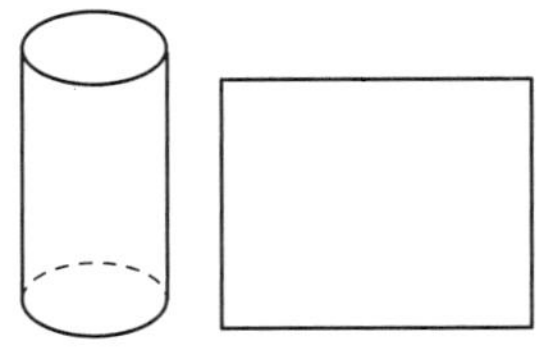

(1) $r = 0{,}60\,m$; $k = 3{,}60\,m$
(2) $M = 2 \cdot \pi \cdot r \cdot k$
(3) $M = 2 \cdot \pi \cdot 0{,}60\,m \cdot 360\,m$
$M \approx 13{,}6\,m^2$
(4) Es sind ≈ $13{,}6\,m^2$ Werbefläche.

1.1 $V = 4125\,cm^3$

2.1 $V = 2\,666\,666{,}7\,m^3$

3.1 $V = 265{,}9\,kg$

4.1 $V \approx 3{,}5\,m^3$

6 $V = 100{,}3\,cm^3$

7 Für 10 000 Dosen werden rund $431{,}3\,m^2$ Blech benötigt.

Kompetenz-Test Körperberechnungen, Seite 82

1 $V = G \cdot k$ $V = 28\,cm^2 \cdot 9{,}1\,cm$ $V = 254{,}8\,cm^3$	$g = 28\,cm$; $h_g = 16\,cm$; $k = 26\,cm$ $V = \frac{g \cdot h_g}{2} \cdot k$ $V = \frac{28\,cm \cdot 16\,cm}{2} \cdot 26\,cm$ $V = 5824\,cm^3$	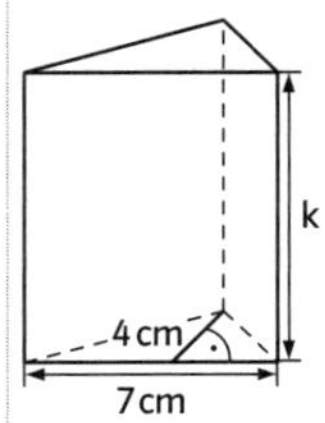 $k = \frac{2 \cdot V}{g \cdot h_g}$ $k = \frac{2 \cdot 364\,cm^3}{7\,cm \cdot 4\,cm}$ $k = 26\,cm$
2 $V = \frac{1}{3} \cdot G \cdot k$ $V = \frac{1}{3} \cdot 36\,cm^2 \cdot 4{,}3\,cm$ $V = 51{,}6\,cm^3$	$a = 20\,cm$; $k = 35\,cm$ $V = \frac{1}{3} \cdot a^2 \cdot k$ $V = \frac{1}{3} \cdot (20\,cm)^2 \cdot 35\,cm$ $V \approx 4666{,}7\,cm^3$	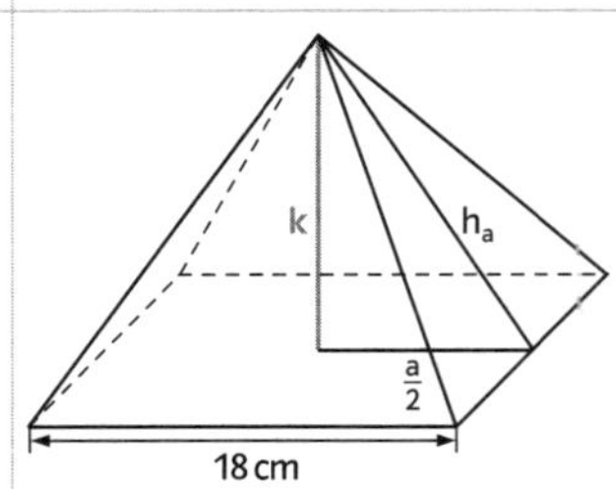 $k^2 = h_a^2 - (\frac{a}{2})^2$ $k \approx 13{,}2\,cm$ $V = \frac{1}{3} \cdot a^2 \cdot k$ $V = \frac{1}{3} \cdot (18\,cm)^2 \cdot 13{,}2\,cm$ $V \approx 1425{,}6\,cm^3$
3 $r = 9\,cm$; $k = 32\,cm$ $V = G \cdot k$ $V = \pi \cdot r^2 \cdot k$ $V = \pi \cdot (9\,cm)^2 \cdot 32\,cm$ $V \approx 8143\,cm^3$	$r = 3{,}25\,cm$; $k = 7\,cm$ $V = \pi \cdot r^2 \cdot k$ $V = \pi \cdot (3{,}25\,cm)^2 \cdot 7\,cm$ $V \approx 232{,}3\,cm^3$	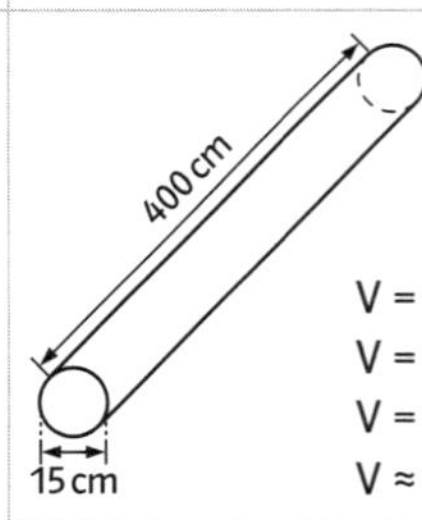 $V = G \cdot k$ $V = \pi \cdot r^2 \cdot k$ $V = \pi \cdot (7{,}5\,cm)^2 \cdot 400\,cm$ $V \approx 70\,685{,}8\,cm^3$
4 $r = 13\,cm$; $k = 40\,cm$ $V = \frac{1}{3} \cdot G \cdot k$ $V = \frac{1}{3} \cdot \pi \cdot r^2 \cdot k$ $V = \frac{1}{3} \cdot \pi \cdot (13\,cm)^2 \cdot 40\,cm$ $V \approx 7079{,}1\,cm^3$	$r = 1{,}75\,cm$; $k = 9\,cm$ $V = \frac{1}{3} \cdot \pi \cdot r^2 \cdot k$ $V = \frac{1}{3} \cdot \pi \cdot (1{,}75\,cm)^2 \cdot 9\,cm$ $V \approx 28{,}9\,cm^3$	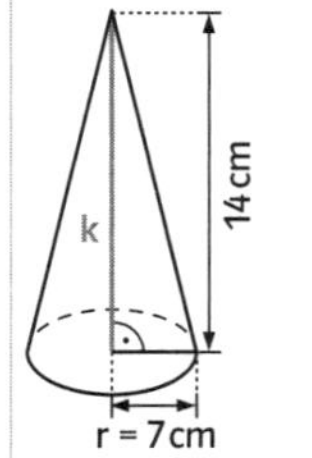 $k^2 = s^2 - r^2$ $k \approx 12{,}1\,cm$ $V = \frac{1}{3} \cdot \pi \cdot r^2 \cdot k$ $V = \frac{1}{3} \cdot \pi \cdot (7\,cm)^2 \cdot 12{,}1\,cm$ $V \approx 620{,}9\,cm^3$

12 Daten und Zufall

Daten analysieren und auswerten, Seite 83

1 a) 3 b) 85 c) 30 d) 7
e) 15 f) 60 g) 53

2 Siehe Tabelle 1 unten.

3 a)

	q_u	Z	q_o	q
Mädchen ♀	7	15	60	53
Jungen ♂	10	20	29	19

b) w; w; f; f

2.1 Mädchen ♀

$q_u = \frac{1}{2} \cdot (16 + 18) = 17$

$Z = \frac{1}{2}(20 + 22) = 21$

$q_o = \frac{1}{2}(25 + 25) = 25$

$q = 25 - 17 = 8$

Jungen ♂

$q_u = \frac{1}{2} \cdot (15 + 15) = 15$

$Z = \frac{1}{2}(18 + 20) = 19$

$q_o = \frac{1}{2}(21 + 23) = 22$

$q = 22 - 15 = 7$

Wahrscheinlichkeit zweistufiger Zufallsversuche bestimmen, Seite 84

1 $P(E_1) = P(\text{weiß}) = \frac{3}{8} = 0{,}375$

$P(E_2) = P(\text{grau}) = \frac{5}{8} = 0{,}625$

$P(\text{weiß, grau}) = \frac{3}{8} \cdot \frac{5}{8} = \frac{15}{64} \approx 0{,}234 = 23{,}4\,\%$

2 a)

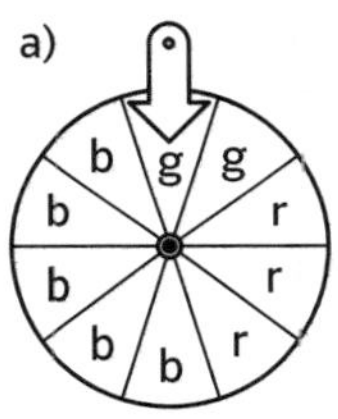

b), c)

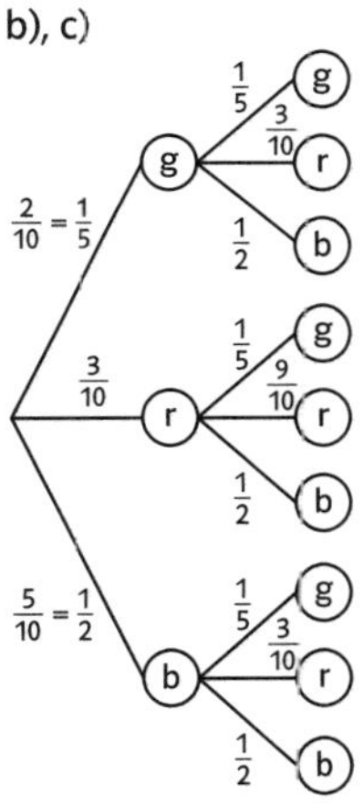

$P(g, g) = \frac{1}{5} \cdot \frac{1}{5} = \frac{1}{25} = 0{,}04$

$P(g, r) = \frac{3}{50} = 0{,}06$

$P(g, b) = \frac{1}{10} = 0{,}10$

$P(r, g) = \frac{3}{50} = 0{,}06$

$P(r, r) = \frac{9}{100} = 0{,}09$

$P(r, b) = \frac{3}{20} = 0{,}15$

$P(b, g) = \frac{1}{10} = 0{,}10$

$P(b, r) = \frac{3}{20} = 0{,}15$

$P(b, b) = \frac{1}{4} = 0{,}25$

d) $P(\text{gelb, gelb}) = \frac{1}{25} = 0{,}04$

$P(\text{rot, rot}) = \frac{9}{100} = 0{,}09$

$P(\text{blau, blau}) = \frac{1}{4} = 0{,}25$

$P(\text{gleiche Farbe}) = \frac{1}{25} + \frac{9}{100} + \frac{1}{4} = \frac{38}{100} = 0{,}38$

3 Siehe Tabelle 2.

1.1 a) $P(\text{gelb, blau}) = \frac{2}{5} \cdot \frac{3}{5} = \frac{6}{25} = 0{,}24 = 24\,\%$

b) $P(\text{blau, blau}) = \frac{3}{5} \cdot \frac{3}{5} = \frac{9}{25} = 0{,}36 = 36\,\%$

4 mit

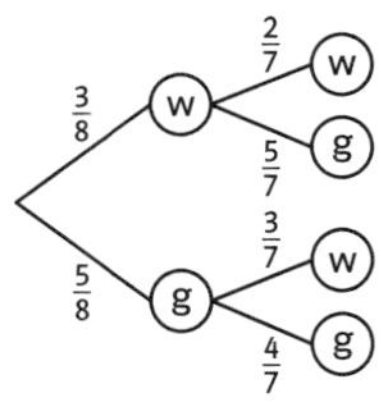

ohne

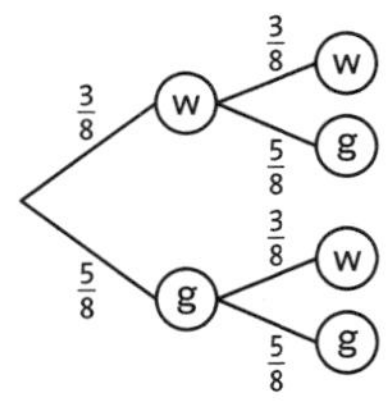

Wahrscheinlichkeit mit Zurücklegen: $P(w, g) = 23{,}4\,\%$
Wahrscheinlichkeit ohne Zurücklegen: $P(w, g) = 26{,}8\,\%$
Die Wahrscheinlichkeit ohne Zurücklegen ist höher, da von den verbleibenden 7 Kugeln die Wahrscheinlichkeit für $P_{E_2} = P(\text{grau})$ größer geworden ist, $\frac{5}{7} > \frac{5}{8}$!

Wahrscheinlichkeit zusammengesetzter Ereignisse bestimmen, Seite 85

1 (1) Wahrscheinlichkeit 1. Möglichkeit

$P(\text{Zahl}) = \frac{1}{2}$

$P(\text{Wappen}) = \frac{1}{2}$

$P_1(Z, W) = \frac{1}{2} \cdot \frac{1}{2} = \frac{1}{4}$

Wahrscheinlichkeit 2. Möglichkeit

$P(\text{Wappen}) = \frac{1}{2}$

$P(\text{Zahl}) = \frac{1}{2}$

$P_2(W, Z) = \frac{1}{2} \cdot \frac{1}{2} = \frac{1}{4}$

(2) $P(E) = \frac{1}{4} + \frac{1}{4} = \frac{1}{2}$

2 a)

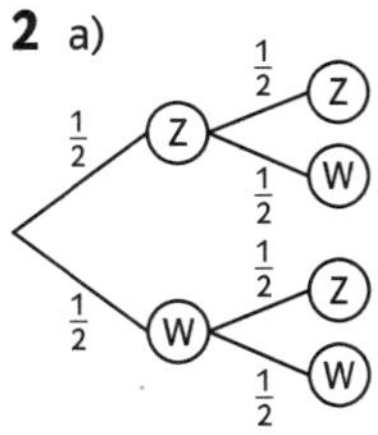

$P(Z, Z) = \frac{1}{2} \cdot \frac{1}{2} = \frac{1}{4}$

$P(Z, W) = \frac{1}{2} \cdot \frac{1}{2} = \frac{1}{4}$

$P(W, Z) = \frac{1}{2} \cdot \frac{1}{2} = \frac{1}{4}$

$P(W, W) = \frac{1}{2} \cdot \frac{1}{2} = \frac{1}{4}$

b) $P(\text{einmal Zahl, einmal Wappen}) = \frac{1}{4} + \frac{1}{4} = \frac{1}{2}$

Tabelle 1

	a) unteres Quartil q_u	b) Median Z	c) oberes Quartil q_o
(1)	$\frac{1}{4} \cdot 15 = 3{,}75$	$\frac{1}{2} \cdot 15 = 7{,}5$	$\frac{3}{4} \cdot 15 = 11{,}25$
(2)	zwischen 3. und 4. Platz	zwischen 7. und 8. Platz	zwischen 11. und 12. Platz
(3)	$Q_1 = \frac{1}{2} \cdot (9 + 11) = 10$	$Q_2 = \frac{1}{2} \cdot (17 + 23) = 20$	$Q_3 = \frac{1}{2}(28 + 30) = 29$

Tabelle 2

Ereignis (E_1, E_2)	$P(E_1)$	$P(E_2)$	$P(E) = P(E_1) \cdot P(E_2)$
(ungerade Zahl, ungerade Zahl)	$\frac{5}{12}$	$\frac{5}{12}$	$\frac{5}{12} \cdot \frac{5}{12} = \frac{25}{144} \approx 0{,}174$
(Joker, Joker)	$\frac{1}{12}$	$\frac{1}{12}$	$\frac{1}{12} \cdot \frac{1}{12} = \frac{1}{144} \approx 0{,}007$
(< 6, > 1)	$\frac{5}{12}$	$\frac{9}{12}$	$\frac{5}{12} \cdot \frac{9}{12} = \frac{15}{48} \approx 0{,}313$
(> 5, < 3)	$\frac{5}{12}$	$\frac{3}{12}$	$\frac{5}{12} \cdot \frac{3}{12} = \left(\frac{15}{144}\right)\frac{5}{48} \approx 0{,}104$

3 a)

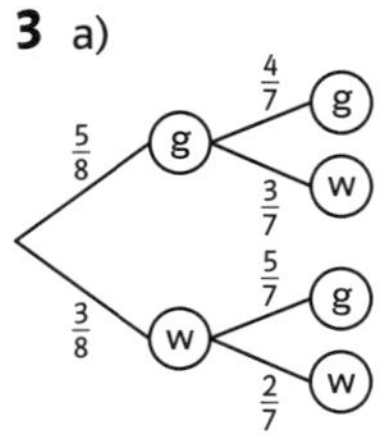

$P(g, g) = \frac{20}{56}$

$P(g, w) = \frac{15}{56}$

$P(w, g) = \frac{15}{56}$

$P(w, w) = \frac{6}{56}$

b) $P(g, w) + P(w, g) = \frac{15}{56} + \frac{15}{56} = \frac{30}{56} \approx 0{,}536 = 53{,}6\,\%$

2.1

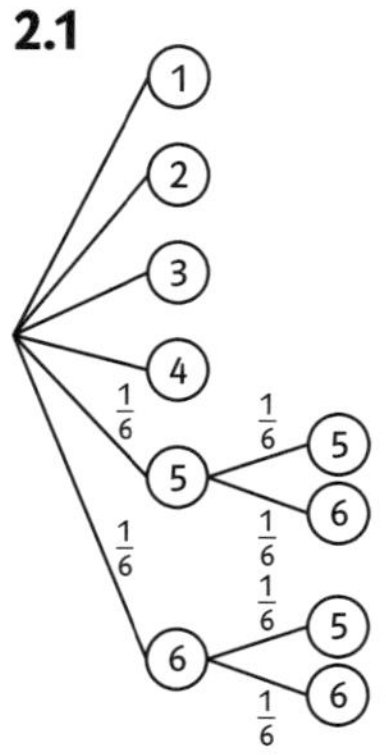

$P(5, 6) = \frac{1}{6} \cdot \frac{1}{6} = \frac{1}{36}$

$P(6, 5) = \frac{1}{6} \cdot \frac{1}{6} = \frac{1}{36}$

$P(\text{Augensumme} = 11) = P(5, 6) + P(6, 5) = \frac{1}{36} + \frac{1}{36} = \frac{1}{18} \approx 0{,}056 = 5{,}6\,\%$

3.1

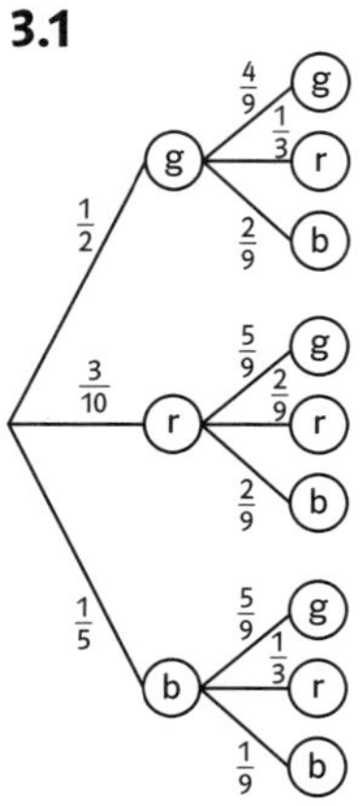

$P(g, g) = \frac{1}{2} \cdot \frac{4}{9} = \frac{2}{9}$

$P(g, r) = \frac{1}{2} \cdot \frac{1}{3} = \frac{1}{6}$

$P(g, b) = \frac{1}{2} \cdot \frac{2}{9} = \frac{1}{9}$

$P(r, g) = \frac{3}{10} \cdot \frac{5}{9} = \frac{1}{6}$

$P(r, r) = \frac{3}{10} \cdot \frac{2}{9} = \frac{1}{15}$

$P(r, b) = \frac{3}{10} \cdot \frac{2}{9} = \frac{1}{15}$

$P(b, g) = \frac{1}{5} \cdot \frac{5}{9} = \frac{1}{9}$

$P(b, r) = \frac{1}{5} \cdot \frac{1}{3} = \frac{1}{15}$

$P(b, b) = \frac{1}{5} \cdot \frac{1}{9} = \frac{1}{45}$

P(zwei gleichfarbige Kugeln) = P(g, g) + P(r, r) + P(b, b)

$= \frac{2}{9} + \frac{1}{15} + \frac{1}{45} = \frac{14}{45} \approx 0{,}311 = 31{,}1\,\%$

Erwartungswert bestimmen, Seite 86

1

	gelb	rot	blau
(1)	−1,00 €	+0,50 €	+1,50 €
(2)	$\frac{3}{6} = \frac{1}{2}$	$\frac{2}{6} = \frac{1}{3}$	$\frac{1}{6}$
(3)	$\frac{1}{2} \cdot (-1{,}00\,€) + \left(\frac{1}{3} \cdot 0{,}50\,€\right) + \frac{1}{6} \cdot 1{,}50\,€$ $= -0{,}50\,€ + 0{,}25\,€ + 0{,}25\,€ = 0{,}00\,€$		
(4)	kein Gewinn, kein Verlust		

2

	gelb	rot	blau	weiß
(1)	1 Apfel	3 Äpfel	5 Äpfel	10 Äpfel
(2)	$\frac{5}{20} = \frac{1}{4}$	$\frac{4}{20} = \frac{1}{5}$	$\frac{2}{20} = \frac{1}{10}$	$\frac{1}{20}$
(3)	$\frac{1}{4} \cdot 1\,A + \frac{1}{5} \cdot 3\,A + \frac{1}{10} \cdot 5\,A + \frac{1}{20} \cdot 10\,A$ $= \frac{1}{4}A + \frac{3}{5}A + \frac{1}{2}A + \frac{1}{2}A = 1\frac{17}{20}A = 1{,}85\,A$			

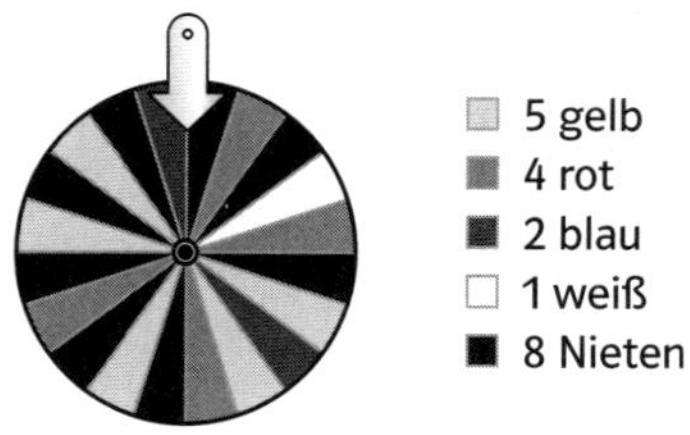

3

	⚀	⚁	⚂	⚃	⚄	⚅
(1)	+0,40 €	−0,10 €	+0,20 €	−0,10 €	−0,10 €	±0 €
(2)	$\frac{1}{6}$	$\frac{1}{6}$	$\frac{1}{6}$	$\frac{1}{6}$	$\frac{1}{6}$	$\frac{1}{6}$
(3)	$\frac{40}{6}ct - \frac{10}{6}ct + \frac{20}{6}ct - \frac{10}{6}ct - \frac{10}{6}ct = \frac{30}{6}ct = 5\,ct = 0{,}05\,€$					
(4)	Erwartungswert positiv, Gewinnchance 0,05 €					

3.1 a) Siehe Tabelle 1 unten.

b) Einsatz 0,40 € = 40 ct

(3) $-\frac{10}{6}ct - \frac{40}{6}ct + \frac{20}{6}ct - \frac{40}{6}ct + \frac{110}{6}ct - \frac{40}{6}ct = 0\,ct$

(4) Erwartungswert = 0
Gewinnchance pro Spiel 0,00 €

Ab einem Einsatz von > 40 ct ist ein Verlust zu erwarten.

Tabelle 1

	⚀	⚁	⚂	⚃	⚄	⚅
(1) zugeordnete Größe bestimmen	0,00 €	−0,30 €	+0,30 €	−0,30 €	+1,20 €	−0,30 €
(2) Wahrscheinlichkeit bestimmen	$\frac{1}{6}$	$\frac{1}{6}$	$\frac{1}{6}$	$\frac{1}{6}$	$\frac{1}{6}$	$\frac{1}{6}$
(3) Erwartungswert bestimmen	0,00 € − 0,05 € + 0,05 € − 0,05 € + 0,20 € − 0,05 € = +0,10 €					
(4) Gewinnchancen bestimmen	Erwartungswert > 0, Gewinnchance pro Spiel 0,10 €					

Das Arbeitsheft Mathematik kann lehrwerksunabhängig eingesetzt werden:
- zusätzlich zu jedem Lehrwerk im Unterricht
- als zentrales Arbeitsheft für den Mathematikunterricht
- zur selbstständigen Erarbeitung mit individuellen Lehrplänen
- im Nachmittagsunterricht
- zur Wiederholung und Festigung von Inhalten der letzten Schuljahre

Heft 5 enthält folgende Themenbereiche der Klasse 9:
- Zahlen und Größen
- Prozent- und Zinsrechnung
- Zuordnungen
- Geometrische Grundbegriffe
- Dreiecke und Vierecke
- Flächeninhalte
- Rationale Zahlen
- Kreise
- Terme und Funktionen
- Gleichungen und Ungleichungen
- Körper
- Daten und Zufall
- sowie alle Lösungen zu den Aufgaben

Ein Test am Ende wichtiger Kapitel überprüft die erworbenen Kompetenzen.

Beilage zum Arbeitsheft Mathematik 5

www.klett.de

Zeichnungen/Illustrationen: media office gmbh, Kornwestheim; Rudolf Hungreder, Leinfelden
DTP / Satz: media office gmbh, Kornwestheim